U0668931

"十一五"国家重点图书出版规划项目

中国有色金属丛书

CNMS

世界铝板带箔轧制工业

中国有色金属工业协会组织编写

王祝堂 编著

中南大学出版社
www.csupress.com.cn

图书在版编目(CIP)数据

世界铝板带箔轧制工业/王祝堂编著 . —长沙:中南大学出版社,
2010. 12

ISBN 978-7-5487-0155-2

Ⅰ. 世… Ⅱ. 王… Ⅲ. 铝合金—轧制 Ⅳ. TG339

中国版本图书馆 CIP 数据核字(2010)第 257182 号

世界铝板带箔轧制工业

王祝堂 编著

□责任编辑	田荣璋	
□责任印制	文桂武	
□出版发行	中南大学出版社	
	社址:长沙市麓山南路	邮编:410083
	发行科电话:0731-88876770	传真:0731-88710482
□印 装	长沙利君漾印刷厂	

□开 本	787×1092 1/16 □印张 23.5 □字数 581 千字
□版 次	2010 年 12 月第 1 版 □2010 年 12 月第 1 次印刷
□书 号	ISBN 978-7-5487-0155-2
□定 价	95.00 元

图书出现印装问题,请与出版社调换

中国有色金属丛书
CNMS 编委会

主任：
康　义　　　中国有色金属工业协会

常务副主任：
黄伯云　　　中南大学

副主任：
熊维平　　　中国铝业公司
罗　涛　　　中国有色矿业集团有限公司
李福利　　　中国五矿集团公司
李贻煌　　　江西铜业集团公司
杨志强　　　金川集团有限公司
韦江宏　　　铜陵有色金属集团控股有限公司
何仁春　　　湖南有色金属控股集团有限公司
董　英　　　云南冶金集团总公司
孙永贵　　　西部矿业股份有限公司
余德辉　　　中国电力投资集团公司
屠海令　　　北京有色金属研究总院
张水鉴　　　中金岭南有色金属股份有限公司
张学信　　　信发集团有限公司
宋作文　　　南山集团有限公司
雷　毅　　　云南锡业集团有限公司
黄晓平　　　陕西有色金属控股集团有限公司
王京彬　　　有色金属矿产地质调查中心
尚福山　　　中国有色金属工业协会
文献军　　　中国有色金属工业协会

委员(以姓氏笔划排序)：
马世光　　　中国有色金属工业协会加工工业分会
马宝平　　　中国有色金属工业协会钼业分会
王再云　　　中铝山东分公司
王吉位　　　中国有色金属工业协会再生金属分会
王华俊　　　中国有色金属工业协会
王向东　　　中国有色金属工业协会钛锆铪分会
王树琪　　　中条山有色金属集团有限公司

王海东	中南大学出版社
乐维宁	中铝国际沈阳铝镁设计研究院
许　健	中冶葫芦岛有色金属集团有限公司
刘同高	厦门钨业集团有限公司
刘良先	中国钨业协会
刘柏禄	赣州有色冶金研究所
刘继军	茌平华信铝业有限公司
李　宁	兰州铝业股份有限公司
李凤轶	西南铝业(集团)有限责任公司
李阳通	柳州华锡集团有限责任公司
李沛兴	白银有色金属股份有限公司
李旺兴	中铝郑州研究院
杨　超	云南铜业(集团)有限公司
杨文浩	甘肃稀土集团有限责任公司
杨安国	河南豫光金铅集团有限责任公司
杨龄益	锡矿山闪星锑业有限责任公司
吴跃武	洛阳有色金属加工设计研究院
吴锈铭	中国有色金属工业协会镁业分会
邱冠周	中南大学
冷正旭	中铝山西分公司
汪汉臣	宝钛集团有限公司
宋玉芳	江西钨业集团有限公司
张　麟	大冶有色金属有限公司
张创奇	宁夏东方有色金属集团有限公司
张洪国	中国有色金属工业协会
张洪恩	河南中孚实业股份有限公司
张培良	山东丛林集团有限公司
陆志方	中国有色工程有限公司
陈成秀	厦门厦顺铝箔有限公司
武建强	中铝广西分公司
周　江	东北轻合金有限责任公司
赵　波	中国有色金属工业协会
赵翠青	中国有色金属工业协会
胡长平	中国有色金属工业协会
钟卫佳	中铝洛阳铜业有限公司
钟晓云	江西稀有稀土金属钨业集团公司
段玉贤	洛阳栾川钼业集团有限责任公司
胥　力	遵义钛厂
黄　河	中电投宁夏青铜峡能源铝业集团有限公司
黄粮成	中铝国际贵阳铝镁设计研究院
蒋开喜	北京矿冶研究总院
傅少武	株洲冶炼集团有限责任公司
瞿向东	中铝广西分公司

中国有色金属丛书

CNMS 学术委员会

主任：
王淀佐　院士　　北京有色金属研究总院

常务副主任：
黄伯云　院士　　中南大学

副主任（按姓氏笔划排序）：
于润沧　院士　　中国有色工程有限公司
古德生　院士　　中南大学
左铁镛　院士　　北京工业大学
刘业翔　院士　　中南大学
孙传尧　院士　　北京矿冶研究院
李东英　院士　　北京有色金属研究总院
邱定蕃　院士　　北京矿冶研究院
何季麟　院士　　宁夏东方有色金属集团有限公司
何继善　院士　　中南大学
汪旭光　院士　　北京矿冶研究院
张文海　院士　　南昌有色冶金设计研究院
张国成　院士　　北京有色金属研究总院
陈　景　院士　　昆明贵金属研究所
金展鹏　院士　　中南大学
周　廉　院士　　西北有色金属研究院
钟　掘　院士　　中南大学
黄培云　院士　　中南大学
曾苏民　院士　　西南铝加工厂
戴永年　院士　　昆明理工大学

委员（按姓氏笔划排序）：
卜长海　　　　　厦门厦顺铝箔有限公司
于家华　　　　　遵义钛厂
马保平　　　　　金堆城钼业集团有限公司
王　辉　　　　　株洲冶炼集团有限责任公司
王　斌　　　　　洛阳栾川钼业集团有限责任公司

王林生	赣州有色冶金研究所
尹晓辉	西南铝业（集团）有限责任公司
邓吉牛	西部矿业股份有限公司
吕新宇	东北轻合金有限责任公司
任必军	伊川电力集团
刘江浩	江西铜业集团公司
刘劲波	洛阳有色金属加工设计研究院
刘昌俊	中铝山东分公司
刘侦德	中金岭南有色金属股份有限公司
刘保伟	中铝广西分公司
刘海石	山东南山集团有限公司
刘祥民	中铝股份有限公司
许新强	中条山有色金属集团有限公司
苏家宏	柳州华锡集团有限责任公司
李宏磊	中铝洛阳铜业有限公司
李尚勇	金川集团有限公司
李金鹏	中铝国际沈阳铝镁设计研究院
李桂生	江西稀有稀土金属钨业集团公司
吴连成	青铜峡铝业集团有限公司
沈南山	云南铜业（集团）公司
张一宪	湖南有色金属控股集团有限公司
张占明	中铝山西分公司
张晓国	河南豫光金铅集团有限责任公司
邵 武	铜陵有色金属（集团）公司
苗广礼	甘肃稀土集团有限责任公司
周基校	江西钨业集团有限公司
郑 莆	中铝国际贵阳铝镁设计研究院
赵庆云	中铝郑州研究院
战 凯	北京矿冶研究总院
钟景明	宁夏东方有色金属集团有限公司
俞德庆	云南冶金集团总公司
钱文连	厦门钨业集团有限公司
高 顺	宝钛集团有限公司
高文翔	云南锡业集团有限责任公司
郭天立	中冶葫芦岛有色金属集团有限公司
梁学民	河南中孚实业股份有限公司
廖 明	白银有色金属股份有限公司
翟保金	大冶有色金属有限公司
熊柏青	北京有色金属研究总院
颜学柏	陕西有色金属控股集团有限责任公司
戴云俊	锡矿山闪星锑业有限责任公司
黎 云	中铝贵州分公司

总 序

中国有色金属丛书 CNMS

有色金属是重要的基础原材料，广泛应用于电力、交通、建筑、机械、电子信息、航空航天和国防军工等领域，在保障国民经济建设和社会发展等方面发挥了不可或缺的作用。

改革开放以来，特别是新世纪以来，我国有色金属工业持续快速发展，已成为世界最大的有色金属生产国和消费国，产业整体实力显著增强，在国际同行业中的影响力日益提高。主要表现在：总产量和消费量持续快速增长，2008 年，十种有色金属总产量 2 520 万吨，连续七年居世界第一，其中铜产量和消费量分别占世界的 20% 和 24%；电解铝、铅、锌产量和消费量均占世界总量的 30% 以上。经济效益大幅提高，2008 年，规模以上企业实现销售收入预计 2.1 万亿以上，实现利润预计 800 亿元以上。产业结构优化升级步伐加快，2005 年已全部淘汰了落后的自焙铝电解槽；目前，铜、铅、锌先进冶炼技术产能占总产能的 85% 以上；铜、铝加工能力有较大改善。自主创新能力显著增强，自主研发的具有自主知识产权的 350 kA、400 kA 大型预焙电解槽技术处于世界铝工业先进水平，并已输出到国外；高精度内螺纹铜管、高档铝合金建筑型材及时速 350 km 高速列车用铝材不仅满足了国内需求，已大量出口到发达国家和地区。国内矿山新一轮找矿和境外矿产资源开发取得了突破性进展，现有 9 大矿区的边部和深部找矿成效显著，一批有实力的大型企业集团在海外资源开发和收购重组境外矿山企业方面迈出了实质性步伐，有效增强了矿产资源的保障能力。

2008 年 9 月份以来，我国有色金属工业受到了国际金融危机的严重冲击，产品价格暴跌，市场需求萎缩，生产增幅大幅回落，企业利润急剧下降，部分行业已出现亏损。纵观整体形势，我国有色金属工业仍处在重要机遇期，挑战和机遇并存，长期发展向好的趋势没有改变。今后一个时期，我国有色金属工业发展以控制总量、淘汰落后、技术改造、企业重组、充分利用境内外两种资源，提高资源保障能力为重点，推动产业结构调整和优化升级，促进有色金属工业可持续发展。

实现有色金属工业持续发展，必须依靠科技进步，关键在人才。为了全面提高劳动者素质，培养一大批高水平的科技创新人才和高技能的技术工人，由中国有色金属工业协会牵头，组织中南大学出版社及有关企业、科研院校数百名有经验的专家学者、工程技术人员，编写了《中国有色金属丛书》。《丛书》内容丰富，专业齐全，科学系统，实用性强，是一套好教材，也可作为企业管理人员和相关专业大学生的参考书。经过编写、编辑、出版人员的艰辛努力，《丛书》即将陆续与广大读者见面。相信它一定会为培养我国有色金属行业高素质人才，提高科技水平，实现产业振兴发挥积极作用。

康义

2009 年 3 月

前 言

本书成稿于 2008 年初，因此如没有特别指出，所有资料与数据都截止至 2006 年底。

至 2010 年末中国引进的铸锭热轧机及生产线共有 16 台（条），加上自行设计制造的热轧机及生产线，总生产能力可达 5400 kt/a，从而超过美国成为全球最大的。

2009 年末中国可保有约 460 台双辊式连续铝带坯铸轧机，其中引进的 14 台，总生产能力约 4200 kt/a，2008 年的产量 3200 kt/a，2004 年即已成为世界第一大国。2010 年中国铸轧带坯的生产能力可达 3500 kt/a。

截止 2008 年底，中国铝带冷轧生产能力达到 6230 kt/a，比美国的生产能力 6100 kt/a 高 2.2%，成为世界最大者。中国的铝带冷轧工业创造了多项世界记录：最多的高技术大容量现代化冷轧机，27 台，总生产能力 2118 kt/a；最多的 CVC 轧机，共 85 台；最多的 1300 mm 以下的四辊小型铝带冷轧机。至 2009 年末中国将有 3 条铝带冷连轧生产线，1 条自制的，在巨科铝业有限公司，双机架；2 条引进的，一条双机架 2000 mm 的，在中铝西南铝板带冷轧有限公司，2009 年投产，另一条为 1727 mm 的 5 冷连轧生产线，2010 年投产，用水基润滑冷却剂，是中国独一无二的。2008 年底中国有 130 多家大中型铝板带轧制企业，50 余家小型铝带生产企业，共计近 190 家。

冷轧用的带坯有 3 种：铸锭热轧的、连续铸轧的、连铸连轧的，如黑兹莱特式连铸机与热连轧机列生产的，也可以把它归为铸锭热轧的。在全世界范围内，铸锭热轧带坯与连续铸轧带坯之比约为 75:25，这既有历史方面的原因又有技术方面的原因。2010 年中国铸锭热轧生产能力与连续铸轧生产能力之比为 64:36，即 1.8:1，前者的生产能力比后者的大 80%，对中国铝板带轧制工业来说这是非常可怕的，在中国 82% 左右的板带箔可用双辊式连续铸轧带坯生产。与铸锭热轧法相比，连续铸轧法具有投资低、建设期短、生产成本低、能耗省、更环保等一系列优点，自 20 世纪 90 年代中期以来工业发达国家已停止建设铸锭热连轧生产线，而中国却在超常地一股劲儿地建设，同时生产能力形成过于集中，在中国铸锭热轧生产能力与铸轧带坯生产能力以各占 50% 为最高限度，最好是铸轧带坯生产能力及产量占 70% 以上。

哪些产品必须用热轧法生产：厚度大于 2 mm 的板带材，航空航天器板带材、厚板、罐料、磁盘基片、CTP 板与"三高"PS 版基、轿车蒙皮板（加拿大铝业公司与日本轻金属公司生产的铸轧板已批量用于轿车制造）、防盗瓶盖薄板，等等。

中国从 2007 年起已跻身世界铝箔初级强国，中国从 2005 年起成为铝箔净出口国，2008 年铝箔生产能力超过 1650 kt/a，可以生产 0.005 mm 的及厚于此值的各种合金与宽达 2050 mm 的各种箔材，中国拥有世界上最多的 2000 mm 级的现代化铝箔轧机，铝箔行业装机水平世界第一，铝箔的生产技术与劳动生产率居世界前列。

中国在建两条专业化的装机水平全球顶尖的航空级的铝合金厚板生产线，总生产能力130 kt/a，这是世界上独一无二的，其他国家的厚板生产轧机都是通用的。这两个项目可于2010 年全面投产。

2008 年全球原铝产量 42540 kt，再生铝产量约 19500 kt；中国的原铝产量 13180 kt，再生铝产量约 5000 kt(含进口的 2090 kt 废铝与拆解进口装备获得的约 820 kt 废铝件再生的铝)。

在编写出版过程中得到许多人士的热情帮助和支持，深表感谢，特别要感激中南大学出版社，因为作者提供的是手写稿，给他们的工作造成困难。

由于水平与知识有限，缺点与不妥之处在所难免，望读者斧正。

编　者

2009 年 7 月 4 日

目 录

CNMS

第 1 章 基本概况

截止到 2006 年底，全世界共有板、带、箔生产企业约 700 家，其中中国约有 350 家；在参加联合国的 192 家国家中，生产平轧产品的国家 67 个与 2 个地区，共 69 个，总生产能力约 24000 kt/a（中国的约 4070 kt/a）；铝板带厂 454 家，总生产能力约 20000 kt/a；铝箔厂约 247 家，总生产能力约 4000 kt/a；铸锭热轧机及生产线约 155 台/条；黑兹莱特连铸连轧生产线 12 条，劳纳连铸连轧线 1 条（生产能力约 300 kt/a），它们的总生产能力约 1800 kt/a；2 辊式连续铸轧线约 590 条，总生产能力约 6000 kt/a，中国约有 265 条，总产能约 2200 kt/a；铸锭热轧生产能力（含 2 辊块片轧机的）约 23000 kt/a，连铸连轧及连续铸轧的总生产能力约 7800 kt/a，前者占总生产能力的约 74.7%，后二者占总生产能力的 25% 强。在 2006 年生产的约 17000 kt，平轧产品中，连续铸轧及连铸连轧供坯的产量约 6200 kt，占 36.5%；辊面宽度大于等于 800 mm 的 4 辊冷连轧生产线及冷轧机约 570 台（条）；工作辊直径等于小于 280 mm 的 4 辊箔轧机约 523 台。这是中国铝工业进行的首次这类调查。

平轧铝产品的生产能力是指冷轧板带的生产能力，同时是按一定的产品结构（软合金）与 250 d、三班制运转计算的，所以只能供匡算用，不过还是相当准确的，例如 2006 年全世界平轧铝产品的生产能力约 24000 kt/a，如按设备运转率 72% 匡算，则产量为 17280 kt，这很接近实际统计产量。就全球来说，设备平均利用率达到 72% 是相当不错的。

冷轧用的坯料有 3 种：铸锭热轧的，这是一种万能的工艺，所有的加工铝合金都可以生产，不过投资大，能耗较高，成材率较低，但产品品质高；双辊式连续铸轧的，投资少，建设周期短，按产品品质计算，只能生产约 80% 的产品，还有约 20% 的产品如 2XXX 系、6XXX 系、7XXX 系及大部分 5XXX 系合金产品，以及其他系的某些优质高档产品不能生产；其余的为黑兹莱特（Hazelett）连铸连轧生产线生产的。在介绍某企业的简况时，如果该企业没有热轧机，那么它用的坯料不是铸轧的就是连铸连轧的。不过有些企业既有热轧机又有 2 辊式连续铸轧机，那么它用的坯料两种都有，如中国的西南铝业（集团）有限责任公司与东北轻合金有限责任公司。凡是没有冷轧机的铝箔厂所用的带坯不是外购的就由母公司提供的，如中国的厦顺铝箔有限公司与美国铝业公司（Alcoa）的里土满铝箔厂。

有许多铝箔厂不但生产铝箔而且还生产薄板与带材，当然也有一些专业的铝箔企业。这样的箔材与薄板带都生产的企业只算一个。

1.1 基本情况

世界平轧产品的基本情况如下：

- 共有板、带、箔生产企业约 700 家，其中中国的约 350 家，占总数的 50%。
- 生产铝平轧产品的国家与地区 69 个。实际上地区就是指中国的台湾与香港特别行政区。

- 2006 年底，全球铝平轧产品的总生产能力约 24000 kt/a，中国的生产能力约 4070 kt/a，占总生产能力的 17%。
- 铝板带厂 454 家，总生产能力约 20000 kt/a。
- 铝箔厂 247 家，总生产能力约 4000 kt/a。
- 铸锭热轧机及生产线（热连轧生产线及热粗－精轧生产线只算一台）共有约 155 台/条（不含 2 辊块片式热轧机），其中中国 24 台，占全球总台数的 15.5%（不含香港美亚铝业公司及台湾中钢铝业公司的各 1 台）。
- 黑兹莱特连铸连轧生产线 12 条，劳纳（瑞士铝业公司 II 型）连铸连轧生产线 1 条，总生产能力约 1800 kt/a。
- 2 辊式连续铸轧线（亨特式、3C 式、中国式）约 590 条，总生产能力约 6000 kt/a。中国约有 265 条，总产能约 2200 kt/a。
- 铸锭热轧生产能力约 23000 kt/a（含 2 辊块片热轧机的生产能力），连续铸轧及连铸连轧的合计生产能力约 7800 kt/a，前者占总生产能力的 74.7%，后两者占总生产能力的 25% 强。可是在 2006 年生产的约 17000 kt 平轧产品中，连续铸轧及连铸连轧供坯的产量约 6200 kt，占 36.5%，此数比产能比值高 11.5 个百分点，这是合情合理的。因为连续铸轧生产线的利用率比铸锭热轧生产线的高得多，而黑兹莱特生产线的运转率又比铸锭热轧线的低一些。
- 约有支承辊辊面宽度大于等于 800 mm 的 4 辊冷连轧生产线及冷轧机 570 台（条）；6 辊冷连轧线及冷轧机 16 台；20 辊冷轧机 3 台。
- 铝箔轧机约 523 台，这里所指的箔轧机是辊面宽度等于或大于 800 mm 的工作辊直径等于或小于 280 mm 的轧机，而工作辊直径大于此数的可轧单零箔与厚箔的轧机同时以轧制薄板带为主的则视为冷轧机。
- 压光机与压光机列 15 台（条）。
- 轧制成形机（roll former）26 台。

1.2 企业结构

1.2.1 生产能力结构

世界各国平轧铝板、带、箔企业的数量及其生产能力见表 1－1，由所列数据可见，生产能力大于 1000 kt/a 的国家有 6 个：美国、中国、德国、日本、俄罗斯和韩国，2008 年中国平轧铝产品的生产能力显著大于美国的，从而稳居世界第一。生产能力为 500～1000 kt/a 的有 4 个国家：法国、意大利、巴西和英国。这 10 个国家的生产能力占世界总产能的 79%。生产能力大于 100 kt/a 而小于 500 kt/a 的国家或地区有 16 个：印度、土耳其、澳大利亚、比利时、中国台湾、西班牙、委内瑞拉、加拿大、印度尼西亚、南非共和国、希腊、埃及、巴林、挪威、奥地利和墨西哥。

平轧产品生产能力最大的 10 个国家见表 1－1，而板、带材生产能力最大的 10 个国家见表 1－2，铝箔按生产能力大小排序的前 10 名见表 1－3，以及图 1－1～图 1－3。

表 1-1　全球各国或地区铝板、带、箔企业数量及生产能力

序号	国家或地区	工厂数/家			生产能力/$(kt \cdot a^{-1})$		
		板带	箔	总数	板带	箔	总计
1	美国	29	21	50	4947	780	5727
2	中国	220	130	350	3202	870	4072
3	德国	12	4	16	1375	450	1825
4	日本	12	9	21	1522	210	1732
5	俄罗斯	12	3	15	1505	82	1587
6	韩国	19	10	29	980	127	1107
7	法国	7	3	8	808	44	852
8	意大利	7	5	12	455	288	743
9	巴西	6	5	11	507	136	643
10	英国	6	1	7	560	45	605
11	印度	20	9	29	340	58	398
12	土耳其	5	4	9	285	58	343
13	澳大利亚	1	1	2	275	10	285
14	比利时	2	1	3	265	18	283
15	中国台湾	6	2	8	212	68	280
16	西班牙	4	4	8	204	72	276
17	委内瑞拉	3	1	4	235	20	255
18	加拿大	4	1	5	182	60	242
19	印度尼西亚	7	3	10	226	42	238
20	南非共和国	1(兼箔)	1	1	183	12	195
21	希腊	2	1(兼板)	2	180	10	190
22	埃及	2	2	4	120	47	167
23	巴林	1(兼箔)	1	1	145	10	155
24	挪威	3	—	3	150	—	150
25	奥地利	1	1	2	110	24	134
26	墨西哥	1	2	3	50	65	115
27	南斯拉夫	1	1	2	52	40	92
28	匈牙利	3	1	4	80	6	86
29	瑞士	3	—	3	81	—	81
30	克罗地亚	1(兼箔)	1	1	70	10	80
31	伊朗	1	3	4	30	46	76
32	瑞典	1	1	2	65	8	73
33	波兰	1	1	2	53	14	67
34	荷兰	1	2	3	30	30	60
35	卢森堡	—	1	1	—	60	60
36	喀麦隆	1	—	1	58	—	58
37	泰国	7	2	9	46	10	56
38	阿根廷	3(兼箔)	1	4	34	14	48

序号	国家或地区	工厂数/家			生产能力/(kt·a^{-1})		
		板带	箔	总数	板带	箔	总计
39	马来西亚	2	2	4	29	13	42
40	罗马尼亚	1	1(兼板)	1	20	15	35
41	加纳	3	—	3	35	—	35
42	尼日利亚	2	—	2	35	—	35
43	亚美尼亚	—	1	1	—	35	35
44	斯洛文尼亚	1	1(兼板)	2	17	15	32
45	保加利亚	—	1(兼板)	1	22	10	32
46	中国香港特区	1	—	1	30	—	30
47	捷克共和	—	1	1	—	30	30
48	哥伦比亚	4	3	7	17	13	30
49	菲律宾	3	1	4	6	20	26
50	阿拉伯联合酋长国	1(兼箔)	—	1	17	3	20
51	坦桑尼亚	1(兼箔)	—	1	18.5	0.5	19
52	巴基斯坦	3	4	7	4	13	17
53	肯尼亚	2	—	2	13	—	13
54	哥斯达黎加	—	1(兼板)	1		8	8
55	乌克兰	—	1	1		8	8
56	阿尔及利亚	1	—	1	8	—	8
57	智利	1	1	2	2	5	7
58	厄瓜多尔	1	—	1	2.5	—	2.5
59	巴拿马	1	—	1	2.5	—	2.5
60	象牙海岸	1	—	1	2.5	—	2.5
61	朝鲜	1	—	1	2.5	—	2.5
62	越南	1	—	1	2.4	—	2.4
63	沙特阿拉伯	1	—	1	2	—	2
64	秘鲁	1	—	1	2	—	2
65	斯里兰卡	—	1	1	—	1.8	1.8
66	孟加拉	2	—	2	1.8	—	1.8
67	约旦	1	—	1	1	—	1
68	摩洛哥	1	—	1	1	—	1
69	缅甸	1	—	1	1	—	1
总计	69	454	247	701	19927.7	3994.3	23922

表 1-2 世界铝板、带生产能力前 10 名国家

国家	企业数/家	生产能力/(kt·a^{-1})	世界总产能/%
美国	29	4947	24.8
中国	220	3202	16.1
日本	12	1522	7.7
俄罗斯	12	1505	7.6
德国	12	1375	6.9
韩国	19	980	4.9
法国	7	808	4.1
英国	6	560	2.8
巴西	6	507	2.6
意大利	7	455	2.3

2006 年底全世界生产铝板、带的国家与地区有 62 个,生产企业约 454 家,合计生产能力约 20000 kt/a;生产铝箔的国家与地区 48 个,生产企业约 247 个,合计生产能力约 4000 kt/a,平均生产能力 16.195 kt/a。

表 1-3 世界铝箔生产能力前 10 名国家

国家	企业数/家	生产能力/(kt·a^{-1})	平均产能/(kt·a^{-1})	占世界总产能/%
中国	130	870	6.693	21.8
美国	21	780	37.143	19.5
德国	4	450	112.500	11.3
意大利	5	288	57.600	7.2
日本	9	210	23.334	5.3
巴西	5	136	27.200	3.4
韩国	10	127	12.7	3.2
俄罗斯	3	82	27.334	2.1
西班牙	4	72	18.000	1.8
中国台湾	2	68	34.000	1.7

除了中国在 2008 年会成为世界第一大国外,俄罗斯的生产能力有可能在 2010 年超过日本的,印度、巴西与巴林生产能力的增长速度将显著高于世界平均增长速度。美国、日本、德国、英国平轧铝产品的发展将处于高度稳定期,甚至会略有下降。

2006—2010 年是中国铝平轧产品高速发展期,从 2011 年起发展速度虽然会放慢一些,但仍会大大高于世界平均增长速度。中国是推动世界铝平轧产品发展的强大发动机。

铝箔前 10 名的国家与地区的合计生产能力 3083 kt/a，占总生产能力的 77.1%；生产能力大于 100 kt/a 的国家有 7 个，他们的合计生产能力 2681 kt/a，占总生产能力的 71.6%；生产能力 50~100 kt/a 的地区与国家 8 个，其合计生产能力 523 kt/a，占总产有的 13.1%。

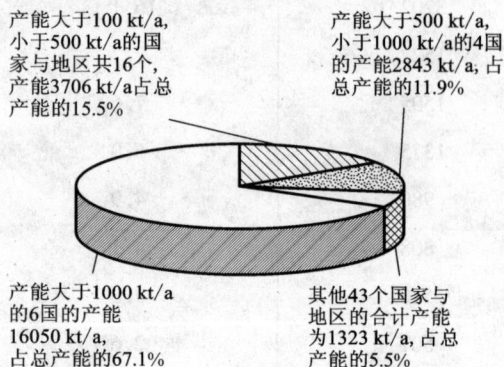

产能大于100 kt/a, 小于500 kt/a的国家与地区共16个, 产能3706 kt/a占总产能的15.5%

产能大于500 kt/a, 小于1000 kt/a的4国的产能2843 kt/a, 占总产能的11.9%

产能大于1000 kt/a的6国的产能16050 kt/a, 占总产能的67.1%

其他43个国家与地区的合计产能为1323 kt/a, 占总产能的5.5%

图 1-1　世界平轧铝材生产能力结构

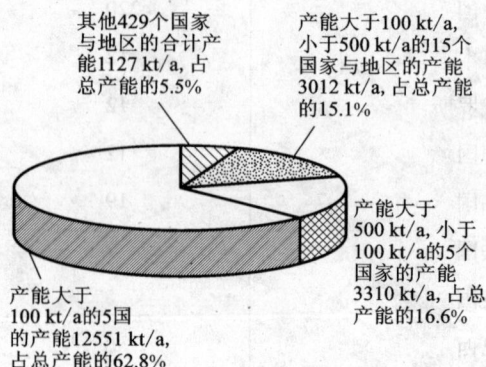

其他429个国家与地区的合计产能1127 kt/a, 占总产能的5.5%

产能大于100 kt/a, 小于500 kt/a的15个国家与地区的产能3012 kt/a, 占总产能的15.1%

产能大于500 kt/a, 小于100 kt/a的5个国家的产能3310 kt/a, 占总产能的16.6%

产能大于100 kt/a的5国的产能12551 kt/a, 占总产能的62.8%

图 1-2　世界铝板带生产能力结构

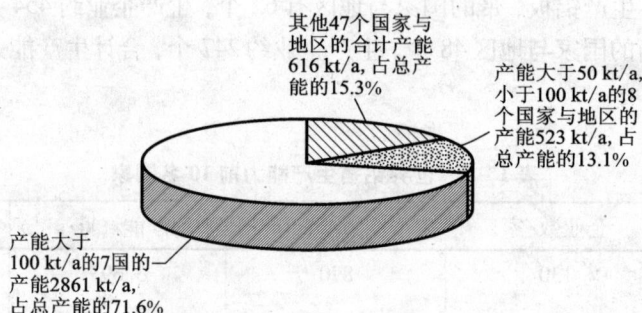

其他47个国家与地区的合计产能616 kt/a, 占总产能的15.3%

产能大于50 kt/a, 小于100 kt/a的8个国家与地区的产能523 kt/a, 占总产能的13.1%

产能大于100 kt/a的7国的产能2861 kt/a, 占总产能的71.6%

图 1-3　世界铝箔生产能力结构

平轧铝材前 25 名的企业见表 1-4，这个排序并不是十分确切的，因为生产能力相差三五万吨每年都很难说有明显的差距。中国西南铝业（集团）有限责任公司（含中铝西南铝板带有限公司与中铝西南铝冷连轧板带有限公司）在冷连轧项目于 2009 年秋建成后，其生产能力可达 550 kt/a，从而跻身世界前 5 位之列。

表 1-4　世界平轧铝材前 25 名的企业

序号	国家	企 业 名 称	生产能力 /(kt·a^{-1})
1	美国	诺威力铝业公司（Novelis）洛根（Logan）轧制厂	700
2	德国	海德鲁铝业公司诺伊斯市（Neuss）阿卢诺夫铝业公司（Alunorf）	700
3	美国	美国铝业公司（Alcoa）田纳西州（Tennessee）轧制厂	570
4	法国	加拿大铝业公司（Alcan）纽布里萨克（Neuf-Brisach）轧制厂	550
5	俄罗斯	美国铝业公司萨马拉（Samara）冶金公司	450

序号	国家	企 业 名 称	生产能力/(kt·a^{-1})
6	韩国	诺威力铝业公司荣州市诺威力大韩铝业公司	450
7	美国	威斯合金(Wise Alloys LLC)LL公司亚拉巴马州(Alabama)轧制厂	420
8	德国	海德鲁铝业公司格雷芬布罗伊希(Grevenbroich)轧制厂	420
9	巴西	诺威力铝业公司圣保罗市(Sao Paulo)轧制厂(Novelis Aluminio do Brasil SA)	360
10	美国	美国铝业公司印地安纳州瓦威克轧制厂(Alcoa,Warwick Plant)	350
11	日本	神户钢铁公司(Kobe Steel Ltd.)栃木县(Tochigi)真冈(Moka)轧制厂	320
12	日本	住友轻金属公司(Sumitomo Light Metal Industries Ltd.)爱知县厂(Aichi)	320
13	美国	联邦工业公司(Commonwealth Industries Inc.)肯塔基州(Kentucky)轧制厂	310
14	日本	福井县古河铝业公司(Fukui Furukawa)	300
15	英国	加拿大铝业公司纽波特市(Newport)轧制厂(British Alcan Aluminium Plc)	300
16	美国	诺威力铝业公司纽约州(New York)奥斯威戈(Oswigo)轧制厂	200
17	美国	加拿大铝业公司西弗吉尼亚州(West Wirginia)轧制厂	280
18	美国	美国铝业公司伊奥瓦州达文波特市(Davenport,Iowa)轧制厂	280
19	美国	凯撒铝业公司(Kaiser Aluminum)华盛顿州特伦特伍德厂(Trentwood Works)[①]	280
20	韩国	诺威力铝业公司蔚山轧制厂	270
21	中国	西南铝业(集团)有限责任公司	250
22	中国	中铝河南铝业有限公司	250
23	中国	河南巩义市明泰铝业有限公司	220
24	俄罗斯	罗斯托夫市(Rostov)美国铝业公司白拉雅卡利迪娃(Belaya Kalitva)轧制厂	220
25	美国	美国铝业公司宾夕法宜亚州(Pennsylrania)轧制厂	205

注：①5机架热精连轧线及5机架冷连轧线已卖给中国亚洲铝业集团。

这25个生产能力大于200 kt/a的铝板、带、箔企业的合计生产能力9055 kt/a,为世界总生产能力的37.8%,大多数在美国,10家,生产能力3675 kt/a,占大企业产能的40.6%,日本有3家,生产能力940 kt/a,占大企业产能的10.4%;德国有两家,生产能力1120 kt/a,占大企业产能的12.4%;中国有3家,生产能力720 kt/a,占大企业产能的8.0%;韩国2家,生产能力720 kt/a,占大企业产能的8.0%,它们都是诺威力铝业公司的控股企业;俄罗斯有2家,生产能力670 kt/a,占大企业产能的7.4%,它们都是美国铝业公司的独资企业;法国、巴西、英国各1家,生产能力分别550 kt/a、360 kt/a、300 kt/a,分别占大企业总产能的6.1%、4.0%、3.4%(图1-4)。全球生产能力最大的10家铝箔企业的排序见表1-5及图1-5,不过应指出的是,这种排序是很勉强的,也就是说不科学,因为铝箔生产能力的大小与产品厚度关系甚大,即它们不是在生产同一厚度的产品进行比较,如果要进行较为准确的排序,应按生产同一厚度的箔材进行比较。这10家企业的生产能力为792 kt/a,占世界总生产能力的19.8%。

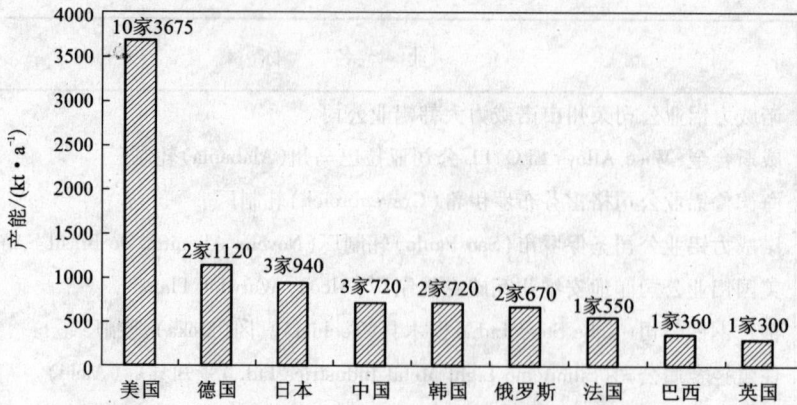

图 1-4 生产能力大于 200 kt/a 的 25 家企业的产能分布结构

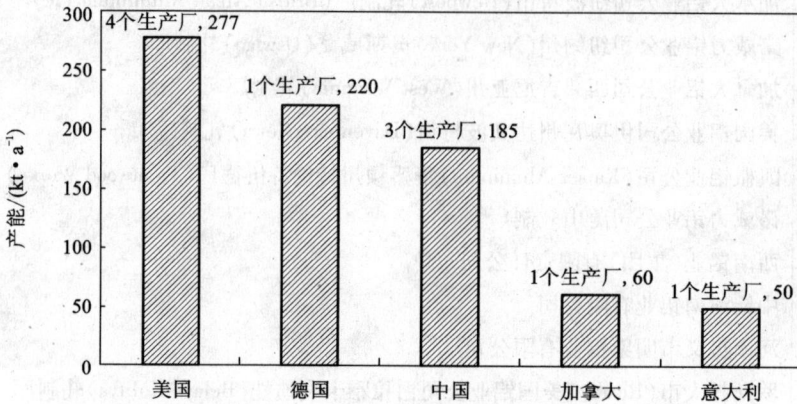

图 1-5 10 家大铝箔厂产能按国别分布

表 1-5 世界最大的 10 家铝箔生产企业的生产能力

序号	国家	企 业 名 称	生产能力 /(kt·a⁻¹)
1	德国	海德鲁铝业公司德国有限公司格雷芬布罗伊希轧制厂	220
2	美国	美国铝业公司里士满铝箔厂(Richmond foil Plant)	94
3	美国	美国铝业公司路易丝维尔铝箔厂(Louisville foil Plant,Kentucky)	73
4	中国	厦顺铝箔有限公司	65
5	中国	华北铝业有限公司	60
6	中国	江苏常铝业有限公司	60
7	美国	美国铝业公司达文波特轧制厂	60
8	加拿大	卡普·得·拉·马德里市(Cap-de-La-Madeleine)阿莱利斯公司(Aleris LP)	60
9	美国	加拿大铝业公司肯塔基州铝箔厂	50
10	意大利	瓦尔皮诺市(Valpino)科米泰尔铝业公司(Comi-tal SpA)	50

　　尽管这种排序是不尽人意的,但德国格雷芬布洛伊希轧制厂、美国里士满铝箔厂与中国厦顺铝箔有限公司三巨头的态势是无法改变的,后者的双零六箔的生产能力在 2009 年可达到 80 kt/a,拥有当前装机水平最高的 2000 mm 箔轧机 6 台,是拥有这种宽幅轧机最多的全球首个企业。

1.2.2　地区结构

　　在 2006 年,全世界能生产铝平轧产品的国家与地区有 69 个,五大洲都有,当然工业越发达的洲的生产能力越大。按洲分的国家(地区)、厂数与生产能力见表 1-6、表 1-7及图 1-6 ~ 图 1-9。

表 1-6　按洲分铝板、带轧制国家(地区)、工厂数及生产能力

洲	国家与地区数/个	企业数/家	生产能力/(kt·a^{-1})
亚洲	22	319	7250
欧洲	23	68	5998
北美洲	3	34	5179
南美洲	9	20	880
非洲	8	12	446
大洋洲	1	1	175
总计	66	454	19928

表 1-7　按洲分铝箔轧制国家(地区)、工厂数及生产能力

洲	国家与地区数/个	企业数/家	生产能力/(kt·a^{-1})	比例/%
亚洲	15	192	1549	38.8
欧洲	21	16	1279	32.0
北美洲	3	24	906	22.7
南美洲	5	10	188	4.8
非洲	3	4	68	1.7
大洋洲	1	1	10	0.01
总计	48	247	4000	100.0

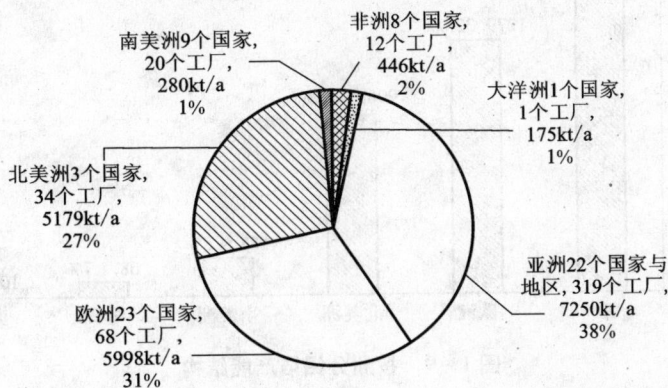

图 1-6　按洲分可生产铝板带的国家(地区)与企业数量及产能

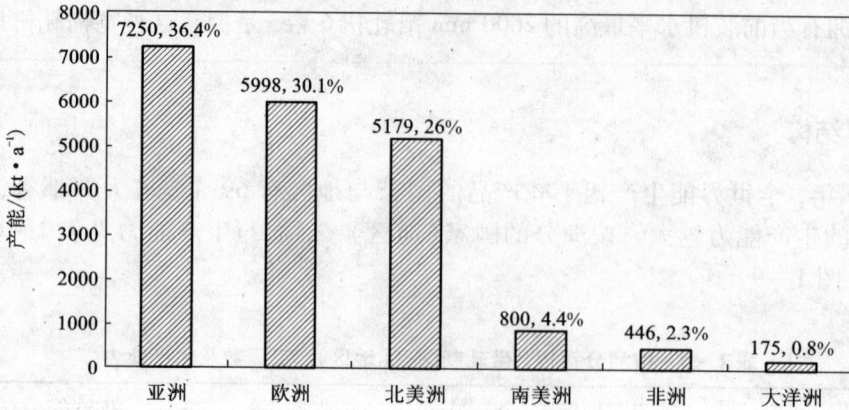

图 1-7　按洲分铝板带产能结构

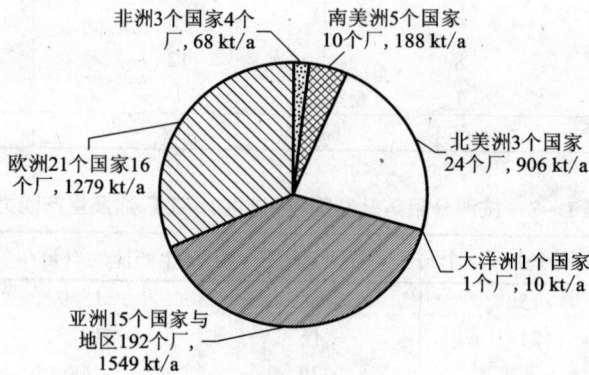

图 1-8　按洲分可生产铝箔的国家(地区)、企业数量及产能

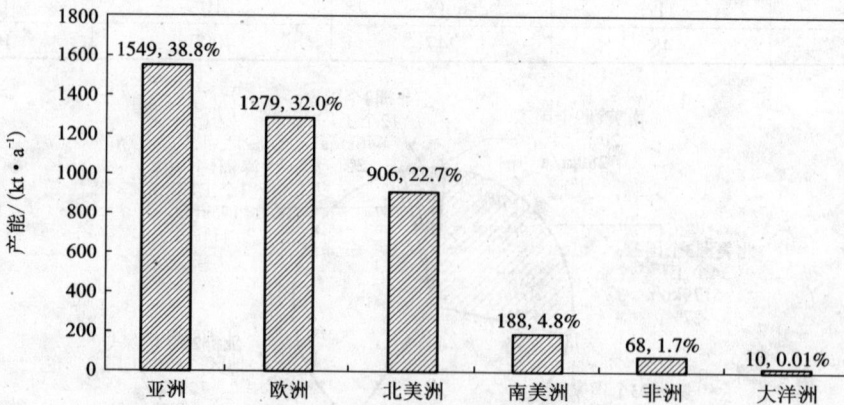

图 1-9　按洲分铝箔产能结构

1.3 工艺与装机

冷轧用的带坯类型可分为铸锭热轧的、双辊式连续铸轧的与黑兹莱特式连铸连轧的。

1.3.1 铸锭热轧

铝铸锭热轧法是一种有 100 多年历史的生产铝板带的工艺，是随着 1886 年铝电解法的诞生于 19 世纪末首先在美国与瑞士投入生产，它的大发展是 20 世纪 30 年代后期与 40 年代初期、六七十年代中期、21 世纪初期，是生产加工铝合金厚板与航空级铝合金薄板的唯一工艺，即使在民用铝板带占绝对优势的今天，热轧板带量仍占总消费的 63.5% ~ 65%。不过随着时间的推移，所占的比例在逐年缓慢地下降。1935—1945 年为第二次世界大战需要，在美国、英国、前苏联、德国、日本建设了一批铝加工厂，1960—1972 年为经济大发展时期，世界各国建设了一批铝板带轧制厂，2002 年以后中国掀起了铝锭热轧史上前所未有的建设热潮，在到 2009 年为止的这段时间内，中国形成的热轧生产能力可达 3500 kt/a，平均每年新增生产能力 440 kt/a。

2 辊块片式热轧机(2 Hi Pull - over)在工业发达国家已不再存在，但在准发达国家(韩国、泰国等)及发展中国家却大量存在，2 辊带卷式热轧机不管在什么国家都还存在着，在可预见的时期不会被完全淘汰。

- 有带卷热轧机的国家与地区 45 个 占全球可生产板带国家与地区的 66.7%，其余的为块片式热轧、连续铸轧或黑兹莱特连铸连轧的国家。
- 带卷热轧的生产能力约为 18930 kt/a，2 辊块片式热轧机的生产能力约 4000 kt/a，前者占热轧总生产能力的 82.6%。
- 2006 年底全世界有热连轧线 36 条，热粗 – 精轧线 9 条，4 辊单机架双卷取热轧机 16 台，4 辊单机架单卷取热轧机 25 台，2 辊单机架双卷取热轧机 11 台，2 辊单机架单卷取热轧机 41 台(表 1 –8)。
- 热连轧生产线生产能力约 14000 kt/a，占热轧带卷总生产能力的 70% 左右。

表 1 –8 全世界铝板带热轧线(不含块片式热轧机)

序号	国家(地区)	热连轧线/条	热粗－精轧线/条	4 辊单机架热轧机 双卷取	单卷取	2 辊单机架热轧机 双卷取	单卷取	生产能力/(kt·a⁻¹)
1	美国	11	—	1	2	—	2	4880
2	中国	3	2	5	1	8	5	2870
3	日本	7	2	1	—	—	2	2000
4	俄罗斯	1	—	6	—	—	1	1300
5	德国	2	—	—	2	—	1	1100
6	法国	2	—	—	1	—	1	750
7	韩国	1	—	1	—	—	3	700
8	英国	1	—	—	2	—	2	500

序号	国家(地区)	热连轧线/条	热粗-精轧线/条	4辊单机架热轧机		2辊单机架热轧机		生产能力/(kt·a⁻¹)
				双卷取	单卷取	双卷取	单卷取	
9	意大利	—	1	—	2	1	2	460
10	巴西	1					2	450
11	澳大利亚	1	1	—	—	—	—	420
12	比利时	1	—	—	—	—	—	350
13	加拿大	1				1	1	300
14	希腊	—		1		1	—	260
15	南非共和国	—	1					250
16	中国台湾	—	—	2			—	180
17	巴林	—	—	1			—	180
18	印度尼西亚	1	—	—	1		1	160
19	西班牙	—	—				2	150
20	埃及	—	—	1			1	150
21	奥地利	—	1					150
22	挪威	1					—	110
23	克罗地亚	—	—	1		—	—	100
24	瑞典	1						100
25	匈牙利	—			1		1	80
26	印度				1		1	80
27	土耳其						1	80
28	委内瑞拉		1				1	70
29	瑞士				1			70
30	波兰			1	—		—	70
31	墨西哥						1	65
32	南斯拉夫				1		—	65
33	亚美尼亚				1		—	50
34	喀麦隆						1	50
35	中国香港	1					—	50
36	罗马尼亚	—	—		1		—	45
37	阿根廷	—	—		1		1	40
38	伊朗	—	—				1	40
39	斯洛文尼亚	—	—				1	40
40	捷克共和	—	—		1		—	40
41	泰国	—	—	—	—		2	30
42	荷兰	—	—		—		1	30
43	菲律宾	—	—		—		1	25
44	坦桑尼亚	—	—		—		1	25
45	哥伦比亚	—	—		—		1	15
总 计		37	9	16	25	11	41	18930

　　热轧带坯生产能力前 10 名的国家也即是生产能力大于或等于 450 kt/a 的国家见表 1 - 8，他们是美国、中国、日本、俄罗斯、德国、法国、韩国、英国、意大利、巴西。热轧生产能力最大的 10 家企业见表 1 - 9，他们的合计生产能力 5740 kt/a，占全球热轧带坯总生产能力的 30.3%。

表 1 - 9　铸锭热轧带坯生产能力最大的 10 家企业

国家	企业名称	生产能力/$(kt \cdot a^{-1})$
德国	海德鲁(Hydro)诺伊斯(Neuss)阿卢诺夫铝业公司	1100
中国	南山集团铝加工有限公司	700
中国	西南铝业(集团)有限责任公司	650
美国	美国铝业公司田纳西州轧制厂	600
美国	美国铝业公司印地安纳州瓦威克轧制厂	500
美国	凯撒铝及化学公司特伦特伍德轧制厂	450
美国	威斯合金 LLC 公司亚拉巴马州轧制厂	450
日本	神户钢铁公司栃木县铝板带厂	420
日本	福井县古河铝业公司	420
日本	日本爱知县日本轻金属有限公司	400
总　　计		5740

　　以上的排序不是十分准确的，但阿卢诺夫铝业公司的头一名是无疑的，它有(1+4)式、(1+3)式热连轧线各 1 条。美国铝业公司达文波特轧制厂有世界上最大的热连轧线，但在设计产品结构中，厚板占有较大比例，带卷产量不占主导地位。凯撒铝及化学公司特伦特伍德轧制厂航空级铝板带占了相当大的比例，尽管如此，可比性还是相当大，因为笔者是根据轧机辊面宽度、轧制速度、轧制力、主电机功率大小以生产软合金带材为准综合估算的。全球十大热轧机排序见表 1 - 10，热轧生产能力结构见图 1 - 10 及图 1 - 11。

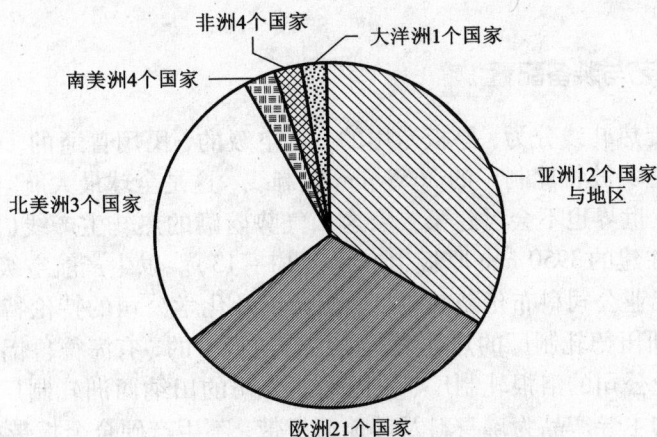

图 1 - 10　按洲分铸锭热轧国家(地区)

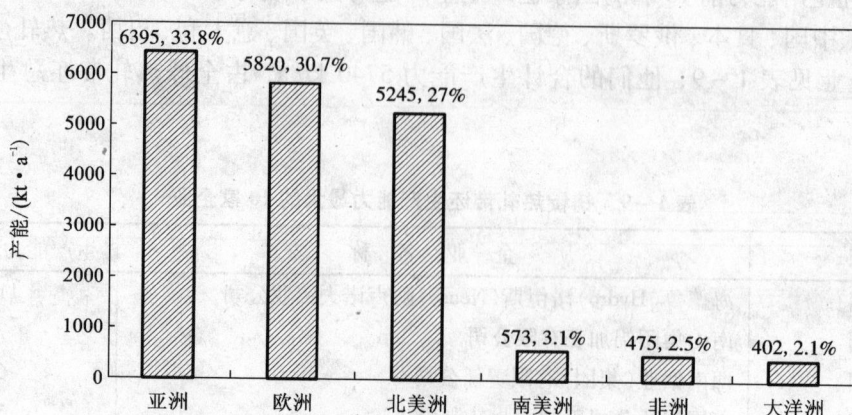

图1-11 按洲分铸锭热轧生产能力及所占比例

表1-10 全球10大铝板带热连轧生产线(以粗轧机辊面宽度为准)

国家	企业名称及地址	粗轧机/mm	精轧机列	
			宽度/mm	机架数/个
美国	美国铝业公司达文波特轧制厂	5588	2640	5
日本	古河电气公司福井轧制厂	4320	2850	4
日本	神户钢铁公司真冈轧制厂	4000	2900	4
法国	加拿大铝业伊苏尔轧制厂	3400	2845	3
美国	凯撒铝及化学公司华盛顿州特伦特伍德厂	3315	2032	5
德国	海德鲁铝业公司诺伊斯市阿卢诺夫铝业公司	3300	3050	3
日本	住友轻金属公司名古屋轧制厂	3300	2286	4
美国	美国铝业公司田纳西州轧制厂	3048	2248	5
法国	加拿大铝业公司新布利萨克轧制厂	2840	2300	4
美国	美国铝业公司瓦威克轧制厂	2676	1828	6

1.3.2 铸锭热轧工艺与装备配置

按产品可将铸锭热轧线分为:厚板专用的,航空级的,民用普通的。首条厚板专用热轧线如美国铝业公司达文波特轧制厂的3658 mm轧制线,这是全球最大航空板带与厚板厂,在可预见的未来时期,世界也不会再建第二家这么气势磅礴的热轧生产线(图1-12);东北轻合金有限责任公司在建的3950 mm厚板生产线(图1-13)。以生产航空级厚板及薄板带为主的热轧机,如爱励铝业公司科布伦茨轧制厂、凯撒铝及化学公司的特伦特伍德轧制厂与加拿大铝业公司的雷文斯伍德轧制厂的热轧线。民用普通板带的,有海德鲁铝业公司的阿卢诺夫轧制厂、诺威力铝业公司的洛根轧制厂、美国铝业公司的田纳西洲轧制厂、中铝西南铝板带有限公司等,它们的主导产品为罐身料及其他薄板带,不生产硬合金板带材(图1-14)。

按粗轧机及单机架热轧机轧辊多少可为2辊的及4辊的两种,但以4辊的占优势;按卷取方式可有单卷取及双卷取的,前者于最后一道次卷取,如东北轻合金有限责任公司的

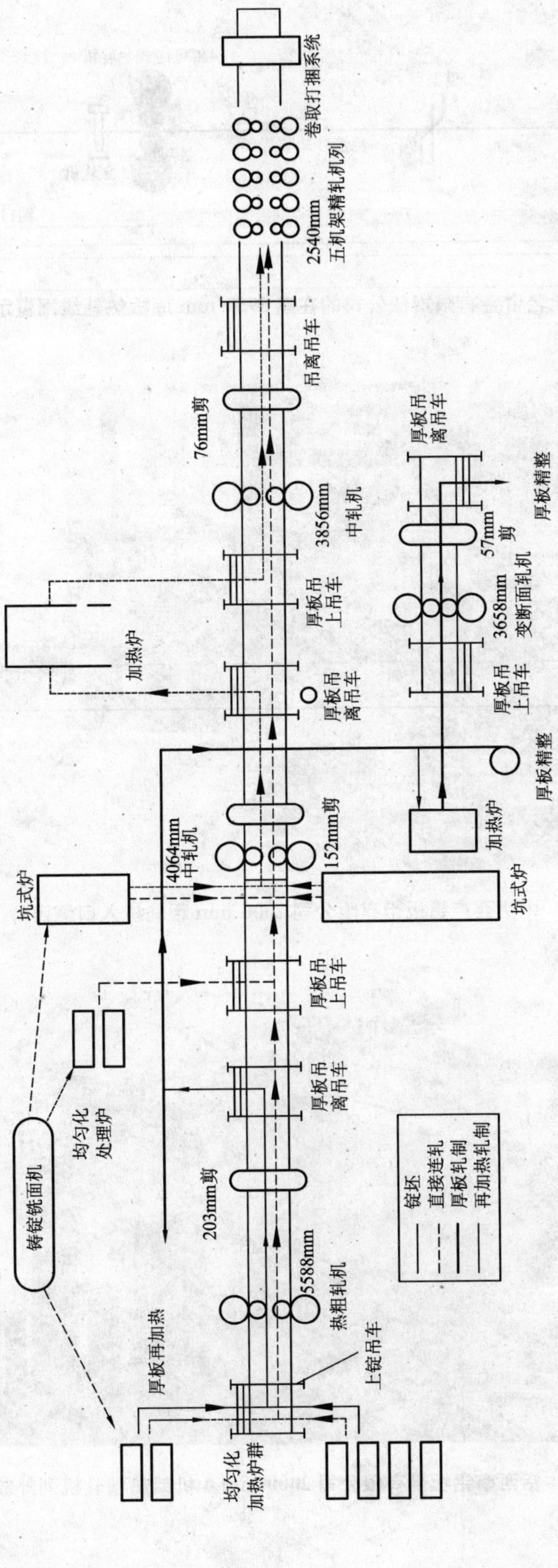

图1-12 达文波特厂热轧生产线生产各类产品的工艺流程示意图

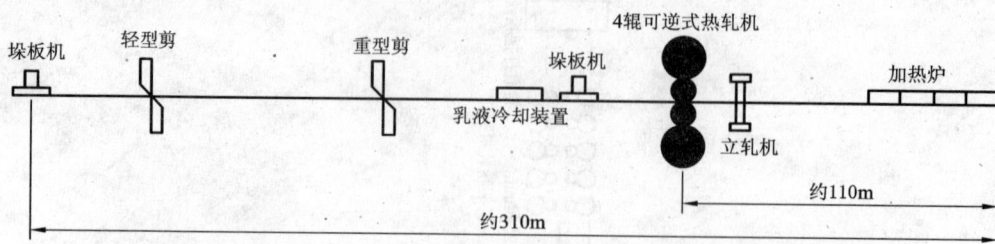

堆板机　轻型剪　　　重型剪　　堆板机　　4辊可逆式热轧机　　　加热炉

乳液冷却装置　　　　立轧机

约110m

约310m

图 1-13　东北轻合金有限责任公司的在建 3950 mm 厚板热轧线配置示意图

图 1-14　中铝西南铝板带有限公司 2000 mm 粗轧机入口侧照片

图 1-15　中铝西南铝板带有限公司 2000 mm 4 机架热精轧机列外貌

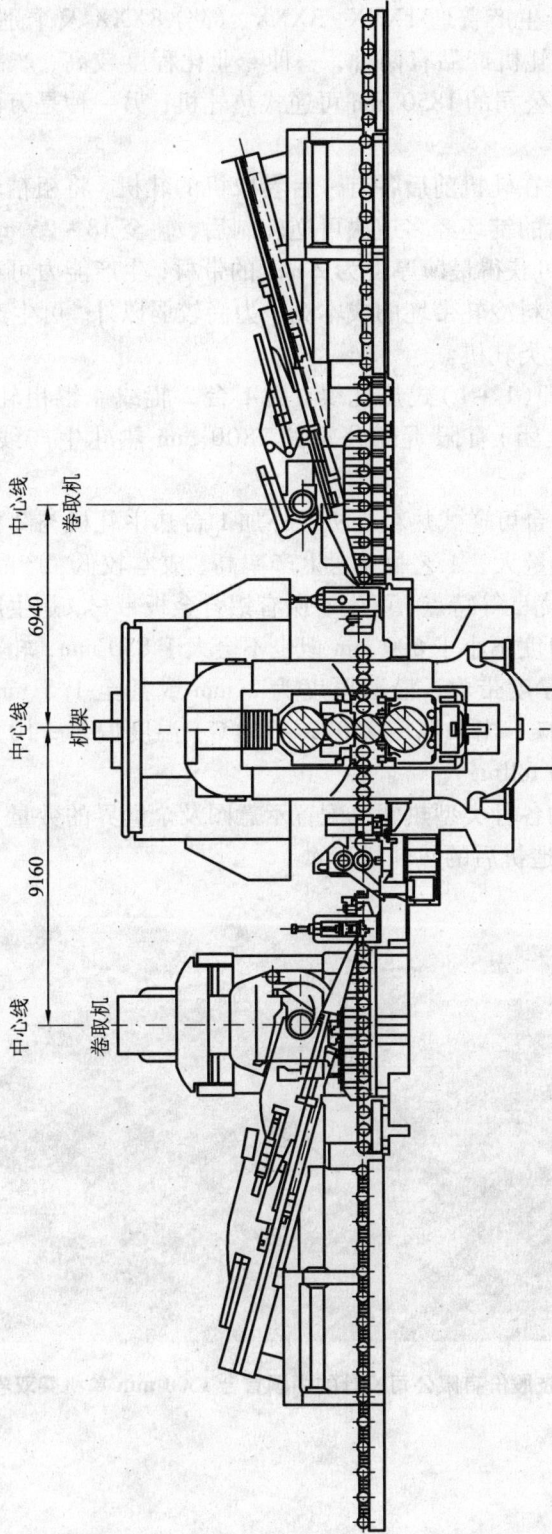

图1-16　蔚山轧制厂930mm/1500mm×2800mm双卷取可逆式热轧机简明线图（全球最大与最先进的）

中心线　卷取机

6940

中心线　机架

9160

中心线　卷取机

2000 mm 4 辊可逆式热轧机，后者如美铝昆山铝业有限公司的 1650 mm 4 辊可逆式热轧机。2
辊可逆式热轧机一般都用于生产普通 1XXX、3XXX、部分 8XXX 及个别 5XXX 系软合金板、
带材。4 辊可逆式单机架热轧机产品有两种，一种专业化程度较高，产品专一，轧制几种软
合金产品，如巨科铝业有限公司的 1850 mm 可逆式热轧机；另一种是万能式的，用于生产所
有的变形铝合金。

单机架双卷取热轧机是在轧机前后各有一台卷取机的轧机，将粗精轧合二为一，可是双
辊的也可是四辊的。加热后的锭坯经多道次可逆轧制后，轧至 18 ~ 25 mm，然后进行可逆式
精轧，轧 3 道次 ~ 5 道次，可获得最薄厚度为 2 mm 的带材，生产能力可达 150 kt/a 或更大一
些。这种轧机在生产除罐身料冷轧带坯的成本竞争力尚较弱以外，可生产铝合金的所有板带
材。中国有世界上最多的这类轧机。

热粗 – 精轧生产线，即（1 + 1）式热轧线，由 1 台 2 辊或 4 辊粗轧机与一台 4 辊热精
轧机组成，如西南铝业（集团）有限责任公司的 2800 mm 热轧生产线，最大生产能力可
达 250 kt/a。

多机架热连轧线，由 1 台可逆式热粗轧机或外加 1 台热中轧机与 2 机架 ~ 6 机架串联的
热精轧机组成，其特点是产量大、工艺稳定、生产率高、成本较低、产品品质（厚度偏差小、
板凸度小）高且稳定、板形优良等特点，可生产所有铝合金板带材，是生产铝及铝合金冷轧用
带坯的主流。热粗轧机开口度不小于 600 mm 但也不会大于 850 mm，轧至 30 ~ 50 mm 后，送
精轧机列一道次轧成所需厚度带卷，最薄厚度为 2 mm 或甚至 1.5 mm，有关指标为厚差
±1%，板凸度 0.2% ~ 0.8%，出口温度 250℃ ~ 360℃，温度偏差 ±10℃，甚至可达 ±5℃。
连轧（精轧）又称温轧（warm rolling）。

表 1 – 11 示出了现有的各种类型热轧机配置示意图及全世界的数量、单台机或单条生产
线的产能（不含黑兹莱特铸造机后的热轧机）。

图 1 – 17 中色科技股份有限公司设计的中国首台 1300 mm 单机架双卷取热轧机

表 1 – 11 世界铝板带热轧机配置型式、台(条)数及单台(条)最大生产能力

型　　式	台(条)数 /台(条)	最大生产能力[①] /(kt·a^{-1})
2 辊单机架单卷取热轧机	57	30
2 辊单机架双卷取热轧机	13	40
4 辊单机架单卷取热轧机	19	80
4 辊单机架双卷取热轧机	20	150
4 辊热粗轧 + 4 辊单机架双卷取热精轧即(1 + 1)式	5	250
2 辊热粗轧机 + 4 辊单机架双卷取热精轧机即(1 + 1)式	2	180
2 辊热粗轧机 + 双机架 4 辊热精连轧机列即(1 + 2)式	1	250
4 辊热粗轧机 + 双机架 4 辊热精连轧机列即(1 + 2)式	2	300
2 辊热粗轧机 + 3 机架 4 辊热精连轧机列即(1 + 3)式	3	300

型　　式		台(条)数 /台(条)	最大生产能力[①] /(kt·a^{-1})
4 辊热粗轧机 + 3 机架 4 辊热 精连轧机列即(1 + 3)式 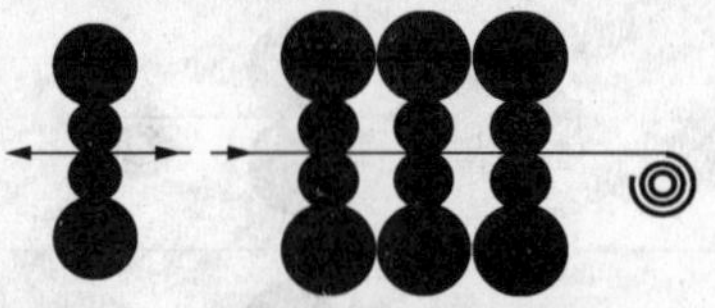		8	400
4 辊热粗轧机 + 4 机架 4 辊热 精连轧机列即(1 + 4)式 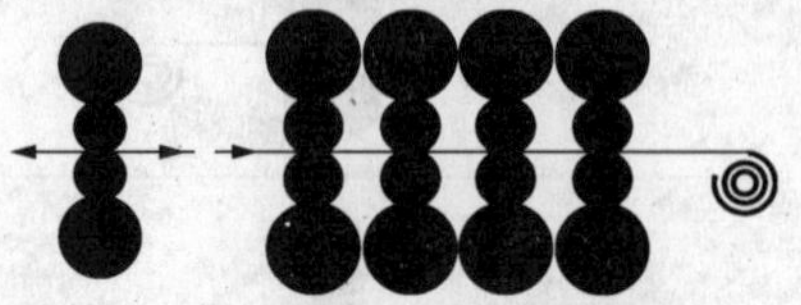		11	700
2 辊热粗轧机 + 5 机架 4 辊热 精连轧机架即(1 + 5)式[②] 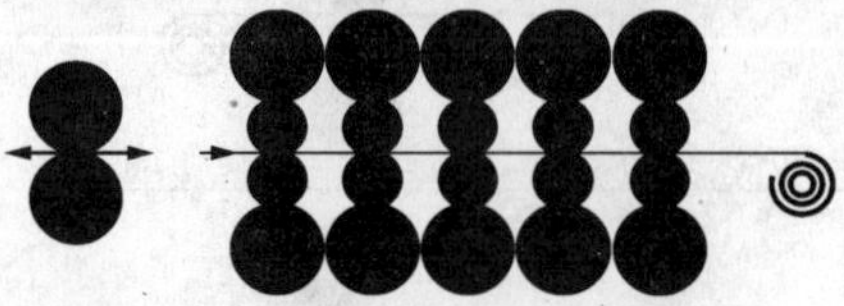		1	400
4 辊热粗轧机 + 5 机架 4 辊热 精连轧机列即(1 + 5)式[②] 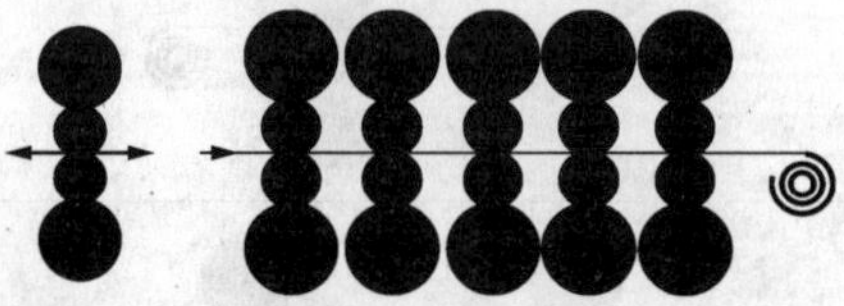		1	450
4 辊热粗轧机 + 6 机架 4 辊热 精连轧机列即(1 + 6)式[②] 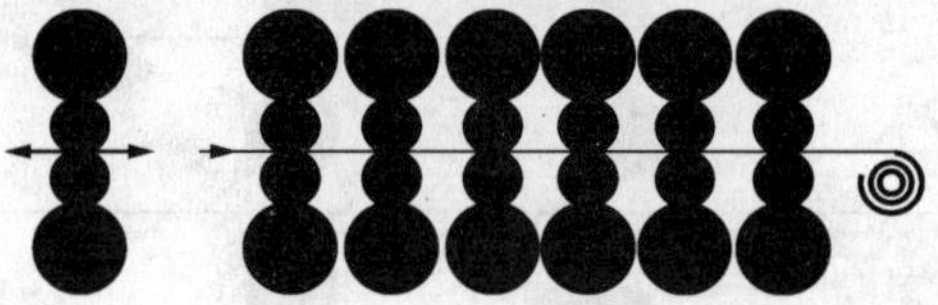		1	500
1 台 4 辊热粗轧机 + 1 台 4 辊热中轧机 + 4 机架热精连轧机列即 (1 + 1 + 4)式[②] 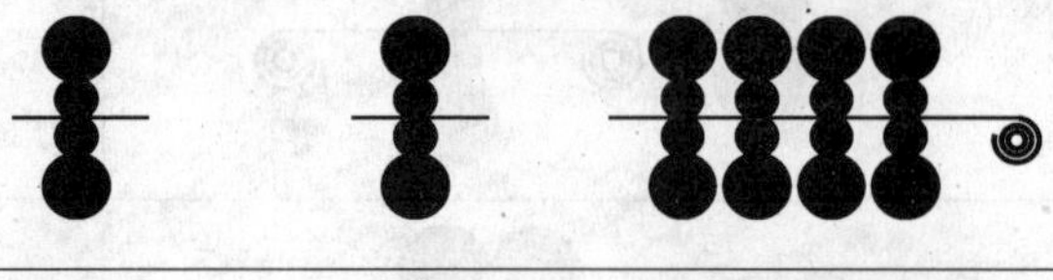		1	550
1 台 4 辊热粗轧机 + 1 台 4 辊热中轧机 + 5 机架热精连轧机列即 (1 + 1 + 5)式[②] 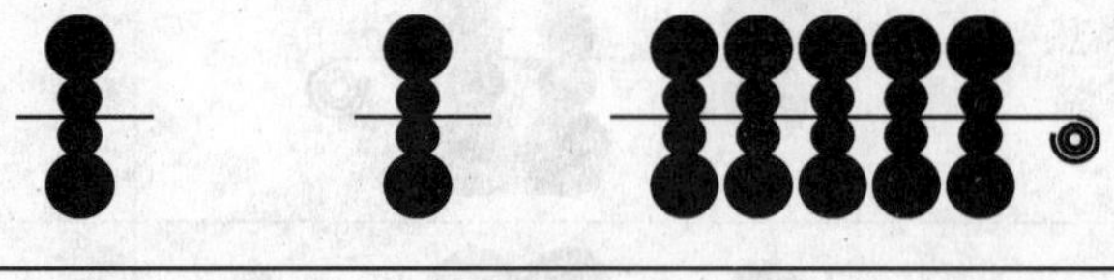		2	700

注：①生产能力是按生产软合金带材计算的，实际产量决定了许多因素，与表中所指数值会有较大差别。

②在可预见的时期内(2020 年以前)工业发达国家不会再建这类生产线，但在发展中国家如中国还是有可能建(1 + 5)式或(1 + 1 + 5)式的。本表示意图蒙周涛工程师绘制，谨此致谢。

1.3.3　黑兹莱特连铸连轧

黑兹莱特连铸连轧工艺是目前世界上唯一有真正实际意义的成熟的并商业化生产的连铸连轧法，在黑兹莱特(Hazellet)铸造机之后，可接 1 台 ~3 台热(温)轧机，也可以不接(图 1 – 18)。铸造带坯厚度可从 15 ~ 50 mm，但多为 20 mm 左右。

截至 2006 年底，全球投产的连铸连轧机列有 12 条，在产的 11 条，因美国铝业公司得克萨

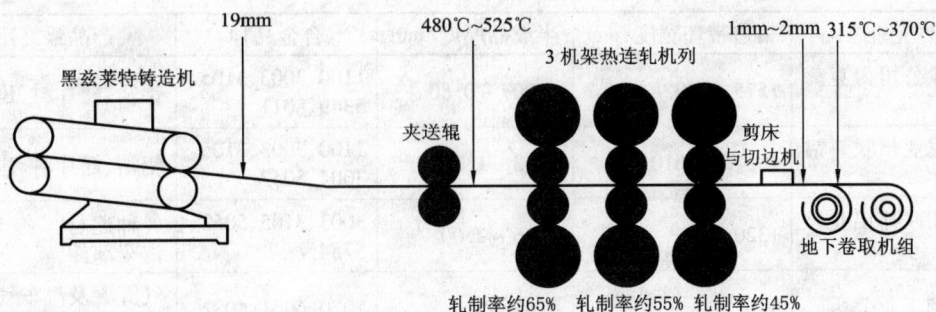

图1-18 铝带坯连铸连轧机列

斯州的那一条因进行产品结构战略调整暂停生产。12条生产线的设计生产能力约1350 kt/a，实计产量估计约825 kt/a，设备利用率61.2%（表1-12），设备潜力远未得到发挥。

连铸连轧生产线是一种先进的带坯生产工艺，在节约两源（能源与资源）、投资成本、生产成本方面优于铸锭热轧法，在产品品质方面接近铸锭热轧法的且优于双辊式连续铸轧法的。中国有一些企业准备引进此工艺及其设备，伊川电力集团正在建设中国首条这类生产线。

连铸连轧工艺除未见生产2XXX系及7XXX系合金外，其他系的民用产品合金均可生产，在生产铝箔带坯、交通运输工具板带材与建筑板带材方面有着独特的优势，可生产的合金品种及半成品种类见表1-13。

表1-12 投产的黑兹莱特连铸连轧线的设计生产能力与估计实产

投产年度	企 业 及 地 址	带宽/mm	设计产能/(kt·a^{-1})	估计实产/(kt·a^{-1})
1963	加拿大托武汽车产品公司（Tower Automotive）	660	40	25
1970	日本轧制工业公司（Nihon Atsuen）	300	20	10
1979	美国加利福尼亚联邦（Commonwealth）铝业公司	711	70	40
1984	日本轧制工业公司（Nihon Atsuen）	450	20	10
1985	美国印地安纳州朱皮特（Jupiter）公司	762	120	100
1986	美国俄亥俄州联邦铝业公司[①]	1346	300	210
1987	美国亚拉巴马州委尔坎铝业公司（Vulcan）	1320	25	15
1988	委内瑞拉皮文萨（Pivensa）铝业公司	1040	100	40
1991	美国伊奥瓦州尼科尔斯公司（Nichols）	1320	180	200
1997	加拿大诺文公司（Neuman）	380	25	15
2001	西班牙瓦楞西纳铝业公司（Compania Valenciana Alumunio）	1320	150	70
2002	美国铝业公司得克萨斯轧制厂	1930	300	100
总 计			1350	835

注：①现属爱励铝业公司（Aleris）。

表 1-13 黑兹莱特连铸连轧合金种类、半成品规格及最终用途

生产企业	铸造带坯宽度/mm	半成品厚度/mm	合金品种	产品最终用途
美国铝业公司得克萨斯轧制厂	1575,1700	0.007~0.80	1100、3003、3105、5349、8011	铝箔、翅片料、建材
加利福尼亚州联邦铝业公司	485,560,610,686	0.33~1.55	1100、3003、3105、3004、5052	铝箔、翅片料、建材
俄亥俄州联邦铝业公司	1320	0.25~2.00	3003、3105、5052、5754	各种建材[①]、拖车围板、汽车部件
日本轧制工业公司	406	4.8~35	1070、6061、6082	气雾罐及汽车气囊容器的冲制坯
朱皮特公司	610、712、813、864、915	0.22~1.5	3004、3105	汽车标牌、建材[①]、炊具
诺文公司	330	4~35	1070、1100、3003	气雾罐及汽车气囊容器的冲制坯
尼科尔斯公司	1015、1320	0.2~2.5	1350、3003、3004、3105、5005、5052、5349、6016	建材[①]、家电、炊具、家具、计算机光盘滑板、灌溉管、拖车围板
托武汽车产品公司	305、406、457、560、660	0.25~40	1070、3003、5052、6005、6061	汽车热屏复合板、翅片料、冲制坯
委尔坎铝业公司	867、1016、1320	0.50	5052	公路标牌
瓦楞西纳铝业公司	1320	0.30~3.00	1050、1200、3003、3005、5005、5049、5052、5754、8011、8079	铝箔坯料、耐用品、建材、汽车部件、游船部件

注：①建材包括制造各种面板、水槽、水管、标牌、屋顶及遮盖棚、门窗、烟道、拼装房屋、建筑小五金、屏蔽箔、百叶窗等所需的铝合金板带箔材。

1.3.4 2 辊式连续铸轧

2 辊式连续铸轧是使铝熔体通过内部有循环水冷却的旋转着的两辊之间的缝隙而得到凝固的工艺，同时在凝固外壳形成后通过辊缝时受到铸轧辊施加的压力——轧制力，使其发生 15%~22% 的变形。第一代铸轧机是美国亨特工程公司(Hunter Engintering Co.) 于 20 世纪 60 年代初研发的，辊径在 600 mm 左右，称为标准型铸轧机，中国华北铝业有限公司于 20 世纪 80 年代初研制成标准型铸轧机。第二代铸轧机被称为超型铸轧机，辊径约为 900 mm，由于辊径加大，因而铸轧辊刚度和熔体凝固区长度都相应地有所增加，生产的带坯宽度有了较大增加。第三代铸轧机被称为超薄的快速铸轧机，是亨特工程公司(现为意大利法塔(FATA)亨特公司)与法国普基(Pechiney)公司(已被诺威力铝业公司兼并)研究开发的，铸轧速度≥10 m/min，产品最薄厚度为 1 mm，但这种铸轧机并未用于生产厚度小于 3 mm 的带坯。中国有关单位曾研究过这种高速铸轧机，虽然取得了一些成就，但距原定的目标相差甚远，不得不暂停研发。

图 1-19~图 1-21 示出了涿神公司设计制造的 φ1600 mm 水平式双驱动连续铸轧机的外貌、中色科技股份有限公司的超型铸轧机及意大利法塔亨特公司的超薄快速铸轧机的简明线条图。

当前设计与制造双辊式连续铸轧机的主要企业有法塔亨特公司、诺威力·普基自动化工程公司(Novelis PAE)、奥地利钢铁联合工业公司(VAI)，以及中国的涿神公司、中色科技股

图 1-19 水平式双驱动铝连续铸轧机

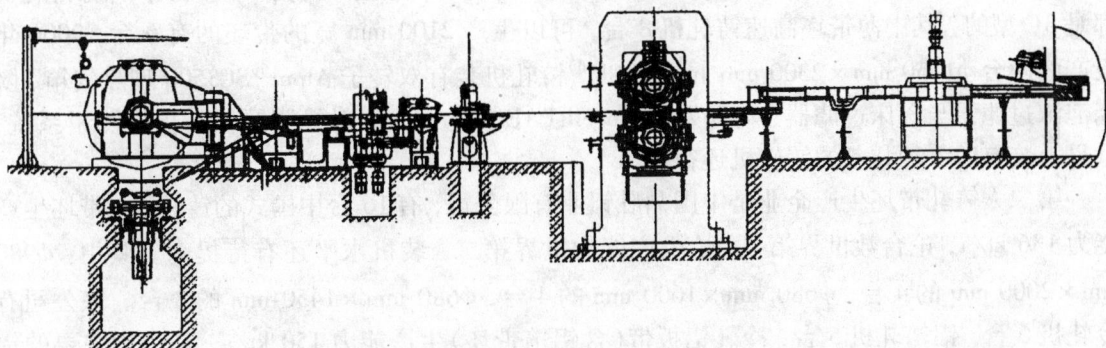

图 1-20 中色科技股份有限公司的超型铸轧机简明线条图

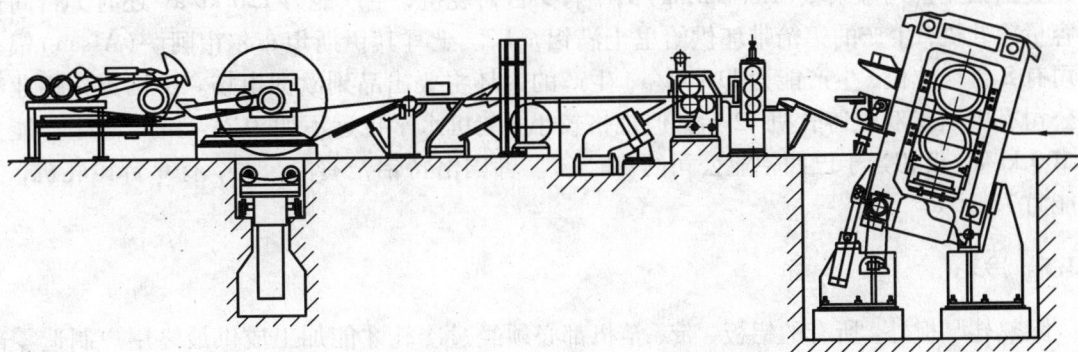

图 1-21 意大利法塔·亨特(Fata Hunter)公司的超薄高速型铸轧机简明线条图

份有限公司、上海捷如重工机电设备有限公司、诚达设备制造有限公司、上海天重重型机器有限公司等。

2006年底全世界约有590条2辊式铸轧生产线,中国约有265条,占总条数的45%(图1-22),占总生产能力的(6000 kt/a)的36.7%(2200 kt/a)。在这265条生产线中有12条是引进的,其余的都是中国自行设计制造的,中国的2辊式连续铸轧机已开始向发展中国家出口。

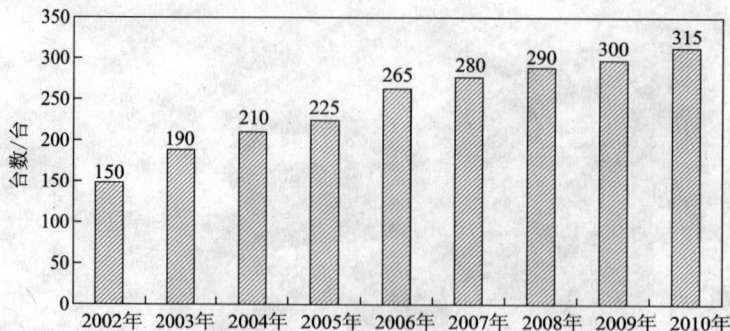

图 1-22　2002—2010 年中国双辊式铝带坯铸轧机台数

全球最大 5 家铸轧带坯生产企业是：巴西铝业公司（Companhia Brasileira de Aluminio）圣保罗州铝厂（Aluminio in SaoPaulo State），有 12 台铸轧机，总生产能力 160 kt/a，所有铸轧机都是 3C 型的，其中薄带坯高速铸轧机 8 台，可以生产 2100 mm 宽的带坯的有 6 台，2006 年投产的两台 $\phi1150$ mm×2300 mm Jumbo3CM® 铸轧机装有双转子 Alpur®SC3500 型除气箱、陶瓷泡沫过滤器与深床过滤器、新开发的 NovelisPAE 铣边机、X 射线测厚仪与板形测量系统，世界上装有后 3 种装备的铸轧机还很少。

第二大铸轧带坯生产企业是中国鼎胜铝业有限公司，有 16 台中国式的铸轧机，带坯生产能力 136 kt/a，论台数世界第一，论生产能力世界第二，装机水平还有待提高。其中：$\phi980$ mm×2000 mm 的 4 台，$\phi680$ mm×1600 mm 的 4 台，$\phi680$ mm×1450 mm 的 8 台。该公司有冷轧机 6 台，铝箔轧机 5 台，冷轧铝板带（含铝箔带坯）生产能力 150 kt/a，是中国主要的铝平轧产品企业之一。

美国铝业公司温泉城（Hot Spring）铝厂有 9 台铸轧机，生产能力 120 kt/a，还有 1 台高速大容量冷轧机，生产的铝箔带坯供给里士满铝箔厂。土耳其伊斯坦布尔市阿萨（Assan）铝业公司有 8 台铸轧机，生产能力 115 kt/a，生产的带坯主要出品到欧洲市场。中国鑫泰铝业有限公司有中国式双辊铸轧机 12 台，但规格较小，装机水平也远不如 3CM 型的，总生产能力约 100 kt/a，仅相当于巴西铝业公司的 62.5%。韩国洛特铝箔有限公司，有 6 台铸轧机，生产能力 75 kt/a。

1.3.5　冷轧

除热轧厚板外，所有的铝板、带、箔机都必须经过冷轧才能加工成供最终用户制造零部件的半成品——板、带、箔材。冷轧是材料在再结晶温度以下进行的强烈塑性变形过程，虽然材料在冷加工过程中的温度可升高到 180℃ 左右，但比铝及铝合金的再结晶开始温度（275℃ 左右）还是低得多，只可能上升到回复温度。

冷轧的主要优点有：组织性能均匀，尺寸精确，表面品质高，结合适当的热处理可获得不同状态的半成品，但能耗高与产生火灾的危险性较大是其缺点。

冷轧可分为块片式轧制与带卷式轧制。冷轧机按辊数多少可分为 2 辊的、3 辊的、4 辊的、6 辊的与更多辊的，按机架多少可分为双机架的、3 机架的、多机架的与单机架的。单机架轧机又有可逆的与不可逆式的，20 世纪 60 年代以后生产的大中型冷轧机多是不可逆式的，但小型冷轧机还是可逆式的为好。6 辊冷轧机的刚度比 4 辊冷轧机的更高,工作辊也更小一些,工艺参数也更好控制一些,因此可以轧得更薄与尺寸精度更高的板带材。

冷连轧机列有连续的与非连续的之分,但全世界仅有一条 3 机架冷连轧生产线是连续的,在美国铝业公司田纳西州美铝镇轧制厂。冷轧机轧辊形式有:圆柱形的,连续可变凸度(CVC)的,大凸度(high crown,HC)的,万能可控凸度的(universal crown control,VC),可变凸度的(variable crown,VC),动态板形式的(dynamic shape roll,DSR)。将装有这类非圆柱形轧辊的轧机相应地称为 CVC 轧机等。全世界铝带冷连轧线及冷轧机见表 1-14,不含 2 辊的,但含 2 辊抛光机。

表 1-14　全世界铝带冷连轧线及冷轧机(辊面宽度≥800 mm,不含 2 辊的)

序号	国家或地区	双机架冷连轧线/条	4 辊单机架冷轧机/台		生产能力[①]/(kt·a^{-1})
			可逆的	不可逆的	
1	美国	9	6	50	4947
2	中国	—	5	135	3202
3	德国	2	3	14	1375
4	日本	5	4	19	1522
5	俄罗斯	—	21	8	1505
6	韩国	1	2	18	980
7	法国	—	4	12	808
8	意大利	—	8	9	455
9	巴西	1	1	11	507
10	英国	2	4	5	560
11	印度	—	7	12	340
12	土耳其	—	5	6	285
13	澳大利亚	—	—	5	175
14	比利时	—	1	2	265
15	中国台湾	—	2	6	212
16	西班牙	—	4	3	204
17	委内瑞拉	—	—	9	235
18	加拿大	—	1	8	182
19	印度尼西亚	—	3	4	226
20	南非共和国	—	—	2	183
21	希腊	—	2	2	180
22	埃及	—	3	2	120
23	巴林	—	—	2	145
24	挪威	—	1	4	150
25	奥地利	—	1	1	110
26	墨西哥	—	3	2	50
27	南斯拉夫	—	2	2	52
28	匈牙利	—	4	1	80
29	瑞士	—	2	1	81
30	克罗地亚	—	2	1	70
31	伊朗	1	1	2	30
32	瑞典	—	2	1	65

续表 1-14

序号	国家或地区	双机架冷连轧线/条	4辊单机架冷轧机/台		生产能力①/(kt·a⁻¹)
			可逆的	不可逆的	
33	波兰	—	2	1	53
34	荷兰	—	2	2	30
35	喀麦隆	—	—	2	58
36	泰国	—	1	5	46
37	阿根廷	—	1	2	34
38	马来西亚	—	—	2	29
39	罗马尼亚	—	—	2	20
40	加纳	—	—	1	20
41	尼日利亚	—	1	1	35
42	亚美尼亚	—	1	—	40
43	斯洛文尼亚	—	2	1	35
44	保加利亚	—	—	1	32
45	中国香港	—	—	1	30
46	捷克共和国	—	—	1	30
47	哥伦比亚	—	1	3	30
48	菲律宾	—	—	1	30
49	阿联酋	—	2	—	20
50	坦桑尼亚	—	—	1	18.5
51	肯尼亚	—	—	1	12
52	哥斯达黎加	—	—	1	13
53	乌克兰	—	—	1	8
54	智利	—	—	1	5
55	秘鲁	—	1	—	2
	总计	21	118	390	19931.5

注：①指所有冷轧机的。

表 1-15 全世界 6 辊冷轧机及 4 辊 3、5、6 机架冷连轧线

序号	国家或地区	6辊单机架冷轧机/台	多机架冷连轧线/条		
			3机架的	5机架的	6机架的
1	美国	1	4	4	1
2	中国	8	—	—	—
3	德国	3	2	—	—
4	日本	6	—	—	—
5	俄罗斯	—	1	1	—
6	法国	—	1	1	—
7	英国	—	1	—	—
8	比利时	1	—	—	—
9	中国台湾	1	—	—	—
10	加拿大	—	1	—	—
11	南非共和国	1	—	—	—
	总计	21	10	5	1

2006 年底，全世界冷轧机的基本资料如下：

● 有 4 辊(辊面宽度等于大于 800 mm)及以上冷轧机的国家与地区 55 个，共有：4 辊的 508 台(约 510 台)，其可逆式的 118 台；6 辊不可逆式的 21 台，中国拥有世界上最多 6 辊冷轧机。

● 冷连轧生产线 37 条(见表 1 - 15)，其中冷连轧方式见图 1 - 23：

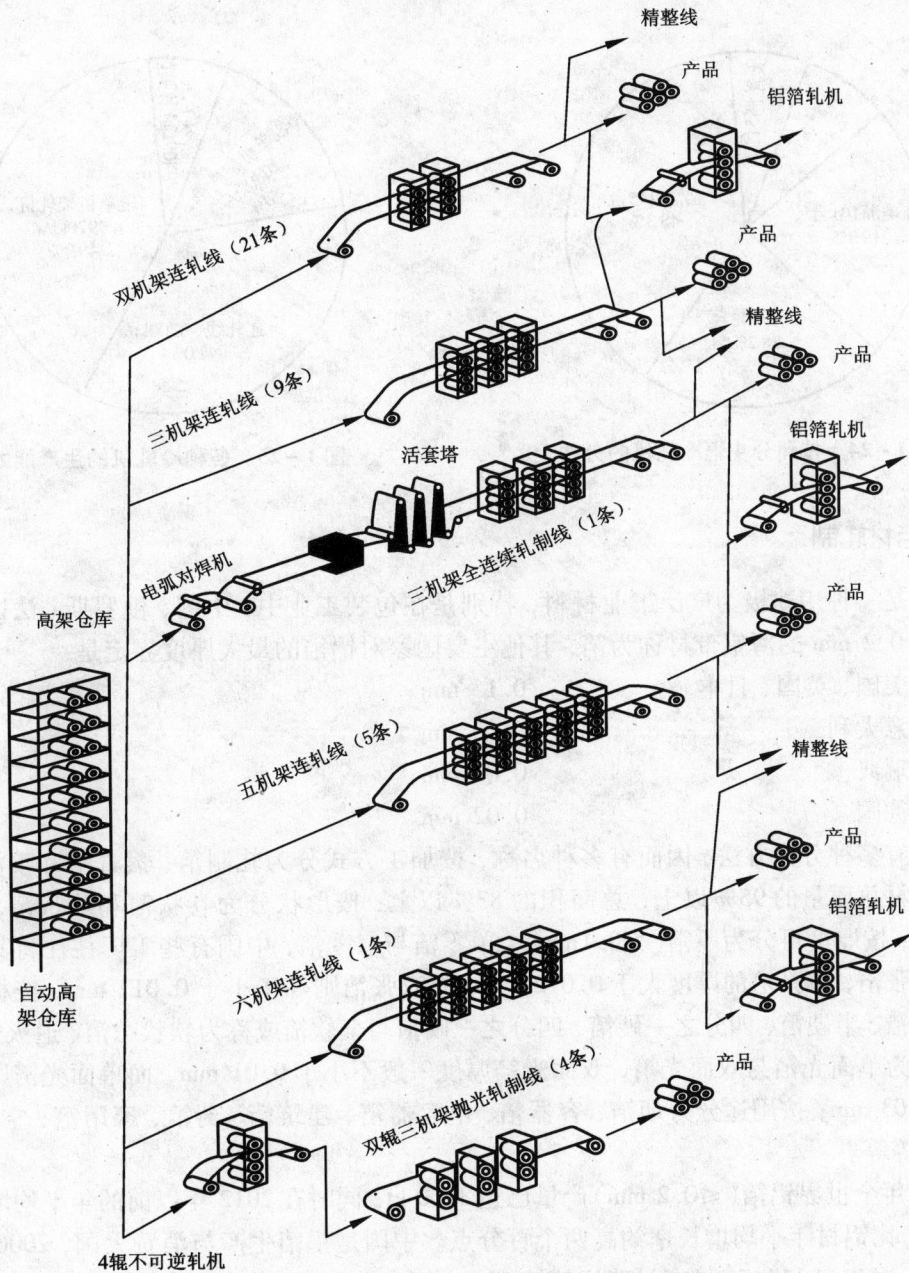

精整线

产品

铝箔轧机

双机架连轧线(21条)

三机架连轧线(9条)

精整线

产品

铝箔轧机

活套塔

电弧对焊机

三机架全连续轧制线(1条)

高架仓库

产品

自动高架仓库

五机架连轧线(5条)

精整线

产品

铝箔轧机

六机架连轧线(1条)

双辊三机架抛光轧制线(4条)

产品

4辊不可逆轧机

图 1 - 23 现代化铝带冷连轧方式示意图

(括弧中数字为该生产线全球总条数)

双机架的 21 条,最多的是美国,有 9 条,占总数的 42.9% ;

3 机架的 10 条,最多的是美国,有 4 条,其中有 1 条全连续的;

5 机架的 5 条,其中 4 条在美国;

6 机架的 1 条。

4 辊冷轧机的地区分布见图 1-24,各种冷轧机的产能结构见图 1-25,它们的总生产能力约 20000 kt/a。

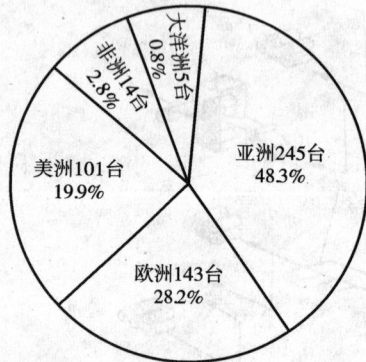

图 1-24 按洲分 4 辊冷轧机的分布

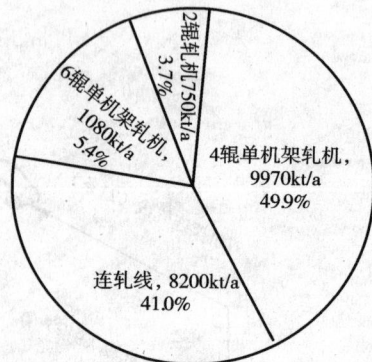

图 1-25 各种冷轧机的生产能力

1.3.6 箔材轧制

铝箔是一种用途极为广泛工业材料,特别是在包装工业中,中国、俄罗斯、法国把厚度等于小于 0.2 mm 的薄铝带材称为箔,其他主要国家对铝箔的最大厚度界定是:

美国、英国、日本	0.15 mm
意大利	0.05 mm
瑞典	0.04 mm
德国	0.02 mm

铝箔有多种分类方法,因而有多种名称,按加工方式分为轧制箔、蒸着箔和喷涂箔,轧制箔占箔材总质量的 95% 以上,总面积的 83% 以上;按形状分为卷状箔和片状箔,前者占 99% 以上;按厚度可分为厚箔(≥0.1mm)、单零箔与双零箔,中国有些工厂往往将其分为单张箔与双张箔,单张箔的厚度大于 0.012 mm,而双张箔则等于小于 0.012 mm;按材料状态分为全硬箔、半硬箔、四分之一硬箔、四分之三硬箔与全软箔或称为软状态箔、退火箔;按表面状态分为单面光箔与双面光箔,双面光箔厚度一般不小于 0.01 mm,而单面光箔厚度一般不大于 0.03 mm;按用途分为烟箔、容器箔、电容器箔、建筑箔、药箔、家用箔、空调器箔、包装箔,等等。

2006 年全世界铝箔(≤0.2 mm)产量已达 3000 kt,同时在 2012 年以前的年平均增长率可达 4.8%,比铝材年平均增长率约高两个百分点。中国是铝箔生产与消费大国,2006 年的产量 745 kt,净出口 114.7 kt(有衬背铝箔按 50% 计算)。

铝箔轧制是一种特殊的冷轧,双零箔是在无辊缝条件下轧制。当前可生产的轧制箔的最大宽度为 2150 mm,最薄厚度为 0.0045 mm 负偏差,中国云南新美铝铝箔有限公司 2005 年采用铸轧带坯轧出了宽达 1100 mm 的 0.005 mm 负偏差电力电容器箔,居世界领先水平,恩远实业公司贵阳铝箔厂也在继新美铝公司之后批量轧出了这种箔。

全世界铝箔工业的基本简况:

· 铝箔厂约 247 个,总生产能力约 4000 kt/a。

· 目前商业化轧制的最薄包装铝箔厚度为 0.00635 mm,因为有绝对阻挡作用的铝箔厚度不得小于 0.006 mm。

· 双零铝箔的消费量仅占铝箔总消费量的 18% 左右。

· 当今商业化轧制的铝箔的最薄厚度为 0.0045 mm,当然还可以生产更薄一些的,但经济上不合算。

· 中国已成为世界第一大铝箔生产国,并已成为铝箔初级强国。

· 有 4 辊箔轧机的国家 49 个,箔轧机 534 台,总生产能力约 4000 kt/a,实际上 2 辊轧机的生产能力在匡算时可不予考虑。

铝箔厂轧机的配置如图 1-26 所示。世界各国铝箔轧机的数量见表 1-16。这里所说的箔轧机是指工作辊直径等于小于 280 mm 的可轧双零箔的轧机,但专为铝箔厂设计的虽然其工作辊直径大于 280 mm 也算作箔轧机,如渤海铝业有限公司 3 台 φ340 mm 的轧机。在可预见的时期内即 2020 年以前铝箔轧机的最大轧制速度还很难超过 2500 m/min,支承辊辊面宽度也难以大于 2500 mm。

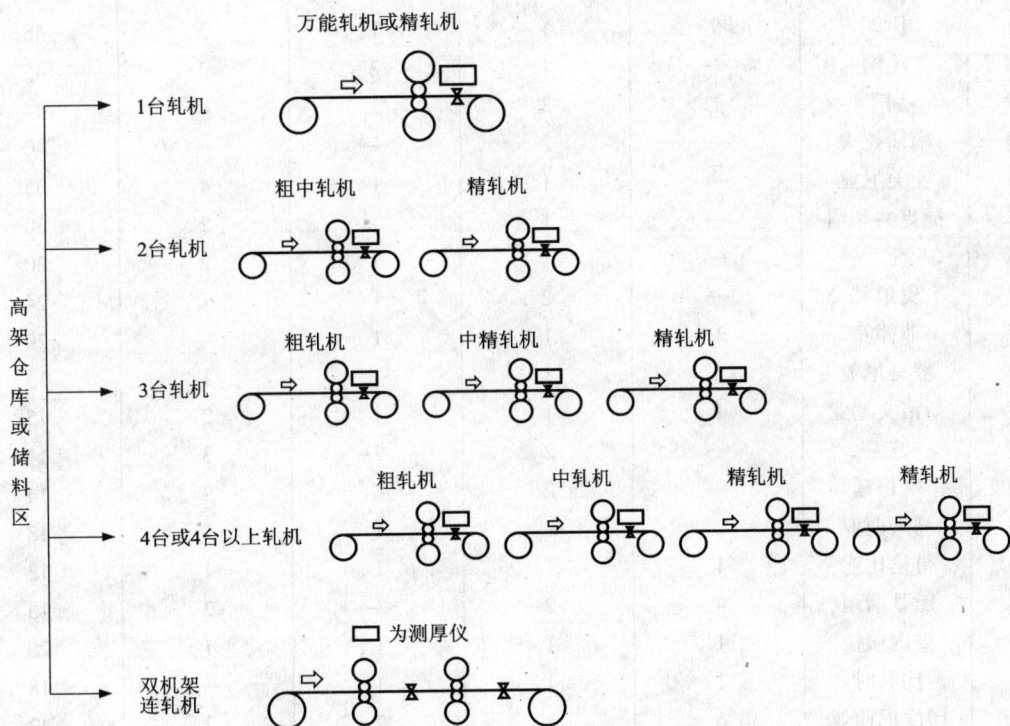

图 1-26 常规铝箔厂铝箔轧机的配置示意图

表 1–16　辊面宽度等于大于 800 mm 的 4 辊铝箔轧机的数量及生产能力

序号	国家或地区	轧机数量/台				生产能力 /(kt·a⁻¹)
		万能轧机	粗轧机	中轧机	精轧机	
1	中国	7	28	31	20	870
2	美国	5	22	23	41	780
3	德国	1	10	10	16①	450
4	意大利	7	6	4	8	288
5	日本	4	11	9	13	210
6	巴西	3	6	5	7	136
7	韩国	9	7	4	9	127
8	俄罗斯	3	2	2	4	82
9	西班牙	1	4	1	6	72
10	中国台湾	2	2	—	2	68
11	墨西哥	1	1	2	4	65
12	卢森堡	—	2	1	2	60
13	加拿大	1	1	1	3	60
14	印度	2	7	3	2	58
15	土耳其	2	2	2	4	58
16	埃及	2	—	1	—	47
17	伊朗	5	1	1	2	46
18	英国	—	1	2	2	45
19	法国②	1	3	2	4	44
20	南斯拉夫	—	2	—	—	40
21	亚美尼亚	—	1	1	4	35
22	捷克共和国	—	1	1	2	30
23	荷兰	—	1	2	2	30
24	奥地利	—	2	1	1	24
25	菲律宾	1	1	1	—	20
26	罗马尼亚	2	1	—	1	15
27	斯洛文尼亚	2	1	1	2	15
28	波兰	—	2	2	3	14
29	阿根廷	—	2	—	2	14
30	马来西亚	2	—	1	1	13
31	哥伦比亚	1	1	1	1	13
32	巴基斯坦	4	2	—	2	13
33	委内瑞拉	1	1	1	1	20
34	比利时	1	1	1	—	18
35	印度尼西亚	6	3	2	2	42
36	南非共和国	—	1	1	1	12
37	巴林	—	1	1	1	10
38	克罗地亚	—	1	—	1	10

序号	国家或地区	轧机数量/台				生产能力 /(kt·a⁻¹)
		万能轧机	粗轧机	中轧机	精轧机	
39	泰国	—	2	—	2	10
40	保加利亚	—	—	1	2	10
41	澳大利亚	—	1	—	1	10
42	瑞典	1	1	—	—	8
43	哥斯达黎加	1	—	—	—	8
44	乌克兰	—	1	—	1	8
45	匈牙利	—	1	—	—	6
46	智利	1	—	—	—	5
47	阿联酋	1	—	—	—	3
48	斯里兰卡	—	1	—	1	1.8
49	希腊	1	1	—	—	10
	总计	81	148	121	184	4033

注：①德国格雷文布洛伊希轧制厂 2003 年建了一条"Foil 2001"工程的双机架 1450 mm 铝箔生产线，设计双零六箔生产能力 16 kt/a，是世界上第二条铝箔连轧生产线；

②法国卢格尔（Rugles）铝箔厂于 2000 年建成了一项名为"里格恩（Ligne）2000"的工程，是一条双机架铝箔连轧生产线，全球首条双机架铝箔连轧线，可生产最大宽度为 2150 mm 的双零六箔，设计生产能力 17.5 kt/a。是世界上速度最快、产品最宽、产能最大与最现代化的这类生产线，它的最大轧制速度 2000 m/min，来料最大厚度 0.6 mm，是德国阿申巴赫公司设计制造的。

全世界有 4 辊铝箔轧机的国家与地区 49 个，由于菲律宾的一个铝箔厂已停产，所以在产的铝箔国家与地区实际上只有 48 个，共有 4 辊箔轧机 534 台，其中万能轧机 81 台、粗轧机 148 台、中轧机 121 台、精轧机 184 台。需指出的是，对铝箔轧机的这种统计并不严格，因为箔轧机的规格往往相同，而且粗、中轧机的一些工艺参数也一般是相等的，如轧制速度、轧制力、主电机功率等。

轧机的地区结构见图 1 - 27，轧机的类型数量结构见图 1 - 28。

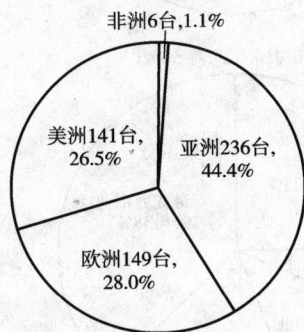

图 1 - 27　4 辊铝箔轧机的地区分布

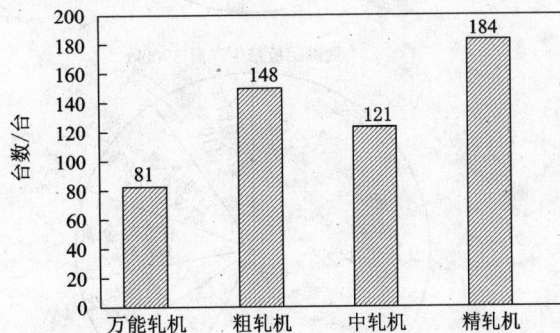

图 1 - 28　4 辊铝箔轧机的数量结构

1.4 世界对铝平轧产品的需求

1.4.1 对平轧铝产品的需求

2006 年全球对铝平轧产品的需求为 16600 kt，由于中国及发展中国家经济的高速发展，在到 2012 年为止的这段时间内全球对铝平轧产品需求的年平均增长率可达 6.2%，2010 年的需求量为 21100 kt 左右，2012 年的需求可能达到 23800 kt。其中中国的贡献率约为 45%。

孔仁德博士的数据[2]，2020 年全世界对铝平轧产品的需求量可比 2005 年的上升约一倍。

1.4.2 一些国家的人均原铝消费量

工业发达国家 2006 年原铝人均消费量为 20～30 kg，发展中国家的人均消费量为 5.5 kg，中国的人均消费量可由 2006 年的 6.6 kg 上升到 2008 年的 9.0 kg。

1.4.3 铝板带生产的集中度

由图 1－29 及表 1－17 可见，北美、南美与欧洲铝板带生产的集中度高，而亚洲的集中度低[2]，例如欧洲 5 大铝业公司的产量占全地区总产量的 69%，北美洲 5 大铝业公司的产量

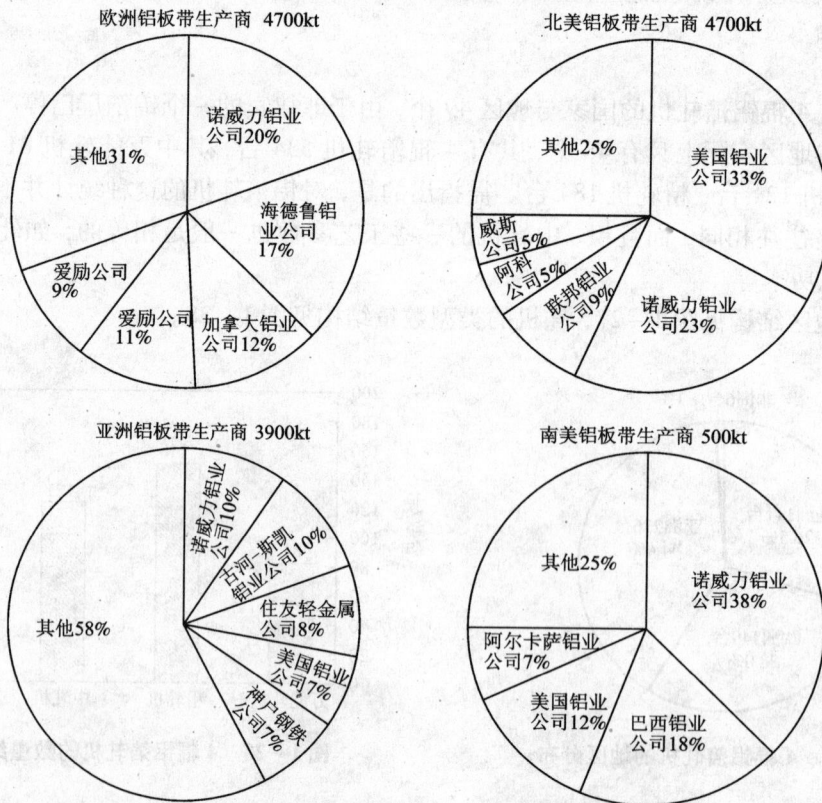

图 1－29 2006 年世界各地区主要铝板带企业的市场占有率

占全地区总产量的75%，而南美洲4大铝业公司的产量却占总产量的75%，亚洲大型铝业公司还只占全洲总产量的42%。诺威力(Novelis)铝业公司是全球最大的平轧铝产品公司，在孔仁德统计的13800 kt铝板带产量中，该公司占2600 kt，即占总产量的18.84%；美国铝业公司(Alcoa)的产量为2401 kt，占总产量的17.4%，看来在今后4年内，美国铝业公司的产量有可能超过诺威力铝业公司的，因为它在较大规模地扩大在中国与俄罗斯铝板带轧制厂的生产能力。

表 1-17　主要铝板带企业的市场占有率

洲　别	公　司	占有率/%
欧洲 4700 kt	诺威力铝业公司	20
	海德鲁铝业公司	17
	加拿大铝业公司	12
	美国铝业公司	11
	阿雷力斯公司	9
	其他	31
北美洲 4700 kt	美国铝业公司	33
	诺威力铝业公司	23
	联邦铝业公司	9
	阿科铝业公司	5
	威斯铝业公司	5
	其他	25
亚洲 3900 kt	诺威力铝业公司	10
	古河-斯凯铝业公司	10
	住友轻金属公司	8
	美国铝业公司	7
	神户钢铁公司	7
	其他	58
南美洲 4700 kt	诺威力铝业公司	38
	巴西铝业公司	18
	美国铝业公司	12
	阿尔卡萨铝业公司	7
	其他	25

1.4.4 主要国家及地区的铝平轧产品产量及表观消费量[3,4]

世界主要国家及地区的铝平轧产品产量及表观消费量见表1-18。

表1-18 世界主要国家及地区的铝平轧产品产量及表观消费量/kt

国家与地区	产量及消费量	2002	2003	2004	2005	2006	2007[①]
美国	产量	4385	4420	4540	4660	4642	4700
	表观消费量	4400	4383	4507	4769	4720	4850
日本	产量	1360	1375	1400	1343	1341	1348
	表观消费量	1137	1179	1257	1229	1217	1221
德国	产量	1625	1681	1733	1781	1922	2000
	表观消费量	1124	1177	1168	1202	1320	1345
法国	产量	495	511	563	529	536	542
	表观消费量	477	466	463	430	446	455
意大利	产量	374	375	388	388	401	420
	表观消费量	597	618	614	571	590	600
英国	产量	279	265	277	265	278	290
	表观消费量	434	443	431	352	360	372
中国	产量	1184	1446	1704	1960	2590	3150
	表观消费量	1214	1480	1740	1985	2600	3070
其他国家与地区	产量[②]	5190	4930	5870	6840	6590	7150
总计	产量	14900	15000	16480	17800	18300	19600

注：①笔者预测；②笔者估计。

参考文献

[1] Aluminium Times[J]增刊 The World Map of Aluminium Rolling Mills. 2006.
[2] 孔仁德. 快速发展的中国有色金属加工行业需要更多的优质机械刀片[J]. 中国首届铜铝加工精整技术装备研讨会文集, 2007(4): 12-16.
[3] CRU Monitor, Flat Rolled Aluminium Products. 2007(4): 9.
[4] MBR Aluminium Flat Rolled Markets. 2007(4): 8.

第 2 章　世界铝板带箔轧制工业

2.1　单机架可逆式热轧机[1、2]

在铝板、带、箔轧制工业发展历史长河中，最先于 19 世纪 80 年代末在美国匹兹堡冶金公司（美国铝业公司前身）研制出 2 辊铝板、带可逆式热轧机，20 世纪 20 年代四辊可逆式热轧机问世。这两种热轧机对铝板、带工业的发展做出了重大贡献。

截止到 2000 年底全世界约有 105 台单机架 2 辊及 4 辊非块片可逆式铝板、带热粗 – 精轧机（不含单机架双卷取可逆式热粗 – 精轧机及热连轧生产线的粗轧机），它们的总生产能力约 3800 kt/a，占全球热轧带、板总生产能力（20000 kt/a）的 19% 左右。

自 1956 年东北轻合金有限责任公司从前苏联引进的 4 辊可逆式单机架 2000 mm 热粗 – 精轧机投产以来，1970 年中国投产了由第一重型机器集团公司设计制造的 1 台 4 辊可逆式单机架 2800 mm 热粗 – 精轧机，该机于 20 世纪 80 年代中期改为（1 + 1）式热轧生产线；后又陆续引进与自行设计制造了 10 台辊面宽度不小于 1200 mm 的 2 辊单机架可逆式热轧机。它们的总生产能力约 250 kt/a。

辊面宽度小于 1200 mm 的 2 辊、4 辊热轧机及块片式热轧机在工业发达国家已几乎绝迹，但在发展中国家还普遍存在，特别是在中国，由于经济发展不平衡，2 辊块片式热轧机还可能存在一段较长的时间，这段时间大约为 15 年或更长一些。

今后在工业发达国家新建单机架热轧机的可能性很小，至少在 2020 年以前，生产能力的扩大主要是通过对现有热轧线的改造，改造后可使生产能力提高 20% ~ 80%，潜力很大。

由于特定的历史条件，在 2002—2012 年热轧生产线建设在中国处于高速发展期，此期间形成的生产能力有可能达到 5000 kt/a，这在世界铝板带轧制史上前所未有，恐怕也很可能是绝后的。除建设新的热轧线外，中国须对现有的 2 辊、4 辊单机架单卷取可逆式热轧机进行现代化改造，以提高生产能力与产品品质，使热轧板、带在厚度偏差、板形、平直度方面都能满足市场需求。

2.1.1　中国的单机架可逆式热粗 – 精轧机

2.1.1.1　热粗 – 精轧机的简明技术参数

到 2000 年底，中国有 11 台辊面宽度不小于 1200 mm 的单机架单卷取可逆式铝板、带热粗 – 精轧机，有 1 台 4 辊的，10 台 2 辊的，它们的简明技术参数见表 2 – 1。

东北轻合金有限责任公司的四辊可逆式热轧机于 1984 年与意大利米诺公司（MINO）合作进行了现代化改造，装设了 AGC 系统、液压弯辊系统、乳液分段冷却等先进技术，以及将原来下卷取改为上卷取，并装设了新的卸卷系统，带卷最大质量由原来的 2 t 提高到 6 t，生产能力由原来的 25 kt/a 提高到 80 kt/a，不但产量大幅度提高，而且品质有了很大改善。

表 2 – 1　中国单机架可逆式铝热粗 – 精轧机的简明技术参数

企 业	规格/mm	主电机功率/kW	最大轧制速度/(m·min⁻¹)	轧制力/×10⁵N	最大开口度/mm	最大卷质量/t	成品最薄厚度/mm	制造国	投产年度	设计产能/(kt·a⁻¹)
东北轻合金有限责任公司	ϕ700/1250 ×2000	3600	180	196	300	6	8(软) 7(硬)	前苏联	1956	80
万江铝业有限公司	ϕ700×1350	1050	80	80	400	—	6(软)	意大利	1987	20
重庆奥博铝制品制造有限公司	ϕ700×1500	1000	130	50	300	1	6(软)	日本	1987	12
华益铝厂	ϕ700×1500	1000	96	50	300	1.5	6(软)	日本	1985	18
上海华瑞公司	ϕ750×1500	1500	180	50	300	1.0	6(软)	中国	1980	20
哈尔滨铝加工厂	ϕ500×1300	400	94	20	160	1.5	6~7	中国陕压	1989	30
新疆众和股份有限公司	ϕ900×1300	—	—	—	—	—	—	—	—	—
北京伟豪铝业公司	ϕ720×1500	150	120	60	280	2	5	中国一重	1993	20
总　计										200

重庆奥博铝制品制造有限公司与万江铝业有限公司的 2 辊可逆式热轧机分别从日本与意大利引进；哈尔滨铝加工厂与北京伟豪铝业公司的 2 辊可逆式热轧机是第一重型机器集团公司设计制造的。

2.1.1.2　ϕ550 mm×1300 mm 2 辊可逆式热轧机

ϕ550 mm×1300mm 2 辊可逆式热粗 – 精轧机是中国自行设计制造的有代表性的这类轧机，可轧制铝及铝合金，除表 2 – 1 内所列的一些参数外，其他的如下：

可轧锭坯尺寸/mm　　　　　　　220×(350~550)×(1400~2800)

成品尺寸/mm：

热轧板　　　　　　　　　　　4×1050×1800

热轧带卷：

　　厚度　　　　　　　　　　5~7

　　内径　　　　　　　　　　400

最大外径　　　　　　　　　　1000

推床最大推力/kN　　　　　　　8

　　推进速度/(m·s⁻¹)　　　　　50

卷取机：

　　套筒外径/mm　　　　　　400

　　套筒长度/mm　　　　　　650

　　卷取张力/kN　　　　　　2~15

最大卷取速度/(m·s⁻¹)　　　　　2

辊道：

工作辊距/mm	300
运输辊距/mm	500
辊的尺寸/mm	$\phi 190/200 \times 1300$

1300 mm 热轧机组在国内的热轧上首次采用了热带坯近距离卷取工艺、快速换辊、液压推床、带式助卷器、双锥辊道等先进技术。轧机采用直流传动，可控制硅供电。近距离恒张力卷取机，采用了在助卷器辅助卷取下的由速度控制到张力控制的自动转换，实现了自动建立张力。

不过应指出的是，此类轧机是 20 世纪 80 年代初设计与制造的，总体水平属于 20 世纪 70 年代后期的国际一般状态。

2.1.2　世界的单机架可逆式热粗 – 精轧机

除中国以外，其他国家的单机架可逆式热粗 – 精轧机的简明技术参数见表 2 – 2 及表 2 – 3（不含多机架热轧生产线的热粗轧机及单机架双卷取热轧机）。

由表 2 – 1、表 2 – 2 及表 2 – 3 可见，全球除中国以外约有 2 辊可逆式单机架热轧机 22 台，4 辊可逆式单卷取单机架铝板、带热粗 – 精轧机约 70 台。

大型现代化单机架可逆式铝板、带轧机的生产能力可达 120 kt/a。

2.1.3　单机架单卷取可逆式热粗 – 精轧机轧制铝板带的工艺

金属及合金在其再结晶温度以上的轧制称为热轧，对铝及铝合金来说，一般在 300℃ 以上的轧制都可以称为热轧，但其最高热轧温度一般不得超过 550℃。

表 2 – 2　全世界单机架 2 辊可逆式热粗 – 精轧机简明参数

企业所在地	制造者	辊面宽度/mm	主电机功率/kW	最大轧制速度/(m·min⁻¹)	带卷最大质量/t	辊径/mm
印度贝卢尔（Belur）	阿申巴赫（Achenbach）	1720	1720	86	4	650
意大利卡塞塔（Caserta）	阿申巴赫	1650	1500	80	7	—
意大利奇斯泰纳（Cisterna）	伊诺塞弟（Innoceti）	1830	1520	80	12	—
荷兰德吕嫩（Drunen）	阿申巴赫	1400	1520	60	—	—
意大利费尔特雷（Feltre）	阿申巴赫	1700	1500	60	3	—
美国格兰维尔（Granville）	克虏伯（Krupp）	2135	1865	85	4	914
南斯拉夫斯拉蒂纳（Slatina）		3200	1500	150	3	600
阿贝斯托（Abasto）	阿申巴赫	1600	1500	150	3	600
科弗胡特（Kovohute）	斯科达（Skoda）	1650	1750	150	1	800
日本大阪（Osaka）	尼虹（Nihon）	1680	1200	150	—	710
南非彼得马里茨堡（Pietrmaritzburg）	阿申巴赫	1800	4500	100	12	610
委内瑞拉奥尔达斯港（Ordaz）	洛威（Loewy）	1578	1500	180	10	787
美国雷卢科特（Renukoot）	布利斯（Bliss）	1600	1500	80	3	812

企业所在地	制造者	辊面宽度/mm	主电机功率/kW	最大轧制速度/(m·min⁻¹)	带卷最大质量/t	辊径/mm
斯洛文尼亚比斯特里察(Bistrica)	布劳诺克斯(blaw Knox)	1815	2250	220	4	838
伊拉克工业部	克瓦纳	1600	—	—	—	800
美国塔洛加(Taloga)	阿申巴赫	2032	2250	150	5	920
美国威廉斯波特(Williamsport)	—	1520				
加拿大塞格纳(Saguenay)						
巴西圣玛丽杜尔别特拉克 (Santa Maria Tulpetlac)						
韩国大丘(Daegu)						
喀麦隆索科特拉尔(Socatral)	克瓦纳(Kvaerner)	1600	—	—	—	800
印度增达尔科公司(Indalco)	克瓦纳	1600	—	—	—	810

表 2-3　全世界单机架 4 辊可逆式单卷取热粗 - 精轧机简明参数

企业所在地	制造者	工作辊辊面宽度/mm	主电机功率/kW	最大轧制速度/(m·min⁻¹)	带卷最大质量/t	工作辊直径/mm
西班牙阿利坎特(Alicante)	科西姆(Cosim)	2000	4450	110	13	—
美国阿森斯(Athens)	迪平斯(Tippins)	2667	3000	180	25	—
巴里恩托斯(Barrientos)	—	1600	—	—	—	—
美国贝里亚(Berea)	—	3048		155	18	889
加拿大卡普德拉马德 (Cap-de-la-Madcc)						
加拿大卡普德拉马德莱娜 (Cap-de-la-Madeleine)	联合公司(United)	2845	2000	155	12	686
美国克拉克斯堡(Clarksburg)	—	1600				
美国克莱顿(Clayton)	—	1500				
美国丹伯里(Danbury)	—	1775				
美国费尔蒙特(Fairmont)	—			145		
英国福尔柯克(Falkirk)	罗格斯顿(Rogerstone)	3660				
日本富士(Fuji)	梅斯塔(Mesta)	3048	4500	180	10	864
日本深谷(Fukaya)	洛威(Loewy)	3760	3800	120	12	970
意大利富西纳(Fusina)	伊诺塞弟	3100	5000	180	17	915
美国加尔夫拉特(Galferate)	梅斯塔(Mesta)	2000	3000	180	8	
美国格林斯伯勒(Greensboro)	莫根(Morgan)	3048	—	155	18	889
格雷沃(Grev)		3048		155	18	889
德国汉堡(Hamburg)	萨克梅斯塔(Sack Mesta)	3300	5073	100	12	—
卡西奥(Kaohsiung)	西马克(SMS)	2500	6000	100	10	930
加拿大金斯顿(Kingston)	—	3050	—	145	13	914

企业所在地	制造者	工作辊辊面宽度/mm	主电机功率/kW	最大轧制速度/(m·min⁻¹)	带卷最大质量/t	工作辊直径/mm
吉特格林(Kitts Green)	洛威(Loewy)	3670	2238	105	20	900
德国科布伦茨(Koblenz)	迪平斯(Tippins)	3740	8000	93	6	920
印度戈尔巴(Korba)	新克拉马托尔斯克机器厂(NKMZ)	1800	4000	180	9	800
美国莱巴嫩(Lebanon)	—					—
匈牙利科菲姆公司(Kofem)	克瓦纳公司(Kvaerner)	1800	—	—	—	800/1500
美国利斯特希尔(Listerhill)	联合公司(United)	4318	5222	150	15	—
麦克库克(McCook)	洛威	3683	6500	140	17	914
日本真冈(Moka)	—	2400	—	150	28	—
美国芒特霍利						
西班牙诺格拉(Nogueres)	—	3048	4000	155	18	889
美国诺斯黑文(North Haven)	—	1740				
北锡特拉(North Sitra)	—	1850	3700	150	10	900
巴西平达莫尼扬加巴(Pindamonhangaba)	石川岛播磨(IHI)	2750	3500	250	10	930
委内瑞拉奥尔达斯港(Puerto Ordaz)	克莱西姆(Clecim)	2000	4100	320	15	850
美国罗克斯波勒(Roxboro)	—	1850				
西班牙英内斯帕尔公司(Inespal)	克尔纳	2000	—	—	—	850/1630
美国索尔兹伯里(Salisbury)						
土耳其塞伊迪谢希尔(Seydisehir)	新克拉马托尔斯克机器制造厂	1700	4000	180	4	800
休默(Shoumen)						
瑞士谢尔(Sierre)	戴维(Davy)	2500	6000	160	14	—
美国斯旺西(Swansea)	梅斯塔	2160	5968	120	11	—
匈牙利塞克什白堡(Szekesfehervar)	新克拉马托尔斯克机器制造厂	1800	4600	190	12	—
美国特雷霍特(Terre Haute)	—	2200		—	—	—
英国沃灵顿(Warrington)	—	3048		155	18	889
耶诺纳(Yennora)	布利斯(Bliss)	2290	4000	140	10	—
俄罗斯卡缅斯克(Kamensk)铝加工厂	新克拉马托尔斯克机器厂	2000	—	—	3	
俄罗斯萨马拉冶金厂(SAMARA)	乌拉尔机器制造厂	—				
俄罗斯莫斯科地区	—					

热轧是为了充分利用其高温塑性，以便在一定的温度范围将轧件轧到所需的最薄厚度，并获得所要求的力学性能。热轧通常分为粗轧与精轧。也可把 285℃ ~ 380℃ 的轧制称为温轧。

2.1.3.1 热轧温度

热轧温度 T 可按合金的固相线温度 $T_固$ 确定，它们具有如下的关系：

$$T = (0.65 \sim 0.95) T_固$$

热轧终了温度应保证产品具有所需要的性能与组织，温度过高会使晶粒粗大，不能获得所需要的性能，若过低会引起加工硬化，增加能耗，导致晶粒大小不均和性能不符合要求。一些铝及铝合金在四辊轧机上的轧制温度见表 2 - 4(铸锭厚度 400 mm，宽度 1060 ~ 1540 mm)。

表 2 - 4　4 辊可逆式热轧机轧制时铸锭的加热温度[1]

合金及状态	铸锭温度/℃	
	范　　围	最佳
1XXX - Hln、H2n	420 ~ 480	450
1XXX - O、F	480 ~ 520	500
1A50、7A01	420 ~ 480	450
5052	480 ~ 500	490
5052R	450 ~ 470	460
5083	450 ~ 470	460
2101	450 ~ 460	460
3003	480 ~ 520	500
5082、5182	480 ~ 520	490
3004	490 ~ 510	500
5120、7A19 - O、T4、T5	410 ~ 500	450

2.1.3.2 热轧速度

热轧速度是影响热轧变形速度的重要因素之一，即对金属塑性有着重大影响。因此，在确定轧制速度时，除应考虑生产效率外，还应有利于提高金属塑性。一般原则是，应在轧制稳定阶段提高速度，而在开始与抛出阶段应降低速度。

2.1.3.3 轧制率

大多数铝及铝合金的热轧总加工率可大于 90% 。高温塑性范围宽、热脆性小的铝合金总加工率可大；供冷轧用的坯料，热轧总加工率应含足够的冷变形率，以便控制材料性能与表面品质。总之，热轧总加工率应大到能完全破坏铸造组织，通常，此加工率大于 75% ，就能消除铸造组织。

轧制开始阶段，道次加工率应小，对于有包铝板的锭坯应小于 10% ；在中间道次，由于轧件加工性能改善，可显著加大道次加工率，可达 45% ~ 50% ；在最后轧制阶段，道次加工率又应减小，最后两道次轧件温度较低，变形抗力较大，加工率应保持板带有良好的板形和严格的厚度偏差，有满足用户要求的表面品质，但也可以采用大的加工率，例如轧制 1XXX 合金，最后一道次的加工率可高达 60% 或更大。

表 2 - 5　在 ϕ720 mm × 1500 mm 2 辊可逆式热轧上轧制 7 mm 厚的 1060 合金带坯的参考轧制率系统

道次	厚度/mm		压下量 /mm	轧制率 ε /%
	H	h		
1	250	230	20	8.00
2	230	200	30	13.04
3	200	170	30	15.00
4	170	140	30	17.65
5	140	110	30	27.27
6	110	85	25	22.73
7	85	60	25	29.41
8	60	43	17	28.33
9	43	28	15	34.88
10	28	18	10	35.71
11	18	12	6	33.33
12	12	9.5	2.5	20.83
13	9.5	7	2.5	26.32
总轧制率/%				97.20

注：锭坯尺寸/mm：250 × 1250 × 2400。

2.1.3.4　轧制率系统

轧制率系统主要是根据轧机参数、锭坯规格、合金种类、产品规格、工厂管理与技术水平确定的，即使在相同规格的轧机上轧制相同规格同一合金的产品，轧制率系统也会因企业不同有所差异，甚至同一企业不同的主操纵手也可能采用稍有不同的轧制率系统。

(1)2 辊轧机的轧制率系统

几乎全世界的二辊单机架热轧机都用于轧制 1XXX 系、3XXX 系及其他的软合金民用产品。在 $\phi720\ mm \times 1500\ mm$ 的 2 辊热轧机上(最大轧制力 6000 kN，主电机功率 1500 kW)轧制 1060 合金的参考轧制率系统见表 2−5。

(2)4 辊轧机的轧制率系统

由表 2−2 可见，2000 mm 级轧机是全球最多的，在轧制力 19600 kN、主电机功率 3600 kW 的四辊可逆式单机架单卷取的 $\phi700\ mm/1250\ mm \times 2000\ mm$ 轧机上轧制 1XXX 系及 3XXX 系 7 mm 厚带坯的参考轧制率系统见表 2−6 及表 2−7。

表 2−6　1XXX 系合金的热轧参考轧制率系统

道次	厚度/mm		压下量 Δh /mm	轧制率 ε /%
	H	h		
1	300	280	20	6.67
2	280	255	25	8.93
3	255	230	25	9.80
4	230	200	30	13.04
5	200	170	30	15.00
6	170	140	30	17.65
7	140	115	25	17.86
8	115	90	25	21.74
9	90	65	25	27.78
10	65	45	20	30.77
11	45	30	15	33.33
12	30	18	12	40.00
13	18	7.0	11.0	61.10
总加工率/%				97.67

表 2−7　3XXX 系合金的热轧参考轧制率系统

道次	厚度/mm		压下量 Δh /mm	轧制率 ε /%
	H	h		
1	290	275	15	5.17
2	275	255	20	7.27
3	255	230	25	9.80
4	230	200	30	13.04
5	200	170	30	15.00
6	170	140	30	17.65
7	140	115	25	17.86
8	115	95	25	21.74
9	90	65	25	27.78
10	65	45	20	30.77
11	49	30	15	33.33
12	30	18	12	40.00
13	18	7.0	11.0	61.10
总加工率/%				97.59

2.1.3.5　板带材生产流程

2 辊可逆式热轧机都用于生产民用 1XXX、3XXX、8XXX 系软合金板带材与个别的 5XXX 系软合金板、带材。4 辊可逆式单机架热轧机的产品有两种，一种专门用于轧制几种软合金，产品专一；另一种为万能式的，用于轧制各种各样的铝合金，所有的变形铝合金都可以轧制，全部板、带材都可以生产。图 2−1 为各种铝板、带材的工艺流程示意图。

2.1.4　热轧板带材品质

除了力学性能与组织外，热轧板、带材的品质指标参数还有厚度 h 偏差、板形 C 与平直度(flatness)，这 3 个指标如达不到要求，也会降低冷轧板、带材与铝箔的品质、产量与成材率，也就是说会降低经济效益，过大的板形（profile）C 值，在冷轧过程中是无法纠正的。目前这 3 个值的先进水平为（绝大多数企业都很难达到此要求）[2]：

参　　数	要　　求
厚度 h 偏差	$\leqslant 0.8\%$
板形 C_{100}	$\leqslant 0.5\%$
平直度	$\leqslant 30\ \mathrm{I}$

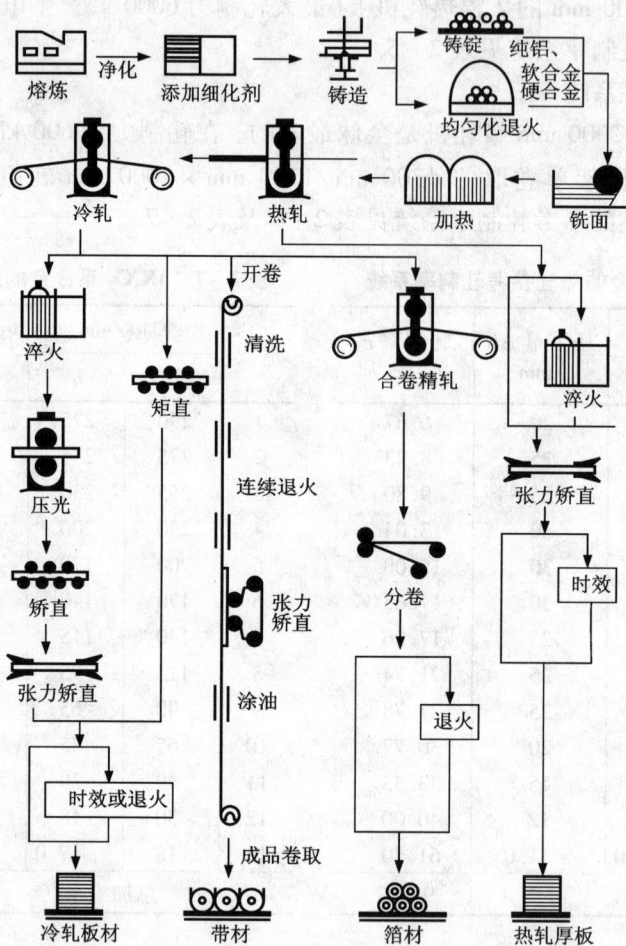

图 2-1　铸锭轧制各种铝板带材工艺流程示意图

2.2　可逆式双卷取热粗 – 精轧生产线[3~6]

　　截止到 2006 年底全球共有双卷取热轧机 22 台，其中 7 台 2 辊的，15 台 4 辊的，它们分布于中国、韩国、巴林、埃及、希腊、奥地利、波兰、美国、委内瑞拉、英国、西班牙。中国有 13 台。

　　双卷取热轧机是 20 世纪 80 年代发展起来的，是设计与自动化控制水平发展到一定程度时制造出的高生产率的紧凑式现代化轧机[3]。不过用这种轧机仍不能生产具有国际市场竞争力的罐身料（can stock），美国阿卢马克斯铝业公司（Alumax，1998 年被美国铝业公司收购）得克萨斯州得克萨卡拉（Texarcana）轧制产品公司（Alumax Mill products, Inc.）从 1995 年起试图用此种轧机生产罐身料，历时 3 年，做了许多工作，终因欲生产性能合格的罐身料必须多加一道退火工序，提高了生产成本，敌不过多机架热连轧的，没有市场竞争力，而不得不于 1997 年放弃罐身料生产，但在生产其他板、带材方面，却毫不逊于多机架热连轧生产线的产品，这已为得克萨卡拉轧制厂、巴林（Bahrain）海湾铝轧制公司（Gulf Aluminium Rolling Mill Co—GARMCO）、英国斯旺西市（Swansea）美铝制造有限公司（Alcoa Manufacturing［G. B.］, Limited）、韩国蔚山市诺威力大韩铝业公司（Novelis Korea Limited）、中国台湾高雄市中钢铝业股份有限公司等企业的生产所证实。

中国是全球单机架双卷取热轧机最多的国家，共有 13 台（含台湾的 1 台），总生产能力约 510 kt/a，中国在这方面又创造了一个世界之最。

2.2.1　台湾中钢铝业股份有限公司轧铝一厂的单机架双卷取热轧机[2]

台湾中钢铝业股份有限公司（CSAC—CS Aluminium Corporation）是一家省经济部管辖的省属企业，位于高雄市小港区东林路 17 号，在高雄市有两个轧制厂：轧铝一厂，其 2500 mm 四辊可逆式单机架双卷取热轧机属该厂，另有 1 台 2400 mm 4 辊不可逆式塞西姆（Secim）冷轧机；轧铝二厂有两个厂，一个位于成功路，又称成功厂，另一个位于临海路，故又称临海厂，前者有德国施洛曼（Schloemann）ϕ430 mm/1060 mm × 1520 mm 冷轧机与美国亨特公司（Hunter）ϕ419 mm/1194 mm × 1729 mm 不可逆式冷轧机各 1 台，后者有一台日本日立公司（Hitachi）的 ϕ470 mm/510 mm/1300 mm × 1850 mm 6 辊不可逆式冷轧机与 1 台1626 mm 4 辊不可逆式箔轧机，1985 年投产，是亨特公司提供的，另两台从日本石川岛播磨重工业公司引进，1989 年投产，可生产厚 0.006 ~ 0.01 mm、宽 800 ~ 1700 mm 的箔材。

中钢铝业股份有限公司于 1996 年 1 月 16 日成立，3 月 1 日正式营运，资本总额 NT$（新台币元）40 亿元，1999 年板、带、箔材产量 108 kt，劳动生产率 NT$1600 万元/（人·年），平均成品率 66%，2005 年公司的经营目标为：营业额 NT$140 亿元，板、带、箔材产量 200 kt，劳动生产率大于 NT$2800 万元/（人·年）。

该公司 2500 mm 4 辊可逆式单机架双卷取热轧机于 1985 年 2 月正式投产，1998 年由德国西马克公司（SMS）作了全面的现代化改造，装有克瓦纳公司（Kvaerner Metals）的自动工艺控制系统 KS2100。轧机的简明技术参数如下：

型式	四辊可逆式/双卷取机
制造公司	西马克
投产年度	1985
轧辊尺寸/mm	ϕ930/1525 × 2500
主电机功率/kW	2 × 3000
最大轧制力/kN	40800
轧制速度/(m·min^{-1})	0 ~ 100/200
锭坯尺寸/mm：	
最大长度	4000
最大宽度	2300
最大厚度	580
热轧板尺寸/mm：	

宽度	800 ~ 2300
最大长度	12500
厚度	10 ~ 100
带卷尺寸/mm：	
宽度	800 ~ 2150
厚度	2.5 ~ 10
内径	610
最大质量/t	13.5
控制系统	KS2100，东芝(Toshiba)PLC，SMS AGC
设计生产能力/(kt·a⁻¹)	120

设计生产能力/$(\text{kt} \cdot \text{a}^{-1})$ 对应 120

2.2.2 其他国家的单机架双卷取热轧机

诺威力大韩铝业公司蔚山(Uisan)轧制厂的 ϕ930 mm/1500 mm × 2800 mm 单机架 4 辊可逆式双卷取热轧机于上世纪 1993 年投产，是全世界装机水平最高与最大的这类热粗/精轧机，很有代表性。

2.2.2.1 简明技术参数

单机架双卷取热轧机的生产能力可从中型 2 辊轧机的 15 kt/a 到大型 4 辊轧机(2800 mm，工作 6000 h)的约 200 kt/a。其他国家的单机架双卷取热轧机的简明技术参数见表 2 - 8。

表 2 - 8　其他国家的单机架 4 辊双卷取热轧机的简明技术参数

工厂所在国家及所在地	轧机制造者	工作辊辊面宽度/mm	主电机工率/kW	最大轧制速度/(m·min⁻¹)	最大卷重/t	工作辊直径/mm	投产年度
西班牙阿莫雷维耶塔(Amorebieta)	Cosim	2000	4450	110	13	—	
波兰科宁(Konin)	Zygmunt	2220	4000	270	4	900	
埃及哈马迪村(Nag Hammadi)	Kvaerner	2300	5000	200	14	850	
委内瑞拉奥尔达斯港(Puerto ordaz)	Clecim	2000	4100	320	15	850	1989
英国斯旺西(Swansea)	Mesta	2160	5968	120	11	—	
美国特克萨卡纳(Texarkana)	Davy	1830	5968	155	15	965	1985
韩国蔚山轧制厂(Ulsan)	Davy	2800	7000	330	14.7	930	1993
海湾铝业公司(巴林)	IHI	1850	3500	200	10	900	1985
奥地利阿兰舍芬希腊埃尔弗尔铝业公司(Elval)	Kvaerner	1830	—	—	—	590	1973

2.2.2.2　典型单机架双卷取热轧机企业简介

对 20 世纪 80 年代中期以来建设的拥有四辊可逆式单机架双卷取热轧机的企业如蔚山轧制厂、海湾铝业公司、埃及铝业公司等的情况作简单的扼要介绍。

(1)蔚山轧制厂的热轧机

蔚山轧制厂按设计分两期建成,一期热轧工段建 1 台 4 辊可逆式单机架双卷取热轧机,二期建 1 条(1+3)式或(1+4)式热连轧生产线,将现有 2 台卷取机拆掉,将双卷取热粗/精轧机改为热粗轧机,可生产 28 t 的带卷,虽然目前的带卷质量只有 14.7 t,但轧机是按可轧制质量 28 t 的带卷设计的。这台轧机被设计成可轧制所有的变形铝合金。

这台轧机具有如下的特点:

——自动轧制与带卷装卸、搬运;

——结构紧凑,卷取机中心距仅 16.1 m;

——材料实收率高;

——工作辊可快速更换,换辊时间短于 8 min;

——工作辊直接驱动,效率高;

——剪边机、夹送辊及测量与初轧道次相分离;

——最新戴维电磁式轧辊冷却乳液喷洒阀系统,可进行高精细热工控制;

——高技术厚度控制及轧辊偏心补偿与控制;

——装有戴维生产线与工艺过程控制系统 21。

生产线基本参数如下:

可轧合金	全部变形铝合金
规格/mm	ϕ930/1500×2800
设计生产能力/(kt·a^{-1})	一期 150~160
轧制速度/(m·min^{-1})	0/77/230
主电机功率/kW	7000
最大轧制力/kN	40000
最大剪切尺寸/mm	150(厚)×2650(宽)
最大剪切力/kN	10000
锭坯尺寸/mm:	
最大宽度	2200
最大厚度	600
最大长度	4900
最大质量/t	16
产品带材尺寸/mm:	
宽度	max 2100, min 800
厚度	max 9, min 2
带卷:	
最大直径/mm	硬合金 1920,软合金 1990
最大质量/t	14.7
密度/(kg·mm^{-1})	硬合金 7,软合金 7.6

未来的带卷：

最大直径/mm	2500
最大质量/t	26.3
密度/(kg·mm^{-1})	12.5

（2）海湾铝轧制公司的4辊双卷取热轧机

海湾铝轧制公司的4辊可逆式单机架双卷取热轧机于1986年投产，是日本石川岛播磨重工业公司设计制造的，一直运转正常，90年代又增加了一些自动工艺参数控制设施，装机水平得到进一步提高。生产线的设计生产能力为120 kt/a，可是1998年的实际通过量就达150 kt，超过设计能力的25%。该公司产品几乎全部出品，覆盖面很广，遍及五大洲，铝箔毛料还出口到中国，产品还出口到美国等工业发达国家，是全球经营效益最佳的双卷取热轧板、带材企业之一。

海湾铝轧制公司邻近巴林铝厂（ALBA），所用的扁锭由该厂提供，直接用原铝配制，不但成本有所下降，而且品质高，物美价廉。巴林铝厂是世界最大的铝厂之一，生产能力超过530 kt/a。

海湾铝轧制公司是一家国有资本为主的股份制企业。股份分配如下：巴林政府38%，沙特工业公司（Saudi Basic Industries Corporation）30%，科威特工业银行（Industrial Bank of Kuwait）17%，海湾投资公司（Gulf Investment Corporation）6%，伊拉克共和国5%，阿曼苏丹王国（Sultanate of Oman）2%，卡塔尔政府（State Qatar）2%。

该公司的主要产品有：

——厚0.15~3.2 mm的、宽度≤1560 mm的1XXX、3XXX、5XXX系合金冷轧带卷和薄板材；

——各种合金与状态的铝圆片，尤以1XXX、3XXX系合金圆片为主；

——制造PS版的铝带卷；

——铝箔。

可生产的合金有：1070、1070A、1050、1050A、1100、1145、1150、1200、1235、1350、3003、3004、3005、3103、3105、4006NFA、5005、5049、5052、5083、5086、5251、5754、8079AA等。除热轧厚板外，所有的其他板、带、箔材都是4辊不可逆式1800 mm冷轧机轧制的。

海湾铝轧制公司双卷取可逆式4辊热轧机的技术参数如下：

投产年度	1985
设计及制造公司	日本石川岛播磨重工业公司
生产能力/(kt·a^{-1})	120
可轧合金系列	1XXX, 3XXX, 5XXX
最大轧制速度/(m·min^{-1})	200
带卷最大质量/t	10
规格/mm	ϕ900/1350×1850
锭坯尺寸/mm：	
最大厚度	450
最大宽度	1750
最大长度	4500
主电机功率/kW	2×1750

最大轧制力/kN	28500
带卷最大外径/mm	1760
带卷内径/mm	600
产品最薄厚度/mm	2.5

（3）埃及铝业公司轧制厂的双卷取热轧机[4]

埃及铝业公司轧制厂位于哈马迪村（Nag Hamadi），所以又称哈马迪村轧制厂，距上埃及卢克萨（Luxor）约 100 km，它是总部在开罗的国有埃及铝业公司的子公司，电力由阿斯旺（Asswan）水电站提供。扁锭由瓦格斯塔夫（Wagstaff）铸造机生产，直接利用铝厂的原铝。工厂建设由法国克莱西姆公司（Clecim）总承包，总投资 2.4 亿美元，于 1995 年包括铸造车间与冷轧工段在内全部建成。

工厂采用两班制生产，设计年生产能力 60 kt/a，（实际通过量可达 100 kt/a），产品结构如下（kt/a）：

——热轧厚板	5
——热轧薄板	3
——轧制带材	22
——轧制薄板	20
建筑瓦垄板	9
——PS 版板基	1

如果按合金分，其产品结构为（kt·a^{-1}）：

1100、1050、3003、3004、5086	44
——5083、5052	9
——2014、7075	3.5

双卷取热轧机的一些技术参数：

制造企业	Clecim
投产年度	1995
型式	四辊可逆式
立辊直径/mm	965
支承辊直径/mm	1360
工作辊直径/mm	850
辊面宽度/mm	2370/2310
锭坯最大宽度/mm	2100
轧制速度/(m·s^{-1})	3~33
主电机功率/kW	2×2500（Cegelec）
锭坯厚度/mm	600
锭坯最薄厚度/mm	280
锭坯长度/mm	6000
产品最薄厚度/mm	2.5

在热轧生产线之后有定尺剪床与一台厚板自动拉伸矫直机。矫直机是英国菲尔汀·普拉特（Fielding et Platt）公司提供的，拉伸力 18MN，质量为 450 t，可矫厚板材的最大尺寸为：厚 30 mm、宽 2100mm、长 12500 mm。矫直机的各项动作均由液压传动，无负载前进与后退速度

为 95 mm/s，最大矫直速度 8 mm/s。

埃及铝业公司哈马迪村轧制厂与法国原普基铝业公司(Pechiney)订有长期技术合作协议，普基铝业公司派有工艺、机械、电气技术人员驻厂。

2.2.3　4 辊可逆式单机架双卷取热粗 – 精轧机的轧制率系统

本节提出在一台 ϕ930 mm/1500 mm×2250 mm 现代化的 4 辊可逆式单机架双卷取热粗 – 精轧机轧制几种典型合金的轧制率系统，可供制订这类轧机轧制率系统时参考。

2.2.3.1　轧机的基本参数

工作辊直径/mm	930(870 报废)
工作辊辊面宽度/mm	2250
支承辊直径/mm	1500
支承辊辊面宽度/mm	2500
轧制速度(最大直径时)/(m·min^{-1})	0/100/200
主电机功率/kW	2×7000
最大轧制力/kN	40000
乳液最大流量/(L·min^{-1})	约 10900
立式滚边机(立辊)：	
直径/mm	965
辊面宽度/mm	760
立轧速度(最大直径时)/(m·min^{-1})	0/90/230
电机功率/kW	2×1400
总轧制力/kN	7500
乳液最大流量/(L·min^{-1})	500
卷取机：	
型式	全宽度 4 扇形块
	膨胀轴式
最大卷取速度/(m·min^{-1})	225
张力/kN	250/25
电机功率/kW	2×150

2.2.3.2　轧制率系统

按表 2 – 9、2 – 10、2 – 11、2 – 12、2 – 13 的轧制率系统分别生产 1145、3003、5182、5083 合金带坯时，可保证产品的尺寸偏差、板形、平直度达到如下要求：

纵向厚度偏差：

产品厚度 2.0 ~ 5.0 mm	±10%
产品厚度 5.1 ~ 9.0 mm	±0.80%
板形(横向)偏差	目标板形的 ±0.30%

(目标板形对硬合金为 1.0%，对软合金为 0.8%)

平直度(flatness)　在恒速与恒张力条件下轧制时，沿带材长度无可见的边部波浪或中间波浪

(1)锭坯及产品基本尺寸

所轧制的锭坯及产品(厚板及带卷)的基本尺寸如下。该轧机设计为可轧制全部变形铝

合金即 1XXX ~7XXX 系及部分 8XXX 系合金。

锭坯（经过铣面与锯头）

最大质量/t	17
最大密度/(kg·mm⁻¹)	8.4
宽度/mm	1040 ~2040
最大厚度/mm	600
最大长度/mm	5200

厚板：

宽度/mm	1040 ~2000
厚度/mm	40 ~100
长度/mm	2000 ~10000

供冷轧用的带坯卷：

最大宽度/mm	2040（未切边）
	2000（切边的）
厚度/mm	2.5 ~9
最大质量/t	16.2（未切边）
	15.9（切边的）
最大密度/(kg·mm⁻¹)	8.1
内径/mm	610
外径/mm	1200 ~2050

表 2－9　1145 合金的轧制率系统（锭坯尺寸 600 mm×2040 mm×5145 mm）

道次	出口厚度/mm	轧制率/%	长度/m	轧制速度/(m·min⁻¹)	轧制时间/s	辅助时间/s	咬入温度/℃	力矩/(kN·m)	电机功率/kW	轧制力/kN
1	560.00	6.7	6	140	2.4	8.0	500	1340.0	7178	7020
2	510.00	8.9	6	160	2.3	8.0	499	1627.0	9900	7620
3	460.00	9.8	7	180	2.2	8.0	498	1629.0	11154	7630
4	410.00	10.9	8	180	2.5	8.0	498	1578.0	10813	7430
5	360.00	12.2	9	180	2.9	8.0	497	1515.0	10392	7240
6	310.00	13.9	10	180	3.3	8.0	496	1452.0	9974	7060
7	260.00	16.1	12	180	4.0	8.0	495	1390.0	9560	6890
8	210.00	19.2	15	180	4.9	8.0	493	1329.0	9153	6760
9	160.00	23.8	19	180	6.4	90.0	491	1272.0	8777	6680
10	110.00	31.3	28	180	9.4	8.0	485	1429.0	9819	7840
11	64.00	41.8	48	180	16.1	90.0	482	1585.0	10861	9630
12	32.00	50.0	96	190	30.5	30.0	470	1376.0	9990	10700
13	14.00	56.3	220	200	66.1	30.0	452	1034.0	7128	11570
14	6.50	56.6	475	200	142.5	30.0	427	609.0	4788	11230
15	3.00	53.8	1029	200	308.7	30.0	378	522.0	4194	15120

注：①总轧制时间 16 min 16 s；②终卷温度 338℃。

表 2−10 1145 合金的轧制率系统(锭坯尺寸 600 mm × 2040 mm × 5145 mm)

道次	出口厚度/mm	轧制率/%	长度/m	轧制速度/(m·min⁻¹)	轧制时间/s	辅助时间/s	咬入温度/℃	力矩/(kN·m)	电机功率/kW	轧制力/kN
1	560.00	6.7	6	140	2.4	8.0	500	1340	7178	7020
2	510.00	8.9	6	160	2.3	8.0	499	1627	9900	7620
3	460.00	9.8	7	180	2.2	8.0	498	1629	11154	7630
4	410.00	10.9	8	180	2.5	8.0	498	1578	10813	7430
5	360.00	12.2	9	180	2.9	8.0	497	1515	10392	7240
6	310.00	13.9	10	180	3.3	8.0	496	1452	9974	7060
7	260.00	16.1	12	180	4.0	8.0	495	1390	9560	6890
8	210.00	19.2	15	180	4.9	8.0	493	1329	9153	6760
9	160.00	23.8	19	180	6.4	90.0	491	1272	8777	6680
10	110.00	31.3	28	180	9.4	8.0	485	1429	9819	7840
11	66.00	40.0	47	·180	15.6	90.0	482	1492	10237	9210
12	34.00	48.5	91	190	28.7	30.0	470	1355	9842	10460
13	18.00	47.1	172	200	51.5	30.0	451	839	5680	9610
14	12.50	33.3	257	200	77.2	30.0	429	366	2756	6870
15	9.00	25.0	343	200	102.9	30.0	396	229	2042	6070

注: ①总轧制时间 11 min 28 s; ②终卷温度 338℃。

(2)轧制率系统

锭坯的开轧温度均为 500℃(中部表面温度)。1145 合金的轧制率系统见表 2−10, 3003 合金的见表 2−11、5182 及 5083 合金的分别见表 2−12 及表 2−13。其他合金的轧制率系统可参照所提供的系统制订。

2.2.4 生产率计算

计算生产率时采用的条件为:
- 生产的最少时间为 6000 h, 即除了星期日、节假日、年度检修时间与常规维保养时间外, 生产时间按 250 d 计算;
- 生产时间除正式轧制周期外, 另加 30s 从加热炉把锭坯装上辊道时间。

2.2.4.1 轧制 3 mm 厚的 1145 合金带卷生产率的计算

可逆式热轧机的产出率(成品率)按 90% 计算, 效率按 75% 计算, 利用率(utilisation)按 85% 计算。

生产周期 = 16.27 min(见表 2−10) + 0.5 min = 16.77 min。

锭坯质量 = 0.6 × 2.04 × 5.145 × 2.7 = 17 t。

于是, 生产率 = 17.0 × 0.90 × 0.75 × 0.85 × 60/16.77 = 35.97 t/h。

表 2 – 11 3003 合金的轧制率系统（锭坯尺寸 600 mm × 2000 mm × 5200 mm）

道次	出口厚度 /mm	轧制率 /%	长度 /m	轧制速度 /(m·min^{-1})	轧制时间 /s	辅助时间 /s	咬入温度 /℃	力矩 /(kN·m)	电机功率 /kW	轧制力 /kN
1	560.00	5.8	6	100	3.3	8.0	500	3033	11393	16980
2	520.00	8.0	6	100	3.6	8.0	501	3615	13548	17850
3	475.00	8.7	7	105	3.8	8.0	501	3529	13888	17420
4	430.00	9.5	7	105	4.1	8.0	501	3408	13418	16830
5	385.00	10.5	8	110	4.4	8.0	502	3296	13604	16390
6	340.00	11.7	9	110	5.0	8.0	502	3136	12952	15810
7	295.00	13.2	11	115	5.5	8.0	502	3002	12971	15380
8	250.00	15.3	12	120	6.2	8.0	503	2864	12921	14960
9	205.00	18.0	15	125	7.3	8.0	503	2722	12802	14550
10	160.00	22.0	20	130	9.0	8.0	503	2578	12620	14190
11	125.00	21.9	25	140	10.7	90.0	502	2020	10702	12810
12	95.00	24.0	33	140	14.1	8.0	496	1870	9921	13130
13	73.00	23.2	43	150	17.1	8.0	493	1453	8315	12100
14	54.50	26.0	58	150	23.1	8.0	489	1382	7925	12760
15	38.00	29.6	82	150	32.8	90.0	482	13260	7613	13820
16	25.00	34.2	125	150	49.9	30.0	462	13750	7886	16590
17	13.50	46.0	231	150	92.4	30.0	437	15580	8257	21520
18	6.50	51.9	480	160	180.0	30.0	436	11870	7242	22580
19	3.00	53.8	1040	160	390.0	30.0	421	9370	5828	27160

注：①总轧制时间 20 min 6 s；②终卷温度 386℃。

表 2 – 12 5182 合金的轧制率系统（锭坯尺寸 600 mm × 1800 mm × 5200 mm）

道次	出口厚度 /mm	轧制率 /%	长度 /m	轧制速度 /(m·min^{-1})	轧制时间 /s	辅助时间 /s	咬入温度 /℃	力矩 /(kN·m)	电机功率 /kW	轧制力 /kN
1	580.00	3.3	5	100	3.2	8.0	500	2748	10337	20350
2	555.00	4.3	6	100	3.4	8.0	501	3252	12201	21540
3	525.00	5.4	6	100	3.6	8.0	502	3706	13884	22410
4	495.00	5.7	6	100	3.8	8.0	503	3606	13514	21810
5	464.00	6.3	7	100	4.0	8.0	504	3608	13522	21470
6	432.00	6.9	7	100	4.3	8.0	505	3604	13507	21110
7	399.00	7.6	8	100	4.7	8.0	506	3595	13471	20720
8	365.00	8.5	9	100	5.1	8.0	507	3579	13414	20330
9	329.00	9.9	9	100	5.7	8.0	509	3605	13511	20150
10	291.00	11.6	11	100	6.4	8.0	510	3604	13505	19940

道次	出口厚度 /mm	轧制率 /%	长度 /m	轧制速度 /(m·min⁻¹)	轧制时间 /s	辅助时间 /s	咬入温度 /℃	力矩 /(kN·m)	电机功率 /kW	轧制力 /kN
11	251.00	13.7	12	100	7.5	8.0	512	3583	13427	19710
12	210.00	16.3	15	100	8.9	8.0	513	3470	13010	19280
13	175.00	16.7	18	100	10.7	8.0	515	2855	10735	17390
14	140.00	20.0	22	100	13.4	8.0	515	2729	10267	17070
15	105.00	25.0	30	100	17.8	90.0	516	2850	10716	18460
16	80.00	23.8	39	110	21.3	8.0	510	2232	9271	17360
17	58.00	27.5	54	110	29.3	8.0	509	2170	9020	18600
18	42.00	27.6	74	120	37.1	8.0	506	1738	7919	17880
19	28.00	33.3	111	120	55.7	90.0	500	1760	8016	20240
20	18.00	35.7	173	120	86.7	30.0	472	1652	7536	23390
21	11.00	38.9	120	120	141.8	30.0	417	17530	7576	31090
22	5.75	47.7	120	120	271.3	30.0	437	15110	6912	33320
23	3.00	47.8	120	120	520.0	30.0	437	11090	5125	35850

注：①总轧制时间 28 min 22 s；②终卷温度 403℃。

表 2－13　5083 合金的轧制率系统(锭坯尺寸 600 mm×1800 mm×5200 mm)

道次	出口厚度 /mm	轧制率 /%	长度 /m	轧制速度 /(m·min⁻¹)	轧制时间 /s	辅助时间 /s	咬入温度 /℃	力矩 /(kN·m)	电机功率 /kW	轧制力 /kN
1	585.00	2.5	5	100	3.2	8.0	500	28610	10756	24470
2	564.00	3.6	6	100	3.3	8.0	501	36390	13635	26300
3	542.00	3.9	6	100	3.3	8.0	502	36830	13799	26010
4	520.00	4.1	6	100	3.6	8.0	503	35920	13460	25360
5	498.00	4.2	6	100	3.8	8.0	504	35020	13129	24730
6	476.00	4.4	7	100	3.9	8.0	505	34150	12806	24120
7	454.00	4.6	7	100	4.1	8.0	506	33300	12491	23520
8	431.00	5.1	7	100	4.3	8.0	507	33640	12617	23230
9	407.00	5.6	8	100	4.6	8.0	508	33900	12712	22920
10	382.00	6.1	8	100	4.9	8.0	509	34070	12776	22570
11	356.00	6.8	9	100	5.3	8.0	510	34160	12811	22190
12	329.00	7.6	9	100	5.7	8.0	511	34180	12818	21790
13	301.00	8.5	10	100	6.2	8.0	512	33840	12691	21370
14	272.00	9.6	11	100	6.9	8.0	513	33280	12483	20930
15	242.00	11.0	13	100	7.7	8.0	515	32640	12246	20490

道次	出口厚度 /mm	轧制率 /%	长度 /m	轧制速度 /(m·min⁻¹)	轧制时间 /s	辅助时间 /s	咬入温度 /℃	力矩 /(kN·m)	电机功率 /kW	轧制力 /kN
16	211.00	12.8	15	100	8.9	8.0	516	31900	11975	20060
17	180.00	14.7	17	100	10.4	8.0	517	30280	11374	19400
18	149.00	17.2	21	100	12.6	8.0	518	28710	10792	18810
19	118.00	20.8	26	100	15.9	90.0	518	27880	10486	18790
20	95.00	19.5	33	100	19.7	8.0	512	21550	8144	17030
21	75.00	21.1	42	100	25.0	270.0	510	19940	7546	17260

注：①总轧制时间 11 min 15 s。

2.2.4.2　轧制 9 mm 厚的 1145 合金带卷生产率的计算

产出率按 90%，效率按 75%，利用率按 85% 计算。

生产周期 = 11.47 min（见表 2 – 10）+ 0.5 min = 11.97 min。

锭坯质量 = 0.6 × 2.04 × 5.145 × 2.7 = 17.00 t。

生产率 = 17.60 × 0.90 × 0.72 × 0.85 × 60/11.97 = 48.89 t/h。

2.2.4.3　其他材料生产率的计算

同理，我们可计算得：

3 mm 厚的 5182 合金带卷的生产率为 18.08 t/h。

75 mm 厚的 5083 合金热轧厚板的生产率为 44.42 t/h。

3 mm 厚的 3003 合金带卷的生产率为 26.85 t/h。

2.2.4.4　总产量

根据以上的计算与市场调查分析确定 φ930/1500 mm × 2250 mm 双卷取热轧机的产品结构为：

1145 合金 3 mm 带卷占 15%	5182 合金 3 mm 带卷占 15%
1145 合金 9 mm 带卷占 25%	5083 合金 75 mm 厚板占 5%
3003 合金 3 mm 带卷占 40%	

从而可以确定该轧机在年工作时间 6000 h 时的设计总产量约 180 kt/a，见表 2 – 14。

表 2 – 14　φ930/1500 mm × 2250 mm 双卷取热粗 – 精轧机的设计生产能力

合金	锭坯尺寸 /mm	产品厚度 /mm	产品宽度 /mm	产量 /(t·h⁻¹)	结构 /%	运转时间 /h	年产量 /t
1145	600 × 2040 × 5145	3.0	1940	35.97	15	744.6	26783
1145	600 × 2040 × 5145	9.0	1940	48.89	25	913.0	44637
3003	600 × 2000 × 5200	3.0	1900	26.85	40	660.0	71421
5182	600 × 1800 × 5200	3.0	1700	18.08	15	481.4	26684
5083	600 × 1800 × 5200	75.0	1800	44.42	5	201.0	8928
总计						6000	178553

注：锭坯都经过铣面。

2.3   2辊热粗轧多机架热精轧生产线[7~9]

2辊热粗轧/多机架热精轧铝板带生产线有两种形式:(1+2)式,由1台2辊可逆式热粗轧机与其后双机架4辊热精轧机组成;(1+3)式,由1台2辊可逆式热粗轧机与3机架4辊热精轧机列组成,见图2-2。前者的典型生产企业有中国香港特别行政区美亚(Meyer)铝厂有限公司,后者的如印度尼西亚泗水市阿卢明多铝业公司(Alumindo)。

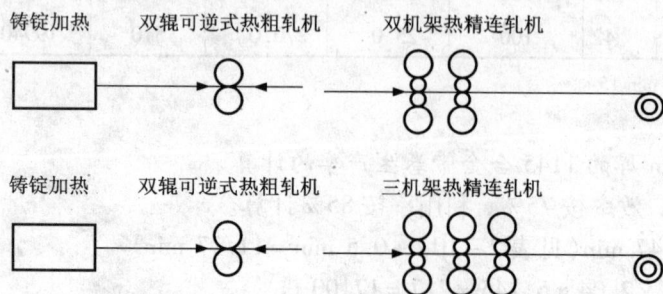

图2-2   铝板带双辊热粗轧机/多机架四辊热精轧机列生产线示意图
上图—(1+2)式;下图—(1+3)式

铝板带这种热连轧线全世界并不多,只有6条,总生产能力约650 kt/a,可轧锭坯的最大质量不超过10 t,单条生产线的最大生产能力只不过200 kt/a左右,同时只能轧软合金。除中国香港与印度尼西亚的这类生产线外,比利时霍戈文(Hoogovens)铝业公司有1条(1+3)式的生产线,美国有两条;俄罗斯有1条(1+5)式。

双辊热粗轧-多机架热连轧生产线的投资比建设四辊热粗轧-多机架热连轧大型生产线的投资低得多,对建设生产能力低于200 kt/a的板带轧制厂是可考虑的生产工艺之一,对于生产多品种多规格民用板带也是有一定竞争力的。

迪弗尔轧制厂与阿卢明多铝业公司的轧制生产线都是在20世纪90年代改造的,前者的改造起点高,产量提高了,品质改善了,效益显著,达到了预期的目标。

2.3.1   美亚铝厂的双辊可逆式热粗轧机-双机架4辊热连轧机列生产线

美亚铝厂有限公司位于香港新界大埔工业村,占地面积18580 m²,2000年底有员工约345名,是一家有48年历史的香港唯一的铝板带材轧制厂,目前的产品有圆片、带卷、薄板、厚板等,合金有1050、1100、1200、1235和3003,热轧卷的最大宽度为1270 mm,状态有H1X、O、H2X与F,厚度为0.30~4.00 mm,热轧带卷厚度为2.00~5.00 mm,热轧厚板厚度9.00~12.00 mm,带卷及薄板的最大宽度为1220 mm,每年的实际产量都超过30 kt。热轧生产线的能力有余,而冷轧机的能力又不足。全员劳动生产率约91 t/(人·年),比大陆的高一倍多至几倍。

公司除香港大浦轧制厂外,在香港还有一家生产特富隆不粘锅的工厂,在泰国有一家不粘锅厂,在马来西亚还有一家轧制厂。所生产的铝材除公司内部自用外,其余的销售到世界50多个国家与地区。在生产制锅铝圆片方面,美亚铝厂是全球主要企业之一。

美亚铝厂的主要装备：有两座容量各 20 t 的倾动式熔炼炉，半连续立式铸造机 1 台，一次可铸 5 块扁锭，总质量为 21 t；湿铣面机 1 台，铸锭的最大截面为 340 mm × 1270 mm；扁锭铝切机 1 台；推进式立放扁锭均匀化–加热炉 1 台，宽 2000 mm，一排可放 5 块锭；(1 + 2) 式热轧生产线 1 条，由 1 台 2 辊可逆式热粗轧机与 2 台串列式热连轧机 (可把它们称为温轧机) 组成，粗轧机将锭轧至 15 ~ 20 mm，而后连轧到 4 ~ 4.5 mm；箱式退火炉 2 台，对圆片与长方形板退火，圆片感应退火炉 2 台，1400 mm 级冷轧机 1 台；纵横联合剪切线 (combination line) 1 条；立式运输系统及包装运输系统 (Vertical conveyor system，packing conveyor system) 各 1 套；高速自动圆片落料生产线 1 条。

圆片是美亚铝厂的主导产品，最大直径 1220 mm、厚度 0.30 ~ 4.00 mm，产量很大，每月可达 2 kt，占总产量的 70% 左右，是亚洲最大的铝圆片加工企业，圆片经感应退火后，组织致密，晶粒细小，制耳率低，表面品质高。据称，该厂圆片的综合成品率 55%，比大陆同类产品的约高 10 个百分点。

2.3.1.1　生产工艺

美亚铝厂铝板、带、片的生产工艺流程见图 2–3。

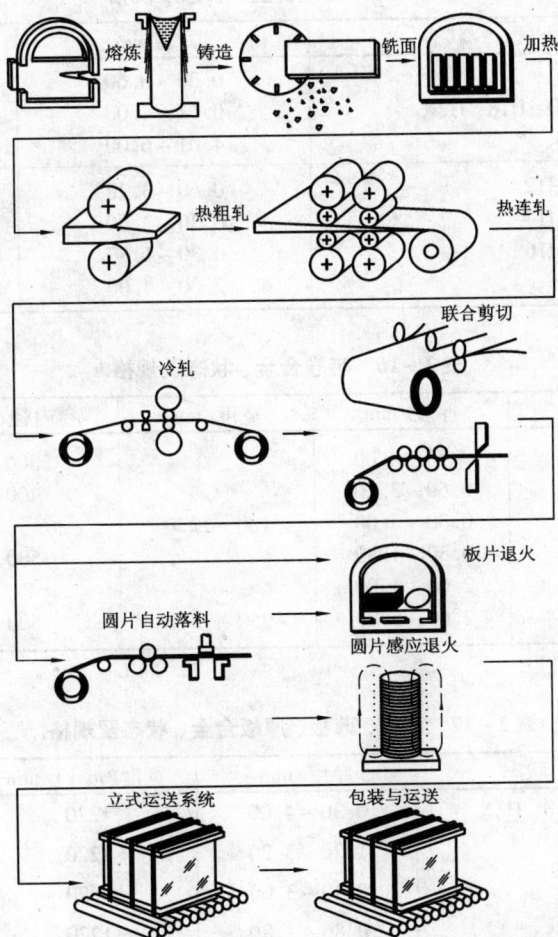

图 2–3　美亚铝厂铝板带片生产工艺流程示意图

熔铸工段有两组熔炼－静置炉，一组熔炼 3XXX 系合金，另一组熔炼 1XXX 系合金。原铝锭及废料堆置场仅 700 m², 原材料周转快，不但减少了场地面积，而且流动资金占用少。铣面机为湿法式的，铣削速度快，铣后的锭坯表面品质高。

目前，该厂的热轧生产能力过剩，冷轧生产能力处于饱和状态，熔铸产能明显不足，板带片年产量均超过 30 kt。据称，美亚铝厂工人的平均年龄在 40 岁以上，工人素质高，擦伤、划伤废品几乎没有，劳动生产率高。各道工序之间不设质量检查员，最终检查由专职检查员担任。

圆片加工费约 1800 元/t(含烧损费)，退火产品及未退火产品的销售价相同，圆片月产量约 2 kt, 最大厚度为 4 mm。热轧生产线辊道呈锥形。

2.3.1.2 产品规格

美亚铝厂的产品规格有圆片、带卷、薄板、厚板、平整板片(roller leveling), 见表 2-15 ~ 表 2-17。供应的圆片的最大直径为 1220 mm, 板材及带卷的最大宽度为 1220 mm, 热轧的可达 1270 mm。

表 2-15 圆片合金、状态及规格

合金	状态	厚度/mm	直径(max)/mm
1050 1100 1200 3003	O、H18、H2X	0.30 ~ 0.60	1000
		0.61 ~ 4.00	1220
		4.01 ~ 6.00	560
	H12	0.60 ~ 3.20	1000
	H14	0.30 ~ 3.00	1000
	H16	0.30 ~ 1.80	1000
	F	2.00 ~ 4.00	1220

表 2-16 带卷合金、状态及规格

合金	状态	厚度/mm	宽度/mm	卷内径/mm	卷外径[①]/mm
1050 1100 1200 1235 3003	O、H18、H2X	0.30 ~ 4.00		300	900
	H12	0.60 ~ 3.20		400	930
	H14	0.30 ~ 3.00	100 ~ 1220		
	H16	0.30 ~ 1.80		500	960
	F	2.00 ~ 4.00			
	热轧的	2.00 ~ 5.00	950 ~ 1270	500	960

注：①最大可达 1270 mm。

表 2-17 平片、薄板、厚板合金、状态及规格

合金	状态	厚度/mm	宽度(max)/mm	长度(max)/mm
1050 1100 1200 3003	O、H18、H2X	0.30 ~ 4.00	1220	3658
	H12	1.20 ~ 3.20	1220	3658
	H14	0.90 ~ 3.00	1220	3658
	H16	0.80 ~ 1.80	1220	3658
	F	2.00 ~ 4.00	1220	3658
	热轧的	9.00 ~ 12.00	1220	150 ~ 800

2.3.2　迪弗尔轧制厂的双辊可逆式热粗轧机 −3 机架 4 辊热连轧机列生产线

比利时霍戈文铝业公司(Hoogovens Aluminium)迪弗尔(Duffel)轧制厂有一条 2 辊可逆式热粗轧 −3 机架 4 辊热连轧机列生产线, 先后于 1959—1971 年建成投产, 轧机的基本参数如下:

- 2 辊热粗轧机

规格/mm	$\phi 1043 \times 2540$
主电机功率/kW	2×2250
最大速度/(m·min^{-1})	max 180
投产年度	1959

- 3 机架 4 辊热连轧机列

轧辊尺寸/mm　　　　　　　　686/656, 1372×2490

主电机功率/kW	机架 1	机架 2	机架 3
	2400	2400	2750
速度/(m·min^{-1})			250
投产年度	1971	1964	1964

为了提高产品品质、增加产量, 提高市场竞争力, 生产优质的 PS 版板基、阳极氧化建筑板与圆片等关键性产品, 工厂于 1991 年投资 2500 万美元对热轧生产线进行全面的高水平的技术改造, 不但生产出了优质的有市场竞争力的 PS 版板基, 而且轧制了当时市场所需的 3004 合金罐身料。改造的主要内容是增加了自动化的戴维(Davy)工艺参数控制系统 Syetem 21。轧机的控制系统及布置见图 2 −4。

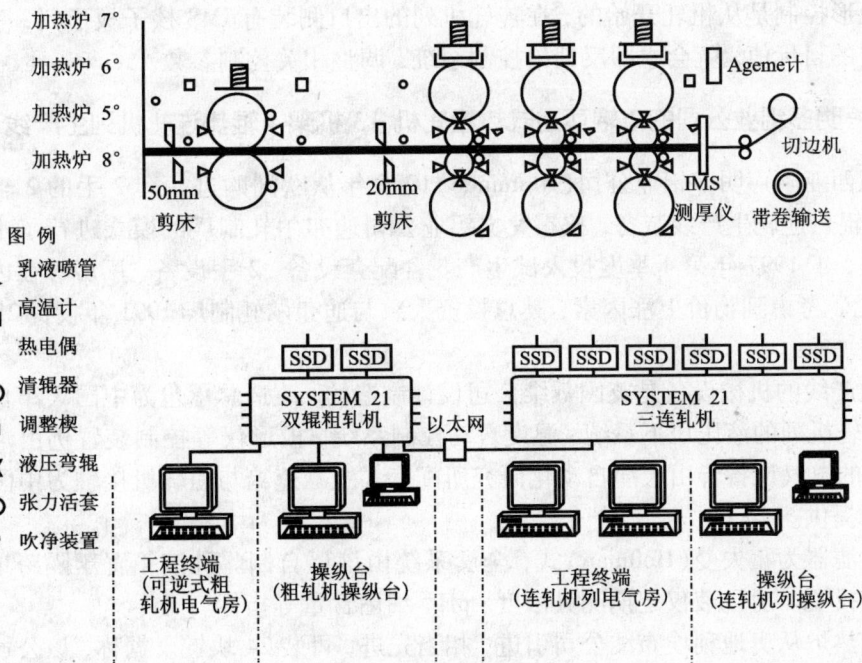

图 2 −4　迪弗尔轧制厂热连轧机列平面布置及戴维 System 21 控制系统示意图

2.3.2.1　2辊热粗轧机

2辊热粗轧机是戴维公司前身企业之一的英国贝德福特市（Bedford）W·H·A·罗贝逊（Robertson）公司于1958年制造的，电气设备由德国西门子公司（Siemens）提供，可轧制的锭坯的最大质量15 t，最大尺寸500 mm（厚）×1800 mm（宽）×4700 mm（长）。

有4台推进式锭坯加热炉，其中3台是瑞士台格威廉市（Taegerwilen）高奇公司（Gautschi）提供的，后经奥地利林茨市（Linz）埃布纳炉窑公司（Ebner Furnaces）改造；第4台是埃布纳炉窑公司设计制造的。锭坯的轧制开始温度为540℃，热轧到2.5～8.0 mm，然后转入冷轧工段。不过连轧机列只能轧出10 t的带卷。

1991的改造增加了戴维公司设计制造的乳液喷射系统，乳液流速控制可达10∶1，为精确地调整热轧辊形提供了有利的条件，这对生产多品种、多规格热轧生产线尤显重要。

轧机进出口侧与轧制线上下方都安有乳液喷射管。换辊时不用移动或拆卸乳液管，因而能显著缩短换辊时间。该机原来装有清辊器，改造时换装了效率更高效果更好的清辊系统。乳液喷射量根据事先设定的程序由Video Spray系统自动控制，但操纵手可根据轧制情况与压下率大小作精细调整。

在轧机的进口侧与出口侧都装有高温计与热电偶，以测量轧件温度。粗轧机与3机架热连轧由System 21进行联动控制。生产实践证明，这次改造非常成功，产量与品质特别是产品表面与板形都达到了从未有过的水平。

2.3.2.2　3机架4辊热连轧机列

连轧机列是1991年改造的重点，除在各机架的工作辊进出口侧装有新的高性能的Davy ISV乳液喷洒装置外，各个机架都有液压弯辊系统，带材板形、厚度、温度、轧辊压扁补偿等都由计算机通过System 21自动控制，并与工厂的IBM与Vax生产、计划、通信计算机系统相联。

带材板形控制是从粗轧开始的，在连轧机列的出口侧装有IMS核子板形仪，一旦测得的值偏离设定的目标值，就会立即反馈给控制系统，调整相关控制参数。

2.3.3　阿卢明多铝业公司的2辊可逆式热粗轧机－3机架4辊热连轧机列生产线

印度尼西亚阿卢明多铝业公司（Alumindo）1995年从欧洲购进一套2手的2辊热粗轧机－3机架4辊热连轧生产线装备，按霍戈文铝业公司迪弗尔轧制厂的模式进行了中等水平的现代化改造，于1997年第4季度投入试生产。含配套设备、2手设备、厂房等在内总投资约3500万美元。考虑到物价上涨因素，其总投资大致与迪弗尔轧制厂1991年投资2500万美元的费用相当。

这套生产线的机械设备是英国戴维公司设计制造的，改造总承包为中国天津自动化研究所，除热连轧机列的液压压下系统、温度自动控制系统、板形仪等控制装置仍由戴维公司提供外，其他的电气设备皆由天津自动化研究所配套。主减速箱与粗轧机接轴为中国第二重型机器制造厂提供。

乳液过滤器为霍夫曼（Hoffman）式，全套系统由该厂自制。乳液箱置于隔跨地面上，节约了地下室投资。对乳液仅定期测其浓度、pH、细菌含量等指标。

锭坯加热炉从奥地利埃布纳公司引进，相当先进，可装24块锭。据称，该公司在试生产期间，不但聘请了迪弗尔轧制厂与日本斯凯（Sky）铝业公司的专家，而且从后者引进了成套的技术文件与软件。

带材进入连轧机列的厚度为 20 mm；出口厚度为 3 mm，偏差 ±12.5 μm（±4%）。用手持热电偶测得的一周的带材温度值为：

入口温度/℃	414 ~ 429
出口温度/℃	230 ~ 248
同一带卷的温度变化/℃	248 ~ 253

该热轧生产线是德国施洛曼公司（Schloeman）与梅斯塔公司（Mesta）1966 年制造的。

2.3.3.1　双辊热粗轧机的简明技术参数

轧辊直径/mm	max 965，min 900
轧辊辊面宽度/mm	2150
主传动电机功率/kW	2 × 2300
电机转速/(r·min^{-1})	0/180/400
齿轮箱：	
齿比	1/6.41
输入转速/(r·min^{-1})	0/180/400
输出转速/(r·min^{-1})	0/180/400
轧制速度/(m·min^{-1})	0/28.08/62.40
最大开口度/mm	490
最大轧制力/kN	14000
可轧材料	铝及铝合金
锭坯尺寸/mm：	
max 厚度	480
max 宽度	1270
max 长度	5200
max 质量/t	8.5
产品尺寸/mm：	
厚度	5 ~ 45
宽度	600 ~ 1900
螺旋压下速度/(mm·s^{-1})	
快速压下	0 ~ 12
带负载时	0.15

热粗机之前无立辊轧机，这不利于减少裂边，但在轧制 1XXX 系合金时裂边较为轻微。

2.3.3.2　1000 kN 热剪的简明技术参数

可剪带板的最大厚度/mm	45
可剪带板的最薄厚度/mm	3
被剪带板温度/℃	约 350
最大剪切力/kN	100
可剪带板的最大宽度/mm	2000
可剪带板的最小宽度/mm	650
40 mm 厚板的热态抗拉强度/MPa	40

25 mm 厚板的热态抗拉强度/MPa	127
剪刃长度/mm	2300
剪刃最小开口度/mm	400
下剪行程/mm	55
上剪行程/mm	490
总行程/mm	545
剪刃倾角	2.5°
连续剪切数/(n·min^{-1})	12
传动电机功率/kW	120
转速/(r·min^{-1})	900
齿轮比	75:1

2.3.3.3 直径 500 mm 的圆盘剪的简明技术参数

直径 500 mm 的圆盘剪边机的一些参数如下:

可剪边板带的最大厚度/mm	10
可剪边板带的最薄厚度/mm	3
可剪边板带的最大宽度/mm	1900
可剪边板带的最小宽度/mm	610
被剪材料的抗拉强度(冷状态)/MPa	380
被剪材料的抗拉强度(热状态)/MPa	130
被剪材料温度/℃	约 350
剪刃直径/mm	500
剪边的最大宽度/mm	200
碎边条长度/mm	260
最大剪边速度/(m·min^{-1})	120
最低剪边速度/(m·min^{-1})	72
传动电机功率/kW	0~103
传动速度/(r·min^{-1})	0~950

减速比:

刀盘移动速度(液压)/(mm·s^{-1})	500
刀盘横移速度(每个)/(mm·min^{-1})	450

2.3.3.4 3 机架 4 辊热连轧机的简明技术参数

阿卢明多铝业公司热连轧生产线的机械设备除 3 连轧机列是海斯特公司制造的外,其他的均是施洛曼公司提供的。连轧机列的基本技术参数为:

型 式	3 机架 4 辊

工作辊:

最大直径/mm	520
最小直径/mm	495
辊面宽度/mm	1905

轴承:

材料	Ni – Cr – Mo 钢
型式	辊锥式
型号	120 TQ09523 CB1250 HI

承支辊：

最大直径/mm	1245
最小直径/mm	1175
辊面宽度/mm	1905

轴承：

材料	高级轴承钢
型式	辊锥式
型号	295 TQ0821 CA957 HI
最大开口度/mm	40
传动电机功率/kW	每个机架 2 × 1492

螺丝压下装置：

电机速度/(r·min^{-1})	550
齿轮比	1:8
蜗轮传动速度/(r·min^{-1})	1.375
蜗轮比	1:50
方形螺旋距/mm	12.732
压下速度/(mm·min^{-1})	17.46
新辊(工作辊最大直径 + 支承辊最大直径)系最大高度/mm	1765
报废辊系的最小高度/mm	1670
压下的最大行程(1765 – 1670 + 40)/mm	135
主传动速度/(r·min^{-1})	0/175/350

第 1 机架：

传动齿轮比	1:5.7
输入速度/(r·min^{-1})	0/175/350
输出速度/(r·min^{-1})	0/30.7/61.4
轧机线速度/(m·min^{-1})	0/49.8/100.2

第 2 机架：

传动齿轮比	1:3.826
输入速度/(r·min^{-1})	0/175/350
输出速度/(r·min^{-1})	0/45.7/91.4
轧机线速度/(m·min^{-1})	0/74.4/148.8

第 3 机架：

传动齿轮比	1:2.37
输入速度/(r·min^{-1})	0/175/350
输出速度/(r·min^{-1})	0/73.83/147.6
轧机线速度/(m·min^{-1})	0/120.6/241.2

2.3.3.5 卷取机的简明技术参数

传动电机功率/kW	2×186.5
传动齿轮比	$1:10.5$
输入速度/($r \cdot min^{-1}$)	0/400/1700
输出速度/($r \cdot min^{-1}$)	0/38/162
卷取线速度/($r \cdot min^{-1}$)	0/60.5/258

2.4 热连轧生产线[10~13]

2.4.1 全球铝板带热连轧生产线一览

截止到 2006 年底, 全世界约有 50 条(1+1)式热粗/精轧线至(1+6)式铝带热连轧生产线, 它们的总生产能力可达 18300 kt/a, 其中 2 辊热粗轧机/2、3 机架热连轧生产线 3 条, 分别在中国香港特别行政区、印度尼西亚与比利时, 生产能力约 500 kt/a。4 辊热粗轧机与多机架热精轧机列组成的生产线即(1+1)式至(1+6)式的生产线有 51 条:

        (1+1)热粗/精轧式: 5 条, 生产能力约 1250 kt/a

        (1+2)式: 9 条, 生产能力约 2700 kt/a

        (1+3)式: 18 条, 生产能力约 6350 kt/a

        (1+4)式: 13 条, 生产能力约 6300 kt/a

        (1+5)式: 5 条, 生产能力约 2500 kt/a

        (1+6)式: 1 条, 生产能力约 450 kt/a

这些 4 辊热粗轧机加(1~6)机架热精轧机列生产线多分布在工业发达国家, 如美国、日本、德国、法国、英国等; 在发展中国家仅有为数不多的几条生产线, 中国有 1 条 2800 mm 的(1+1)式的, 1 条 2400 mm(1+1)式, 3 条(1+4)式的; 巴西有 1 条(1+4)式的; 韩国有 1 条(1+4)式的。

(1+5)式与(1+6)式的生产线是在 20 世纪 60 年代以前建设的, 看来在可预见的时期内, 全球不会再建这类多机架热连轧生产线。因为由于技术的发展、轧制力的加大、自动化程度的提高、控制手段的改善, 现代化的(1+4)式热连轧生产线的生产能力可超过 600 kt/a。工业发达国家在 2010 年以前建新的(1+3)式或(1+4)式热连轧生产线的可能性也很小, 因为可以通过对现有热连轧生产线的现代化技术改造来提高产量与改进品质[1]。

今后建设新的铝板带热连轧生产线的国家或地区有中国、南非、印度、拉丁美洲等。

值得一提的是, 全球现在的铝板带热连轧生产能力都大于市场需求量, 如果其实际产量达不到设计产能的 70% 或更高些, 就可能处于亏损状态。铝板带国际市场竞争异常激烈, 大多数轧制厂都在微利条件下苦苦挣扎经营。热轧厚板诸如塑料模具预拉伸板、舰船板、液化天然气贮罐板、航天航空板、装甲板、高速机车头部板等等, 虽有相当高的附加值, 利润颇丰, 但产量不大, 仅占板带总产量的 4% 左右, 且只有为数不多的轧制厂能生产硬合金板。

诺威力铝业公司(Alcan)是全世界最大的铝板带生产者, 拥有 8 条(1+3)式与(1+4)式热连轧生产线, 其中独资的 4 条, 合资的 4 条, 总生产能力达 3800 kt, 占世界铝板带热连轧产能的 22% 左右。不过, 该公司生产的板带材以罐身料、汽车板材等民用产品为主, 不生产航空航天板材等。

诺威力铝业公司的热连轧生产线遍布世界各地，加拿大、美国、巴西、德国、英国、韩国等都有；美国奥斯威戈(Oswego)轧制厂是一个新建的轧制厂，拥有全新的装备，是世界上最先进的铝板带轧制厂；在巴西该公司有一个轧制厂，其(1+4)式热连轧生产线是由二手轧钢机改造的，经德国西马克公司改造，达到了当今先进的水平，于1999年投产，各项指标达到了预期的设计目标，以生产罐身料(can stock)为主；1999年加拿大铝业公司收购了韩国大韩电线公司(Taihan Electric wire Co., Ltd.)的轧制厂，有1条(1+3)式热连轧生产线，现已改为(1+4)式的，也是由二手轧钢机列改造的，组成诺威力/大韩铝业公司，诺威力铝业公司成为控股者，占66%股份。

美国铝业公司(Alcoa)是世界第二大铝板带板生产者，轧制产品(板、带、箔)的生产能力达3200 kt/a左右。该公司的达文波特轧制厂(Davenport)拥有世界上最大的5588 mm的热粗轧机、2640 mm的5机架热连轧机列；沃里克(Warrick)轧制厂有1条(1+6)式热连轧生产线，其粗轧机辊面宽度为2676 mm，6机架精轧机的辊面宽度为1828 mm。美国铝业公司是全球最大的航空航天、舰船等的板、带材供应者，品种多、种类齐全，所有的航空航天器所需的各种合金与各种规格的板、带材都能生产，美国波音飞机公司(Boeing)所用板材的60%以上是美国铝业公司供应的，欧洲空中客车公司(Airbus)所用的板材该公司也占有一定的比例。美国铝业公司也是全球第二大罐身料企业，田纳西州美铝镇(阿尔科镇—Alcoa)轧制厂有一条3机架冷连轧生产线，专门轧制身罐身料。美国铝业公司自2000年收购雷诺兹金属公司(Reynolds Medal)后，成为世界上最大的铝箔生产者。

法国原普基铝业公司(Pechiney Aluminium)是世界上第四大原铝与加工材生产公司，已为加拿大铝业公司兼并，有两条独资的热连轧生产线：一条(1+4)式的，由2840 mm粗轧机与2300 mm四机架精轧机列组成；另一条为(1+3)式的，粗轧机3400 mm，精轧机列2845 mm。该公司可生产各种各样的铝材，是世界第二大硬合金轧制与挤压产品生产者。其轧制板、带材广泛应用于航空航天工业、汽车工业、建筑与包装行业等。空中客车公司的飞机机身与机翼是用普基公司的板材制造的。

美国铝业公司、加拿大铝业公司、俄罗斯铝业公司(Russian Aluminium - RUAC)、凯撒铝业公司是世界四大航空航天铝合金(硬合金)板材生产企业。

日本有4条热连轧生产线，3条(1+4)式的，1条(1+3)式的。神户钢铁公司、住友轻金属公司、古河铝业公司福井轧制厂各有1条4连轧生产线，原来都是(1+3)式的，于上世纪80年代以后改为(1+4)式的，古河铝业公司日光轧制厂有1条(1+3)式的热连轧生产线。

2.4.2　热轧机技术参数

铝板、带热连轧生产线由上锭机(翻锭机)、前辊道、立辊轧机、粗轧机工作辊道、粗轧机、后辊道、重型剪、轻型剪、精轧机列、切边机、卷取机、粗轧机乳液系统、精轧机排烟系统、精轧机列乳液系统等组成。

世界上生产热轧机的主要企业有：德国西马克公司(SMS, Siemag)、法国克莱西姆公司(Clecim)公司、英国戴维公司(Davy)、日本石川岛磨播重工业公司(IHI)、美国迪平斯公司(Tippins)等。克莱西姆公司与戴维公司已于1999年与奥地利钢铁公司合并，组成奥地利联合钢铁公司(VAI)，简称奥钢联。一些轧机制造公司生产的铝板带热轧机的技术参数见表2-18[2]。

表 2-18　热轧机技术参数比较

设备名称	参　数	西马克公司	克莱西姆公司	戴维公司	石川岛磨播重工业公司
粗轧机	轧辊尺寸/mm	φ1050/1525×2300	φ960/1325×2500	φ930×1500×2500/2400	φ930/1530×2400
	工作辊与支承辊最小直径/mm	φ980/1350	φ910/1425	φ870/1400	φ880/1480
	轧制力/kN	40000	3400	35000	30000
	轧制力矩/kN·m	1950/975	2000	1700/850	1923/641
	弯辊力(正/负弯)/kN	3080/2260	—	4300/3500	—
	立柱截面积/cm²	7000	7500	8800	5796
	机架质量/t	—	395.0	419.3	—
	轧制速度/(m·min⁻¹)	0~100/200	0~90/200	0~100/200	0~67/200
	主电机功率/kW	2×3000	2×3100	2×3000	2×2250
	主电机转速/(r·min⁻¹)	0~30/60	0~30/70	0~200/400	0~120/360
	驱动方式	单辊直接	单辊直接	双电机并联减速	双电机并联减速
	工作辊表面硬度(肖氏)	70~75	75~79	70~75±3	68~72
	工作辊轴承	4列圆锥	4列圆锥	4列圆锥	4列圆锥
	工作辊单个质量/带轴承座质量/t	—	21.5/32.5	21.2/38.6	19.2/37
	支承辊表面硬度(肖氏)	50~55	50~55	60~65±3	50~53
	压下缸直径/mm	1050	940	1030	975
	压下速度/(mm·s⁻¹)	9.8	5	2.5	2
	系统工作压力/MPa	25	31.3	21	21
	位置传感器形式	索尼磁尺	光栅数字式	差动变压器	索尼磁尺
	总质量/t	1346.4	1056.9	1389.7	—
立辊轧机	立辊尺寸/mm	φ1100×900	φ965×760	φ1000×780	φ950×810
	轧制力/kN	1200	9000	7000	—
	轧制力矩/(kN·m)	675/337	560/252	572/214	—
	轧制速度/(m·min⁻¹)	0~100/200	0~90/200	0~75/200	0~80/200
	主电机功率/kW	2×1000	1345	2×700	1500
	主电机转速/(r·min⁻¹)	0~135/270	0~350/780	0~550/1470	0~200/500
	压下速度/mm·s⁻¹	40	30	33.3	0~55/110
	压下电机功率/kW	2×75	2×90	2×120	75/150
	压下电机转速/(r·min⁻¹)	0/550	—	0/1000	0~515/1030
	至粗轧机的距离/m	10	3.75	12.08	12.1
粗轧机工作辊	辊的外端直径/mm	400	420	406	355
	辊中部直径/mm	371.6	376	355	295
	辊的锥度	1:40	1:28.4	:24.5	1:20
	辊身长度/mm	2300	2500	2500	2400
	辊间距/mm	500	750	430	450/600
	驱动方式	单独AC电机变频调速	单独AC电机变频调速	集中DC电机	集中伞齿轮DC电机

设备名称	参　　数	西马克公司	克莱西姆公司	戴维公司	石川岛磨播重工业公司
重型剪	结构形式	电动上切式	液压下切式	电动下切式	电动下切式
	最大剪切力/kN	9000	7500	11850/7000	6500
	剪切厚度/mm	90（硬合金）～125（软）	90（硬）～125（软）	90（硬）～125（软）	100（硬）～125（软）
	开口度/mm	500	650	400	210（切后可升至1000）
	电机功率/kW	2×430	—	AC250	AC220
	电机转速/(r·min⁻¹)	0～730	—	600	750
轻型剪	结构型式	电动上切式	液压下切式	电动下切式	电动下切式
	最大剪切为/kW	1700	900	475	1850
	被剪材料厚度/mm	35（硬合金）～50（软合金）	35（硬合金）～55（软合金）	25（硬合金）～50（软合金）	38（硬合金）～50（软合金）
	开口度/mm	400	500	500	140（切后可升至500）
	驱动电机功率/kW	150	—	AC75	AC75
	驱动电机转速/(r·min⁻¹)	0～750	—	0～750	0～750
精轧机列	轧辊尺寸/mm	φ750/1525×2600/2300	φ760/1525×2500	φ750/1500×2500/2400	φ725/1520×2400
	工作辊/支承辊最小直径/mm	700/1350	710/1425	700/1400	675/1480
	轧制力/kN	40000	34000	35000	30000
	轧制力矩/kN	1330/532，887/355，580/232	1300，870，650	3910，3200，2730	1330/530，780/310，460/180
	弯辊（正弯/负弯）/kN	3080/3080	—	4300/3500	—
	立柱截面积/cm²	7000	7500	8800	5796
	机架质量/t	—	1097.0	1146.0	—
	轧制速度/(m·min⁻¹)	max 210，320，480	0～72/270，0～108，1360，0～144/360	max 180，270，360	0～50/120，0～85/212.5，0～144/360
	主电机功率/kW	3×5000	3×5500	2250×2（共3组）	3×3000
	主电机转速/(r·min⁻¹)	0～140/350	0～220/500	0～300/750	0～200/50
	驱动方式	单电机、减速器、齿轮座	单电机、减速器、齿轮座	单电机、减速器、齿轮座	单电机、联合齿轮箱
	工作辊表面硬度（肖氏）	—	75～80	70～75±3	68～72
	工作辊轴承	4列圆锥圆柱孔（圆柱孔）	4列圆锥（圆柱孔）(13.4/28.3)	4列圆锥（圆柱孔）(14.2/28.3)	4列圆锥(12.1/27.0)
	工作辊单个质量/带轴承座质量/t				
	支承辊表面硬度（肖氏）	—	60～65	60～65±3	47～53
	支承辊轴承	铝锡瓦动压	4列圆锥（圆柱孔）	4列圆锥（圆柱孔）	4列圆柱

设备名称	参 数	西马克公司	克莱西姆公司	戴维公司	石川岛磨播重工业公司
精轧机列	支承辊单根质量/带轴承座质量/t	—	—	50.21/92.2	52/86.6
	压下缸直径/mm	1050	940	1030	975
	压下速度/(mm·s^{-1})	4	5	—	2
	系统工作压力/MPa	25	30.3	21	21
	位置传感器形式	索尼磁尺	光栅数字式	差动变压器	索尼磁尺
	粗轧机列总质量/t	2269.4	2524.8	2865.9	
切边机	可切材料最大厚度/mm	8(硬合金),10(软合金)	6(硬合金),10(软合金)	10	8
	切边最大宽度/mm	100	—	100	2×65
	最大切边速度/(m·min^{-1})	486	0～325/420	450	415
	圆盘剪直径/mm	600	610	600	600
	驱动电机功率/kW	340	220	275	220
	驱动电机转速/(r·min^{-1})	0～600/1000	0～1150/1500	0～1000	0～480
	碎边形式	同轴	单独	同轴	同轴
卷取机	卷筒直径/mm	580/610	588/610	580/160	586/610
	卷取张力/kN	300	17～40	20.6～206	191.7
	卷取速度/(m·min^{-1})	480	360	396	415
	卷取电机功率/kW	1200	880	850	1300
	卷取电机转速/(r·min^{-1})	0～350/1400	0～195/680	0～325/1335	0～300/1230
	卷取机总质量/t	99.8	68.8	107.4	—
粗轧乳液系统	总流量/(L·min^{-1})	10000	10000	1100	6000
	回浮液箱容积/m^3	—	60	100	—
	主乳液箱容积/m^3	260	400	260	90(净30、脏60)
	主泵流量/(L·min^{-1})	5000	5500	7200	6000
	电机功率/kW	132	—	200	200
	电机台数	3(1台备用)	3(1台备用)	3(1台备用)	2(1台备用)
	冷却用水量/(L·min^{-1})	8716	11000	11000	
粗轧机排烟系统	排烟能力/(m^3·min^{-1})	3667	5000	3000	2000
	排烟风机功率/kW	2×110	—	150	160
	排烟风机转速/(r·min^{-1})	1000		1450	750
	过滤器净化率/%	—	80		90
精轧机列冷却系统	总流量/(L·min^{-1})	26400	6000	24000	3×6000
	回浮液箱容积/m^3	—	120	200	—
	主乳液箱容积/m^3	2×350	1000(脏460,预过滤100,净240)	480	250(脏160、净90)
	主泵流量/(L·min^{-1})	8500	6600	8800	6000
	电机功率/kW	25/250	—	180	200
	电机台数	4(1台备用)	4(1台备用)	4(1台备用)	4(1台备用)
	冷却器用水量/(L·min^{-1})	—	3×6600	16400	—

设备名称	参　数	西马克公司	克莱西姆公司	戴维公司	石川岛磨播重工业公司
精轧机列排烟系统	排烟能力/(m³·min⁻¹)	8333	7500	4000	3000
	排烟机功率/kW	4×132	—	2×150	2×250
	排烟机转数/(r·min⁻¹)	1000	—	1450	750
	过滤机净化率/%	—	80		90
辅助系统总质量/t		891.8	377.8	376.8	
热轧机列总质量/t		7563	5673.8	6943.3	

2.4.2.1　粗轧机的简明技术参数

由表 2 - 18 所列的数据可见,现代化的(1 + 3)式铝板、带热轧生产线粗轧机的简明技术参数如下(非大型机列):

工作辊直径/mm	930 ~ 1050	轧制力矩/kN·m	1700 ~ 2000
支承辊直径/mm	1325 ~ 1530	最大轧制速度/(m·min⁻¹)	200
工作辊辊面宽度/mm	2300 ~ 2500	主电机功率/kW	2×2250 ~ 2×3100
最大轧制力/kN	30000 ~ 40000		

2.4.2.2　主轧机的简明技术参数

除个别热连轧生产线未设立辊轧机外,一般的铝板、带热轧生产线都设有立辊轧机,以消除或控制裂边量。在热轧软合金时不设立辊轧机,也不会产生较为严重的裂边。

立辊轧机的一般技术参数如下:

立辊直径/mm	950 ~ 1100	最大轧制速度/(m·min⁻¹)	200
立辊高度/mm	760 ~ 900	至粗轧机的距离/m	4 ~ 12
最大轧制力/kN	7000 ~ 9200		

2.4.2.3　精轧机列的简明技术参数

热精轧机不管是 3 机架的还是 4 机架的,各机架轧辊尺寸、电机功率、轧制力、轴承等都相同也有个别例外,主要不同之处在各机架的实际轧制速度。

通常的简明技术参数范围如下:

工作辊直径/mm	725 ~ 760	最大轧制力/kN	30000 ~ 40000
辊面宽度/mm	2000 ~ 2600	各机架主电机功率/kW	3000 ~ 5500
支承辊直径/mm	1500 ~ 1525		

最大轧制速度/(m·min⁻¹):

第 1 机架　120 ~ 210　　　第 2 机架　212 ~ 320　　　第 3 机架　360 ~ 480

2.4.3　全球 10 大铝板带热连轧生产线

在全世界铝板带热连轧生产线中,最大 10 条分布于美国、日本、法国与德国,其中粗轧机最大的是美国铝业公司达文波特轧制厂的四辊不可逆式 5588 mm 轧机,而精轧机列最宽的是德国联合铝业公司诺伊斯轧制厂(阿卢诺夫铝业公司)的 3050 mm 的 3 机架机列。

它们的一些数据见表 2 - 19[3]。

表 2 - 19　世界十大铝板带热连轧生产线概要

企　业	粗轧机辊宽/mm	精轧机列/mm
美国铝业公司达文波特厂	5588	5 机架, 2640
美国铝业公司田纳西厂	3048	5 机架, 2248
美国铝业公司沃里克厂	2676	6 机架, 1828
美国凯撒铝及化学公司特伦特伍德厂	3315	5 机架, 2032
德国海德鲁铝业公司诺伊斯轧制厂	3300	3 机架, 3050
法国加拿大铝业公司纽布利萨克轧制厂	2840	4 机架, 2300
法国加拿大铝业公司伊苏瓦尔轧制厂	3400	3 机架, 2845
日本住友国轻金属公司名古屋厂	3300	4 机架, 2286
日本神户钢铁公司真冈轧制厂	4000	4 机架, 2900
日本古河电气工业公司福井轧制厂	4320	4 机架, 2850

2.4.4　热轧板带的品质指标

热轧板、带各公司的品质指标示于表 2 - 20。由于自动控制技术的不断提高,目前实际可达到的指标都严于表内所示的数值。如果产品的检测性能都能全面地满足这些要求,并且长期稳定,那么这些产品在品质方面就具有很强的国际市场竞争力,可进入北美、西欧与日本市场。

表 2 - 20　各公司对热轧板、带的品质保证

指标名称	西马克公司	克莱西姆公司[①]	戴维公司[①]	石川岛磨播重工业公司
厚 20 mm ~ 4.99 mm 板带的:				
厚度偏差/%	≤ ±0.8	≤ ±0.8	≤ ±0.8	≤ ±0.8
保证长度/%	≥98	≥98	≥98	≥98
厚 5.0 mm ~ 7.99 mm 板带的:				
厚度偏差/%	≤ ±0.8	≤ ±0.8	≤ ±0.8	≤ ±0.8
保证长度/%	≥95	≥95	≥95	≥95
厚 8.0 mm ~ 10.0 mm 板带的:				
厚度偏差/%	≤ ±0.8	≤ ±0.8	≤ ±0.8	≤ ±0.8
保证长度/%	≥93	≥93	≥93	≥93
凸面率/%:				
数值	≤ ±0.25	≤ ±0.25	≤ ±0.25	≤ ±0.25
保证长度/%	≥92	≥92	≥92	≥92
平直度/I	30 ~ 50	无可见半波及边波	无可见半波及边波	无可见半波及边波
温度偏差/℃	≤ ±10, -20	≤ ±10	≤ ±10	≤ ±10
错层/mm	≤ ±2	≤ ±2	≤ ±2	≤ ±2

注: ①已被英国奥钢联(AVI)兼并。

2.4.5　(1+1)式热粗/精轧生产线

截止于 2001 年，全世界约有 10 条(1+1)式铝板带热粗/精轧生产线，它们分布于中国、西班牙、美国、德国、瑞士、澳大利亚、日本、南非等国。

2.4.5.1　简明技术参数

(1+1)式热粗/精轧生产线的简明技术参数见表 2-21，除南非休内特铝业公司(Hulett Aluminium)的生产线是于 1999 年建成投产的外，其他生产线的装机水平都不高。休内特铝业公司的轧机及其他设备是德国西马克公司(SMS Demag)设计制造的。

表 2-21　全世界(1+1)式热粗/精轧生产线的简明技术参数

国家及企业所在地	制造者	粗(精)轧机工作辊宽度/mm	粗(精)轧机电机功率/kW	粗(精)轧机最大速度/(m·min^{-1})	最大卷重/t	最小产品厚度/mm
阿莫雷维耶塔(Amorebieta)，西班牙	Cosim	2000(2000)	4450(4450)	110(200)	13	2.5
阿森斯(Athens)，美国	Tippins	2667(2667)	3000(3000)	180(200)	25	2.3
重庆西南铝业(集团)公司，中国	一重	2800(2800)	6400(4600)	155	10	2.5
科马尔科铝业公司，澳大利亚	—	—	—	—	—	—
汉堡(Hambury)，德国	Sack Mesta	3300(3300)	5073(5073)	100(200)	12	4
中铝洛南热轧厂，中国	中国	2400				
斯凯铝业公司(SKY)，日本		3780(2300)	3800(2600)	120(300)	12	2.0
谢尔(Sierre)，瑞士	Davy	2500(2500)	6000(6000)	160(160)	14	3
休内特(Hulett)铝业公司，南非	SMS	—	—	—	—	—
耶诺拉(Yennora)	Bliss	2290(2290)	4000(4500)	140(180)	10	2.5

注：①为麒麟啤酒公司生产罐身料。②各两台拖动电机。

用(1+1)式热粗/精轧生产线轧制罐身料虽取得了成功，但产品性能的稳定性与制造成本都竞争不过热连轧生产线的。澳大利亚科马尔科铝业公司的罐身料在中国制罐市场上本占有一定的份额，但自 1999 年以来已被大型铝业公司挤走。中国西南铝业(集团)有限责任公司在以(1+1)式生产线轧制罐身料方面做了许多富有开拓性的工作，为中国生产罐身料积累了丰富的经验，造就了一批人才。

日本斯凯铝业公司用其(1+1)式生产线为麒麟啤酒公司轧制罐身料，但日本其他制罐公司并不用该公司的产品。据称，澳大利亚科马尔科铝业公司正在对热粗/精轧生产线进行现代化技术改造。

2.4.5.2　典型产品轧制工艺

热粗/精轧机的轧制工艺与单机架 4 辊可逆式热粗-精轧机的相同，只不过把粗轧与精轧分开，不在同一轧机上进行，这有利于辊形控制，可轧出板形比单机架双卷取轧机的产品更精的带坯与材料。

根据合金类别与产品规格的不同，精轧机的轧制道次一般为 3~5，产品的最终最小厚度通常为 2.5 mm。

轧制罐身料的工艺一般如下所列，常规半连续铸锭每面铣削约 15 mm，如为电磁铸造锭，则铣面量可减至 5 mm 左右或更薄：

粗轧 3004 合金：		精轧 3004 合金：	
开轧温度/℃	500~510	开轧温度/℃	370±10
终轧温度/℃	380±10	轧制道次	3~5
轧制道次	15~17	最终厚度/mm	2.5
最终厚度/mm	20	终轧温度/℃	>320

2.4.6 全球多机架热连轧生产线的简明技术参数

据笔者掌握的材料，全世界目前有 4 辊热粗轧机与 2 机架以上热连轧生产线 35 条，其中：(1+2)式 4 条，(1+3)式 13 条，(1+4)式 12 条，(1+5)式的 5 条，(1+6)式 1 条。其中有 1 条生产线还配有两台中轧机，即(1+2+5)式，粗轧机与中轧机不连轧；有 3 条生产线配有 1 台中轧机，形成(1+1+5)式的。也可把中轧机列为粗轧机，中轧机是可逆式的，既可用于生产中厚板，也可以向后面的连轧机列供应坯料，以减轻粗轧机的负荷，提高产量。这种配置方式的生产线看来今后不会再建设了，因为现代化的(1+4)式热连轧生产线无论从产量或品种规格都可以满足市场需求。同时由于全球经济一体化的发展，所需的特宽热轧厚板可向美国铝业公司订购，不必投资建设辊面宽度大于 5000 mm 的大轧机。当然，为了国防与其他特殊需要，由政府投资，也可以建设辊面特宽的热粗轧机。

(1+3)式至(1+6)式热轧生产线又称多机架串列式半连续热轧机。该机列前部有 1~2 台可逆式热粗轧机，反复轧制几至十几道次；后面有 2~6 台串列式热精轧机组，一道次连续轧成所需厚度，最后卷成带卷。这种生产线的特点是产量大，效率高，热轧带坯最薄厚度为 2.0~3.0 mm，可充分利用热能，工艺稳定，产品品质高。全球冷轧用的带坯的 70% 左右是以这种方式生产的，但一次性投资大，不适宜于小批量生产。

多机架串列式半连续热轧机的配置为：A 种型式即(1+2)式的，多与黑兹利特铸造机配套成连续铸造 - 轧制生产线，也有单独的这类生产线，如瑞典格兰吉斯铝业公司(Granges)芬斯蓬轧制厂(Finmspong)等；B 种型式即(1+3)式的，最多，是主要的热轧型式，全世界有 12 条这类生产线，如日本古河铝业公司日光轧制厂、德国阿卢诺夫铝厂(Alunor) No.1 热轧生产线、位于美国的加拿大铝业公司的洛根轧制厂(Logan)等的；C 种型式为(1+4)式，全球有 12 条这种生产线，如日本住友轻金属公司、日本古河铝业公司福井厂、德国阿卢诺夫铝厂 No.2 热轧生产线、美国奥斯威戈(Oswego)轧制厂等的。

D 种型式为(1+5)式的，全世界有这类生产线两条，1 条在美国的美国铝业公司田纳西厂(Alcoa Tennessee)，另 1 条在俄罗斯萨马拉冶金公司(Samara)。E 种型式为(1+6)式，全球仅美国铝业公司瓦里克轧制厂(Warrick)拥有 1 条这种生产线。

F 种型为(1+1+5)式的，在粗轧机与 5 机架连轧机之间还有 1 台中轧机，全世界有 3 条这类生产线，都集中在美国：雷诺兹金属公司(Reynolds Metal Co.，该公司 2000 年为美国铝业公司兼并)麦克库克轧制厂(McCook)，凯撒(Kaier)铝及化学公司雷文斯伍德轧制厂

（Ravenswood）、特伦特伍德轧制厂（Trentwood）。

　　G 种型式为（1 + 2 + 5）式的，在粗轧机与 5 机架热连轧机之间有两台中轧机，这样的生产线仅美国铝业公司达文波特轧制厂有 1 条，前 3 台粗、中轧机并不连轧，中轧机的规格也不相同，1 台的规格为 φ950 mm/1524 mm × 4064 mm，另 1 台的规格为 φ880 mm × 1499 mm × 3658 mm，是世界最大的热轧生产线，1971 年投产，也是全世界首条以计算机控制的生产线。

2.4.6.1　（1 + 2）式热轧生产线

　　A 种型式即（1 + 2）式热轧生线由 1 台 4 辊可逆式热粗轧机与 2 机架串列式 4 辊热精轧机列组成，辊面度宽不大，适合于批量较小品种规格较多企业，生产能力为 150 kt/a。典型生产线的简明技术参数见表 2 - 22。

表 2 - 22　全世界（1 + 2）式热轧生产线的简明技术参数

国家及企业所在地	制造者	工作辊辊面宽度/mm	主电机功率/kW	最大轧速/(m·min⁻¹)	最大卷重/t	最薄厚度/mm
粗轧机列						
瑞典芬斯蓬（Finspong）	Gränges	2000	2600	120	5	
美国亨利角（Point Henry）	United	2135	3000	100	10	
粗轧机列						
瑞典芬斯蓬	Gränges	1730	4400	150	5	2
美国亨利角	United	1830	6600	180	10	3

2.4.6.2　（1 + 3）式热轧生产线

　　（1 + 3）式热轧生产线由 1 台 4 辊可逆式热粗轧机与 4 辊 3 机架串列式热精轧机列组成。这种机列最多，生产能力也较大，几乎占热轧带坯总生产能力的 18%。单条生产线的生产能力一般都超过 300 kt/a，软合金进入热精连轧机列的来料厚度不小于 20 mm，产品厚度不小于 2.5 mm，在个别情况下，也可能轧制厚度不低于 1.8 mm 的带坯。美国有这类生产线 5 条，占全世界总生产线条数的 38.5%。全球拥有这类生产线的国家有：美国、日本、德国、英国、法国、韩国、加拿大等 8 国。B 型热轧生产线的简明技术参数见表 2 - 23。

2.4.6.3　（1 + 4）式热轧生产线

　　（1 + 4）式热轧生产线线，由 1 台 4 辊可逆式热粗轧机与 4 机架 4 辊串列式热精轧机列组成，20 世纪 70 年代以来建设的铝板带热轧制线大都是这种类型，即使建的是 3 连轧生产线，也在其前部预留出一个机架的场地，以提高产量。

　　目前全球有这类热连轧生产线 12 条，总生产能力约 4500 kt/a，其中德国诺伊斯市（Neuss）阿卢诺夫铝厂（Alunorf）的 No.2 热连轧的产量最大。可达 1000 kt/a。

　　这些生产线按国家的分配如下：美国 2 条；日本 3 条；韩国 1 条，2006 年由原来的（1 + 3）式改造的；德国 1 条；法国 1 条；巴西 1 条；中国 3 条。

表 2-23 全球(1+3)式热轧生产线的简明技术参数

国家及企业所在地	制造者	粗 轧 机				精 轧 机				
		工作辊面宽度/mm	主电机功率/kW	最大轧制速度/(m·min⁻¹)	最大卷重/t	工作辊面宽度/mm	主电机功率/kW	最大轧制速度/(m·min⁻¹)	最大卷重/t	产品最薄厚度/mm
美国达文波特(Davenport)	Mesta	3658	6000	155	20	1475	4476	200	15	—
美国汉尼拨(Hannibal)	Bliss	3300	5073	100	12	2032	6711	259	20	—
法国伊苏尔(Issoire)	Secim	3400	4500	135	15	2845	1000	200	—	—
美国兰开斯特(Lancaster)	Nash	1828	5968	125	15	2032	4476	224	14	4
加拿大刘易斯波斯特(Lewisport)	United	3912	5222	140	19	2340	6715	250	19	3
德国阿卢诺夫(Alunorf)	SMS	3300	8000	220	15	3050	13650	220	15	2.3
英国，罗捷斯顿(Rogerstone)	Davy	3660	6000	170	20	2235	17897	400	10	2.5
美国斯科伯勒(Sottsboro)	Blaw	3900	5968	10	—	2188	8952	259	13	—
德国辛根(Singen)	Davy	2950	6000	80	14	2300	7840	450	8	—
英国福尔克尔①	IHI	2438	3730	180	19	1372	2489	360	11	1.6
日本古河铝业公司日光厂②		1830	2500	155	8	1830	1500	220	8	—
美国尤里克里维维尔(Uhrichsville)	United	—	—	—	—	1320	5595	55	10	—

注：①英国富尔克尔①轧制厂的粗轧机为二辊的，规格 φ1143mm×2438mm，3 机架精轧机列规格 φ686mm/1372mm×2489mm，1969 年投产；②日本古河铝业公司日光制厂的热粗轧机也是二辊的，规格 φ795mm×1830mm，精轧机列规格为 φ580mm/1305mm×1830mm，前者 1945 年 8 月投产，后者 1966 年 3 月投入运转。

表 2 - 24 全球 (1 + 4) 式的铝板带热轧生产线的简明技术参数

国家及企业所在地	制造者	粗 轧 机 工作辊辊面宽度 /mm	主电机功率 /kW	最大轧制速度 /(m·min⁻¹)	最大卷重 /t	精 轧 机 工作辊辊面宽度 /mm	主电机功率 /kW	最大轧制速度 /(m·min⁻¹)	最大卷重 /t	产品最薄厚度 /mm
日本古河铝业公司福井厂 (Fukui)	Mitsubishi	4320	3750×2	180	22	2850	3750×1	360	22	2.5
美国利斯特希尔 (Listerhill)	United	4318	5222	150	15	3048	14920	259	15	2
日本神户钢铁公司真冈厂 (Moka)	Mitsubishi	3900	2500×2	180	16	2900	3000×1	300	16	2
日本住友轻金属公司名古屋厂 (Nagaya)	Shibakyo	3300	2250×2	180	17	2286	2600×1	233	17	2.5
德国阿卢诺夫铝厂 No.2 线	SMS	2500	10000	230	29.9	②	5000×1	480	29.9	2
美国奥斯威戈 (Oswego)	Bliss	3050	5968	145	14	2540	14920	250	13	2
法国纽布里萨克 (NeufBrisach)	Clecim	2840	5215	180	12	2300	16114	325	12	2.5
巴西平达 (Pinda) 加拿大铝业公司	SMS①	2750	3500	250	10	2750	7000	—	10	2
中国河南明泰铝业公司	多家公司	2000	5700	—	15	2000	1250×2	—	15	2.5
中铝西南铝板带公司	奥钢联 (VAI)	2000	3750×2	240	13.1	2000	4500	450	13.1③	2
中国南山轻合金公司	日本 IHI	2350	5000×2	240	30	2350	4500	500	30	2

注:①原为阿申巴赫公司设计制造的轧钢设备,由德国西马克公司(SMS)总承包改造,已于1999投产,主导产品为罐料。该厂为加拿大铝业公司的全资子企业。②全球生产能力最大的热连轧生产线,卷的最大质量为30t,粗的最大质量为30t,精轧机的规格为φ1050mm/1525mm×2500mm/2400mm,粗轧机列规格为φ780mm/1450mm×2700mm/2400mm,产品厚度2mm~6mm,最终轧制温度(250~360)℃±10℃。③当前13.1t,将来可达20.3t。

表 2-25　日本铝热轧工业粗轧机简明技术参数

公司名称	投产年月	型式	主电机功率/kW	工作辊直径/mm	支承辊直径/mm	最大轧制速度/(m·min⁻¹)	锭坯尺寸		带卷规格			
							最大厚度/mm	最大宽度/mm	最大厚度/mm	最大宽度/mm	带卷最大外径/mm	卷的最大质量/t
神户钢铁公司	1974-04	4辊可逆	2500×2	965	3850	180	640	3850	12.5	2550	1900	16.00
昭和铝业公司	1953-01	2辊可逆	600×2	720	—	150	280	1400	8.0	1320	1170	1.25
斯凯铝业公司	1967-01	4辊可逆	1900×2	970	3680	120	530	3710	9.0	2150	1900	12.00
住友轻金属公司	1966-06	4辊可逆	2250×2	950	3250	180	600	3250	12.5	2200	1995	17.00
古河铝业日光厂	1945-08	2辊可逆	2500×2	795	—	155	350	1650	12.0	1550	1500	8.00
古河铝业福井厂	1983-04	4辊可逆	3750×2	965	4250	180	640	4070	12.0	2550	2540	22.00

表 2-26　日本铝热轧工业精轧机简明技术参数

公司名称	投产年月	型式	主电机功率/kW				工作辊直径/mm	工作辊长度/mm	支承辊直径/mm	支承辊长度/mm	机架数	最大轧制速度/(m·min⁻¹)
			F_1	F_2	F_3	F_4						
神户钢铁公司	1974-04	4辊可逆	3000×1	3000×1	3000×1	3000×1	725	2900	1530	2900	4①	300
昭和铝业公司	1953-01	2辊可逆	300×1				660	1600	—	—	1	95
斯凯铝业公司	1967-01	4辊可逆	1300×1				820	2300	1370	2150	1	300
住友轻金属公司	1996-06	4辊可逆	2600×1	2600×1	2600×1	2600×1	733	2286	1380	2286	4①	233
古河铝业日光厂	1966-03	4辊可逆	1500×1	1500×1	1500×1		580	1830	1305	1830	3	220
古河铝业福井厂	1983-04	4辊可逆	3750×1	3750×1	3750×1	3750×1	720	2850	1520	2850	4①	360

注:①原为3机架,于80年代后期改为4机架。

全球(1+4)式的铝板带热轧生产线的简明技术参数见表2-24,而日本的(1+3)式及(1+4)式的铝板带热连轧生产线的一些较详细的技术参数见表2-25、表2-26。

中国西南铝业(集团)有限责任公司建设(1+4)式热连轧生产线项目,标志着中国铝板带工业进入了一个新的历史阶段,在中国铝工业史上具有划时代的意义。

2.4.6.4 (1+5)式及(1+6)式热轧生产线

(1+5)式及(1+6)式热连轧生产线属 D 型及 E 型,前者全世界有两条,一条在美国铝业公司田纳西厂,1998 年又经过现代化改造,生产能力有较大提高,另一条在俄罗斯萨马拉冶金公司;后者有一条,在美国铝业公司瓦里克轧制厂。

(1+5)式热连轧生产线的简明技术参数如下:

粗轧机	美国铝业公司的	萨马拉公司的
工作辊直径/mm	889	800
工作辊辊面宽度/mm	3046	2220
支承辊直径/mm	1500	—
主电机功率/kW	2984×2	6300
最大轧制速度/(m·min^{-1})	180	155
最大卷的质量/t	10	10
锭坯最大厚度/mm	600	—
精轧机列:		
工作辊直径/mm	660	—
工作辊辊面宽度/mm	2235	2220
支承辊直径/mm	1422	—
主电机功率/kW	2984×5	2000×5
最大轧制速度/(m·min^{-1})	396	224
最大卷重/h	10	10
产品厚度/mm	2~10	2~10
投产年度	1941	1985
制造公司	SMS(德西马克公司)	NKMZ(俄新克拉马托尔斯克机器制造厂)

(1+b)式热轧生产的简明技术参数:

粗轧机:

工作辊直径/mm	965	最大轧制速度/(m·min^{-1})	183
工作辊辊面宽度/mm	1670	锭坯最大厚度/mm	560
支承辊直径/mm	1524	最大卷的质量/t	10
主电机功率/kW	3730×2	带坯厚度/mm	25.4

6 机架精轧机列:

工作辊直径/mm	660	进料厚度/mm	25.4
工作辊辊面宽度/mm	1524	卷的最大质量/t	10
支承辊直径/mm	1300	班的最大通过量/t·(8h)$^{-1}$	1000
主电机功率/kW	2984×6	投产年度	1962
最大轧制速度/(m·min^{-1})	305	设备制造公司	United
产品最薄厚度/mm	3.2		

2.4.6.5 (1+1+5)式及(1+2+5)式热轧生产线

这类生产线的轧机配置型式为 F 型及 G 型,在粗轧机与精轧机列之间配有 1 台或 2 台热中轧机,也可以把这些中轧机称粗轧机。这样配置的目的在于生产中厚板,缩短精轧机列的停工待料时间,提高板带的通过量。

全世界有(1+1+5)式铝板带热轧生产线 3 条,它们分别属美国雷诺兹金属公司(2000年被美国铝业公司兼并)麦克库克轧制厂(McCook);美国凯撒铝及化学公司的雷文斯伍德(Ravenswood)轧制厂、华盛顿州的特伦特伍德(Trentwood)轧制厂。(1+2+5)式的铝板带热轧生产线有 1 条,在美国铝业公司的达文波特轧制厂。

(1+1+5)式铝板带热轧生产线的简明技术参数见表 2－27。(1+2+5)式铝板带热轧生产线仅美国铝业公司有 1 条,属达文波特轧制厂,于 1971 年建成投产。目前全世界所需的特厚特宽热轧铝合金板都由该厂供应,例如韩国造船工业用的远洋液化天然气海轮上的巨型贮罐就是以该厂的厚板焊的,美国及欧洲航空航天工业用的宽大厚板也是该厂生产的。该生产线的简明技术参数如下:

粗轧机:

工作辊直径/mm	1100	锭坯最大厚度/mm	660
支承辊直径/mm	2240	锭坯质量/t	10～20
工作辊辊面宽度/mm	5590	主电机功率/kW	2×2984
最大轧制速度/(m·min^{-1})	180		

No.1 热中轧机:

工作辊直径/mm	950	主电机功率/kW	3730
支承辊直径/mm	1524	最大轧制速度/(m·min^{-1})	180
工作辊辊面宽度/mm	4064		

No.2 热中轧机:

工作辊直径/mm	880	主电机功率/kW	3730
支承辊直径/mm	1499	最大轧制速度/(m·min^{-1})	180
工作辊辊面宽度/mm	3658	中厚板厚度/mm	20～200

精轧机列:

工作辊直径/mm	533	轧制速度/(m·min^{-1})	300/420
支承辊直径/mm	1422	产品厚度/mm	2～6
工作辊辊面宽度/mm	2640	投产年度	1971
前 2 台机架的传动电机功率/kW	各 3730	制造公司	Morgan
后 3 台机架的传动电机功率/kW	各 2238		

表 2-27 3 条(1+1+5)式铝板带热连轧生产线的简明技术参数

企业及轧机	工作辊直径/mm	工作辊辊面宽度/mm	支承辊直径/mm	主电机功率/kW	最大轧速/(m·min⁻¹)	锭的最大质量/t	锭坯最大厚度/mm	中厚板厚度/mm	产品最薄厚度/mm
麦克库克轧制厂粗轧机	965	3048	1372	2238×2	180	10	500	—	—
雷文斯伍德轧制厂粗轧机	965	4267	1524	3720×2	180	15	710	—	—
特伦特伍德轧制厂①粗轧机	914	3048	1372	3730	180	10	600	—	—
麦克库克轧制厂中轧机	711	2845	1372	3730	180	10	—		
雷文斯伍德轧制厂中轧机	991	2794	1524	3730	180	15	—	20~150	
特伦特伍德轧制厂中轧机	711	2845	1372	3730	180	10	—		
麦克库克轧制厂精轧机列	508	2032	1372	②	360	10			2
雷文斯伍德轧制厂精轧机列	813	2540	1372	③	360	15			2
特伦特伍德轧制厂精轧机列	711	2032	1372	③	360	10			2

注：①1941 年投产，1981 年经过现代化改造，精轧机列后 3 台机架带有中间移动辊。②前 2 台精轧机的电机功率各为 2984 kW，中间 2 台的各为 2611 kW，最后一台的为 1865 kW。③前 4 台精轧机的传动电机功率各为 2984 kW，最后一台的为 1865 kW。

2.5 单机架冷轧生产线[14~17]

冷轧机可分为 2 辊的与多辊的两大类，也可分为带材轧制与块片轧制两类。2 辊块片轧制在工业发达国家除用于压光外已几乎绝迹，但在一些发展中国家特别是像中国这样的经济发展又不平衡的大的发展中国家还会存在一段较长的时间。在此仅对辊面宽度不小于 1400 mm 的 4 辊或 6 辊单机架冷轧机与冷连轧机列加以阐述。

铝带现代冷轧技术已达到一个相当高的完善程度，各种先进技术与控制手段都在轧制设备与材料处理工艺中获得不同程度的应用，在下列的一些数字中有所体现：

- 冷轧带卷最大质量/t   28
- 最大轧制速度/(m·min⁻¹)   2500
- 单机架主传动最大功率/kW   8400
- 可轧带材的最大宽度/mm   3100

不过，需在此强调一下的是：上述数值并不会越来越大。因为当这些指标达到一定高度时，想取得突破性的进展，必须在材料性能与质量、机械设计、电子自动化控制装备、工艺润滑与管理手段等取得全面性的重大突破，否则不会获得预期的经济效益与圆满的效果。

笔者认为，在 2020 年以前取得最佳效益的指标可能是：

- 带卷质量/t   12~15
- 最大轧制速度/(m·min⁻¹)   1000~1800
- 带材宽度/mm   1400~1800

中国一些企业在建设新的铝带冷轧工程项目时对 6 辊不可逆式冷轧机的引进应考虑，是引进 CVC 轧辊的，还是普通圆柱形辊的即 UC 轧机。

今后在建设现代化大型铝板带轧制工程时，希望在建设冷轧工程时对以下几方面予以考虑：

- 冷轧车间可分期建设，但其总生产能力应为热轧产能的 75% 左右，留出足够的发展余地。

- 在多机架冷轧生产线建设方面，最好是建双机架连轧生产线，建 3 连轧生产线或更多机架连轧线必须有一种产品的产量不小于 125 kt/a，否则很难取得预期经济效益。
- 是否建一条抛光板带与特种板带冷轧生产线。
- 高度重视环境保护，废水废液应零排放，固态废弃物应零填埋，轧机应有完善的烟气处理设施，使排放的气体洁净化，熔炼炉排放的烟气都应经过处理。
- 是否应建预涂生产线。

截止 2006 年底，全球各类铝板带冷轧机的大致台数及其大约生产能力见表 2 - 28。

表 2 - 28   全球各类铝带冷轧机的大致台数及其生产能力（不含铝箔机）

冷轧机类型	台数或条数	大约生产能力 /(kt·a^{-1})	占总产能的比率/%
2 辊块片轧机	约 800	580	2.6
2 辊带卷轧机	约 95	665	3.0
辊面宽度小于 1400 mm 的 4 辊轧机	约 140	950	4.3
辊面宽度不小于 1400 mm 的 4 辊/6 辊单机架轧机	约 500	12000	53.6
2 机架 4 辊冷连轧机列	17	4000	17.8
3 机架 2 辊抛光冷轧机列①	2	20	0.1
3 机架 4 辊冷轧机列②	8	1950	8.8
5 机架 4 辊冷轧机列	6	1800	8.1
6 机架 4 辊冷轧机列	1	380	1.7
总生产能力		22345	100

注：①日本真冈轧制厂有一条双机架 CVC 6 辊连轧线；②其中美国铝业公司田纳西美铝镇轧制厂有一列 3 机架 CVC 冷连轧机由 2 台 4 辊轧机与 1 台 6 辊轧机组成。

2.5.1   现代铝带轧制[1]

现代铝带轧制工艺及所用的轧机见图 2 - 5，可分为三种类型：A 种——连续或非连续多机架冷轧机轧制；B 种——单机架 6 辊非可逆式冷轧机轧制；C 种——单机架 4 辊非可逆式冷轧机轧制。

2.5.1.1   连续或非连续式多机架冷连轧机列

截止 2001 年底全世界仅有铝带全连续冷连轧生产线 1 条，即美国铝业公司田纳西州轧制厂的冷连轧机，3 个机架，第一、二机架为 CVC4 辊轧机，第 3 机架为 CVC 6 辊轧机，德国西马克公司设计制造，辊面宽度 2337 mm，可生产 0.2 mm 厚、2032 mm 宽的带材，专门用于轧制罐身料，生产能力 380 kt/a，在机列进料侧有一台自动对焊机，将卷带头尾焊接起来，进行全连续轧制。

美国洛甘轧制厂（属加拿大铝业公司）现有的 3 机架 2337 mm 冷连轧生产线是非全连续的，但在机列的前后预留出了足够的场地，可根据需要随时改为全连续的。该机列也是西马克公司设计制造的。

其他的 32 条连轧生产线都是非连续的。这些冷连轧机列按国家分见表 2 - 29。

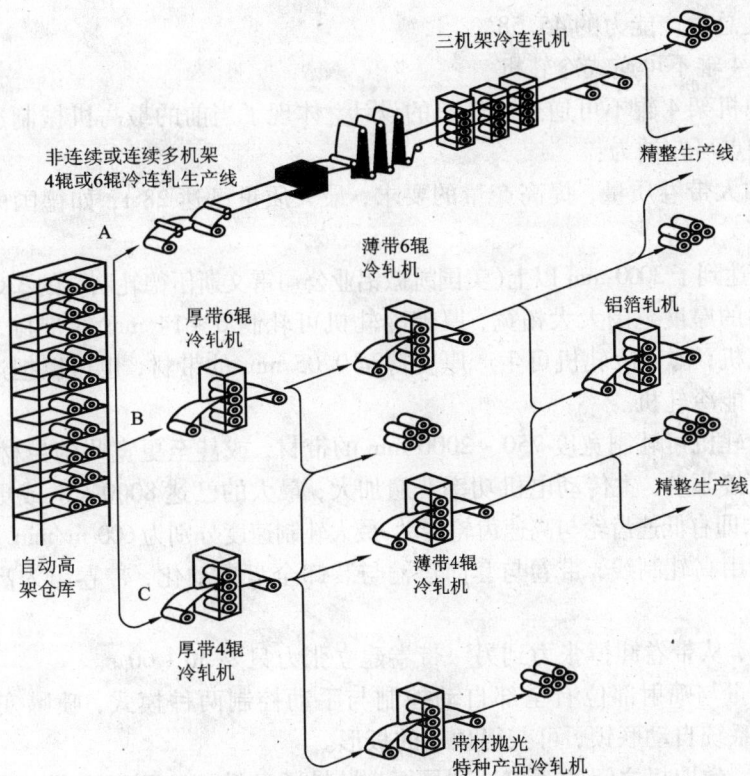

图 2 - 5　现代铝带冷轧工艺示意图

表 2 - 29　32 条铝带非连续冷连轧生产线国别

国家	2 机架 4 辊冷连轧机列	3 机架 2 辊抛光冷连轧机列	3 机架 4 辊冷连轧机列	5 机架 4 辊冷连轧机列	6 机架 4 辊冷连轧机列	总计
美国	8	—	3	5	1	17
德国	1	1	—	—	—	2
日本	4	—	—	—	—	4
法国	1	—	1	—	—	2
英国	—	—	2	—	—	2
加拿大	1	—	—	—	—	1
韩国	1	—	—	—	—	1
瑞典	1	—	—	—	—	1
俄罗斯	—	—	1	1	—	2

2.5.1.2　单机架冷轧机

现代化的单机架铝带冷轧机都是不可逆式,有一些可逆式大都是在 20 世纪 70 年代以前生产的,并且大部分都经过不同程度的技术改造;有 4 辊与 6 辊的两大类。在全球现有的400 余台辊面宽度不小于 1400 mm 的 4 辊/6 辊单机架冷轧机中,6 辊的仅 12 台,其他的都是4 辊的,占总轧机(410 台)数的 97.56%。单机架 4 辊/6 辊冷轧机(不小于 1400 mm)的生产能力占全球冷轧总生产能力的 45.58%。

（1）单机架 4 辊不可逆式冷轧机

现代化的单机架 4 辊不可逆式冷轧机的设计，体现了当前的最高机械制造水平与自动化控制水平，其特点可归纳为：

• 体现了加大带卷质量，提高产量的要求，最大质量已达 28 t，如德国的阿卢诺夫铝厂（Alunorf）的。

• 带材宽度达到了 3000 mm 以上（美国凯撒铝业公司雷文斯伍德轧制厂的 3300 mm 冷轧机）。

• 冷轧材料的厚度范围大大拓宽，厚带冷轧机可轧制 6~14 mm 的带材，这种冷轧机也可称为重型冷轧机；薄带冷轧机可生产厚度薄至 0.05 mm 的带材，也可以把这类冷轧机称为轻型冷轧机或万能冷轧机。

• 大部分冷轧机可轧制宽度 750~2000 mm 的带材，或甚至更宽些的带材。

• 工作辊直接驱动，主传动电机功率普遍加大，最大的已达 8000 kW 或更大些。

• 双速工作，即有低速齿轮与高速齿轮传动，最大轧制速度分别为 600 m/min 及 1800 m/min。

• 设计上采用高轧制线，带卷与套筒运输与装卸全盘自动化，带卷出入高架仓库也是自动化的。

• 高速换卷，从带卷卸掉张力到另一带卷建立张力只要 30~60 s。

• 轧制油流量与喷射部位有全部自动控制与手动控制两种模式，喷嘴实现单阀独立控制，与板形控制系统自动联锁，可获得预期的板形。

• 设计紧凑，卷取机之间的距离达到最短，材料通过量可达到最大化，同时又便于工人到达所需要到达的地方，以便维护检修与做有关准备工作。

• 工作辊加载缸、电-机械轧制线调节与工作辊正负弯辊系统都安于牌坊之下。

• 板形控制措施多样化与完善[3]。为了在提高速度的轧制条件下更好地控制板形，一些公司研发出了一些控制辊形的轧辊，如：

轧辊具有侧弯系统的平直度易控制轧机（Flexible Flatness Control Mill – FFC），这种侧弯系统不但适合于 4 辊轧机，也适合于 6 辊轧机。

可变凸度轧机即 VC 轧机（Varible Crown Mill）。这类轧机的支承辊为套筒形，套筒与芯轴之间有油槽，通过高压液压系统使轧辊凸度发生迅速精密的变化，其最大凸度变化可达 0.27 mm/半径。后来又开发出 VCV 轧机，有可侧向移动的带凸度的实体辊，侧移产生的控制范围比 VC 辊的宽。

CVC（Continuously Variable Crown）辊，称连续可变凸度辊，是西马克公司开发的，在钢带与铝带轧制中获得了较为广泛的应用，比其他板形控制辊的应用都广。中国西南铝业（集团）有限责任公司与瑞闽铝板带有限责任公司分别引进了 CVC-4 及 CVC-6 轧机。这种轧机的工作辊或中间辊呈特殊的 S 形，通过一对辊的横向移动可以构成所轧铝带断面形状的轧辊轮廓，与弯辊和轧制油分段喷射联合运用可得理想的辊缝形状。它的另一特点是适应的产品范围广，在所生产的范围内仅磨削一种辊形。

DSR 动态板形辊（Dynamic Shape Roll）也获得了较广的应用，是一种连续可变凸度的支承辊，有一个可旋转的钢套，它由一个以动压和静压状态工作垫块系统支承，而全部垫块都装在一个固定的中心梁上，每一个垫块所承受的压力可单独控制。这种辊实际上是一个执行机构，其特点：反应灵敏，在加减速轧制和更换产品规格时能快速响应，可大大减少带材的头尾不平度引起的废品，一般可下降60%左右，提高了成品率；采用 DSR 动态板形辊时，不论是工作辊还是支承辊都为圆柱形，不需要磨凸度，磨削量减少，也变简单了，也可以减少轧制道次，换辊次数也可以减少10%～15%，特别适合于小批量生产；由于采用了动压/静压外套，轧制速度不受限制，对进一步提高轧制速度创造了有利的条件。

● 主传动电机与卷取电机采用交交变频器供电的同步电机。与传统的直流电机相比，具有诸多优点：结构紧凑；维护工作量少；电能损耗少；过载能力大；动态控制特性优良；当输出功率大于 3000 kW 时其价格也较低；用于无齿轮传动时具有极佳的动态控制特性，对于大功率卷取机纠正由于其突然移动和带材厚度突变所引起的张力波动极为有效。

● 厚度自动控制系统多样化与精确化。通过辊缝控制、前馈控制、反馈控制、质量流控制，弯辊力补偿和轧辊偏心补偿等措施来精确地控制带材厚度。

● 高架仓库。目前，在大中型铝板带轧制冷轧车间成为必不可少的储料场所，个别热轧车间也设有。

(2) 单机架 6 辊不可逆式冷轧机[2]

世界各地运转的大中型 6 辊铝带冷轧机有 12 台。日本日立公司与新日本钢铁公司开发出了高性能的辊型凸度(High Crown)控制 6 辊轧机即 HC 轧机，其中间辊可轴向移动，后来又推出中间辊或工作辊移动和弯曲的协调动作控制板形的 HCW 及 HCM 轧机。

德国德马克公司研发的万能凸度控制轧机(Universal Crown Control Mill)即 UC 轧机，与 HC 轧机不同之处是其中间辊可弯曲，是 6 辊轧机的典型代表。

UC6 辊冷轧机是为适应铝带轧制速度更快些、带卷质量更大些、带材宽度更宽些、板形更好些、厚度偏差更小些的发展趋势而研制的。与现代化的单机架 4 辊冷轧机相比，具有如下的一系列优点：

● 板形控制能力与矫正能力大为加强，产量有所提高，工人技术水平要求可稍低一些。

● 断带减少，换辊次数可相应减少。

● 轧机操作更容易些，熟练工人数量可减少，这对新轧机投产尤其重要。

● 用宽的轧机也可轧制窄的带材。

● 能很容易地随着轧制道次的改变与来料带材板形的变化而改变限定程序(cping)。

● 对热凸度与负载状态改变的反应极为灵敏，可采用更高的速度轧制，对加速/减速轧制有很高的适应性和与反应能力，可使带材始终保持均匀一致的板形。

2.5.2　全世界单机架 6 辊铝带冷轧机

截止 2001 年底，全世界共有单机架 6 辊铝带冷轧机 13 台，总生产能力约 650 kt/a，分布于日本、德国、中国、美国、比利时等国，以日本与德国最多。

2.5.2.1　全球 6 辊单机架铝带冷轧机的基本参数

全球 6 辊单机架铝带冷轧机的简明技术参数见表 2 - 30。它们都是不可逆式的，除了这 18 台大中型 6 辊冷轧机外，日本片本铝业公司(大阪府泉南市)有 1 台小型的可逆式 6 辊冷轧机，其简明技术参数如下：

工作辊尺寸/mm	$\phi250\times850$	最大轧制速度/(m·min^{-1})	500
中间辊尺寸/mm	$\phi250\times850$	主电机功率/kW	DC6 ×600
支承辊尺寸/mm	$\phi600\times850$	卷取电机功率/kW	两套：DC75, 150

表 2-30　全球单机架 6 辊铝带冷轧机的简明技术参数

企业名称、地址	国别	规　格／mm	主电机功率／kW	最大轧制速度／(m·min⁻¹)	最大卷质量／t
美国铝业公司达文波特轧制厂	美国	2616，工作辊 490	3500	1500	18
迪弗尔(Duffel)铝业有限公司	比利时	1800，工作辊 360	4400	1800	10
日本斯凯公司深谷轧制厂	日本	2200，工作辊 420	6000	1800	20
古河电气公司福井轧制厂	日本	2750，工作辊 470	5500	1650	22
古河电气公司福井轧制厂	日本	1780，工作辊 510	4000	1800	16
科布伦茨轧制厂	德国	1850，工作辊 300	4000	1000	11
埃尔沃尔铝业公司(Elval)	希腊	2000 年 10 月投产，生产能力 150 kt/a，SMS 公司提供			
神户钢铁公司真冈轧制厂	日本	2240，工作辊 585	6000	1650	21
纳施特斯特德特轧制厂①	德国	2700，工作辊 350	3000	1200	20
日本轻金属公司名古屋轧制厂	日本	2250，工作辊 470	6000	2000	22
格雷文布洛伊轧制厂(Norf1)	德国	1676，工作辊 360	2400	1200	4.6
格雷文布洛伊轧制厂(Norf2)	德国	1676，工作辊 360	2400	1200	4.6
瑞闽铝板带有限公司②	中国	1800	4000×2	1200	11
南山轻合金有限公司②	中国	2250，工作辊 490	5500	1500	30
南山轻合金有限公司②	中国	2250，工作辊 390	5000	1800	30
华北铝业有限公司③	中国	1850	4000	1500	12
中色万基铝加工有限公司	中国	2050	1500×2	900	24
中铝河南公司洛阳冷轧厂	中国	2050	1500×2	1000	24

注：①原文为 Nachterstedt，轧机为西马克公司制造；②西马克公司制造的 CVC 轧机；③日本日立公司。

2.5.2.2　格雷文布洛伊轧制厂 6 辊单机架冷轧机的基本技术参数

德国格雷文布洛伊轧制厂(Crevenbroich)的 6 辊单机架不可逆式铝带冷轧机是有代表性的，其基本技术参数如下：

工作辊直径/mm　　　360(330)　　　　支承辊直径/mm　　　863(800)

中间辊直径/mm　　　440(400)　　　　辊面宽度/mm　　　1676

可轧材料 1XXX、3XXX、5XXX 合金，PS 版基级品质

带材宽度/mm　　　750~1450　　　轧制速度/(m·min⁻¹)　　　0~425/1200

来料带材厚度/mm　　　0.1~1.2　　　轧制力/kN　　　7500/9000

成品带材厚度/mm　　　0.05~0.8　　　中间辊移动距离/mm　　　400

带卷最大质量/t　　　4.6　　　主传动电机功率/kW　　　2×1200

带卷最大外径/内径/mm　　　1250/300

这台 6 辊万能不可逆式冷轧机的主要特点是：

● 工作辊与中间辊均可弯曲。

● 控制系统：

前馈 AGC 带厚自动控制；

位置与轧制力控制；

有激光测速仪的质量流控制；

平直度自动控制（AFC）；

轧制油单个喷嘴自动或手动控制。

- 带卷自动出入高架仓库。
- 套筒从轧机下方自动运输与装卸。
- 采用"Womack"精密过滤器过滤轧制油。

2.5.3　对冷轧带材的要求及其厚度与偏差的变化趋势

铝带材与板材的最终用户为了提高产品品质与单位时间内生产的产品数量，以及单位质量铝材制造的产品个数，以取得合理的最大利润，要求铝板带加工厂提供品质更高、性能更加均匀一致与稳定、厚度更薄的材料。

对板带材的品质要求，也是对品质要求的发展趋势：

- 最好的平直度　　　　　　　· 高的表面品质
- 厚度均匀一致　　　　　　　· 边部缺陷少
- 稳定均匀的冶金性能　　　　· 成材率高

轧制厂不但应在材质即合金成分、冶金品质方面下功夫，开发新合金与调整老合金成分，而且应改进生产工艺与对装备不断地进行改造与更新。在厚度减薄方面取得最大成就的是罐身料与空调箔。前者的厚度已从 1980 年的 0.42 mm 减薄到 1990 年的 0.30 mm，1998 年又减至 0.28 mm，2003 年进一步减薄到 0.254 mm。不过，应指出的是，如果在合金成分与性能，以及制罐工艺未取得突破性新进展前，就很难将 3004 合金罐身料带材的厚度减薄到 0.24 mm 或更薄一些。据称，如果制罐坯料由圆形改为多边形在降低制耳率方面有更好的效果。

3004 合金罐身料厚度的减薄历程见图 2 - 16。

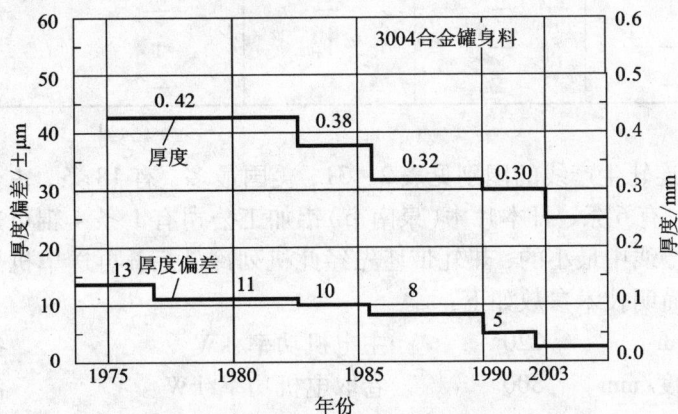

图 2 - 6　罐身料厚度及尺寸偏差变化历程

2.6　冷连轧生产线

2.6.1　全球多机架铝带冷连轧生产线概貌

截止 2001 年底，全世界有多机架冷连轧生产线 36 条，其中连续连轧生产线 1 条，非连续多机架连轧生产线 35 条，它们的总生产能力约 8150 kt/a，约占世界铝板带总生产能力的43.1%。大致可以这么说，凡有热连轧生产线与冷轧带材生产能力不低于 250 kt/a 的轧制企业都有冷连轧生产线。在可预见的时期内，即在 2010 年以前，全世界还可能建设四五条 2、3 机架铝带冷连轧机列，但不会建设 5、6 机架生产线，因为由于机械设备、液压系统、电气装置与自动化控制技术的完善与提高，道次轧制率可提高，没有必要再建这类多机架机列了。

双机架冷连轧生产线还有可逆式的，但 3、5、6 机架连轧机列都是非可逆式的。

2001 年全球各类铝板带轧机的总生产能力约为 18885 kt/a，多机架冷连轧机列的总生产能力约为 8150 kt/a，见表 2 – 31。

表 2 –31　36 条铝带冷连轧生产线的国别

国家	双机架4 辊生产线	3 机架 2 辊抛光冷轧生产线	3 机架4 辊生产线	5 机架4 辊生产线	6 机架4 辊生产线	总计
美国	8	—	4	5	1	18
德国	1	1	—	—	—	2
日本	6	—	—	—	—	6
法国	1	—	1	—	—	2
英国	—	—	2	—	—	2
加拿大	1	—	—	—	—	1
韩国	1	—	—	—	—	1
瑞典	1	—	—	—	—	1
俄罗斯	—	—	1	1	—	2
比利时	—	1	—	—	—	1

多机架铝带冷连轧生产线的国别见表 2 –31，美国最多，有 18 条，占全世界总生产线的50%；其次是日本，有 6 条，日本片木(泉南市)铝加工公司有 1 条 4 辊可逆式双机架冷连轧生产线，是这类生产线中最小的，热轧带坯先经此机列冷轧后，再送单机架 4 辊或 6 辊冷轧机轧制，该机列的简明技术参数如下：

工作辊直径/mm	220	主电机功率/kW	各 DC 600
工作辊辊面宽度/mm	800	卷取电机功率/kW	各 DC 225
支承辊直径/mm	600	最大轧制速度/(m·min^{-1})	200
支承辊辊面宽度/mm	800		

2.6.2　多机架冷连轧生产线型式

多机架冷连轧生产线型式见(图 2-7)所示。

按连轧机的辊数可分为 6 辊、4 辊、2 辊轧机连轧生产线,后一种用于生产抛光表面板带材或特种板带材,其特点是辊径大、道次变形率很小。个别生产线既有 6 辊的又有 4 辊的。

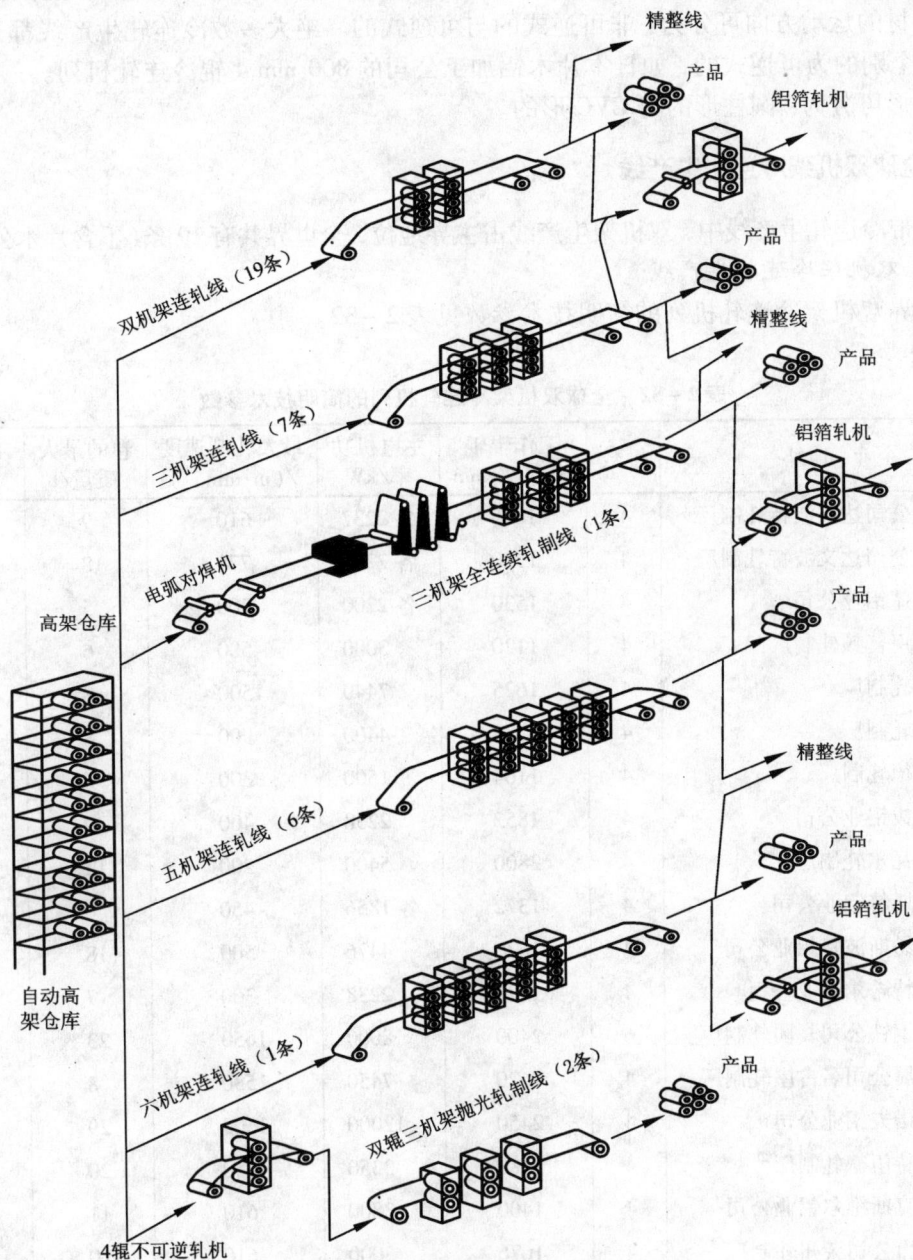

图 2-7　现代化铝带冷连轧方式示意图

(括弧中数字为该生产线全球总条数)

按连轧机列的机架数可分为：双机架的，3 机架的，5 机架的与 6 机架的。双机架的最多，有 19 条；6 机架的最少，仅 1 条。

按生产是否连续可分为：连续与非连续的。前者仅 1 条，属美国铝业公司（Alcoa）田纳西州美铝镇轧制厂，其他的都是非连续的。连续式冷连轧生产线适合于轧制大批量的单一合金产品如罐身料（can stock）。美国铝业公司的这条生产线专门用于轧制罐身料，其生产能力为 380 kt/a。连续式冷连轧生产线的年产量如达不到 200 kt，就很难取得较好的经济效益。

按带材的运动方向可分为：非可逆式的与可逆式的。绝大多数冷连轧生产线都是非可逆式的，仅个别的为可逆式的，如日本片木铝加工公司的 800 mm 4 辊冷连轧机列。

按辊形可分为：圆柱形的与 CVC 形的。

2.6.3 全球双机架冷连轧生产线

在铝带冷连轧生产线中，双机架生产线占主导地位，全世界共有 19 条（不含片木公司的）。
2.6.3.1 双机架冷连轧生产线

全世界双机架冷连轧机列的简明技术参数见表 2 - 32。

表 2 - 32　全球双机架冷连轧机列的简明技术参数

企业、地址	辊数	工作辊辊面宽度/mm	主电机功率/kW	最大轧制速度/(m·min^{-1})	卷的最大质量/t	工作辊直径/mm
美国铝业公司达文波特轧制厂	4	1825	各 2237	610	9	430
美国铝业公司达文波特轧制厂	4	1520	各 2237	775	18	533
瑞典芬斯蓬铝业公司	4	1530	各 2200	300	5	400
美国福特卢普顿轧制厂	4	1120	3000	500	6	360
日本富士轧制厂	4	1625	7440	1500	8	510
日本深谷轧制厂	4	1580	4400	900	8	420
美国哈蒙德轧制厂	4	1164	1500	300	6	457
美国汉尼拔铝业公司	4	1852	2238	400	9	500
法国伊苏瓦尔轧制厂	4	2800	5400	200	12	400
美国兰开斯特铝业公司	4	1372	各 1856	450	8	356
加拿大刘易斯波特铝业公司	4	1676	4476	500	18	553
美国利斯特希尔铝业公司[1]	4	1470	2238	360	7	
日本神户钢铁公司真冈轧制厂	6	2400	8000	1650	23	420
日本轻金属公司名古屋轧制厂	4	1620	7450	1530	8	485
德国阿卢诺夫铝业公司	4	2450	12000	1500	29	510
美国特伦特伍德轧制厂[2]	4	1680	3350	650	20	305
美国尤里克斯维尔铝业公司	4	1400	3800	610	11	508
韩国诺威力公司荣州轧制厂[3]	4	1676	3000	610	10	336

注：①原属雷诺兹金属公司，2000 年美国铝业公司兼并了该公司；②属凯撒铝及化学公司；③原 ATA（Alcan - Taihan Aluminium Co., Ltd.——加铝 - 大韩铝业公司），荣州轧制厂的双机架冷连轧机列是用二手设备改造的。

2.6.3.2　最先进与生产能力最大的双机架冷连轧生产线

德国阿卢诺夫铝业公司(Alunorf)的双机架冷连轧生产线是德国西马克公司(SMS)设计制造的,电气与自动化控制设备由 ABB 工业技术公司(Industrietechnik AG)配套与提供,与日本真冈市 KALL 铝业公司的双机架 6 辊冷连轧生产线(1992 年投产)并列为当今铝带冷轧最先进的连轧机列,都主要用于轧制罐身料。它们的简明技术参数如表 2-33 所列。

表 2-33　KALL① 铝业公司与 Alunorf 铝业公司双机架冷连轧生产线的技术参数比较

企业	轧辊型式与辊数	可轧铝带最大宽度/mm	工作辊辊面宽度/mm	工作辊直径/mm	主电机总功率/kW	最大轧制速度/(m·min⁻¹)	卷的最大质量/t	产品最薄厚度/mm	设计生产能力/(kt·a⁻¹)
KALL	CVC-6	2100	2400	420	8000	1650	23	0.2	180
Alunorf	CVC-4	2150	2450	510	12000	1500	29	0.2	280

注:①2006 年美国铝业公司退出合资公司,KALL 不再存在。

Alunorf 铝业公司的双机架冷连轧生产线其他参数如下:

来料最大厚度/mm	3.5	第一、二机架电机功率/kW	各 6000AC
入口侧带材最大张力/kN	75	转数/(r·min⁻¹)	187/610
出口侧带材最大张力/kN	65	卷取机电机功率/kW	DC2×895
开卷机电机功率/kW	DC790	转数/(r·min⁻¹)	1138
转数/(r·min⁻¹)	223/1000		

(1)基本功能

这台 2450 mm 双机架冷连轧生产线代表当今铝带冷轧的最高水平,具有如下的功能:

- 电机通过行星齿轮传动工作辊
- 液压螺旋压下
- 工作辊轴向移动(CVC)
- 工作辊可弯曲与支承辊平衡
- 双闭环板形控制回路
- 双闭环带厚控制回路
- 自动供带与穿带
- 轧制线自动调整
- 带卷自动对中与自动测量带宽
- 自动快速换辊
- 自动运输套筒
- 带卷自动装卸与自动出入高架仓库

(2)电气与控制设备

除上面提供的主电机及卷取机的驱动电机外,其他的电气设备与控制设备有:供电系统,传动控制,工艺过程计算机,工艺过程控制系统。

(1)供电系统

- 同步交流主驱动电机由一台水冷式 12 脉冲交-交变频器供电
- 开卷机与卷取机的直流驱动电机由线性整流器(line commutated converter)供电
- 电机由空气-水热交换器冷却
- 铸造树脂变压器
- 变流装置带数字式触发器,并可调节电流与诊断显示

(2)控制系统

- 传动控制

——全数字式

——各机架均有调速控制系统

• 工艺过程计算机

——合同管理

——材料流动跟踪

——含自适应模型的可对穿带与轧制工艺参数的设定值进行计算：轧制力；带材温度；在线式热凸度；辊缝轮廓

——带材报告

——带厚在线记录

——事故记录

• 工艺过程控制系统

——过程计算机辅助的设定值给定

——工艺数据高速显示

——工艺过程信号显示(模拟图表、诊断、扰动指示信号、事故记录仪)

——带计算机分析的传动系统诊断

——记录功能

——全数字式控制

——数字传动控制

——3 套测厚系统

——两套应力计(Stressometer)测量辊的板形仪

——配置 3 套激光测速系统的质量控制

2.6.3.3 日本的双机架冷连轧生产线

日本有 6 条双机架铝带冷轧生产线，分别属于富士轧制厂、深谷轧制厂、真冈卡尔铝业公司(KALL)、日本轻金属公司名古屋轧制厂、日光轧制厂、片木铝加工公司，既有世界上最先进的双机架冷连轧生产线——卡尔铝业公司的 2400 mm 机列，又有全球最小的双机架冷连轧生产线——片木铝加工公司的 800 mm 机列。日本双机架铝带冷连轧生产线的一些技术参数见表 2-34，片木铝加工公司冷连轧机的参数见"2.6.1 节全球多机架铝带冷连轧生产线概貌"。

表 2-34 日本双机架铝带冷轧生产线的技术参数

项 目		斯凯铝业公司深谷轧制厂	住友轻金属公司名古屋轧制厂	三菱铝业公司富士轧制厂	古河铝业公司日光轧制厂
主电机	型式	4辊非可逆式	4辊非可逆式	4辊非可逆式	4辊非可逆式
	机械设备制造公司	IHI	日立	三菱	芝共
	电气设备配套公司	日立	日立	三菱	富士
	投产年-月	1969-01	1973-11	1974-02	1951
	电源方式	SCR[①]	SCR	SCR	MG[②]
	功率/kW	各1100	1630×2, 1370×3	1650×2, 1360×3	各1100
	电流/A	1550	2400	2450, 2070	1580

项　目		斯凯铝业公司深谷轧制厂	住友轻金属公司名古屋轧制厂	三菱铝业公司富士轧制厂	古河铝业公司日光轧制厂
主电机	电压/V	750	750	750	750
	转数/(r·min⁻¹)	192/532, 300/717	236/710, 531/1003	600, 942	325/650
减速机	减速比	1/1		1/1	1/1
	润滑方式	强制循环给油	强制循环给油	强制循环给油	强制循环给油
开卷机	型式	下开卷	下开卷	上开卷	下开卷
	电机功率/kW	220×2	450×3	600×3	500×2
	卷筒内径/mm	600	603	610	508
	减速比	3.84/1.596	1/2, 1/1	1/2.24, 1/1.24	1.738/3.475
	最大张力/kN	87/38	42/84	120	110
	润滑方式	强制循环给油		强制循环给油	强制循环给油
卷取机	型式	上卷取	上卷取	上卷取	上卷取
	电机功率/kW	150×2	240×2	500	15500 N·m
	卷筒内径/mm	600	603	610	508/610
	减速比	8.00/3.99	1/2, 1/1	1/3.11, 1/1.74	
	最大张力/kN	100/50	27.8/55.5	60	28
	润滑方式	强制循环给油		强制循环给油	强制循环给油
液压压下	压下响应性/ms·(50 μm)⁻¹	100	120	45(压下)	
	油压压力/MPa	21	21	21(压上)	③
	油压缸直径/mm	800	710	750(压上)	
工作辊	直径/mm	400	485	510	480
	辊面宽度/mm	1550	1620	1625	1750
	单根质量/t	2.2	3.85	3.5	3.35
	硬度/HS	>98	98~102	96	97~101
	材料	锻造合金钢	锻造合金钢	锻造合金钢	锻造合金钢
支承辊	直径/mm	1220	1230	1320	1250
	辊面宽度/mm	1580	1620	1580	1680
	单根质量/t	26	22.5	25	22.6
	硬度/HS	65~70	65~70	65	68±3
	材料	锻造合金钢	锻造合金钢	锻造合金钢	锻造合金钢
轧制液	流量/(L·min⁻¹)	12000	24000	7000	1925
	泵数	3(1台备用)	4(备用1)	2	3
	槽容量/m³	38×3(备用1)	263	150	64
最大轧制速度(低速)/(m·min⁻¹)		377	510	750	90, 125④
最大轧制速度(高速)/(m·min⁻¹)		900	1530	1500	180, 250④

项　目		斯凯铝业公司 深谷轧制厂	住友轻金属公司 名古屋轧制厂	三菱铝业公司 富士轧制厂	古河铝业公司 日光轧制厂
材料尺寸	来料厚度/mm	0.2~6.35	0.2~6.0	0.3~7.6	1.5~8.0
	出口厚度/mm	0.15~5.0	0.1~3.6	0.15~5.0	0.6~4.0
	带宽/mm	813~1405	750~1470	800~1500	700~1600
	带卷最大外径/mm	1750	1710	1300	1800
	带卷最大质量/t	7.5	8	8	7

注：①SCR(silicon controlled rectificer)可控硅整流器；②MG(motor generator)电动发电机；③电动压下，各有2台电机，第一机架的为25 kW、转数575 r/min，第二机架的为37 kW、转数375/1550 r/min；④分别为第一机架与第二机架的。

三菱铝业公司富士轧制厂的平面布置图见图2-8，而机列的带厚的自动控制系统示意图见图2-9。最高轧制速度为1500 m/min，但实际工作速度为1200 m/min，生产能力为100 kt/a。

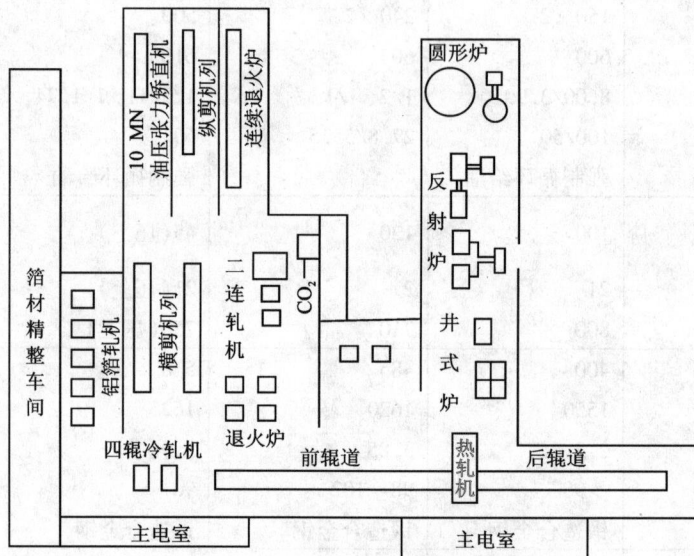

图 2-8　富士轧制厂平面布置示意图

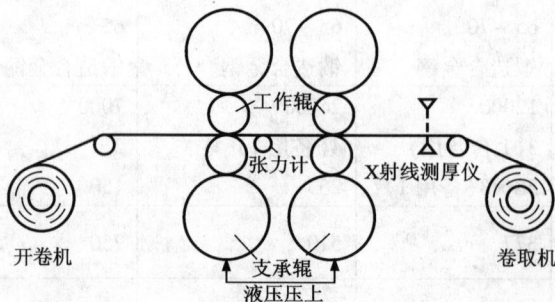

图 2-9　富士轧制厂双机架冷连轧机列带厚自动控制系统示意图

该厂的产品结构:软合金占 50%,硬合金占 30% ~ 40%。卷取张力:带厚 0.15 mm 时为 10 kN,带厚 5.0 mm 以上时为 100 kN。采用气垫式连续退火炉退火,这条生产线由下列主要设备组成:

- 开卷机
- 焊接机,将开卷后的带卷头尾连接
- 清洗机:热水
- 烘干装置
- 前活套系统(缓冲装置)
- 气垫退火炉:分加热与冷却两区,前者长 15 m,分两段加热,采用 500℃、压力为 2.94 kPa 的热风。热风管分布于带材的上下面,但下面的多一些,管有圆形与六角形的,交替分布,间距 400 mm,管上每隔 100 mm 有一直径 10 mm 的出风孔。加热制度为:速度 × 带厚 = 41.2(常数)。该常数决定于加热功率。冷却区长 16 m,由冷风冷却。
- 后缓冲装置
- 喷油机:向退火后的带材表面喷一层冷轧油,以防卷取与开卷时擦伤
- 卷取机

拉弯矫直机可矫直厚 1.0 mm ~ 0.1 mm 的带材,O 状及 H 状态的材料。T 状态材料采用单张辊矫。拉弯矫直可消除每米为 3 mm 的波浪。拉弯矫直机列由下列设备组成:开卷机,切边机,焊接机,清洗除油干燥机组,前后张力辊组,多辊矫直机,表面检查反光镜,β 射线测厚仪,剪切机和卷取机(图 2 - 10)。可矫带材厚度 1.2 mm ~ 0.1 mm,宽度小于 1200 mm 时的矫直速度为 250 m/min。

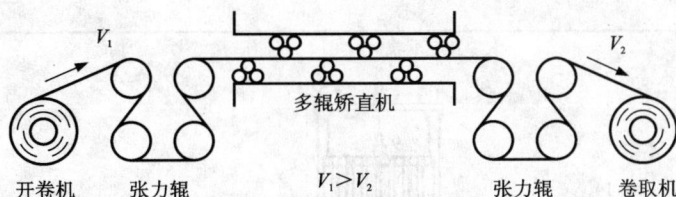

图 2 - 10 辊式拉弯矫直示意图

富士轧制厂对 0.3 ~ 50 mm 的 T 状态板材采用块式拉伸机矫直,有一台 10 MN 的矫直机,可矫材料最大规格:宽 2400 mm,长 11.2 m,厚 50 mm。矫直拉伸率 1%,矫直薄板时,可将 5 mm,10 张叠在一起,片间垫纸,以免擦伤。配备有真空吸板、上板装置。

2.6.4 全球的 3 机架冷连轧生产线

全世界的 3 机架铝带冷连轧生产线有 10 条,其中 2 辊抛光冷轧机列 2 条,4 辊冷连轧机列 8 条,总生产能力约 2000 kt/a,约占全球铝冷连轧带总生产能力的 10.35%。

2.6.4.1 3 机架冷连轧生产线

3 机架铝带冷连轧生产线的简明技术参数见表 2 - 35。

表 2 – 35　全世界的 3 机架铝带冷连轧生产线的简明技术参数

企业、地址	辊数	工作辊辊面宽度/mm	主电机功率/kW	最大轧制速度/(m·min⁻¹)	卷的最大质量/t	工作辊直径/mm
美国铝业公司田纳西轧制厂	6，4	2337	14915	1525	25	CVC 辊
英国福尔柯克轧制厂（Falkirk）	4	2134	5000	360	8	400
美国雷诺兹公司利斯特希尔厂①	4	1675	5036	950	12	
加拿大铝业公司美国洛甘铝业公司	4	2337	18000	1500	25	560
普基公司纽布里萨克轧制厂	4	2040	10071	1080	12	450
俄罗斯铝业公司萨马拉冶金公司	4	2800	9000	600	8	550
德国辛根铝业公司	2	1750	1825	200	10	360
加拿大铝业公司英国罗捷斯顿厂	4	1675	9000	1000	10	400

注：①雷诺兹金属公司已于 2000 年被美国铝业公司兼并。

2.6.4.2　全球最先进的美国铝业公司田纳西州的全连续铝带生产线

全世界有两条最先进的 3 机架铝带冷连轧生产线，都在美国，一条属洛甘铝业公司，是非连续的，但是留出了足够的余地，一旦生产需要即可改为全连续的，看来在今后 10 年内是不可能改了，因为北美罐身料市场已饱和，并略呈下降趋势；另一条属美国铝业公司田纳州美铝镇轧制厂。这两套设备都是德国西马克公司设计制造的。

美国铝业公司的全连续 3 机架冷连轧机列见示意图 2 – 11。在轧机入口侧有 2 台开卷机、1 台高速对焊机和 1 个 60 m 高的活套塔，出口侧有 1 台圆盘剪和 1 台卷取机。

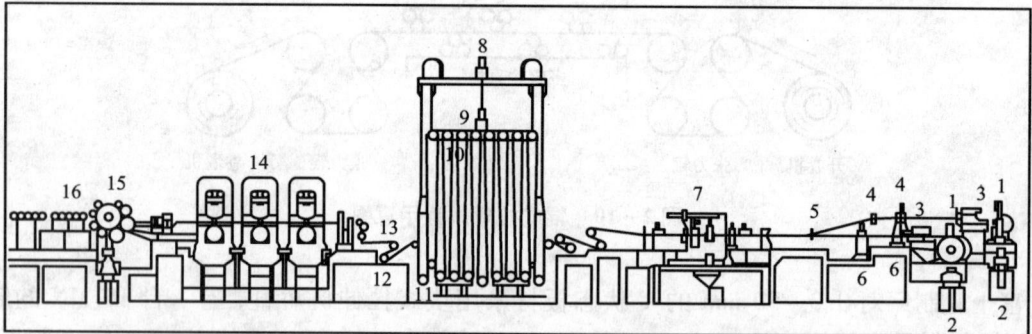

图 2 –11　美国铝业公司的 3 机架全连续冷轧机列示意图

1——开卷机；2——上卷小车；3——夹送矫直辊组；4——横剪机；5——夹紧辊；6——自动料头输送机；
7——在线对焊机；8——活套塔；9——活套升降装置；10——导向辊；11——导辊；12——张紧辊；
13——张力调节辊；14——3 机架冷连轧机列；15——卷取机；16——套筒等的运输系统

机列的基本技术参数如下：

可轧材料	铝、铝合金	产品最薄厚度/mm	0.2
带材最大宽度/mm	2000	带卷最大外径/mm	2400
来料最大厚度/mm	4	带卷最大质量/t	25

活套塔最大贮料长度/m	677	设计生产能力/(kt·a⁻¹)	380
最大轧制速度/(m·min⁻¹)	1525	工作辊和中间辊正负弯曲	
主电机功率/kW	各4972	辊缝调节	液压压下
第一、二机架	CVC 4 – HS	最大卷取速度/(m·min⁻¹)	1820
第三机架	CVC 6 – HS	轧制线调整	楔形块
工作辊辊面宽度/mm	2337		

（1）对焊机与活套塔

在连续轧制过程中，焊接对连续轧制的顺利进行起着至关重要的作用，通过电弧对焊将带卷头尾连接起来，并对焊缝进行铣平和清理，使之适合于冷轧。这台焊接机是焊接铝带材的最大者，其技术参数如下：

型式	电弧对焊	最大夹紧力/kN	2000
可焊带材厚度/mm	2～4	最大焊接电能/kV·A	3800
可焊带材宽度/mm	1000～2000	实际焊接时间/s	5～8
最大焊接力/kN	1000	带材总停留时间/s	100

为了确保焊接期间连续轧制不中断，冷轧机列设有活套塔，活套塔的贮料能力可贮备以最大速度轧制时4 min所需的带材。立式活套塔除所占空间小外，其另一优点是，在有故障情况下能保证顺利穿带。

（2）先进的轧制工艺

高速制罐生产线要求轧制厂提供各向性能均匀一致的材料，带材越宽，就越难达到此要求。全连续轧制在保证性能均匀一致性方面比其他冷轧方式的都好。这条全球独一无二的全连续生产线是美国铝业公司与西马克公司共同开发的。整个机列由2台CVC4 – HS轧机与1台CVC6 – HS组成。

机列装备了高效率的调整机构、温度与厚度自控系统，能保证严格的厚度偏差、良好的平直度与优质的表面光洁度。在更换工作辊和中间辊时，带材可滞留在机列内，可在几分钟内自动完成换辊工作；第三机架工作辊和中间辊既可单根更换，又可成对联合更换；此外，还为中间辊设置了一个专用检修位置。

卷取机可连续作业，最大卷取速度达1820 m/min，卷取作业，套筒与带卷装卸、运输等都在计算机控制下自动进行。有4个独立的液压系统，2个高压的，中压与低压的各1个，能确保所有设备精确地运动。

（3）计算机自动控制系统

计算机控制系统是日本东芝股份公司（国际）设在美国的分公司专门开发的，包罗了一系列新的最先进的计算机系统。可将一切测得的和/或计算得出的过程/生产数据经光导纤维传给32位主控计算机、程序逻辑控制系统与其他数字控制器。

组成控制系统的自动化装置有：

- 4台32位主计算机；
- 若干台可编程序逻辑控制器；
- 几台输入/输出装置；
- 几个人机对话终端，并有触摸屏幕；
- 数字式传动装置调节器。

全部系统都由多路光缆提供的数据相连,所提供的操作信息都易理解和可以进行干预,可使用时间比最优,可在线排除故障、监视过程参数的变化、故障预防和维修说明,以及其他诊断特性。这套系统集中了最现代化的机械/液压部件和执行机构:

- CVC 技术,弯辊系统和轧制液喷洒冷却系统;
- 平直度与厚度的液压辊缝控制(HGC);
- 在各级自动化装置内设有数字调节器的反馈装置。通过直接数字控制(DDC),从基本的自动化装置到材料处理和统计过程的控制系统(SPC)。

通过这些自动化计算机系统,使该机列轧制生产的罐身料的各项质量指标达到了当前的顶峰。在一批料内可真正做到三个一样:卷卷一个样,从头到尾一个样,从这边到那边一个样。带卷的头尾废料极少。

2.6.5 全球的5、6 机架冷连轧生产线

截止 2001 年底,全世界共有 5 机架 4 辊冷连轧生产线 6 条、6 机架 4 辊冷连轧生产线 1 条,它们的总生产能力约 2180 kt/a,占全球总生产能力的 11.55%。其中美国有 5 机架冷连轧线 5 条,6 机架冷连轧线 1 条;俄罗斯有 1 条 5 机架冷连轧生产线,其他国家都没有这类多机架铝带冷连轧线。在今后若干年内,至少在 2010 年以前,任何国家都没有必要建这类冷连轧线,因为由于技术进步,在机械设计与制造,以及自动化控制设备方面均取得了长足进展,2 机架冷连轧生产线的铝带产量可达到 250 kt/a,3 机架冷连轧生产线的产量可达到 400 kt/a。

5、6 机架铝带冷连轧生产线的简明技术参数见表 2 - 36。

表 2 - 36　全世界的 5、6 机架铝带冷连轧生产线的简明技术参数

企业、地址	机架数	工作辊辊面宽度/mm	主电机功率/kW	最大轧制速度/(m·min⁻¹)	卷最大质量/t	轧机规格/mm
美国铝业公司沃里克轧制厂	5	1524	总 14527	1602	16	①
美国铝业公司沃里克轧制厂	5	1118		1602		②
美国雷诺兹金属公司利斯特希尔③	5	1670	总 13055	1200	16	④
美国凯撒铝及化学公司拉温斯伍德厂	5	1372	各 4560	1102		⑤
美国凯撒铝及化学公司特伦特伍德厂	5	1524	各 950			⑥
俄罗斯萨马拉(Samara)冶金公司	5	1860	总 20660	1260	10	550
美国铝业公司沃里克轧制厂	6	1524	总 16340	2516	17	⑦

注:①规格 φ457 mm/φ1168 mm×1524 mm,1966 年投产;②规格 φ457 mm/φ1168 mm×1118 mm,1966 年投产;③雷诺兹(Reynolds Metal Co.)金属公司于 2000 年被美国铝业公司兼并;④规格 φ559 mm/φ1410 mm×1670 mm,来料厚度 1.5 mm ~ 3.82 mm、产品厚度 0.15 mm ~ 0.82 mm,产品宽度 762 mm ~ 1524 mm;⑤1372 mm;⑥规格 φ356 mm/φ1168 mm×1524 mm;⑦规格 φ457 mm/φ1168 mm×1524 mm,1967 年投产,来料厚度 3.18 mm,产品厚度 0.2 mm ~ 0.63 mm,最大宽度 1219 mm。

2.7　欧洲的铝箔工业[18~21]

欧洲是世界铝箔的发源地,也是世界最大的铝箔生产与消费地区,有约 48 个现代化的铝箔厂,拥有约 215 台 4 辊不可逆式或可逆式铝箔轧机,总生产能力 850 kt/a 左右。2002 年欧洲铝箔协会(EAFA)成员的总产量为 756 kt(估计),而 1996 年的产量仅 575 kt,这 6 年的年

平均增长率为 4.67%。因为近些年来，铝箔的厚度在向着更薄的方向发展，因此，如按使用面积计算则增长幅度会更大些。1996—2002 年欧洲铝箔协会产量见图 2 - 12。

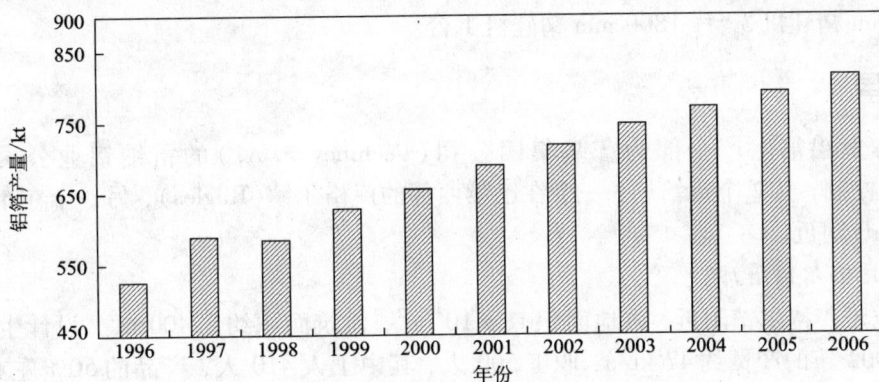

图 2 - 12　1996—2006 年欧洲铝箔协会成员的铝箔产量

全球最大的铝箔厂——格雷文布洛伊轧制厂（Grevenbroich）在欧洲；世界上速度最快的（2700 m/min）铝箔轧机在欧洲，可生产幅宽 2150 mm（最薄厚度 0.006 mm）铝箔的最大铝箔轧机是普基铝业公司（Pechiney）卢格尔轧制厂（Rugles）的"Ligne2000"双机架组，它也是世界上生产能力最大的铝箔生产线，0.006 mm 箔的设计生产能力为 17.5 kt/a；双机架铝箔连轧生产线在欧洲有两条，一条在卢格尔铝箔厂，另一条在格雷文布洛伊轧制厂；世界上设计、生产铝箔轧机最多的企业是德国阿申巴赫公司（Achenbach），它既是世界上历史最悠久的铝箔轧机制造商之一，也是目前铝箔轧机制造业的领头者。

欧洲铝箔产量自给有余，是铝箔净出口地区，但只要产品有竞争力，其他国家的也可以向欧洲出口，1999—2000 年中国渤海铝业有限公司家用箔曾大量出口到德国，后因受到反倾销诉讼影响，出口量急剧下滑。欧洲铝箔约 75% 用于包装，其次是用作空调器的热传输材料。

欧洲生产铝箔轧机的公司除阿申巴赫公司外，还有法塔亨特公司（Fata - Hunter）、奥钢联（VAI）即原来的戴维（Davy）和克莱西姆公司（Clecim）、劳纳工程公司及意大利的米诺公司。

2.7.1　德国

德国既是一个铝箔大国又是一个铝箔强国，它的铝箔生产能力达 250 kt/a，如果加上可生产厚箔的冷轧机的生产能力则箔材产能可达 350 kt/a，德国有 5 个现代化的铝箔厂，其中最大的是格雷文布洛伊轧制厂。

在德国，除了格雷文布洛伊轧制厂外，还有 3 个较大的铝箔厂，总生产能力约 95 kt/a。梅塞堡铝业公司铝箔厂（Aluminiumfoil Merseburg）有一台 4 辊不可逆式 1770 mm 克莱西姆（Clecim）精轧机，一台 4 辊不可逆式 1770 mm 的塞西姆（Sceim）精轧机。拉克威茨铝业公司（Rackwitz Aluminium）铝箔厂有一台 4 辊不可逆式 1300 mm 斯匹得姆（Spidem）粗轧机，一台同规格的中轧机，两台 4 辊不可逆式 1300 mm 精轧机，该厂的轧机虽较老，但正在进行现代化技术改造。

辛根铝箔厂（Alusinger），位于德瑞边界，是一家瑞士公司，是世界上第一家真正的铝箔厂，成立于 1912 年，该厂现名劳逊·辛根（Lawson Mardon Singen）公司。有两台阿申巴赫公司的冷轧机，一台 1900 mm，另一台 1800 mm，都是 4 辊不可逆式的；有 6 台铝箔轧机，总生产能力 65 kt/a，主导产品为包装箔，阿申巴赫 4 辊不逆式的 1200 mm 及 1925 mm 粗轧机各 1台，1200 mm 精轧机 3 台，1800 mm 精轧机 1 台。

2.7.2 法国

法国本土铝箔生产全部为普基集团公司（Pechiney S. A.）的雷纳铝业公司（Rhenalu division）所控制，有 2 个铝箔厂：一个在巴黎西部的卢格尔镇（Rugles），另一个在布里格诺得镇（Brignoud）附近。

2.7.2.1 卢格尔铝箔厂

该厂位于卢格尔镇附近，占地面积 18×10^4 m^2，建筑面积约 52400 m^2，设计生产能力近 50 kt/a，2002 年的产量约 47 kt/a，职工 500 人，其中工人 410 人，产品的 50% 左右供出口，主导产品为食品包装箔。主要铝箔品种为：

食品盒盖箔/μm	30 ~ 50	牙膏皮箔/μm	20 ~ 30
食品烤盘、盒箔/μm	10 ~ 18	药箔/μm	15 ~ 20
软包装箔（烟箔）/μm	6.3 ~ 7	空调箔/μm	80 ~ 120
糖果包装箔/μm	7 ~ 12		

（1）带坯及轧制工艺

卢格尔铝箔厂有 4 条 3C 带坯铸轧生产线，带有铣边机，可提供约 40% 的坯料，其余的由公司的轧制厂提供。前者的带坯厚度 8.0 mm；后者的厚度有 0.6 mm 的占 80%，3.5 mm 的占 20%。8.0 mm 的铸轧带与 3.5 mm 的铸锭热轧带坯经冷轧至 0.6 mm 后，中间退火，然后送箔材车间粗、中、精轧至所需厚度箔材。冷轧机为 4 辊不可逆式 2100 mm 的，塞西姆公司提供。

（2）铝箔轧制生产线

第一条有两台粗轧机，都是塞西姆公司设计制造的，一台 4 辊 1650 mm 的，另一台为两辊 1270 mm 的；两台 4 辊 1200 mm 精轧机，它们于 1961 年至 1965 年投产，中轧机两台。这条生产线又称老线。

第二条生产线为新生产线，有 1 台冷轧机 φ410/1040 mm × 2050 mm，最大轧制速度 1000 m/min；4 台铝箔轧机，塞西姆公司设计制造，1967—1975 年投产：粗轧机 1 台，中轧机两台，精轧机 1 台。其基本技术参数相同：

工作辊直径/mm	310	精轧机辊面宽度/mm	1770
支承辊直径/mm	850	粗、中轧机的最大轧制速度/$(m \cdot min^{-1})$	2200
粗轧机及中轧机辊面宽度/mm	1750	精轧机的最大轧制速度/$(m \cdot min^{-1})$	1500

这两条生产线的总设计生产能力为 35 kt/a。

第三条生产线为"里格恩（Ligne2000）"双机架铝箔连轧生产线，阿申巴赫公司制造，两台 Superstack II 轧制油过滤器。2000 年初投产，双零箔设计生产能 17.5 kt/a，是世界上速度最快、产品最宽、产能最大与最现代化的这类生产线，几项参数如下：

产品宽度/mm	2150max
进料最大厚度/mm	0.6

产品最薄厚度/mm	2×0.006
最大轧制速度/(m·min^{-1})	2000
水平	AGC、AFC、AWC(automatic width control)、Level 2 及 Level 1
制造及设计公司	阿申巴赫
轧制油过滤器	2 台 Superstock Ⅱ

这条生产线建设是为满足市场对宽度大于 1500 mm 铝箔的需求,同时也提高了普基铝业公司铝箔的市场竞争力与经济效益。

2.7.2.2　布里格诺得铝箔厂

1983 年以前,布里格诺得铝箔厂属斯卡尔公司(Scal S. A.),后归西巴尔公司(Cebal),1990 年被雷纳铝业公司兼并,是一个小铝箔厂,但很有特色,仅有 1 台 1750 mm 的塞西姆万能铝箔轧机,生产能力 17.5 kt/a,专门生产电子箔、容器箔与空调箔。

2.7.3　奥地利

奥地利仅有一个铝箔轧制厂——特奇铝业公司(Teich A. G.),成立于 1912 年,是全世界最古老的铝箔厂之一,西班牙康斯坦底亚公司(Constantia)占 70%股份,奥地利金属公司(Austria Metal – AMAG)有 30%股份。主要生产糕点、食品、药品与香烟包装箔,也生产半刚性容器箔与电缆带。

该公司有两台 4 辊粗轧机:1 台 1500 mm 的,1 台 1600 mm 的,由阿申巴赫公司(Achenbach)设计制造。有 1 台阿申巴赫公司 4 辊不可逆式 1500 mm 精轧机,1 台布劳诺克斯公司(Blaw Knox)4 辊可逆式 1400 mm 粗轧机。生产能力 24 kt/a。

特奇公司有成套的铝箔深加工设备,可将大部分素箔深加工成用户所需的产品,如涂漆生产线、衬纸与衬塑机列、涂层生产线、印刷机列等。印刷机列有两条:

曲面印刷机,可套印 6 色;轮转印刷生产线,可套印 10 色。衬纸与衬塑生产线可湿法衬、也可以干法衬,还可以挤注(extrusion)涂层(coation)。

2.7.4　意大利

意大利有发达的铝箔工业,有 7 个独立的铝箔轧制企业;2 个铝箔轧机及其他有关设备设计制造公司,即法塔亨特公司(Fata Hunter)与米诺公司(MINO)。中国与这两个公司有着密切的业务关系,从法塔亨特公司引进的铝带冷轧机有 4 台,4 辊铝箔轧机有 5 台。从米诺公司引进的 4 辊铝带冷轧机有 7 台,4 辊铝箔轧机有 4 台。意大利的铝箔消费量在欧洲居第二位,仅次于德国的。

法塔亨特公司是布格诺(Bugnone)家族于 1951 年创建的,制造铝箔轧机。上世纪 60 年代初该公司组建了两个独立的公司:特克姆工程公司(Tecmo Engineering),制造铝箔轧制与加工设备;科米塔尔(Comital)铝箔厂。1970 年,该集团收购了美国加利福尼亚州莱文赛得市(Riverside)的亨特工程公司(Hunter Engineering),组建了特克姆 – 亨特集团(Tecmo – Hunter group),专门制造铝箔轧机,上世纪 90 年代改组为法塔亨特公司,成为亨誉世界的为铝工业提供装备与技术服务的企业,截止到 2002 年底,已向 29 个国家提供了 148 台双辊式铸轧机、向 26 个国家输出的铝带冷轧机 80 台,向 22 个国家提供的铝箔轧机达 98 台。

2.7.4.1 科尔塔尔铝箔厂

1980 年布格诺集团解体,科尔塔尔铝箔厂为意大利国有的阿卢米克斯集团(Alumix)收购,1996 年美国铝业公司(Alcoa)购买了科米塔尔铝箔厂,从此它又成为一个独立的企业。

科尔塔尔铝箔厂建于 1958 年,位于意大利都灵市(Turin)附近的沃尔皮诺镇(Volpiano),2002 年有职工约 600 名,销售收入 3 亿美元以上。该厂几经改扩建,是意大利最大的铝箔厂,可生产各种各样的铝箔,除满足本国市场需求外,还向国际市场出口,既有较老的上世纪 50 年代的轧机,又有现代化的轧机。

该厂共有 15 台铝箔轧机,总生产能力 32 kt/a:4 台 1080 mm 的 4 辊可逆式布格诺(Bugnone)轧机,生产 0.009 ~ 0.04 mm 的箔,其中两台是 1951 的制造的;两台特克姆轧机,辊面宽度 1080 mm,1957—1963 年制造,生产 0.005 ~ 0.008 mm 厚的箔,主导产品为电容器箔及其他箔;7 台亨特公司的箔轧机,先后于 1961—1980 年投产,其中有 1 台 1270 mm 的 4 辊精轧机,1 台 1625 mm 的万能箔材轧机,其余 5 台为 4 辊可逆式的 1000 mm 轧机,双合精轧机用于轧制食品及药品包装箔;两台现代化的阿申巴赫公司(Achenbach)的 4 辊不可逆式轧机,1 台 1850 mm 粗轧机,1 台 1850 mm 万能轧机,主导产品为利乐(Tetra Pak)包装箔及日用箔。该公司有成套的深加工设备,湿式及干式裱衬机,两台 6 色印刷机,1 台 8 色印刷机,还有挤注涂层机列[1]。

1998 年科米塔尔铝箔厂对 1625 mm 4 辊不可逆式万能铝箔轧机进行了现代化改造[2, 3],主要是新安装 1 套米兰市(Milan)ABB 工业公司(Industria SpA)的应力计平直度控制系统(ABB stressmeter flatness control system),它由 1 个应力计辊(stressmeter roll)、两台轴承座式带材张力计负载元件(pillow block strip tensiometer loadcells)、1 套交流变速电机传动系统、1 套电子控制系统、1 套控制操作盘组成。

经过这次改造,产品品质与产量都有较大提高,例如设计平直度为 12I,可是产品的实际平直度即使在最大速度(1500 m/min)轧制也可以达到 8I 左右。在轧制速度达到 15 m/min 时,应力计系统即开始工作,对提高成材率大有帮助。这台轧机的几项参数为:

辊面宽度/mm	1650	产品最薄厚度/mm	2 × 0.00635
来料最大厚度/mm	0.35	最大轧制速度/(m·min^{-1})	1500

控制板形是通过下列几种方式进行的:细小边部波浪通过轧辊倾斜调整与纠正;大的边部波浪与板形不好、中央波浪(buckle)则通过弯辊校正;局部板形不佳由调节轧制油量即通过冷却轧辊改正辊形来纠正。轧制油可同时向工作辊与支承辊喷洒。带箔平直度由应力辊测量,而带箔张力则由轴承座式张力计负载元件测量,它被装于张力计辊轴承座之下。采集的有关平直度的信息反馈给平直度自动控制系统,指挥轧辊作一定量的倾斜、弯曲与调整轧制油流量,获得既定的平直度。这套系统有很高的灵敏度,反应极为迅速。

2.7.4.2 其他铝箔厂

除科米塔尔铝箔厂外,还有 6 个综合性的轧制厂,它们既生产带材又生产铝箔,共有 21 台铝箔轧机,总生产能力约 100 kt/a,它们是:安东尼·卡开诺(Antonio Carcano)铝业公司;康塞尔轧制厂(Comsal);索蒂莱轧制品公司(Laminazione Sollile SpA),位于圣玛科·埃万格里斯塔市(S. Marco Evangelista),有热轧、冷轧与铝箔轧制,职工 120 名,铝板带生产能力 40 kt/a,铝箔生产能力 3 kt/a;萨弗铝业公司(Sava);美国铝业(意大利)公司,原属雷诺兹金属公司(Reynolds Metal Com.);加拿大铝业公司(Alcan)布莱索(Bresso)轧制厂,只生产空调器箔；德国联合铝业公司(VAW，该公司于 2002 年 3 月被海德鲁铝业公司收购)的斯利姆公司(Slim SpA)，2000 年它的 2 台铝箔轧机由阿申巴赫公司作了现代技术改造，装上了 Optiro Intraplant 自动化控制系统。索蒂莱轧制品公司的 2 台铝箔轧机于 1999 年由奥钢联(VAI)、布罗纳工程公司(Bronar Engineering)作了改造，分别装上了 Vaioneer AGC/AFC 系统与空气轴承板形仪。

2.7.4.3 铝箔产量、进出口量与消费量[4]

意大利 1999—2001 年铝箔产量、进出口量与消费量见表 2 - 37，它是一个铝箔净出口国，是世界铝箔年产量超过 100 kt 的五大国(美国、中国、德国、日本、意大利)之一。

表 2 - 37　意大利的铝箔产量、进出口量与消费量/kt

年度	产量	进口量	出口量	净进口量	表观消费量
1999	124.7	44.505	64.219	- 19.714	104.986
2000	131.0	45.336	73.070	- 27.734	103.266
2001	—	43.049	71.142	- 28.093	

注：表观消费量 = 产量 + 净进口量。

2.7.5　俄罗斯

俄罗斯也是世界铝箔生产大国之一，有 5 个大的铝箔厂，总生产能力约 130 kt/a，居世界第五位，仅次于美国、中国、德国、日本，超过意大利及法国的。俄罗斯铝业公司(Rusal)掌握该国铝箔生产能力 85% 左右，主要是在苏联解体以后建设的。俄罗斯是一个铝箔净出口国，但其量并不大。

2.7.5.1 俄罗斯铝业公司

俄罗斯铝业公司是全球第四大铝业公司，居美国铝业公司、加拿大铝业公司、海德鲁铝业公司之后，拥有 4 个可生产铝箔的企业，总生产能力 110 kt/a：萨彦斯克(Sayansk)铝箔厂，专门生产铝箔；德米特罗夫(Dmitrov)轧制厂，除生产铝板带外，还生产电缆带与包装铝箔；美铝萨马拉冶金厂(Samara Metallugical Plant)，以轧制板带材、挤压产品与锻件等为主，也生产少量的厚箔，各种铝材的综合生产能力达 800 kt/a，是世界上最大的综合性铝加工厂；卡纳克尔(Kanaker)铝箔厂。

(1)萨彦斯克铝箔厂

萨彦斯克铝箔厂位于西伯利亚南部克哈卡斯西亚共和国(Khakassia Republic)的萨彦诺哥尔斯克市(Sayanogorsk)，1995 年成立，是俄罗斯萨彦斯克铝厂(Sayansk Aluminium Smelter)与意大利法塔亨特工程公司(FATA Engineering Company)、美国雷诺兹金属公司(Reynolds Metals Company，2000 年被美国铝业公司收购)、意大利圣保罗银行(San Paolo Bank of Italy)组建的合资企业，生产能力 50 kt/a，是全球 10 大铝箔厂之一。居德国格雷文布洛伊轧制厂、美国里士满铝箔厂(Richmond)、加拿大铝业公司(美国)特尔赫特(Terre Haute)轧制厂、美国诺兰达尔铝业公司(Norandal)亨廷顿(Huntingdon)轧制厂、法国普基集团雷纳铝业公司卢格尔(Rugles)铝箔厂等之后。

萨彦斯克铝箔厂距萨彦斯克铝厂仅 2.5 km，铝厂的原铝由浇包运至铝箔厂的熔铸车间。萨彦斯克铝箔厂的全部主导生产设备都是引进的。熔铸车间有 3 条法塔亨特工程公司的

1676 mm 双辊式超型连续铸轧(Supercaster)生产线,配有英国梅彻塞姆公司(Mechatherm)的 20 t 熔炼 – 静置炉组。

萨彦斯克铝箔厂集中当时先进轧制设备与技术之大成,冶金炉是有名的梅彻塞姆公司与英国赫格尔姆勒(Hengelmolen)公司的,轧制设备与精整装备由法塔亨特工程公司提供。更值得一提的是,各种生产技术与软件、国际市场开拓由雷诺兹金属公司负责,该公司在铝箔生产技术方面居世界领先地位。

萨彦斯克铝箔厂的建筑面积 5×10^4 m^2,总投资约 1.6 亿美元。双辊式连续铸轧机采用法塔亨特公司的双 D. C. 驱动系统(Dual D. C. Drive System—DDS)控制铸轧过程,这是铸轧优质带坯的关键技术,其主要优点为:

- 铸轧辊速度可单独控制,控制精度与两辊速度匹配精度可达 ±0.1%。
- 可单独控制两辊的扭矩。
- 可控制粘辊(sticking),即使发生粘辊现象也易处理。
- 白套(void)可得到有效的控制。
- 辊套可磨成不同的直径,更换周期显著延长,因而生产成本大幅度下降。

DDS 的维护工作量少,且易于维护,运行平衡,噪声低,备品备件储备量少,每根辊的行星齿轮减速器可传输的转矩为 530000 m·N,这对铸轧 5XXX 系含镁量高的铝合金是很重要的。

粘辊是双辊式连续铸轧时经常发生的两大主要缺陷之一。当熔体流动速度与轧制速度相等时,铝熔体就会在辊上凝固,形成粘辊。粘辊可在任意一根辊上形成,一旦发生此缺陷,轧制力会显著上升。DDS 对粘辊可敏感,如果轧制力上升就会采取措施加以纠正。铸嘴堵塞是造成白条的主要原因之一,DDS 对此也有卓有成效的预防措施。

萨彦斯克铝箔厂有法塔亨特公司的下列轧制设备:

ϕ450/1245 mm × 1676 mm 冷轧机	1 台
ϕ280/850 mm × 1850 mm 万能铝箔轧机	1 台
ϕ280/850 mm × 1675 mm 铝箔中轧机	1 台
ϕ280/850 mm × 1675 mm 铝箔精轧机	2 台

1850 mm 万能铝箔轧机基本技术参数如下:

工作辊直径/mm	280	主电机功率/kW	2 × 700
支承辊直径/mm	850	开卷电机功率/kW	2 × 80
辊面宽度/mm	1850	双合开卷电机功率/kW	1 × 80
箔带最大宽度/mm	1650	卷取电机功率/kW	95
来料最大厚度/mm	0.6	最大轧制力/kN	5000
入口双合箔最大厚度/mm	0.070	轧制液流量/(L·min^{-1})	3000
产品最薄厚度/mm	2 × 0.006	AGC 及 AFC	有
带卷最大质量/t	10	自动喂带系统	有
轧制速度/(m·min^{-1})	0/500/1500	带卷及套筒自动装卸系统	有

3 台铝箔轧机的通过量(1XXX、部分 8XXX 合金):

从 0.6 mm 轧至 0.006 mm 铝箔 1500 mm 宽	0.6 t/h
从 0.6 mm 轧至 0.010 mm 铝箔 1500 mm 宽	0.8 t/h

从 0.6 mm 轧至 0.020 mm 铝箔 1500 mm 宽	1.6 t/h
从 0.6 mm 轧至 0.0050 mm 铝箔 1500 mm 宽	5.4 t/h
从 0.6 mm 轧至 0.100 mm 铝箔 1500 mm 宽	9.5 t/h

萨彦斯克铝箔厂有 14 台退火炉，都是赫格尔姆勒公司设计制造的，3 台瑞士米迪机器制造公司的分卷机，两条该公司的 RS - 9 型薄箔纵剪生产线。分卷机的最大速度为 1006 m/min，纵剪生产线的最大速度为 610 m/min，可处理的铝箔厚度为 0.00635 ~0.04 mm。

萨彦斯克铝箔厂的精加工设备是由瑞士米迪机器制造公司与弗利堡公司（Fribourg）提供的，主要设备有：

两台轮转凹印机（rotogravure printing machine），可印 8 色。

两台复合干裱机。

两台湿式衬裱机，带在线式底层涂布机。

1 台双面涂漆机（double side lacquering machine）。

1 台压花机。

12 台带辅助设备的纵剪机列。

分卷机与纵剪机列都设有超声焊接机。薄箔纵剪可以剪切硬箔，也可剪切完全退火的软箔，箔条的最窄宽度为 19.05 mm（3/4in）。

萨彦斯克铝箔厂的主要产品为：

厚 0.011 ~0.02 mm 的家用素箔；

厚 0.02 ~0.05 mm 的奶制品包装箔（平的、压花的与精加工的）；

厚 0.007 ~0.014 mm 的糖果、饼干与点心包装箔（平的、压花的与精加工的）；

厚 0.014 ~0.03 mm 的药箔（素的与精加工的）；

厚 0.00635 ~0.014 mm 的烟箔与茶叶箔；

厚 0.02 ~0.10 mm 的工业铝箔，如有聚丙烯涂层与衬层的电缆箔，素的与印刷的真空包装箔等。

（2）卡纳克尔铝箔厂等

卡纳克尔铝箔厂（Kanaker Foil Mills），俄罗斯铝业公司独资，原名卡纳克尔铝厂（Kanaker Aluminium Works），1957 年投产，是独联体内最大的铝箔厂，生产能力 54 kt/a，也是全球最大的铝箔厂之一，目前的实际产量约 35 kt/a。工厂位于亚美尼亚共和国（Republic of Armenia）首都埃里温市（Yerevan）。工厂的主体设备是意大利亨特工程公司提供的，主导产品为包装箔与电子箔。产品种类与萨彦斯克铝箔厂的相同，今后几年内将投资 34 百万美元进行改造。

俄罗斯铝业公司所属的萨马拉冶金厂（Samara Metallurgical Plant）与德米特罗夫铝轧制厂（Dmitrov Aluminium Rolling Mill）也生产少量的厚箔，后者所用的带坯由前者提供。

德米特罗夫铝轧制厂位于莫斯科地区的德米特罗夫镇，1976 年投产，主导产品为薄板带、罐身料、PS 版基材、包装铝箔，如 0.21 mm 8011 合金瓶盖料、0.090 ~0.110 mm 的衬塑复合铝箔、电缆带（铝箔厚 0.10 ~0.15 mm、塑料膜厚 0.045 ~0.050 mm、1050 或 1100 铝箔）、0.13 ~0.15 mm 厚的 1100、1050、1060 铝合金小张（450 ~650 mm）×（368 ~530 mm）PS 版基材、厚 0.030 ~0.180 mm 的包装箔。

在一般情况下，萨马拉冶金厂是不生产铝箔的，仅偶尔生产少量的厚箔。

2.7.5.2 其他铝箔企业

除俄罗斯铝业公司所属的铝箔厂外还有 3 个较小的铝箔厂，共有 7 台铝箔轧机，总生产能力约 20 kt/a。

2.7.5.3 铝箔进出口量

1999—2001 年俄罗斯的铝箔进出口量见表 2-38，俄罗斯是一个铝箔净出口国。

表 2-38   俄罗斯的铝箔出口及进口量/kt

年度	出口量	进口量	净出口量
1999	19.476	13.669	5.807
2000	26.764	19.027	7.737
2001	24.359	23.625	0.734

2.7.6 比利时

比利时的菲尼克斯铝业公司（Phenix Aluminium S. A.）是其生产铝箔的唯一企业，1964 年投产，当时美国凯撒铝及化学公司（Kaiser Aluminium and Chemical Corporation）占 50% 股份，比利时西南部的伊伏兹拉梅特市（Ivoz - Ramet）有一小铝箔厂占 50% 股份，1977 年前者收购了后者的股份，成为其独资企业。

1987 年，位于杜菲尔市（Duffel）的霍哥文铝业公司（Hoogovens N. V.）收购了菲尼克斯铝业公司，成为其全资子公司，所用的带坯由前者提供。

菲尼克斯铝业公司共有 4 台 4 辊铝箔轧机：1 台 1150 mm 斯匹得姆（Spidem）粗轧机，1 台 1300 mm 阿申巴赫中轧机，1 台 1150 mm 斯匹得姆精轧机，1 台 1500 mm 阿申巴赫万能轧机。0.006 ~ 0.010 mm 箔的生产能力 14 kt/a。该公司没有铝箔深加工设备，所产素箔用于包装药品、食品等，也生产少量电缆箔。

2.7.7 克罗地亚

克罗地亚（Croatia）的铝箔生产归特伏尼卡·拉客·梅塔拉·波利斯·客得里克（Tvornica Lakih Metala Boris Kidric）公司，这是一个铝业联合公司，板、带、箔轧制厂在西伯尼克市（Sibenik），有熔铸车间、热轧与冷轧车间、铝箔车间等。铝箔车间是英国戴维麦基公司（Davy Mchee）帮助建设的，拥有双辊连续式铝带坯铸轧机、冷轧机、3 台铝箔轧机，1984 年投产。

3 台 1700 mm 戴维轧机都是 4 辊不可逆式的，粗、中、精轧机各 1 台，生产能力 20 kt/a。在内战期间，工厂遭到一些破坏，但已于 20 世纪 90 年代中期恢复生产，并由克弗纳·戴维公司（Kvaerner Davy）对铝箔轧机作了现代化技术改造。

2.7.8 捷克共和国

捷克共和国（Czech Republic）仅有一个轧制铝箔的企业——科沃胡特·布里得利克纳公司（Kovohuter Bridlicna），该公司的历史可以追溯到 16 世纪，1933 年开始生产铸钢件与铝箔。所有轧机都是 2 辊式的，20 世纪 60 年代初 2 辊轧机全部淘汰，换上斯科达公司（Skoda）的 4 辊轧机，70 年代初建成一个新的铝箔厂，成为目前铝箔生产的基础。

　　该公司在 1994 年以前是国有的，后来通过配给股票（coupon）销售方式实现了私有化。1997 年 1 月郎姆巴德·普拉哈（Lombard Praha）收购了股票，成为他的持股公司（holding company）。

　　捷克的这个铝箔公司有 5 台普基公司（Pechiney）双辊式连续铸轧机，向塞西姆（Secim）冷轧机提供 6.5 mm 左右的带坯。公司有 3 台塞西姆铝箔轧机：1 台 1500 mm 粗轧机，1 台 1500 mm 精轧机，1 台 1220 mm 精轧机。

　　公司各种厚度铝箔生产能力 22 kt/a，以封装箔（closure stock）与空调器箔为主。约有 20% 素箔送往弗利（KB Folie）公司转化为深加工产品，如食品、药品与香烟包装箔，但大部分为前者。

2.7.9　希腊

　　希腊只有埃尔瓦尔公司（Elval S. A.）生产铝箔，隶属于维奥哈尔科·黑列尼克铝业公司（Viohalco Aluminium Hellenic Aluminium Industry），位于伊诺菲塔市（Inofyta），有铸造车间、1 条热轧生产线，两台冷轧机，集中于生产罐身料。自 1991 年以后，先后对这 3 台轧机进行了现代化技术改造，装上了新型的自动化控制设备。热轧机是 2 辊式的，辊面宽度 1830 mm，两台冷轧机都为 4 辊 1675 mm 不可逆式。

　　铝箔厂有 3 台轧机，都是 4 辊不可逆式：1 台日本石川岛播磨重工业公司（IHI）的 1600 mm 粗轧机，1 台斯匹德姆公司 1300 mm 中轧机，1 台洛威公司（Loewy）1300 mm 精轧机。工厂板带箔总生产能力约 100 kt/a，其中铝箔的生产能力约 15 kt/a。

　　原生产的铝箔结构有厚度为 0.035 ~ 0.150 mm 的半刚性食品盒箔；柔性风（烟）管箔，厚 0.040 ~ 0.150 mm；厚 0.080 ~ 0.200 mm 的建筑（房顶）与空调器箔；厚 0.007 ~ 0.025 mm 的常用包装箔与家用箔。

2.7.10　荷兰

　　荷兰有两个铝箔厂，总生产能力约 8.5 kt/a，轧机都不大，现代化程度也不高。

2.7.10.1　里普斯铝业公司

　　里普斯铝业公司（N. V. Lips）成立于 1968 年，位于德吕嫩。1971 年美国铝业公司（Alcoa）与挪威埃尔肯姆公司（Elkem）收购了该公司的一部分股权，1991 年美国铝业公司收购了全部股份，成为其独资公司。

　　该公司有 1 条 1400 mm 热轧生产线，1 台 4 辊不可逆式 1300 mm 冷轧机。铝箔车间有 4 辊不可逆式 1200 mm 阿申巴赫粗中轧机，是一个小铝箔厂，生产单零瓶口封装箔与空调器箔，生产能力约 3 kt/a。

2.7.10.2　瓦塞铝业公司

　　瓦塞铝业公司（Vaassen Aluminium B. V.）是荷兰最大的铝箔企业。1994 年以前该公司的产权与经营归霍哥文集团，后来爱尔兰都柏林市克朗塔尔金集团（Clondalkin Group）收购了该公司。拥有 4 辊不可逆式 1200 mm 阿申巴赫粗轧机 1 台，还有 1 台同规格的精轧机，生产能力 5.5 kt/a。有一部分坯料购自市场上。

　　该公司拥有成套的深加工设备：1 条 3 涂上漆生产线（3 - coat lacquering machine），两台涂胶裱衬机，1 台涂蜡裱衬机，1 台"Colorflex"裱塑机，1 台轮转印刷机，2 台苯胺印刷机，

1条药箔专用生产线。主导产品为烟箔与日用箔、衬蜡箔、巧克力箔与药品包装箔。

2.7.11　匈牙利

匈牙利科芬姆市（Köfem）美国铝业公司生产为数不多的空调器铝箔，而主要生产铝箔的企业是科巴尼亚的轻金属厂（Light Metal Works of Kobanya）。至1996年，该厂归匈牙利铝业集团公司（Hungalu group），轧制铝箔用的带坯由美铝（科芬姆）铝业公司提供，1996年匈牙利铝业公司解体后，科巴尼亚轻金属厂成为一个独立的企业，虽有5台铝箔轧机，又有大量的职工，但生产不景气，几乎处于瘫痪状态。后来裁减了50%以上的员工，卖给了巴林海湾铝业公司3台铝箔轧机。

目前该厂有两台日本神户钢铁公司（Kobe Steel）的4辊不可逆式1680 mm铝箔轧机：1台万能轧机，1台精轧机。可生产0.007～0.140 mm的箔，总生产能力5.5 kt/a。深加工设备有：3台印花机（embossing machine），1台湿法及干法裱衬机，8色轮转印刷机1台，两台苯胺印刷机。

2.7.12　卢森堡

卢森堡有一个较大的铝箔厂，即欧洲铝箔公司（Eurofoil），1989年格兰吉斯（Granges）集团收购了该公司，1990年格兰吉斯集团关闭了其芬兰的弗利氧化铝厂（Aluminium Foile），并将2台轧机迁至卢森堡，使欧洲铝箔公司生产能力由25 kt/a增至32 kt/a。

欧洲铝箔公司用的带坯是用双辊式铸轧机生产的：2台克虏伯（Krupp）连续铸轧机，两台戴维（Davy）连续铸轧机。有两台4辊不可逆式冷轧机：1台亨特工程公司（Hunter Engineering）的；1台从阿卢马公司（Aluma）购进的二手阿申巴赫公司的。

戴维国际公司（Davy International）、英国牛津大学（University of Oxford）与格兰吉斯集团在其芬斯蓬轧制厂研制开发铝箔带坯连续铸轧技术，制成了名为"Fastcast"的快速铸轧机，于1996年在卢森堡欧洲铝箔公司投入商业生产。遗憾的是，为了提高机械强度与刚度，将铸轧机设计成4辊式，显然在竞争力方面逊于普基铝业工程公司与亨特公司的2辊式高速铸轧机，未得到推广。这台4辊高速铸轧机可以15 m/min的速度生产2～3 mm厚的薄带坯，从而使工厂冷轧带坯的生产能力由40 kt/a上升到60 kt/a。

欧洲铝箔公司有3台铝箔轧机：1台4辊不可逆式1850 mm阿申巴赫粗轧机；1台同规格的阿申巴赫精轧机；1台4辊不可逆式1300 mm亨特粗轧机，是1990年从阿卢马公司购得的二手货。该公司是欧洲主要铝箔企业之一，占市场份额的10%左右，主导产品为空调器箔与包装箔。

2.7.13　波兰

波兰有两个主要的轧制厂，第一个是科宁市（Konin）的赫塔铝业公司（Huta Aluminium），是一个综合性企业，既有电解铝厂，又有板带轧制厂。对前苏联制造的热轧生产线，及4台4辊可逆式冷轧机，于上世纪80年代中期以来进行了不同程度的现代化技术改造。该公司有1台扎梅特/阿申巴赫（Zamet/Achenbach）铝箔轧机，1974年投产，可生产0.070～0.20 mm的中箔及厚箔（medium and heavy gauge foil）。1996年又增加了一些自动化控制设备，不但拓宽了可生产的箔材范围，而且产品品质也有所提高，产量有较大提高。

肯迪轻金属公司(Zaklady Metali Lekkich Kety)是波兰最大的铝箔公司,原是齐埃齐埃塞轧制厂(Walcownie Metali Dziedzice)的一个子公司,后来于 1953 年成为一个独立的企业,专门生产再生铝合金。1966 年开始生产铝箔,带坯来自赫塔铝业公司。原是一家国有企业,1992 年改为股份公司,但由政府控股。1995 年 12 月进行了私有化改造,将政府股份全部售给公众。

该公司有英诺塞迪/布劳诺克斯公司(Innocenti/Blaw Knox)粗、中、精铝箔轧机各 1 台,1968 年投产,总生产能力 6 kt/a,其基本技术参数见表 2-39。

表 2-39 英诺塞迪/布劳诺克斯公司 4 辊不可逆式粗、中、精铝箔轧机技术参数

技 术 参 数	粗轧机	中轧机	精轧机
工作辊直径/mm	240	240	240
支承辊直径/mm	580	580	580
辊面宽度/mm	1300	1300	1300
主电机功率/mm	550	450	450
最大轧制速度/(m·min^{-1})	400	600	600
带卷质量/t	3	3	3
带卷最大外径/mm	1300	1300	1300
带卷最大内径/mm	500	500	500
来料最大厚度/mm	0.5	0.2	0.02
出料最薄厚度/mm	0.05	0.02	0.018
控制系统	—	AGC	AGC

轧制工艺是:通常在粗轧上轧 3 道~4 道;中轧机轧 1 道;精轧机双合轧制 1 道,生产 0.006~0.010 mm 厚的箔;中轧机也可以进行双合轧制,生产厚 0.010~0.040 mm 的中箔,其主导产品为中厚的家用箔。

该公司的绝大多数铝箔为日用箔,公司有成套的深加工设备,90% 以上的素箔都深加工成衬纸箔、衬塑箔、印刷箔、涂漆箔等,供包装牛奶、奶油、奶酪、人造黄油、点心等。1993 年又增加了一条 8 色轮转印刷生产线。

这 3 台箔轧机可生产的最薄厚度为 0.009 mm 箔,该公司计划再购进 1 台铝箔轧机,以便生产 0.006~0.007 mm 的铝箔。

2.7.14 罗马尼亚

罗马尼亚只有亚尔普罗姆(Alprom)铝业公司生产铝箔,原是一个国有企业,早已实行私有化。公司的主要装备有:两台双辊式铝带坯连续铸轧机;1 台特克姆·亨特(Tecmo - Hunter)4 辊不可逆式冷轧机,1973 年投产,1972 年还有 1 台戴维·麦吉(Davy Mckee)4 辊不可逆式冷轧机投入运转;1 台 3200 mm 4 辊本国制造的热轧机。

2.7.14.1 热轧机的技术参数

支承辊直径/mm	1500~1450	最大轧制力/kN	35000
支承辊辊面宽度/mm	3100	最大轧制速度/(m·min^{-1})	210
工作辊直径/mm	900~840	主电机功率/kW	2500×2
工作辊辊面宽度/mm	3200	工作辊辊面硬度/HS	75~80

支承辊辊面硬度/HS	45～50
支承辊辊型	平
工作辊辊型/mm:	
上辊凹	0.12
下辊凹	0.13
乳液浓度/%	6～8
乳液 pH	7
乳液温度/℃	45～50
工作辊轧制时实际膨胀量/mm	
	0.163～0.164
立辊轧机:	
直径/mm	1070～1000
辊面高度/mm	650
电机功率/kW	1500
最大轧制力/kN	4000
最大轧制速度/(m·min^{-1})	
	180
前辊道长/m	168
后辊道长/m	84
锭坯:	
长/mm	2000～6000
宽/mm	820～1700
厚/mm	250～530
最大质量/t	6.5

重型剪:	
制造者	德国
最大剪切力/kN	7500
电机功率/kW	250×2
最大剪切厚度/mm	1XXX 系, 150
	铝合金, 100
轻型剪:	
设计制造者	罗马尼亚
最大剪切力/kN	3000
电机功率/kW	250×2
被切板带规格/mm:	
厚度	6～100
宽度	1100～3000
长度	2000～12000
卷取机:	
直径/mm	610
电机功率/kW	500
卷取速度/(m·min^{-1})	30～210
最大张力/kN	600
带卷最大外径/mm	1540
带卷内径/mm	610
带坯宽度/mm	820～1750
带坯厚度/mm	6～10
生产能力/(kt·a^{-1})	100

2.7.14.2　铣面机

该公司的铣面机是从德国进口的,单面铣,每小时可铣6块扁锭,其技术参数如下:

刀盘直径/mm	1830
主电机功率/kW	400
铣削速度/(m·min^{-1})	1.0～3.5
刀的寿命/kt	1～1.5
扁锭规格/mm:	
长	2000～6000
宽	820～1700

厚	250～530
质量/t	6.5
每次铣削量/mm	1XXX 及 8XXX(部分)7～15
	其他铝合金 5～13
冷却剂	乳液
扁锭铣后粗糙度/μm	≤5

2.7.14.3　冷轧机

公司有两台4辊不可逆式冷轧机,1台从美国亨特工程公司引进;另1台是罗马尼亚设计,采用英国提供的专利技术,将工作辊磨成凹型,据称在实际生产中不好控制,轧辊两端经常出现啃辊现象,采用液压压上,有正负弯辊装置。

(1)亨特轧机的技术参数

| 工作辊直径/mm | 420～380 | 工作辊辊面宽度/mm | 1930 |

支承辊直径/mm	1117~1080	支承辊辊型	平
支承辊辊面宽度/mm	1830	工作辊辊型/mm	凸 0.05
最大轧制力/kN	13500	来料最大厚度/mm:	
最大轧制速度/(m·min⁻¹)	600	铸锭热轧的	6
主电机功率/kW	3290	连续铸轧的	8
辊面硬度/Hs:		产品厚度/mm	0.20~4.00
支承辊的	65~70	设计生产能力/(kt·a⁻¹)	31
工作辊的	100	测厚	X 射线 AGC

(2)罗马尼亚自行设计制造的冷轧机的技术参数

工作辊直径/mm	480~430	辊面硬度/HS:	
工作辊辊面宽度/mm	1860	支承辊的	65~70
支承辊直径/mm	1270~1230	工作辊的	100~105
支承辊辊面宽度/mm	1860	支承辊辊型	平
最大轧制力/kN	13600	工作辊辊型/mm	凹 0.05
最大轧制速度/(m·min⁻¹)	800	来料最大厚度/mm	10
主电机功率/kW	1900	产品厚度/mm	0.20~4.00
		设计生产能力/(kt·a⁻¹)	33

2.7.14.4　铝箔轧机

亚尔普罗姆铝业公司有 4 台铝箔轧机,总生产能力 15 kt/a,其参数见表 2-40。

表 2-40　4 台铝箔轧机的基本技术参数

参　　数	1 号轧机	2 号轧机	3 号轧机	4 号轧机
投产年度	1972	1975	1980	1980
工作辊直径/mm	254~224	254~224	254~224	254~224
工作辊辊面宽度/mm	1630	1630	1630	1630
支承辊直径/mm	660~630	660~630	660~630	660~630
支承辊辊面宽度/mm	1615	1615	1615	1615
最大轧制力/kN	3400	3400	3400	3400
轧制速度/(m·min⁻¹)	0~300	0~400	0~300	0~300
	0~700	0~932	0~900	0~900
主电机功率/kW	426×2	392×2	350×2	350×2
卷取电机功率/kW	48×2	48×2	45	45
开卷机 1 号电机功率/kW	48×2	48×2	45×2	45×2
开卷机 2 号电机功率/kW	48	48	45	45
支承辊辊面硬度/Hs	65~70	65~70	65~70	65~70
轧辊凸度/mm:				
支承辊的	平	平	平	平
工作辊的	0.04~0.06	0.08~0.12	0.06~0.07	0.08~0.11
生产能力/(kt·a⁻¹)	2	5	3.5	3.5
来料厚度/mm	0.7~0.8			
来料宽度/m	1000~1500	1000~1500	1000~1500	1000~1500
成品最薄厚度/mm	0.009×2	0.009×2	0.009×2	0.009×2
成品宽度/mm	1000~1500	1000~1500	1000~1500	1000~1500

轧制箔材时，电机的工作情况是：单张轧制单零箔及厚箔时，开卷机、轧机及卷取机的 2 台电机全部开动，而轧制双零箔即双合轧制时，则只启动 1 台电机。

铝箔卷在 5 t 的保护气氛炉中退火，共有 6 台退火炉，保护气体发生器是从奥地利进口的。鼓风机电机功率 25 kW、转数 1500 r/min。保护气体的组成如下：

H_2/%	0.25 ~ 4.5	CH_4/%	<0.1
CO/%	0.25 ~ 4.5	O_2/%	<0.1
CO_2/%	9.0 ~ 11.4	N_2	其余

轧制 1050 纯铝 0.009 mm × 1500 mm 箔的轧制率系统见表 2 - 41，而轧制 1050 纯铝 0.009 mm × 1000 mm 箔的轧制率系统见表 2 - 42。粗、中轧时(0.76 ~ 0.05 mm)，轧制速度 0 ~ 400 m/min，用 2 台电机拖动；在轧制 0.05 ~ 0.009 mm 的箔时可用 0 m/min ~ 900 m/min 的轧制速度，用 1 台电机拖动；在双合轧制时，在两层之间喷涂挥发性强的酒精，以使轧制油尽快挥发。

表 2 - 41　轧制 0.009 mm × 1500 mm 的 1050 箔的轧制率系统

道次	厚度 /mm	轧制率 /%	轧制速度 /(m·min⁻¹)	张力范围/A		注
				前张力	后张力	
0	0.76					
1	0.32	58	250	80 ~ 100	125 ~ 175	辊凸度
2	0.15	53	350	65 ~ 80	100 ~ 150	0.06 mm ~ 0.07 mm
3	0.075	50	400	65 ~ 70	50 ~ 100	
4	0.036	52.1	600	50 ~ 60	25 ~ 35	辊凸度
5	0.018	50	750	50 ~ 60	50 ~ 60	0.08 mm ~ 0.11 mm
6	0.009 × 2	50	850	30 ~ 35	40 ~ 60	

表 2 - 42　轧制 0.009 mm × 1000 mm 的 1050 箔的轧制率系统

道次	厚度 /mm	轧制率 /%	轧制速度 /(m·min⁻¹)	张力范围/A	
				前张力	后张力
0	0.76				
1	0.30	60.5	250	80 ~ 100	125 ~ 175
2	0.12	60.0	350	65 ~ 80	100 ~ 150
3	0.05	58.0	400	65 ~ 70	50 ~ 100
4	0.02	60.0	650	50 ~ 60	25 ~ 35
5	0.009 × 2	55.0	400	50 ~ 60	50 ~ 60

2.7.14.5　退火制度

对不同厚度箔材采用不同的退火制度，一般分为两种：0.02 mm 以上的箔卷在 420℃保温 8 h 后冷至 150℃出炉；0.02 mm 以下的箔卷在 420℃保温 18 h，冷至 150℃出炉。

2.7.14.6　脱脂及精加工

食品、饮料、药品等包装箔表面应洁净，没有气味，必须经过脱脂除油处理。箔带开卷后进入脱脂除油箱内，由 13 对喷射管向箔带上下表面喷射含 15% 脱脂剂的清洗液，温度 60 ~80℃；而后进入有 3 对喷水管的热水(60 ~70℃)清洗箱再进入有 4 对喷管的冷水清洗箱；再经抽风箱吸尽表面水后进入 150℃ 的干燥箱；切头后卷成带卷。机列速度 60 m/min。脱脂除油剂由 Na_2CO_3、NaOH、Na_3PO_4 组成。

该公司有配套齐全的精整与深加工设备，可对箔材进行涂漆、印花、衬纸、衬塑、印刷等处理。

2.7.14.7 综合成品率

热轧板材：1XXX 系、部分 8XXX 系合金的为 76.05%，其他铝合金的为 66.67%。

热轧带材：1XXX 系、部分 8XXX 系合金的为 91.3%，其他铝合金的为 86.94%。

冷轧板带材：1XXX 系及部分 8XXX 系合金的为 78.92% ~76%，其他铝合金的为 71.43% ~66.67%。

铝箔：中厚箔与厚箔的为 83.33% ~71.43%，双零箔及宽幅中厚箔的为 66.67% ~62.50%。

2.7.15 西班牙

西班牙有发达的铝箔工业，是欧洲主要铝箔国之一，全部为美国铝业公司(Alcoa)控制，有 3 个铝箔厂，合计生产能力超过 30 kt/a。西班牙是一个铝箔净出口国，但却是轧制材料(板、带、箔)净进口国，例如 2001 年她的平轧制产品(FRP——flat rolled product)产量为 203.0 kt，而表观消费量为 239.4 kt。

2.7.15.1 伊内斯帕尔铝业公司

伊内斯帕尔铝业公司(Inespal)原有 3 个铝箔厂，其里纳雷斯(Linares)铝箔厂于 1993 年关闭，轧机被处理掉，利用原来的厂房建成 4 个铝箔深加工厂。现在生产铝箔厂有两个：一个在阿里嵌特(Alicante)，另一个在萨彼纳尼戈(Sabinanigo)。伊内斯帕尔铝业公司原是西班牙的国有企业，1997 年 7 月卖给美国铝业公司。

(1)阿里嵌特轧制厂

阿里嵌特轧制厂是一个全能的铝板、带、箔轧制厂，拥有熔铸车间、热轧生产线、冷轧机等，但以前也拟关闭这些车间，以便集中力量生产铝箔，而所需的带坯则由集团公司的亚莫莱彼塔(Amorebieta)轧制厂提供。

阿里嵌特轧制厂有 3 台阿申巴赫(Achenbach)万能铝箔轧机：两台 1600 mm 的；1 台 1850 mm 的，1991 年投产。它们的总生产能力 10 kt/a，主导产品：包装用的双零箔(light gauge packaging foil)、建筑绝热箔与空调器箔。总之，该厂可以生产各种各样的铝箔，不但有素箔，还有深加工箔与特种用途的抛光箔，以及家用箔、汽车工业与电容器箔等等。

该厂有一条独特的铝箔退火与脱脂除油高速自动连续处理生产线。这条生产线于 1994 年投产，由卡姆普夫(Kampf)联合公司提供，负责生产线设计与供应自动化控制设备、装卸料设备，但退火炉是卡拉茨施公司(Caratsch)制造的，脱脂清洗生产线由埃塞曼公司(Eisenmann)提供。

这条生产线可以连续生产，可以生产各种各样的铝箔，批量可大可小，换批与换料不必停车。可处理的铝箔厚度为 0.040 ~0.200 mm，最高速度 200 m/min；可处理的材料为 1XXX 系合金及部分 8XXX 合金，最硬状态可达 H26。预处理段可处理 0.020 ~0.040 mm 厚的食品包装箔、家用箔、汽车工业箔、电容器箔、瓶口封装箔、深拉成形瓶盖与容器箔。

产品厚度与宽度变化时不必停车，可自动更换，即可通过控制与自动化系统改变工艺参数，从生产一种规格的箔卷换到生产另一种规格的箔卷。

退火与预处理工序既可以分开单独进行，也可以连续进行。生产有 4 种模式：仅进行预处理，即仅进行脱脂除油与铬化处理；仅进行退火；退火 – 预处理连续进行；预处理 – 退火连续进行。

即使在全速生产，也可以通过飞接系统（flying splice system）实现箔带转换，因而生产线上不必设置任何形式的储料设施诸如活套塔、活套坑等。切边机可自动进行或退出操作程序，因此，不需要准备时间。分切可自动进行，即可按程序自动确定所切箔带宽度。

该生产线设计得非常紧凑，分成两层，预处理设备居下，而退火炉则位于上层，水处理设备则位于与生产线毗邻的另一房间内。

这条生产线的开卷机、卷取机以及运输设备都是卡姆普夫公司设计制造的，合卷机带有自动飞接机，可在最大工作速度时实现箔带端头联接。卷取机都带有箔卷装卸与运输设备，如运卷小车、箔卷存放架、套筒架、套筒输送辊道。

切边机位于开卷机之后，可在不停车的情况下调整切边机的位置，也就是说可根据箔带宽度调整切边机的进退，因为在生产线运转时，能方便地调整位于箔带上方的气动刀架。切下的边条由抽吸装置吸走，进入废料箱内，达到一定量后被压成包。

在整条生产线中，除化学预处理段外，各个区段都有穿带装置。

在生产线的不同区段设有操作控制中心，以便生产线能达到最佳运转状态。卷取机由直流电机驱动，而运输辊道则由免维护的交流电机传动。所有的工艺参数都储于计算机内，可随时调出。

退火炉（区）是卡拉茨施公司提供的，有 3 组吹热空气的喷嘴，箔带的最高退火温度为 450℃ ±3℃，循环热气的最高温度为 600℃，燃料为丙烷，燃烧喷嘴发出的热量为 3 × 25200 MJ/h，丙烷消耗量（标）约 3 × 28 m³/h。所谓 3 组吹加热空气的喷嘴，实际上就是有 3 区的气垫退火炉。

每个加热退火区的参数都可以单独调控，每一区都有一个宽 600 mm 的侧门，这都有利于操作与清扫。涡轮风机由变频交流电机驱动。在退火炉的入口端设有旋转闸门，可向车间排放少量的热气。

气垫冷却区长 9 m，为便于维护与清扫，在操作侧设有大门，加热区与冷却区设有循环穿带链，以便温度低于 200℃ 的箔带重新穿带。冷却区的出口端有一控制中心，其后有 4 组急冷辊，每根都是单独驱动的，能确保箔带以均匀的速度冷却，下降温度偏差在 ±3℃ 之内。

排出的热风通过一根旁管进入预热线的热交换器，可节约一定的能量，而吸入的新空气量则由传感器控制。

在化学预处理区可进行脱脂除油、酸洗中和与铬化处理，位于悬浮气垫炉之下，由碱液脱脂除油区、酸洗中和区、铬酸盐处理区组成。处理时将溶液或水喷到通过的箔带上、下面，碱溶液温度为 50 ~ 75℃。通过测量各种溶液的电导率与 pH 控制它们的浓度。槽液的灌注与排空均自动进行。

预处理区设有 44 个辊，由直流电机驱动。在最后清洗区的出口端有吹风与干燥装置，可根据箔带宽度自动调节它们的位置。干燥室内有吹热风系统，吹入的热风量为 20000 m³/h。

（2）萨彼纳尼戈轧制厂（Sablinanigo）

这是伊内斯帕尔铝业公司的第二个铝箔厂，所用的带坯厚度 0.6～1 mm，由公司提供，共有 3 台铝箔轧机：1 台 1600 mm 塞西姆（Secim）中轧机，1 台 1600 mm 塞西姆精轧机，第三台是阿申巴赫 1850 mm 4 辊不可逆万能轧机。

1850 mm 万能轧机 1994 投产，装机水平高，有 Optiroll 板形仪与 Accuray 厚度控制器。这台轧机主要用于轧制制造容器与包装用的双零箔，其中有利乐包装箔（Tetra Pak）；而前两台轧机则用于轧制厚箔如汽车空调器箔。它们的总生产能力 12 kt/a。

2.7.15.2 伊纳尔萨铝业公司

伊纳尔萨铝业公司 1957 年投产，位于纳瓦拉市（Navarra），生产铝电线电缆，1962 年美国雷诺兹金属国际公司（Reynolds International Inc.）收购该公司一部分，而美国铝业公司于 2000 年全部收购雷诺兹金属公司，于是伊纳尔萨铝业公司成为美国铝业公司的一个子公司。1973 年伊纳尔萨铝业公司又建设了一个挤压车间与一个铝箔车间，但板带冷轧车间于 1968 年投产。铝箔车间除生产光箔外，还生产深加工箔。

1989 年投资 2500 万美元对铝箔车间进行现代化技术改造与扩建，1992 年完成，增加 1 条双辊式带坯连续铸轧生产线、1 台现代化的阿申巴赫万能铝箔轧机、两条纵剪（分条）生产线，3 台退火炉，从而可以生产 0.0063 mm 的优质箔，生产能力达 5 kt/a。

伊纳尔萨轧制厂 3 台 4 辊不可逆式铝箔轧机的简明技术参数见表 2-43，其中粗轧机和精轧机由布劳·诺克斯制造，万能轧机由阿申巴赫公司制造。

表 2-43 伊纳尔萨轧制厂 3 台 4 辊不可逆式铝箔轧机的技术参数

技术参数	粗轧机	精轧机	万能轧机
安装时间	1966（1987 年改造）	1965（1987 年改造）	1989
工作辊直径/mm	242	242	280
支承辊直径/mm	660	660	850
支承辊辊面宽度/mm	1625	1625	1850
主电机功率/kW	450	375	2×500
最大轧制速度/(m·min^{-1})	685	915	1500
带卷最大质量/t	6	6	12
来料最大厚度/mm	1.4	0.25	0.35
产品最薄厚度/mm	0.032	0.007×2	0.0063×2
带卷最大宽度/mm	1500	1450	1700
板形仪	戴维系统 1		Optiroll
AGC	Accuray7000	Accuray7000	SCA + Accuray

2.7.16 瑞典[1]

瑞典是欧洲较大的铝箔生产国之一，特别是在生产利乐包装箔方面，是一个铝箔净出口国，最高出口年度的出口量近 60 kt。瑞典的铝箔生产能力约 70 kt/a，主要生产者为格兰吉斯（Granges）集团。

2.7.16.1 利乐包装公司

利乐包装公司(Tetra Pak)是欧洲最大的单一的包装铝箔用户，也是全球最大的包装铝箔用户之一，使用的铝箔厚度为 0.00635~0.00665 mm。中国一些饮料如牛奶(蒙牛奶、伊利奶等)都采用利乐包装，1 亿个 486 mL 的内蒙古蒙牛乳业股份有限公司的利乐包装包约消费 63t0.00635 mm 厚的铝箔。

利乐包装公司创建于 1952 年，当时是一个小的包装公司。当前已成为一个跨国包装公司，在瑞典与德国各有 2 个厂，在荷兰、英国、法国、瑞士、意大利、西班牙、匈牙利、土耳其、芬兰、中国广东与台湾、日本、巴西等各有 1 个厂，在美国有 3 个厂，用软包装袋、纸板盒包装牛奶、果汁、矿泉水、葡萄酒等，每年的铝箔用量达 70~75 kt。

2.7.16.2 斯库尔杜纳·弗里铝业公司

斯库尔杜纳·弗里铝业公司(Skultuna Folie)的历史可以追溯到 1607 年，1935 年开始生产铝铸件，后被格兰吉斯集团收购，1960 年开始生产铝箔，轧机是从芬斯蓬铝业公司搬迁来的。斯库尔杜纳·弗里铝业公司用的大部分带坯也是芬斯蓬公司提供的。

1990 年，格兰吉斯公司关闭了亚卢马弗里奥铝业公司(Aluma Folio)，将 2 台退火炉、1 台分卷机、1 台纵剪机搬迁到斯库尔杜纳·弗里铝业公司。同时，戴维公司(Davy Corporation)对其铝箔轧机作了技术改造，装上了由计算机控制的板形仪。这两个公司在开发 Davy System 21 自动控制系统方面密切合作，试验工作在斯库尔杜纳·弗里铝业公司进行，同时其粗轧机是装上此系统的全球第一台铝带轧机，此系统兼有板形与厚度自动控制功能，可自动使轧机启动与生产达到最优化，可使在 5 道次轧制中有 3 道在最高速度下运转，其中第五道次的速度为 1200 m/min。另外，由于粗轧带材板形得到大幅度的改善，从而可显著提高精轧箔材的品质，使粗轧最终那道次箔材的 97% 的板形在 5I 之内，同时，粗轧成品率提高了 12%，箔材厚度也由原来的 0.0105 mm 减薄到 0.0078 mm。

经过这次改造，公司的生产能力由原来(1990 年)的 3.5 kt/a 增加到 1993 年的 7.7 kt/a (平均厚度 0.008 mm)，2002 年已达 10 kt/a。格兰吉斯公司的战略是，使斯库尔杜纳公司成为斯堪的纳维亚铝箔生产基地，而卢森堡欧洲铝业公司的产品则供应欧洲其他国家。不过，由于斯库尔纳公司增加退火炉，打通了生产瓶颈，同时使带卷、套筒的装卸与运输实现了计算机控制，产量大幅度上升。因此，该公司的铝箔不但能满足斯堪的纳维亚诸国的需求，而且还出口到欧洲其他国家。

斯库尔杜纳公司 3 台 4 辊不可逆式铝箔轧机的技术参数见表 2-44，其中一台粗轧机由斯万斯卡·亨特公司制造，另两台由特克莫·亨特公司制造。

表 2-44 斯库尔杜纳公司 3 台 4 辊不可逆式铝箔轧机的技术参数

技术参数	粗轧机	中轧机	精轧机
安装时间	1960(1994—1995 年改造)	1970	1976
工作辊直径/mm	260	305	254
支承辊直径/mm	550	762	750
支承辊辊面宽度/mm	1500	880	880
主电机功率/kW	440	880	620

技术参数	粗轧机	中轧机	精轧机
最大轧制速度/(m·min⁻¹)	600	1200	1000
带卷最大质量/t	4	10	
带材最大宽度/mm	1300	1675	1675
来料最大厚度/mm	0.55	0.7	0.04
出口最薄厚度/mm	0.015	0.015	0.00652
AGC	Skultuna/ABB Accuray	Davy	Skultuna
最大轧制力/kN		4000	3000
带卷最大外径/mm		1800	1500

斯库尔杜纳公司铝箔的平均生产周期为 3 个星期，最短的为 1 个星期，以销定产，按订单日期排生产计划。公司产品的主要用户为利乐包装公司，从 1995 年开始供应 0.00635 mm 厚的铝箔，以前为 0.00665 mm 厚的铝箔，这两种产品的产量占 70%，0.040 mm 箔占 10%，建筑绝热箔占 10%，家用箔占 10%。

2.7.16.3　瑞典铝箔的进出口量

瑞典铝箔的进出口量(1999—2001)年见表 2－45[3]，她是一个铝箔净出口国。

表 2－45　1999—2000 年瑞典铝箔的进出口量/t

年度	出口量	进口量	净出口量
1999	30236	11087	19149
2000	59466	12426	47040
2001	52154	10707	41447

2.7.17　瑞士

瑞士是全球最早生产铝箔的国家之一。1910 年，劳伯(Lauber)、内赫(Neher)与塞(Cie)发明了铝箔成卷轧制法并取得了专利，于是他们在埃米舍芬市(Emmishofen)建立了铝箔厂，即现在的劳逊·马顿－内赫公司(Lawson Mardon Neher A. G.)，属瑞士铝业公司(Alusuisse group)，2000 年瑞士铝业公司并入加拿大铝业公司，所以劳逊·马顿·内赫公司现归加拿大铝业公司(Alcan)，是瑞士唯一的一个铝箔生产企业。1912 年他们又在德国辛根市(Singen)建设了一个铝箔分公司。这两个公司是世界上成卷轧制铝箔最早的两个企业。

劳逊·马顿·内赫公司轧制铝箔的带坯由瑞士塞尔(Sierre)轧制厂提供，其铝箔生产能力17.5 kt/a，共有 3 条轧制线：第一条可生产较宽的箔，有 7 台文·罗尔(Von Roll)1200 mm 的轧机，两台粗轧机，1 台中轧机，4 台精轧机；第二条生产线相当窄，有 5 台文·罗尔850 mm 的轧机，两台粗轧机，3 台精轧机；第三条生产线有两台文·罗尔轧机，用于生产特种铝箔。

该公司主要生产家用箔与其他包装平张箔(30%)如药品、食品、香烟包装箔与电容器箔。这个公司在生产 0.0045 mm 超薄电容器箔方面有着丰富的经验，而生产药品则是在符合R 100000条款的绝对洁净室(clean room)内进行的。公司的深加工车间拥有配套的涂漆机、上色机、湿法及干法裱衬机、轮转印刷机。

瑞士是一个铝箔净进口国，1999—2001 年的进出口量见表 2 – 46。

表 2 – 46　1999—2001 年瑞士铝箔的进出口量/t

年度	进口量	出口量	净进口量
1999	38112	21118	16994
2000	36938	22391	14547
2001	40212	19890	20232

2.7.18　英国

英国是世界生产铝箔最早的国家之一，早在上世纪 30 年代初即已开始生产。目前，英国有 3 个铝箔厂，11 台 4 辊铝箔轧机，总生产能力 74 kt/a。

2.7.18.1　加拿大铝业公司罗格斯顿轧制厂

英国约有 76% 的轧制产品生产能力为加拿大铝业（英国）公司（British Alcan）掌握，该公司组建于 1982 年，是由加拿大（英国）铝业公司（Alcan UK）与英国铝业公司（British Aluminium）合并而成，是一个综合性的铝加工企业。出于经营战略调整，加拿大铝业公司将该厂的挤压生产及其他生产部门全部卖出，仅保留轧制部分，并改名为加拿大铝业（英国）轧制产品公司（Alcan Rolled Products UK），总部设在威尔士罗格斯顿市（Rogerstone）。

罗格斯顿轧制厂拥有熔铸厂与 1 条（1 + 3）式热轧生产线，生产能力 300 kt/a，1 台单机架冷轧机与 1 条 3 连轧冷轧生产线。该厂于 1975 年开始生产铝箔，有 3 台 1830 mm 4 辊不可逆式洛威·罗伯逊（Loewy Robertson）轧机：1 台粗轧机，两台精轧机，中箔及厚箔的生产能力 36 kt/a。主要产品有：空调器箔，蜂窝结构箔、日用封装箔、电缆箔、包装箔与家用箔，一般以大卷供应市场。

2.7.18.2　加拿大铝业公司格拉斯哥轧制厂

格拉斯哥（Glasgow）轧制厂主要生产双零箔，有 3 台 1930 mm 4 辊不可逆式罗伯逊轧机：1 台粗轧机，两台精轧机，1960 年投产，曾一度是欧洲最宽的铝箔轧机，现在则位居第三，列于法国普基铝业公司卢格尔轧制厂与德国 VAW 公司格雷文布洛伊（Grevenbroich）轧制厂的之后。这 3 台轧机在 20 世纪 90 年代经过两度改造，生产能力可达 18 kt/a。

2.7.18.3　劳逊·马顿·斯泰铝业公司

劳逊·马顿·斯泰铝业公司（Lawson Mardon Star Ltd.）创建于 1933 年，是一个综合性的轧制厂，拥有熔铸车间、1 条（1 + 2）式热连轧生产线、两台冷轧机。热轧带坯的生产能力 60 kt/a。

工厂有 5 台铝箔轧机：1 台 4 辊不可逆式阿申巴赫 1850 mm 轧机，这是一台新轧机，1992 年投产；4 台洛威·罗伯逊 4 辊 1830 mm 箔轧机，1992 年以后经过现代化技术改造。工厂铝箔的总生产能力 20 kt/a。

2.7.18.4　铝箔的进出口

英国铝箔的进出口量见表 2 – 47。

表2-47 英国铝箔的进出口量/t

年度	出口量	进口量	净出口量
1999	34535	41122	-6587
2000	32330	32496	-166
2001	39792	22390	17402

2.8 美国铝箔工业[21、23]

美国有非常发达的铝箔工业，也是世界上最早生产铝箔的国家之一，是一个铝箔生产大国又是一个铝箔工业强国，2006年的铝箔产量702 kt，占全球总产量的24%强；2006年美国有22个铝箔厂，总生产能力987 kt，平均每个厂的生产能力44.86 kt/a，其中最大的是诺威力铝业公司(Novelis)的特雷霍特(Terre Hauter)轧制厂，生产能力118 kt/a，美国是个铝箔净进口国，但量不大，2000—2002年出口186.341 kt，进口283.369 kt，净进口97.023 kt，仅占同期全球铝箔产量的(1628.625 kt)6.00%；美国是一个铝箔消费大国，2006年的消费量为737 kt，人均消费量为2.63 kg(按2.8亿人计算)；美国是一个铝箔生产强国，可生产国民经济建设所需的各种厚度(0.004~0.2 mm)与各种宽度(≤2000 mm)的铝箔，铝箔品种之多，深加工能力之强均居世界首位；2006年美国约有220台铝箔轧机，平均每厂10台；美国生产双零箔的企业还不到10家，其他的生产单零箔及厚箔，双零箔的产量约占总产量的20%弱；美国铝箔厂大都集中于东部、中北部。南方佛罗里达州、中部、中南部、西北部、东北部的32州没有一个铝箔厂，仅西部的加利福尼亚州有一个铝箔厂；美国铝业公司有7个铝箔厂，合计生产能力373 kt/a，分别占全国总厂数及总生产能力的32%及38%；2006年美国铝箔生产能力的利用率为71.3%。

美国铝箔工业经过20世纪60年代的大发展期、80年代的停滞期后，于90年代进入复苏期，但在铝材中仍是年平均增长率最快的，今后的年增长率可达3.9%，2006年的生产能力可由2002年的887 kt/a上升到约1000 kt/a，产量达到700 kt。中国铝箔产量可于2006年超过美国的。

美国铝箔厂数量近15年来在减少，但规模与专业化生产在增加，1985年有26个厂，1992年减少到21个，1997年20个，1999年又上升到22个。

美国大的铝箔厂多为综合性的企业，可生产各种各样的箔材，可是小的厂则相当专业，以轧制某些特种产品为主，如轧制双零四电容器箔的共和铝箔公司丹伯里轧制厂、生产5XXX系合金蜂窝结构箔的滨海铝轧制公司威廉斯波特铝箔厂。这种情况很值得我们借鉴。

为了提高企业与产品的竞争力，美国铝箔厂中的大企业高度重视技术开发、产品开发、技术改造与新技术应用，一旦出现成熟的新技术便立即采用，中小企业则着重技术改造与开发有特色的产品，及时提供小批量产品。

铝箔厂都建在最靠近市场的地区。

美国铝箔工业用的带坯有热轧与铸轧的两种，大致各占50%，同时新建的企业则几乎全用铸轧的。这与德国及日本的铝箔企业不同，它们几乎全用铸锭热轧带坯。

美国铝箔生产能力大于30 kt/a的企业都有各自带坯供应车间或由母公司提供带坯，供应链大都固定。

2.8.1 生产能力

从 1996 年到 2005 年的 9 年间美国的铝箔生产能力的年平均增长率为 4.5%。1996—2005 年铝箔生产能力的变化情况见表 2-48。1996—2000 年的年平均增长率为 4.12%，而 2000—2005 年的平均增长率达 4.75%。

由表 2-48 的数据可见，美国铝业公司 (Alcoa) 有 7 个铝箔厂，它们是：莱巴嫩 (Lebanon) 铝箔厂、路易丝维尔 (Loulsville) 铝箔厂、里士满铝箔厂 (Richmond)、拉塞尔维尔 (Russellville) 铝箔厂、圣安东尼奥 (San Antonio) 铝箔厂、圣路易斯 (St Louis) 铝箔厂，斯图瑞县 (Storey County) 铝箔厂。2006 年它们的生产能力为 373 kt，占全国总生产能力的 38%，是全美第一大铝箔生产企业。

表 2-48　1996—2005 年美国铝箔厂的生产能力/kt·a^{-1}

厂　名	所属公司	1996	1997	1998	1999	2000	2001	2002	2003	2004	2005
克莱顿	Ekco	25	25	25	25	25	25	25	25	25	25
丹伯里	Republic	6	6	6	6	6	6	6	6	6	6
费尔芒特	Novelis	45	45	45	55	55	55	55	60	60	60
亨廷顿	Norandal	75	75	75	75	75	75	75	75	75	75
亨廷顿2	Norandal	0	0	0	0	0	25	50	75	91	91
杰克逊	Ormet	18	18	18	21	21	21	21	21	21	21
莱巴嫩	Alcoa	75	75	75	75	75	75	75	75	75	75
路易斯维尔	Novelis	12	12	12	12	12	12	12	12	12	12
路易斯维尔	Alcoa	60	67	73	73	73	73	73	73	73	73
路易斯维尔	Premium Foil	7	7	7	7	7	7	7	7	7	7
芒特霍利	JW Aluminium	26	26	30	50	65	65	65	65	65	65
纽波特	Norandal	25	25	25	25	25	25	25	25	25	25
里士满	Alcoa	85	85	85	85	85	85	85	85	85	85
拉塞尔维尔	Alcoa	0	10	15	15	15	15	15	15	15	15
索尔兹伯里	Norandal	45	45	45	45	45	45	45	45	45	45
圣安东尼奥	Alcoa	0	0	0	0	0	0	15	30	45	45
圣路易斯	Alcoa	30	30	30	30	30	30	30	30	30	30
斯图瑞	Alcoa	0	0	5	5	10	20	35	50	50	50
特雷霍特	Novelis	80	85	90	95	100	105	115	118	118	118
特洛克	Premium West Coast	5	5	5	5	5	5	5	5	5	5
威廉斯波特	Coastal Aluminium	25	25	30	30	32	36	36	36	36	36
温斯顿塞勒姆	RJR	18	18	18	18	18	18	18	18	18	18
总计		662	684	714	752	778	822	887	950	981	981

注：本数据蒙 CRU 公司 Peter 先生提供，谨此致谢！

美国铝业公司是铝电解法发明者之一霍尔 (Hall) 先生 1888 年创建的，现已成为全球的铝业巨无霸，是全球 500 强企业之一，2006 年的营业收入 304 亿美元，在全世界 39 个国家与地区设有 327 个工厂与经营办事处或公司，有员工 127000 名，在中国有 10 个合资或独资企业。

第二大铝箔企业是总部设在田纳西州(TN)布莱特伍德市(Brentwood)的诺兰达(美国)铝业公司(Norandal USA Inc)，它隶属于加拿大诺兰达公司(Noranda Inc,Canada)。它在美国有4个铝箔厂，也可以认为有3个铝箔厂，因为亨廷顿的两个铝箔厂位于同一大院内，亨廷顿(Huntingdon)位于田纳西州，纽波特(New port)铝箔厂位于亚利桑那州(AR)，另一个是索尔兹伯里(Salisbury)铝箔厂，位于北卡罗来纳州(NC)，2006年它们的总生产能力246 kt，占全国总生产能力的25%。

第三大铝箔企业是诺威力铝业公司，在美国有3个铝箔厂：西弗吉尼亚州(WV)弗尔芒特(Fairmont)轧制厂，路易斯维尔(Louisville)轧制厂，特雷霍特(Terre Haute)轧制厂，2006年它们的总生产能力195 kt，占全美铝箔生产能力的19.8%。

2006年这3大铝业公司在美国的铝箔厂的总生产能力为814 kt，占2002年美国铝箔总生产能力987 kt的82.5%，而它们的工厂数仅占总工厂数的63.64%。美国铝业公司与诺威力铝业公司是综合性的大型跨国铝业企业，而诺兰达铝业(美国)公司则是一个专业性的铝箔生产企业，不过除生产铝箔外，还生产一定量的特薄带材。

其他8个铝箔企业的总生产能力(2006年)173 kt，占全国总生产能力的17.5%，2006年平均每个厂的生产能力为22 kt，仅相当于三大铝业公司平均每厂生产能力(52 kt/a)的43%。

2.8.2　地区分布

美国22个铝箔厂的地区分布在广大西部地区除加利福尼亚州有一个铝箔厂外，其他的都分布在东部、北部和中部，有34个州(含阿拉斯加州与夏威夷州)即占总州数的68%州没有铝箔厂。这种分布是合理的，即应尽量地靠近消费地区，不宜遍地建厂，铝箔是一种不适宜于长途运输的产品。

2.8.3　产量

美国是一个铝箔生产王国，也是一个消费王国，2002年各种铝箔产量569.032 kt，占全球总产量(2350 kt)的24.21%，可以生产各种厚度(0.004~0.20 mm)与各种宽度(≤2000 mm)的铝箔。

2.8.3.1　2000—2002年的铝箔产量

据世界金属统计局的资料，美国2000—2002年的铝箔产量如下：

2000 年	542.497 kt
2001 年	519.096 kt
2002 年	569.032 kt

1988年美国的铝箔产量为430.92 kt，而2002的为569.032 kt，这期间的年平均增长率为2.01%。

2.8.3.2　2002年美国铝箔的产品结构

2002年美国各种厚度铝箔的产量见图2-13及表2-49，由这些数据可得出如下结论：

- 铝箔生产能力利用率为79.18%；
- 双零箔的产是为104 kt，占总产量(616 kt)的16.88%。可见在铝箔产量中双零箔并不占主导地位；

• 单零箔的产量为 280 kt，占总产量的 45.46%，其中 0.012 ~ 0.020 mm 的占 21.43%，0.020 ~ 0.060 mm 的占 7.14%，0.060 ~ 0.100 mm 的占 16.88%；

• 0.100 ~ 0.200 mm 的厚箔产量为 232 kt，占总产量的 37.66%。

由此可见，中厚箔(0.060 ~ 0.100 mm)及厚箔的产量占箔材总产量的 54.54%，即有一半多为这种箔，双零箔的产量还不到 20%。我们在匡算世界铝箔产量时可按 20% 双零箔、45% 单零箔、35% 厚箔计算。这种产品结构也可作为我们设计某些综合性铝箔厂的一种依据。

在美国，把双零箔作为主导产品的工厂有：共和铝箔公司丹伯里铝箔厂，豪梅特公司杰克逊铝箔厂，RJR公司温斯顿塞勒姆轧制公司，可认为它们是专业化的双零箔轧制厂。

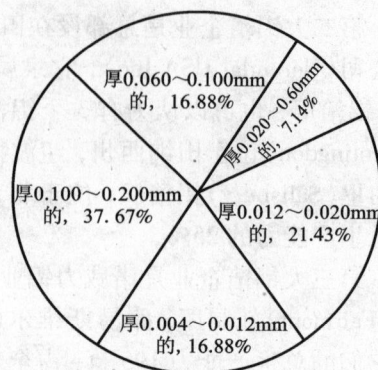

图 2 - 13　2002 年美国铝箔产量按厚度结构图

2.8.3.3　生产能力结构

由表 2 - 49 至表 2 - 51 可以看出美国铝箔生产和进出口情况，2002 年美国共有 22 个铝箔厂，其中：生产能力等于或大于 50 kt/a 的有 7 个厂，合计生产能力 593 kt/a，占总生产能力的 66.85%；生产能力 20 kt/a ~ 45 kt/a 的有 7 个厂，合计生产能力 217 kt/a，占总生产能力的 24.47%；生产能力小于 20 kt/a 的有 7 个，合计生产能力 78 kt/a，占总生产能力的 8.67%。生产能力最小的是西滨海精箔轧制公司，仅 5 kt/a，可是生产的还有中厚箔与厚箔。

表 2 - 49　2002 年美国铝箔厂各种厚度铝箔产量/kt

厂　名	所属公司	厚度/μm					总计	生产能力 /(kt·a⁻¹)
		0 ~ 12	12 ~ 20	20 ~ 60	60 ~ 100	100 ~ 200		
克莱顿(Clayton NJ)	埃科公司(Ekco)	0	0	0	15	6	21	25
丹伯里(Danbury)	共和铝箔公司 (Republic)	1	0	1	1	1	3	6
费尔芒特 (Fairmont，WV)	加拿大铝业公司 (Alcan)	0	0	0	3	48	51	55
亨廷顿(Huntingdon)	诺兰达铝业公司 (Norandal)	0	7	0	3	41	51	75
杰克逊(Jackson)	豪梅特公司(Ormet)	16	0	3	0	0	19	21
莱巴嫩(Lebanon)	美国铝业公司 (Alcoa)	0	0	0	31	24	55	75
路易斯维尔 (Louisville)	加拿大铝业公司 (Alcan)	6	0	2	0	0	8	12
路易斯维尔 (Louisville)	美国铝业公司 (Alcoa)	0	47	6	1	0	54	73
路易斯维尔 (Louisville)	高精铝箔公司 (Premium Foil)	0	0	0	2	0	2	7
芒特霍利(Mt Holly)	JW 铝业公司 (JW Aluminium)	0	0	2	0	62	24	65

厂 名	所属公司	厚度/μm					总计	生产能力 /(kt·a⁻¹)
		0~12	12~20	20~60	60~100	100~200		
纽波特（New port AR）	诺兰达铝业公司（Norandal）	24	0	0	0	0	24	25
里士满（Richmond）	美国铝业公司（Alcoa）	8	49	7	1	0	65	85
拉塞尔维尔（Russellville）	美国铝业公司（Alcoa）	6	0	3	0	0	8	15
索尔兹伯里（Salisbury）	诺兰达铝业公司（Norandal）	17	0	6	3	14	39	45
圣路易斯（St Louis，Mo）	美国铝业公司（Alcoa）	15	0	5	0	0	20	30
斯图瑞县（Storey County）	美国铝业公司（Alcoa）	0	0	0	2	3	5	10
特雷霍特（Terre Haute）	加拿大铝业公司（Alcan）	0	29	5	36	20	89	100
特洛克（Turlock）	西滨海精箔轧制公司（Premium West Coast）	0	0	0	2	0	2	5
威廉斯波特（William Sport）	滨海铝业公司（Coastal）	0	0	5	5	9	19	32
温斯顿塞勒姆（Winston – Salem）	RJR 公司（RJR）	13	0	0	0	0	13	18
其他（Other mills）		0	0	0	0	5	5	
总 计		104	132	44	104	232	616	778

注：本表数据蒙英国 CRU 公司 Perter Seale 先生提供，谨此致谢！

表 2 – 50 美国铝箔的进出口量/kt

年度	进口量	出口量	净进口量
2000	88.062	64.02	24.599
2001	88.593	60.372	28.221
2002	106.709	61.948	44.761
总计	283.364	186.341	97.023

表 2 – 51 1998 年向美国出口铝箔超过 400 t 的国家或地区

国家或地区	出口量/kt	国家或地区	出口量/kt
加拿大	20.579	中国	1.046
德国	15.265	巴西	0.730
瑞典	5.418	法国	1.229
芦森堡	2.392	南非	0.470
哥斯达黎加	1.875	西班牙	0.986
日本	1.450	瑞士	0.405
		其他	1.055

净进口量之和为 613.793 kt，占全球总消费量的 26.12%。美国 1959 年铝箔消费量为 115 kt，1969 年的消费量为 254 kt，这 10 年消费量年平均增长率为 8.25%，是近 40 多年来消费量增长最快的年代；1979 年的消费量达 402 kt，20 世纪 70 年代铝箔消费量年平均增长率为 4.70%，80 年代是消费停滞时期，增长率为零；90 年代由于美国经济好转，铝箔消费量由 1989 年的 402 kt 上升到 1998 年的 523 kt，年平均增长率为 2.97%。据笔者预测在 2000—2010 年期间，美国铝箔消费量的年平均增长率可达 3.8% 左右。美国 1959—1998 年的铝箔消费量及各年代的年平均消费增长率见图 2-14。

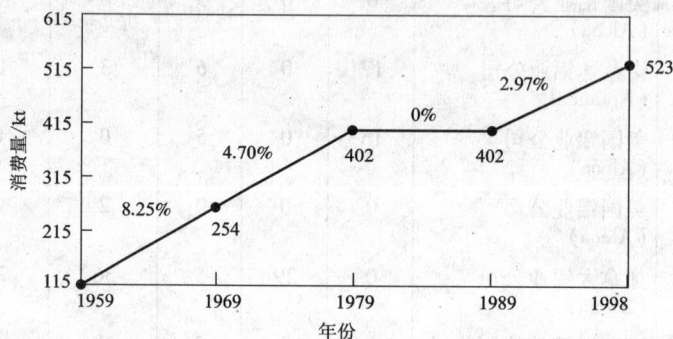

图 2-14　美国铝箔的消费量及其各年代的年平均消费增长率

2.8.3.4　消费结构

1988—1998 年美国各部门消费的铝箔见图 2-15、图 2-16 及表 2-52。容器制造工业及包装工业是消费铝箔最大的行业，1988 年占总消费量的 65.33%，而 1998 年则占 57.09%，10 年间下降了 8.24 个百分点；第二个消费铝箔最多的行业是耐用消费品（consumer durables），1988 年的用量占总消费量的 16.78%，而 1998 年的用量则占消费量的 20.03%，10 年间上升了 3.25 个百分点；交通运输业是美国消费铝箔最多的第三个部门，1988 年的用量仅 28.58 kt，占总消费量的 6.33%，而 1998 年的用量则上升到 59.42 kt，占总消费量的 10.09%，10 年中增加了 3.76 个百分点。

图 2-15、图 2-16 中的百分数相加并不等于 100%，是因为未将出口的百分数示于图上。美国每年出口的铝箔甚少，1998 年的出口量为 34.02 kt，仅占总交货量的 5.78%。比较图中的相应数字，可看出铝箔消费结构变化趋势。

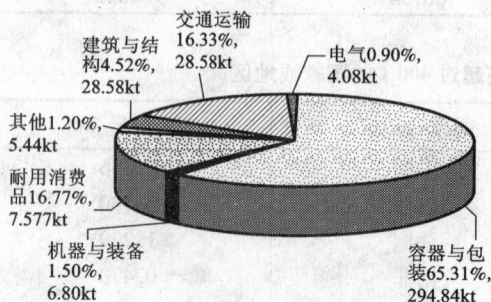

图 2-15　美国 1988 年铝箔的消费结构

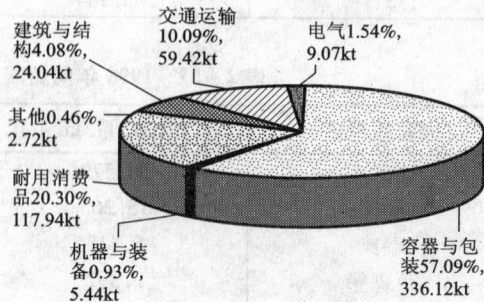

图 2-16　美国 1998 年铝箔的消费结构

表 2 – 52　1988—1998 年美国铝箔工业向主要市场的净交货量[2]/kt

主要市场	1988	1989	1990	1991	1992	1993	1994	1995	1996	1997	1998
建筑与结构	20.41	17.69	16.33	15.88	14.97	14.97	20.41	19.96	23.13	23.59	24.04
交通运输	28.58	29.03	27.67	24.95	32.21	32.21	41.28	47.17	53.07	56.25	59.42
耐用消费品	75.75	76.21	61.24	59.88	65.77	65.77	87.09	90.72	106.60	104.33	117.94
电气	4.08	4.08	4.54	5.00	6.80	6.80	8.17	7.71	8.17	8.62	9.07
机器与设备	6.80	5.09	6.35	6.80	6.80	6.35	7.26	7.26	7.26	8.17	5.44
容器与包装	294.84	279.42	290.30	292.57	296.20	302.10	312.53	322.06	327.05	332.04	336.12
其他	5.44	3.63	3.18	2.72	3.18	3.18	4.08	3.63	2.27	2.27	2.72
国内总计	435.91	415.95	409.60	407.79	420.03	431.37	480.82	498.51	527.54	535.25	554.75
出口	15.42	13.61	14.97	24.04	26.76	31.75	36.74	33.57	37.20	37.20	34.023
总计	451.33	429.56	424.59	413.83	446.80	463.13	517.56	532.07	564.73	572.44	588.77

注：本表数据并不等于净消费量，因为净消费量等于国内净交货量总计与净进口量之和，不过美国历年的净进口量甚少，表中数据可近似地视为消费量。

2.8.4　典型铝箔厂简介

2.8.4.1　温泉镇铝箔坯料厂

温泉镇(Hot Spring)轧制厂是雷诺兹金属公司(Reynolds Metal Co.)于 1979 年 8 月建成投产的专门生产铝箔带坯的工厂(该公司于 1999 年被美国铝业公司并购)，建厂期仅 15 个月，投资 7600 万美元，占地面积 80.9 × 10⁴ m²，建筑面积 2.5 × 10⁴ m²，职工总数 215 名，有 8 台法国普基铝业工程公司的 3C 式连续铸轧机，1 台 4 辊不可逆式布利斯(Bliss)公司冷轧机，带坯生产能力 200 kt/a。所产的带坯主要供里士满(Richmond)铝箔厂。

这台 4 辊布利斯冷轧机装有当代各种现代化的自动控制设备，诸如：雷坎研究公司(Reycan Research Ltd.)的闭环板形控制系统，可保证带材的平直度不超过 ±5I，在使用板形仪时生产量可比手动操作时的高 30%；有快速换辊系统；带卷、套筒的装卸、运输全部自动化；废料收集与运输也是自动化的；烟气排放系统的能力达 1418.5 m³/min，净化率可达 99%，可除去烟气中一切 10 μm 的固体微粒。

该轧机的几项技术参数如下：

铸轧带坯厚度/mm	10.2	带坯卷最大质量/t	16
可轧材料宽度/mm	940 ~ 1956	最大轧制速度/(m·min⁻¹)	732
带坯卷最大外径/mm	2134		

轧制 8111 合金的典型工艺见表 2 – 53。

表 2 – 53　轧制 8111 合金铝箔带坯的典型参数

道次	来料厚度/mm	出料厚度/mm	道次加工率/%	轧制速度/(m·min⁻¹)	轧制力/kN
1	10.2	4.6	55	229	12000
2	4.6	2.3	50	366	9000 ~ 10000
3	2.3	1.1	52	580	7000 ~ 8000

2.8.4.2 美国铝业公司圣路易斯铝箔厂

圣路易斯铝箔厂位于密苏里州（Missouri），原属阿卢马克斯铝业公司（Alumax），于1889年建厂，是世界上最古老的铝板带轧制厂之一，经过几度改扩建，已成为一个现代化的铝箔厂，现有员工人数230名，生产能力30 kt/a，主要生产食品包装箔、空调器箔，双零箔占主导地位，占总产量的50%以上。

熔炼用的炉料：原铝锭70%~75%，工艺废料30%~25%。燃料为天然气，经精炼除气后铸轧成6.6 mm厚的带坯，送冷轧成铝箔。轧制0.007 mm箔的工艺见表2-54、表2-55。冷轧到0.30 mm后进行中间退火，退火前冷轧最后一道次时切边，每边切边量约25 mm。

在铝箔轧制最后那道次即第五道次时同时切边，每边切12.7 mm。各种轧制厚度材料的成材率（1145合金）如下：

6.6 mm 轧至 0.3 mm 的　90%　　6.6 mm 轧至 0.007 mm 的　72%
6.6 mm 轧至 0.15 mm 的　85%　　6.6 mm 轧至 0.006 mm 的　68%

表2-54　1145合金铸轧带坯的冷轧规范

道次	进料厚度/mm	出料厚度/mm	道次加工率/%
1	6.6	2.0	69.7
2	2.0	0.76	62.0
3	0.76	0.30	60.5（切边）

表2-55　1145合金0.007 mm箔的轧制规范

道次	进料厚度/mm	出料厚度/mm	道次加工率/%
1	0.30	0.15	50
2	0.15	0.075	50
3	0.075	0.038	50
4	0.038	0.015	60.5
5	0.015（双合）	0.007	53.3（切边）

该厂熔铸车间铸锭的成品率为90%~92%，因此，生产0.007 mm箔的综合成品率为64.8%，0.006 mm箔的成品率为61%，全厂平均厚度0.015 mm箔的综合成品率为68%~72%。

圣路易斯铝箔厂有1台φ345/860 mm×1675 mm 4辊不可逆式冷轧机、1台φ330/865 mm×1780 mm 4辊不可逆式铝箔粗轧机，两台φ235/865 mm×1145 mm 4辊不可逆式铝箔精轧机，都是亨特工程公司设计制造的。

在铝箔轧制过程中一般要进行两次退火，一次是在冷轧后的中间退火，另一次是轧制终了的完工退火。圣路易斯铝箔厂完工退火时采用天然气作保护性气体。铝箔卷装炉后先在低温下（150℃左右）充入保护性气体洗炉，使炉内含氧量降到一定程度，然后开始升温，并不断地输入保护性气体，润滑油则不断地从箔材表面挥发，被抽走，在低温下油的挥发速度大于分散速度，待油挥发后再升温，当达到预定温度后进行保温。据称，炉内温度很均匀，温差不超过 ±1.5℃。

精轧机上有两台开卷机，以进行合卷轧制，而没有另设专门的合卷机。这样可以节省一道工序、一台设备，而所增加的辅助轧制时间很少。据说，采用双开卷机的精轧机生产率的下降小于 5%。

2.8.4.3　共和铝箔公司丹伯里轧制厂

共和铝箔公司丹伯里轧制厂是一个很有特色的铝箔厂，规模小，生产能力只不过 6 kt/a，但它有两个鲜明的特点：全球最大的轧制 0.0045 mm 箔的工厂，用于制造电解电容器；由于工厂规模不大，管理环节少，生产灵活，能以短的周期向用户提供小批量产品。

共和铝箔公司是海湾铝业公司（GARMCO）的全资控股公司。海湾铝业公司的股份构成：巴林政府 38%，沙特工业公司（Saudi Basic Industries Corporation）30%，科威特工业银行（Industrial Bank of Kuwait）17%，海湾投资公司（Gulf Investment Corporation）6%，前伊拉克共和国（Republic of Irap）5%，阿曼与卡塔尔政府各 2%。该公司有员工 60 名，其中工人 50 名。

0.0045 mm 箔是当今能够商业批量生产的最薄铝箔。丹伯里轧制厂除生产这种高精铝箔外，还生产空调器箔、电缆箔、特光亮薄板与箔、PS 版铝基板。该厂有 5 台轧机：1 台 $\phi400/960$ mm × 1830 mm 冷轧机，最大轧制速度 550 m/min，一般轧制速度 300 m/min；两台 $\phi330/865$ mm × 1830 mm 粗中轧机，最大轧制速度 1500 m/min；2 台 $\phi255/766$ mm × 1830 mm 精轧机，最大轧制速度 900 m/min，实际轧制速度 500 m/min；它们都是亨特工程公司设计制造的。

2.8.4.4　美国铝业公司里士满轧制厂

里士满轧制厂是一个很具特色的铝箔厂，其主要特点是：

- 历史悠久，已有 100 余年的建厂史，是最古老的铝箔厂之一，积累了五六代人的经验，有一批技术精湛、素质高的职工，生产效率高，产品在北美市场上久负盛誉。
- 是世界最大的铝箔厂之一，总生产能力 85 kt/a，品种齐全，可生产各种各样的铝箔，但以包装箔为主。
- 深加工设备齐全，可生产各种印刷箔、涂层箔及裱衬箔。
- 全厂共有 16 台铝箔轧机，其中粗轧机两台、中精轧机 7 台、精轧机 7 台。轧机规格全部相同，辊面宽度 1524 mm，工作辊径 $\phi254$ mm。
- 坯料全部由温泉镇带坯厂提供。
- 轧机以两种符号编排，一种以字母标志，如 J、G 为粗轧机，K、L、F、H 为中精轧机，E 为精轧机；另一种以数字编号，如 202、203、204 代表中精轧机，而 206、207、208、209、210、211 代表精轧机，J、K、L 轧机主要生产家用箔，其余生产双零箔。
- 厂房长 168 m。

2.8.4.5　诺兰达铝业公司亨廷顿铝箔厂

总部在加拿大的诺兰达公司在美国有 4 个铝箔厂，其中在西弗吉尼亚州亨廷顿市有两个铝箔厂，位于一处，分东西两厂。西厂为新厂，1999 年开始建设，2001 年投产，生产能力

90 kt/a，有 4 台铸轧机，1 台 2160 mm6 辊 SMS（西马克公司）冷轧机，可以生产宽 1850 mm、厚 0.076 mm 的箔，带卷质量 23 t，该厂建设的总投资为 2.4 亿美元。诺兰达铝业公司在美国以生产特薄铝带与铝箔著称。

东厂可生产宽达 2000 mm 的单零箔及厚箔，但 0.006 mm 箔的最大宽度为 1850 mm。该厂生产 0.007 mm 箔的典型工艺见表 2-56 和表 2-57（铸轧料）。

表 2-56　生产 1145 合金箔带坯的轧制率规范

道次	进料厚度/mm	出料厚度/mm	道次加工率/%	轧制速度/(m·min⁻¹)
1	6.35	2.80	56	165
2	2.80	1.40	50	230
3	1.40	0.66	52.8	230
4	0.66	0.30	54.5	520

表 2-57　0.007 mm1145 合金箔的轧制率规范

道次	进料厚度/mm	出料厚度/mm	道次加工率/%	轧制速度/(m·min⁻¹)
1	0.30	0.15	50	520
2	0.15	0.075	50	520
3	0.075	0.03	60	550
4	0.03	0.015	50	730
5	0.015	0.007	50	550

冷轧后进行中间退火。铝箔轧机的最后道次为双合轧制，同时切边，总切边量 19 mm。冷轧后的总切边量为 44.5 mm。

该厂熔炼的配料中有 25% 的废料，75% 的原铝锭，烧损率约为 2%。连续铸轧的成品率为 97%，生产 0.30 mm 铝箔带坯的冷轧成品率为 90%，生产 0.007 mm 箔从冷轧至成品的成材率为 77%。

东厂有 1 台舒莫茨（Schmutz）公司的分卷机，相当先进，由 1 台计算机控制，可以自动装卸箔卷，在加减速时有张力自动跟踪。如果铝箔断头，可用超声波焊接头，在分卷 0.016 mm 厚的铝箔时的速度可达 1160 m/min。这台分卷机还带有剪切装置。

西厂的 6 辊冷轧机本是一台当前最先进的大型万能冷轧机之一，可是在 2002 年又装上了一套 HSS（hot spray-system）热油喷射系统，是德国勒施列公司（Lechler）开发的，是一套铝带冷轧机工作辊工作区两端部凸度的新控制器，对进一步改善铝带板形与平直度有相当大的作用。它的工作原理是向与轧件接触的工作辊面的两头的一定宽度范围内喷射加热到某一温度的热油，以补偿其热凸度（thermal crown），从而可消除带材两侧边的张紧现象，即所谓"张紧带边（tight edges）"，从而可以大大减轻或甚至消除边部开裂，切边量可显著下降或甚至不切边；轧制速度可提高，既提高了通过量又增加了成品率。

在铝带冷轧过程中，会产生大量的变形摩擦热，使铝带温度升高，特别是在现代的高速冷轧时，由于变形率大，道次变形率往往超过50%或甚至达到65%或更大些，因而轧辊与轧件不但接触时间长，而且接触面积也大，同时由于铝的传热系数大与热导率高，由铝带传导给轧辊的热量比轧钢时的大得多。

工作辊两端散发的热比其中部的既快又多一些。这两部分散发的热量是通过辊颈、轴承与轴承座传导的。因而，轧辊中部的热量较为集中，温度较高，形成相当明显的凸度，也就是说轧辊中部直径比两头的稍大一些，辊的这种形状即辊形传给了铝带，形成对应的板形，使带材侧部的厚度略大些，这个过程被称为"带边张紧"（图1-17）。

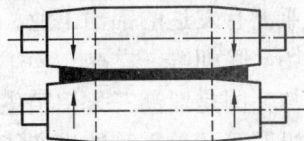

图 1-17　轧辊的热凸度及
造成的带边张紧示意图

带边张紧现象主要出现在冷轧厚度大于1 mm的铝带时，而在轧制铝箔时则几乎不存在此现象，因为铝箔很薄，两根工作辊全部接触。带边张紧增加了断带几率，轧制速度受到限制，裂边量增多，这就意味着某些产品的切边量加大，生产成本上升，通过量减少，成品率下降。

现有的控制带材板形及平直度的措施主要是：轧辊移动法、正负弯辊法、冷却液校正法等等。但这些措施都有其局限性、不足之处或甚至有副作用。例如移动轧辊需要有高度自动化的机械、液压设备与自动控制系统，液压弯辊会引起"1/4波浪（quarter buckle）"的缺陷，局部冷却轧辊主要用于修正非对称的板形，但对消除带边紧的效果不好。

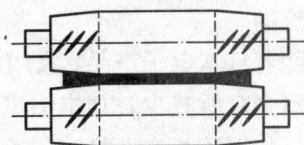

图 2-18　热油喷射部位示意图

热喷油系统是一种较好的板形及平直度控制系统，原理简明，效果甚佳，通过喷嘴向工作辊两边喷射加热到一定温度的热油，使轧辊这些部分的温度上升，也就是说与传统的沿整个辊面宽度喷洒冷却液相反，使轧辊两边的温度下降小于轧辊中央部位的温度下降。采用这种措施是以补偿工作辊两端散热多，从而完全消除带边张紧现象（图2-18、2-19）。油温可自动控制，采用电加热油。整个系统由计算机控制。

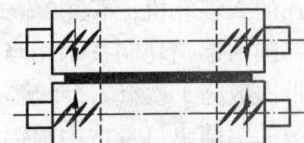

图 1-19　带边张紧被
喷射热油消除示意图

2.8.4.6　滨海铝轧制公司威廉斯波特铝箔厂

滨海铝轧制公司（Coastal Aluminium Rolling Mills Inc.）位于宾夕法尼亚州威廉斯波特市，所属的轧制厂建于1990年，有员工185人，其中职员30名，2002年铝箔的生产能力36 kt/a，板带材生产能力25 kt/a。

该厂的最大特点是世界上最大的生产5XXX合金航空蜂窝结构铝箔的企业。铝箔厚度0.0127 mm，宽9.5~1371.6 mm。

在美国除了上述的22个专业铝箔厂外，还有一些板带材轧制厂，除生产板带材外，还生产一定量的厚铝箔。例如，普基铝业公司西弗吉尼亚州（WV）雷文斯伍德（Ravenswood）轧制厂轧制产品生产能力272 kt/a，除板带材外，还生产汽车散热器铝箔。

2.9 日本与韩国的铝箔工业

亚洲有发达的铝箔工业，特别是东亚，是除北美、欧洲以外，世界第三大铝箔生产与消费市场。除朝鲜、蒙古、越南、缅甸、孟加拉等国外，其他大多数国家都有铝箔工业。中国、日本与韩国是亚洲三大铝箔生产国。2002年亚洲各国铝箔的总生产能力约880 kt/a（含万能冷轧机厚箔及单零箔的生产能力）。亚洲所产铝箔还不能满足本地区的需求，是一个铝箔净进口地区。除日本可以生产0.004 mm的特薄铝箔（太阳铝业公司）外，韩国可产铝箔的最薄厚度为0.005 mm，中国的为0.005 mm。从铝箔生产的整体技术来看，日本居首位，但其轧机大都是上世纪六七十年代建的，以后有些虽经过不断的技术改造，可是大多数的装机水平仍不先进，属一般国际水平。

日本是亚洲第二大、世界第四大铝箔生产国，居美国、中国、德国之后，但是是世界第三大铝箔强国，仅次于美国与德国。日本的铝箔生产装备稍陈旧一些，但生产技术高，人员素质高，特别是科研力量雄厚，有很强的技术开发能力，所生产的电子箔与涂层空调器箔是世界一流的。

随着日本电子产品、家用电器与空调器生产逐年转移到中国与东南亚地区，这类产品用的铝箔会有所减少。日本铝箔产量与消费量均已进入市场稳定期，以后每年的产量为140 kt左右，不会有大的波动。

韩国有相当发达的铝箔工业，是世界铝箔产量超100 kt/a的六大国之一，比法国的稍多一些居第五位。韩国既有从日本、美国、德国引进的先进的4辊不可逆式铝箔轧机，也还存在老式的2辊轧机，不过2辊轧机数量甚少，仅相当于总生产能力的1.7%。

韩国的铝箔轧制技术相当高，可生产宽度达1000 mm，厚度为0.005~0.006 mm的箔，其断带次数为1次/(2.5 t箔)；生产0.007 mm箔的断带次数为1次/(8 t箔)。日本与韩国对中国的铝箔出口量占中国铝箔进口量的60%以上。

2.9.1 日本的铝箔工业

日本有发达的铝箔工业，当前生产铝箔的公司有7家，有38台4辊铝箔轧机，生产能力165 kt/a，平均生产能力4.2 kt/台。这些轧机大都是1980年以前投产的，其中20世纪60年代5台，70年代11台，80年代3台，90年代1台。80年代以来，虽然各公司对铝箔轧机进行了不同程度的现代化技术改造，但整体上仍属国际一般水平。不过，日本的铝箔生产已有约80年的历史，有一批高素质的工程技术人员与工人，重视基础理论研究，技术开发力量强，凡是国民经济各部门与科学研究所需的种种铝箔都能生产。日本铝箔轧机的最高速度为1525 m/min，最大轧机的辊面宽度为1930 mm，因此不能向市场提供宽度等于或大于1800 mm的铝箔。日本与美国、德国并列世界三大铝箔强国。

2.9.1.1 铝箔轧机与生产能力

日本7大铝箔公司的生产能力及轧机的基本技术参数见表2-58。

表 2 - 58　日本 7 大铝箔公司的生产能力及轧机的基本技术参数①

公　司	轧机编号及制造国或公司	规格/mm	最大轧制速度/(m·min⁻¹)	主电机功率/kW	投产年度	设计生产能力/(kt·a⁻¹)
东洋铝业公司八尾铝箔厂	No.1，美国亨特公司	φ235/535×1220	600	300	1954	35
	No.2，日本日立公司	φ235/535×1220	900	300	1960	
	No.3，日本日立公司	φ235/535×1220	600	300	1961	
	No.4，日本日立公司	φ235/535×1220	600	190	1962	
	No.5，日本日立公司	φ235/535×1220	610	300	1964	
	No.6，美国亨特公司	φ254/660×1613	1450	600	1965	
	No.7，日本日立公司	φ254/660×1620	1100	600	1970	
	No.8，日本神户钢铁公司	φ330/840×1830	1525	1500	1971	
	No.9，日本石川岛播磨重工业公司	φ330/840×1830	1500	1500	1971	
昭和铝业公司小山铝箔厂	No.1，美国 B.C.H.公司	φ228/534×1170	320	150	1954	25
	No.2，美国 B.C.H.公司	φ228/534×1170	320	150	1957	
	No.3，美国 B.C.H.公司	φ223/610×1470	800	300	1961	
	No.4，美国 B.C.H.公司	φ223/610×1470	800	300	1961	
	No.5，神户钢铁公司	φ228/660×1600	900	550	1968	
	No.6，神户钢铁公司	φ228/660×1600	900	275	1968	
	No.7，神户钢铁公司	φ280/850×1930	900	875	1974	
	No.8，神户钢铁公司	φ280/850×1930	1200	900	1975	
日本铝箔公司吹田工厂和野木工厂	No.1，日本芝浦公司	φ240/560×1150	900	220	1957	25
	No.2，日本芝浦公司	φ240/560×1270	900	415	1960	
	No.3，日本芝浦公司	φ240/560×1270	900	300	1863	
	No.4，石川岛播磨重工业公司	φ240/700×1750	900	415	1968	
	No.5，石川岛播磨重工业公司	φ240/700×1750	900	415	1970	
	No.6，神户钢铁公司	φ260/740×1800	900	300	1975	

续表 2-58

公 司	轧机编号及制造国或公司	规格/mm	最大轧制速度/(m·min⁻¹)	主电机功率/kW	投产年度	设计生产能力/(kt·a⁻¹)
三菱铝业公司富土铝箔厂	No.1, 美国匹兹堡 E.F.公司	φ254/655×1625	610	370	1963	25
	No.2, 美国匹兹堡 E.F.公司	φ254/655×1625	610	370	1964	(装备较陈旧)
	No.3, 石川岛播磨重工业公司	φ254/655×1625	600	260	1967	
	No.4, 石川岛播磨重工业公司	φ254/655×1625	700	370	1969	
	No.5, 石川岛播磨重工业公司	φ254/655×1625	600	450	1969	
	No.6, 神户钢铁公司	φ254/655×1625	606	370	1969	
东海金属铝业公司蒲原铝箔厂	No.7, 日本佐世保重工业公司	φ228/610×1680	790	300	1964	13
	No.8, 日本佐世保重工业公司	φ240/640×1680	830	415	1988	
	No.9, 神户钢铁公司	φ250/640×1680	900	300	1971	
太阳铝业公司干叶铝箔厂	No.1, 美国 B.C.H.公司	φ228/559×1270	670	300	1963	25
	No.2, 美国 B.C.H.公司	φ180/420×1300	630	170	1964	
	No.3, 美国 B.C.H.公司	φ180/420×1300	630	170	1964	
	No.4, 美国 B.C.H.公司	φ185/470×1300	690	170	1967	
	No.5, 神户钢铁公司	φ310/850×1930	1220	900	1973	
	No.6, 神户钢铁公司	φ280/760×1900	1900	900	1977	
住友轻金属公司群马铝箔厂	No.1, 神户钢铁公司	—	—	—	—	15
	No.2, 神户钢铁公司	—	—	—	—	(装备最新)
其他小公司	—	—	—	—	—	2
总计						165

注：①日本的铝箔轧机大都是在上世纪80年代以前建的，但其基本技术参数至今未变，这是日本铝箔工业装备的一大特点。

2.9.1.2　铝箔产量

1989—2001 年日本铝箔的产量见表 2-59。日本铝箔产量从 1966 年的 22.698 kt/a 增长到 1988 年的 124.728 kt，用了 22 年，年平均增长率为 8.05%，是日本铝箔工业的高速持续发展阶段。1983 年铝箔产量 100.733 kt，首次突破 100 kt 大关。1989 年至 2006 年，日本铝箔产量从 128.908 kt 增长到 137.964 kt，年平均增长率 0.34%，已处于市场平稳阶段。2000 年是日本铝箔产量的最高年度，为 153.820 kt。日本铝箔工业自 20 世纪 80 年代起就已进入市场平稳期。

表 2-59　1989~2001 年日本铝箔产量/kt

年度	产量	年度	产量
1989	128.908	1997	145.584
1990	137.438	1998	138.195
1991	137.253	1999	146.068
1992	130.979	2000	153.820
1993	133.027	2001	134.251
1994	139.467	2004	145.639
1995	138.842	2005	138.640
1996	138.048	2006	137.964

2.9.1.3　铝箔进出口量

日本是一个铝箔净出口国。据日本海关统计，1983—2001 年日本铝箔的进出口量见表 2-60。日本虽然是一个铝箔净出口国，但其净出口量并不大，仅占其产量的 6%~14%，平均为 10% 左右。

表 2-60　1983—2001 年日本铝箔的进出口量/kt

年度	出口量	进口量	净出口量
1983	12.542	1.696	10.846
1984	17.481	1.947	15.534
1985	20.558	1.511	19.047
1986	17.975	2.168	15.807
1987	16.926	4.099	12.827
1988	13.121	5.787	7.334
1989	12.494	7.304	5.190
1990	13.996	6.335	7.661
1991	13.560	7.201	6.359
1992	13.772	7.194	6.578
1993	12.722	6.762	5.960
1994	13.172	8.410	4.762
1995	14.848	10.396	4.452
1996	13.583	10.412	3.171
1997	15.729	9.436	6.293

年度	出口量	进口量	净出口量
1998	14.516	8.448	6.068
1999	17.729	8.445	9.284
2000	17.695	8.369	9.326
20002	72.699	6.745	
2003	77.150	6.707	70.443
2004	73.264	9.611	63.653
2005	65.953	10.517	55.436
2006	61.935	9.645	52.290

日本铝箔的净出口量呈下降趋势，例如 20 世纪 80 年代的年平均净出口量为 10.94 kt，而 90 年代的年平均净出口量为 6.059 kt，下降了 44.62%，幅度相当大。

日本铝箔出口主要是对中国，1995—2000 年对中国的出口总量为 80.144 kt，占同期间日本出口总量（94.100 kt）的 85.17%（表 2－61）。

表 2－61　1995—2000 年日本对中国的铝箔出口量/kt

年度	总出口量	出口到中国的	（出口到中国的）总出口量/%
1995	14.848	9.252	62.31
1996	13.583	8.724	64.23
1997	15.729	7.958	50.59
1998	14.516	10.940	75.37
1999	17.729	22.160*	—
2000	17.695	21.110*	—
合计	94.100	80.144	85.17

注：原文如此，见アルミウム日本协会，アルミニテータフック，2001 年 10 月，133～134。

2.9.1.4　铝箔消费结构

1970—2001 年日本铝箔的消费结构见表 2－62[3]。由表中所列数据可见，糖果、饮料、奶酪等包装铝箔，家用、日用品、杂货包装铝箔，电气产品（电容器等）用铝箔是日本铝箔的三大消费亮点，2001 年这三项消费占日本铝箔消费总量的 84.47%。电容器是日本铝箔消费量最大的单一产品，在 1996—2001 年的 6 年中，平均占日本铝箔消费总量的 26.05%，而 2000 年则是其最高消费年度，为 30.57%，几乎三分之一的铝箔用于制造电容器。

香烟包装箔消费量则随着工业化程度的加大与社会文明程度的提高，不但绝对量有所减少，从 1970 年的 4.450 kt 减少到 2001 年的 3.176 kt，而且相对消费量更是大幅度下降，由 1970 年的占消费总量的 11.65% 骤降至 2001 年的 2.65%，而 2000 年则仅占消费总量的 2.27%。

中国香烟包装铝箔消费量的总发展趋势也会如日本那样，但在 2010 年以前仍是处于少量上升阶段，大致自 2010 年起消费量会逐年微弱地下降。

表 2-62 1970—2001 年日本铝箔的消费结构/kt

年度	糖果、饮料、奶酪等	香烟	药品、化妆品、洗涤剂	家用、日用品、杂货	电容器	其他电器	机械	其他	建筑	总计[①]
1970	13.086	4.450	2.637	5.778	6.288	2.773	0.266	2.234	1.019	38.531
1980	23.436	5.554	4.163	7.927	9.728	9.214	0.816	1.737	2.758	75.431
1985	28.098	4.381	5.247	22.9916	15.141	10.797	0.964	1.081	2.933	91.559
1990	37.556	3.858	7.041	29.127	22.184	13.939	1.506	0.908	5.862	121.981
1995	34.621	3.676	7.886	29.319	31.464	31.496	1.549	0.575	4.815	125.401
1996	35.465	3.496	8.246	28.631	29.201	11.150	1.524	0.712	5.248	123.613
1997	35.657	3.298	8.735	28.928	33.719	11.393	1.603	0.679	5.857	129.869
1998	35.034	3.264	7.969	28.125	33.822	10.318	1.480	0.504	5.156	125.672
1999	35.862	3.156	8.437	26.995	33.768	11.925	1.474	0.520	4.911	1237.048
2000	35.718	3.091	8.547	26.647	41.551	13.068	1.483	0.388	5.409	135.902
2001	36.445	3.176	8.386	25.703	26.434	12.681	1.218	0.355	5.480	119.878

注：①指国内所需铝箔，加上出口量即为当年日本的铝箔产量。

2.9.2 韩国的铝箔工业

韩国的国土面积 99000 km²，2001 年全国人口 4750 万人，人口密度 472 人/km²，比中国台湾的(612 人/km²)低而比日本的(340 人/km²)高。1999 年的 GDP 为 4069 亿美元/a，其人均 GDP 为 8685 美元/a，在亚洲除日本外，仅次于新加坡的(21814 美元/a)与中国台湾的(13026 美元/a)，居第三位。

韩国的铝电解厂——韩国铝业公司(Koralu)虽已于 1990 年关闭，但韩国有发达的铝加工业：铝板带轧制厂 17 家，热轧板带总生产能力 600 kt/a，连续铸轧带坯生产能力约 150 kt/a，其中最大轧制厂是加铝大韩铝业公司(Alcan Daehan，现为 Novelis)、朝日铝业公司(Joil Aluminium)、汉城轻金属公司(Seoul Light Metal)，生产能力及 1998—2000 年的产量见表 2-63。

表 2-63 1998—2000 年韩国主要轧制厂的生产能力及销售量/kt

企业	生产能力	销售量		
		1998	1999	2000
加铝大韩铝业公司	240	157	235	246
韩日铝业公司	130	47	67	76
汉城轻金属公司	50	6	8	10
其他	36	8	17	17
总计	456	218	327	349

韩国是一个铝材净出口国，2000 年板带材的出口量(133.508 kt)占总产量(332.888 kt)的 40.11%；挤压铝材的出口量(19.263 kt)占总产量(189.999 kt)的 10.14%。

2.9.2.1　生产能力

韩国有发达的铝箔工业,2002 年全国的总生产能力 118 kt/a,生产能力超过 10 kt/a 的企业有 5 个,还有两个小的铝箔厂,它们的生产能力见表 2-64。

表 2-64　韩国铝箔的生产能力

企业	所在地	员工/人	生产能力/(kt·a^{-1})
洛特铝业公司(Lotte Aluminium)	汉城	750	40
三亚铝业公司(Sam A Aluminium)	汉城	200	24
大韩银箔纸公司(DaeHan Foil)	吉享	417	25
东一铝业公司(Dong I1 Aluminium)	Chunan - Kun	150	12
韩国铝业公司(HanKook Aluminium)	道安		10
其他工厂			7
总计			118

注:材料来源于韩国钢铁新闻资料。

2.9.2.2　主要铝箔企业

(1)洛特铝业公司(Lotte Aluminium Co., Ltd.)

洛特公司是韩国最大工业集团之一,主要经营有食品、啤酒、饭店及其他工业,最早生产巧克力,需用铝箔包装,于是与日本合作建立了铝箔轧制厂。现有两个铝箔厂,一个在汉城,另一个在安三(Ansan)。

汉城铝箔厂有 4 台铝箔轧机,公司总部也在汉城。No.1 轧机为 4 辊不可逆式粗轧机,其基本技术参数如下:

工作辊直径/mm	280	带卷内径/mm	300
支承辊直径/mm	630	产品最薄厚度/mm	0.010
辊面宽度/mm	1450	产品宽度/mm	800 ~ 1250
主电机功率/kW	650	轧制道次	5 ~ 6
轧制速度/(m·min^{-1})	0 ~ 600/1200	AGC	(X 射线)东芝公司
来料最大厚度/mm	0.5	AFC	石川岛播磨重工业公司(IHI)
带卷最大质量/t	4.2		
带卷最大直径/mm	1300	制造企业	IHI

No.2 轧机为 4 辊不可逆式中轧机,IHI 公司设计制造,其简明技术参数为:

工作辊直径/mm	240	带卷最大外径/mm	1070
支承辊直径/mm	560	带卷内径/mm	300
辊面宽度/mm	1270	轧制道次	5
主电机功率/kW	250	产品最薄厚度/mm	0.015
轧制速度/(m·min^{-1})	0 ~ 220/900	产品宽度/mm	800 ~ 1130
来料最大厚度/mm	0.3	AGC	东芝公司
带卷最大质量/t	2.4		涡流测量

No.3 轧机为 4 辊不可逆式 IHI 公司设计制造的精轧机,其基本技术参数如下:

工作辊直径/mm	240	支承辊直径/mm	560

辊面宽度/mm	1270	带卷最大外径/mm	1070
主电机功率/kW	250	带卷内径/mm	300
轧制速度/(m·min⁻¹)	0~220/660	产品厚度/mm	0.005~0.008
双合轧制厚度/mm	(0.01~0.18)×2	产品宽度/mm	800~1130
轧制道次	1	AGC	东芝公司
带卷最大质量/t	2.4	涡流测厚系统	

No.4 轧机为亨特工程公司(Hunter)的 4 辊不可逆式万能铝箔轧机,其简明技术参数为:

工作辊直径/mm	240	来料最大厚度/mm	0.75
支承辊直径/mm	610	轧至 0.012 mm 厚的道次	
辊面宽度/mm	1500		6
主电机功率/kW	375	双合轧制(0.012 mm×2)的最薄厚度/mm	
轧制速度/(m·min⁻¹)	0~267/800		0.006
带卷最大外径/mm	1220	产品宽度/mm	800~1200
带卷内径/mm	300	AGC	东芝公司
带卷最大质量/t	3.5	X 射线测量系统	

工厂的精整设备有:两条阿契拉公司(Akira)薄箔分卷/纵剪机列,1 条苏吉雅马公司(Sugiyama)薄箔分卷/纵剪生产线,1 条尼希牧拉公司(Nishimura)薄箔纵剪生产线,4 条阳光公司(Young Kwang)薄箔纵剪生产线,奥松公司(Oh Sung)与阳光公司厚箔纵剪生产线各 1 条。1 台挤塑涂层机、两台干式涂层机、1 台湿式涂层机。

班沃尔(Banwol)铝箔厂有两台分别于 1991 年与 1993 年投产的箔材轧机,名为 No.5 及 No.6 轧机。

No.5 粗轧机的技术参数:

型式	4 辊不可逆	带卷最大外径/mm	1600
制造公司	IHI	带卷内径/mm	480
工作辊直径/mm	280	产品厚度/mm	0.014~0.055
支承辊直径/mm	810	轧制道次	4~6
辊面宽度/mm	1930	产品宽度/mm	600~1650
主电机功率/kW	800	AGC	东芝公司
轧制速度/(m·min⁻¹)	0~600/1500		X 射线测厚仪
来料最大厚度/mm	0.35	AFC	IHI 公司空气
带卷最大质量/t	6		轴承板形仪

No.6 轧机为精轧机,技术参数为:

型式	4 辊不可逆式	来料厚度/mm	0.012~0.08
制造公司	IHI	带卷最大质量/t	6
工作辊直径/mm	280	带卷最大外径/mm	1600
支承辊直径/mm	810	带卷内径/mm	480
辊面宽度/mm	1930	产品厚度/mm	0.006~0.04
主电机功率/kW	800	轧制道次	1
轧制速度/(m·min⁻¹)	0~600/1500	产品宽度/mm	600~1650

AGC	东芝公司， X 射线测厚仪	AFC	IHI 公司空气 轴承板形仪

精整及深加工装备（conversion facility）：两条卡姆普夫公司（Kampf）薄箔分切/纵剪生产线，1 条卡姆普夫公司（Kampf）厚箔分切/纵剪生产线，1 条卡姆普夫公司薄箔纵剪生产线，1 条阿契拉公司薄箔纵剪生产线；1 条轮转印刷机，有可印 8 色的凹版印刷机列，共挤涂层机，真空镀铝机，两台压花机，3 台湿式裱衬机，两台干式裱衬机。

汉城铝箔厂的生产能力为 26 kt/a，而班沃尔铝箔厂的生产能力为 14 kt/a。公司 10% 产品为空调器箔，90% 为包装箔，厚度为 5.7 μm ~ 80 μm。

产品结构为：

30% 为特薄板与厚箔：		空调器箔/μm	80 ~ 200
PS 版基材/μm	400 ~ 500	60% 为包装箔：	
铭牌/μm	250 ~ 800	糖果、食品箔/μm	9 ~ 15
防盗瓶盖/μm	250 ~ 600	香烟箔/μm	6.5 ~ 7
电缆带/μm	100 ~ 250	药箔/μm	10 ~ 30

10% 为电容器箔，厚 5 ~ 8 μm。

公司大约有 40% 素箔加工成深加工产品。出口量约占公司总产量的 30%，主要出口到中国：

中国（含香港特区）	25%	印度尼西亚	10%
中国台湾及菲律宾	20%	澳大利亚	10%
日本	15%	印度、孟加拉等	5%
马来西亚与美国	15%		

（2）三亚铝业公司

三亚铝业公司创建于 1969 年，1970 年与日本东泽铝业公司（Toyo Aluminium KK）合作，后又与日本古河铝业公司（Furukawa Aluminium Co.）合作，引进汽车空调器复合铝箔生产技术。公司生产的铝箔主要为 1100、1050、1235 合金，3XXX、5XXX 及 7XXX 系的还不到 10%。

工厂共有 4 台轧机：2 台粗、中轧机、1 台精轧机，1 台万能轧机。

第 1 台粗轧机于 1970 年投产，其基本技术参数如下：

型式	4 辊不可逆	来料最大厚度/mm	0.6
制造公司	亨特工程公司	带卷最大质量/t	3
工作辊直径/mm	228	带卷最大外径/mm	1200
支承辊直径/mm	560	带卷内径/mm	495 ~ 508
辊面宽度/mm	1245	产品最薄厚度/mm	0.07
主传动电机功率/kW	1000	轧制道次	3 ~ 4
最大轧制速度/(m·min^{-1})	750	产品最大宽度/mm	1085

第二台精轧机是德国阿申巴赫公司（ACHENBACH）设计制造的，1976 年投产，4 辊不可逆式，基本技术参数如下：

工作辊直径/mm	280	辊面宽度/mm	1600
支承辊直径/mm	670	主电机功率/kW	2 × 600

轧制速度/(m·min⁻¹)	0～800/1500	轧制道次	4～5
来料最大厚度/mm	0.6	产品宽度/mm	800～1450
带卷最大质量/t	8	AGC	戴维公司（Davy）
带卷最大外径/mm	1800	AFC	阿申巴赫公司,
带卷内径/mm	495～508		X 射线板形仪
产品最薄厚度/mm	0.03		

第三台为亨特工程公司的 4 辊不可逆式精轧机，1970 年投产，其简明技术参数为：

工作辊直径/mm	228	带卷最大质量/t	3
支承辊直径/mm	560	带卷最大外径/mm	1200
辊面宽度/mm	1245	带卷内径/mm	495～508
主电机功率/kW	1000	产品厚度/mm	0.005～0.015
最大轧制速度/(m·min⁻¹)	750	轧制道次	1
双合轧制的来料厚度/mm	0.03～0.01	产品最大厚度/mm	0.0085

第四台为 4 辊不可逆式阿申巴赫公司的万能铝箔轧机，1993 年投产，基本技术参数如下：

工作辊直径/mm	280	产品最薄厚度/mm	0.04
支承辊直径/mm	670	轧制道次	5～6
辊面宽度/mm	1600	双合轧制后的厚度/mm	0.005
主电机功率/kW	1000	产品宽度/mm	800～1450
轧制速度/(m·min⁻¹)	0～800/1500	AGC	阿申巴赫公司,
来料最大厚度/mm	0.4		X 射线板形仪
带卷最大质量/t	8	AFC	布朗波弗公司
带卷最大外径/mm	1800		（Brown Boverie）
带卷内径/mm	495～508		

精整工段有两条薄箔分卷/纵剪生产线，卡姆普夫公司提供的，可剪切厚度为 6～30 μm 的箔，最大宽度为 1450 mm；两条哥贝尔公司薄箔纵剪生产线，适用于厚 6～30 μm 的箔，其最大宽度 1200 mm；1 条斯密茨公司（Schmutz）的薄铝纵剪生产线，适用于厚 6～30 μm 的、最大宽度 1450 mm；两条尼希牧拉公司的薄箔纵剪生产线，可分切 6～30 μm 厚、最大宽度为 1050 mm 的箔；1 条瓦辛公司（Hjwashin）的厚箔纵剪生产线，箔材厚度 100 μm～180 μm，最大宽度 700 mm；有日本提供的退火炉 18 台，其中两台 20 t 的，5 台 6 t 的，11 台 3 t 的。

深加工设备有：两台干式裱衬机；两台湿式裱衬机；6 台轮转印刷机，其中有 5 台可印 8 种颜色；两台共挤涂层机；两台厚涂层机，涂层厚度 50～180 μm。工厂深加工产品占 35%。

产品结构：

　　厚 95～180 μm 的（其中 20% 复合箔，80% 普通箔）　40%

　　包装箔（7～30 μm）　50%

　　其中：

　　糖果等　　80%

　　香烟　　　15%

　　药品　　　5%

电容器箔 10%

出口量占公司总产量的 40%，其中的 40% 为向中国出口的烟箔，50% 出口到东南亚地区，10% 出口到巴基斯坦与孟加拉等。

（3）东一铝业公司（Dong I1 Aluminium Co.，Ltd.）

东一铝业公司创建于 1989 年，1992 年 7 月投产，除装备是引进的外，其生产技术是韩国自己的。所用毛料为 1235、1100、3003、3004、5005、7072 等冷轧带卷。

公司有两台箔轧机，1 台粗中轧机，1 台精轧机，都是从阿申巴赫公司引进的。

4 辊可逆式粗轧机的技术参数为：

工作辊直径/mm	280	带卷最大质量/t	10
支承辊直径/mm	750	带卷最大外径/mm	1815
辊面宽度/mm	1800	带卷内径/mm	508
主电机：		产品最薄厚度/mm	0.010
台数	2	轧制道次	5～6
功率/kW	500（每台）	产品宽度/mm	800～1650
生产公司	西门子（Siemens）	AGC	阿申巴赫公司，
轧制速度/(m·min⁻¹)	0－500/1500		X 射线板形仪
来料最大厚度/mm	0.7		

4 辊不可逆式精轧机的简明技术参数为：

工作辊直径/mm	280	带卷最大外径/mm	1815
支承辊直径/mm	750	带卷内径/mm	508
辊面宽度/mm	1800	产品厚度/mm	0.005～0.008
主电机功率/kW	西门子公司，500	产品宽度/mm	900～1650
轧制速度/(m·min⁻¹)	0－500/1500	轧制道次	1
双合轧制的进料厚度/mm	0.01～0.016	AGC	西门子公司
带卷最大质量/t	10		

精整工段有两条卡姆普夫公司的分卷/纵剪生产线，3 条本国制造的电容器箔纵剪生产线，1 条本国制造的薄箔纵剪生产线，1 条卡姆普夫公司的薄箔纵剪生产线，1 条斯密茨公司的厚箔生产线。工厂除了有空调器箔着色（coloring）生产线外，没有其他深加工设备。

公司的主要产品为空调器箔，供应金星公司。也生产少量的 0.005 mm 的电容器箔。工厂生产 0.006 mm 箔时为 2.5 t 断头 1 次，生产 0.007 mm 箔时为 8 t 断头 1 次。

电容器箔与烟箔主要出口到中国，约占总出口量的 30%。其余的产品出口到日本与东南亚地区。工厂于 1996 年又增加了 1 台万能铝箔轧机。

（4）大韩银箔纸公司

大韩银箔纸公司成立于 1971 年，有 1 台从日本购进的二手的 2 辊（直径 335）820 mm 罗伯逊公司（Robertson）万能铝箔轧机，其来料最大厚度为 0.4 mm，产品最薄厚度 0.01 mm。公司位于昆矶道吉亨市（Kiheung，Kyunggi－do），有 3 台现代化 4 辊铝箔轧机，但 2 辊轧机仍在生产。

1984 年首台 4 辊不可逆式精轧机投产，从日本神户钢铁公司（Kobe Steel）引进，其简明技术参数如下：

工作辊直径/mm	240	产品最薄厚度/mm	0.012
支承辊直径/mm	560	轧制道次	2～3
辊面宽度/mm	1172	双合轧制后的最薄厚度/mm	0.006
主电机功率/kW	200	产品宽度/mm	600～1100
轧制速度/(m·min⁻¹)	600	AGC	神户钢铁公司,
来料最大厚度/mm	0.06		速度张力法

1988 年,公司又从神户钢铁公司引进 1 台 4 辊不可逆式粗轧机,其基本技术参数为:

工作辊直径/mm	240	来料最大厚度/mm	0.5
支承辊直径/mm	560	产品最薄厚度/mm	0.028
辊面宽度/mm	1250	产品宽度/mm	600～1100
主电机功率/kW	350	AGC	神户钢铁公司,
最大轧制速度/(m·min⁻¹)	800		速度张力法

1990 年,公司投资 1000 万美元进行技术改造,其中含 1 台从日本神户钢铁公司引进的 4 辊不可逆式万能铝箔轧机,它的基本技术参数为:

工作辊直径/mm	240	来料最大厚度/mm	0.35
支承辊直径/mm	560	双合轧制后的最薄厚度/mm	0.005
辊面宽度/mm	1250	产品宽度/mm	600～1100
主电机功率/kW	350	AGC	神户钢铁公司,
最大轧制速度/(m·min⁻¹)	1900		速度张力法

公司有成套的精整设备如薄、厚箔纵剪生产线、退火炉等,1992 年又在普云市(Pyung Taek)建设了一个深加工厂,拥有:4 台湿式裱衬机、3 台干式裱衬机、3 台共挤机、1 台可印 7 种颜色的印刷生产线,还有 1 台真空镀铝机,从日本引进,用的是 99.999% 高纯铝。公司生产的铝箔有 50% 经过深加工。

公司的产品结构为:

20% 空调器箔/μm	100～300	糖果箔	25%
20% 家用箔/μm	15～100	药箔	15%
50% 包装箔/μm	6～30	10% 电子箔/μm	5～50
其中:烟箔	60%		

该公司生产的铝箔有 30% 出口,其中大部分为出口到中国的烟箔,其余的向东南亚地区出口。

大韩银箔纸公司的特点是产品的幅宽较窄,还有 1 台老式的 2 辊轧机。因此,公司拟建更宽一些的生产线。

(5)韩国铝业公司

韩国铝业公司成立于 1987 年,属现代集团,位于中央道道安市(Do An, Chungbuk - Do),铝箔厂 1989 年投产,有两台亨特工程公司的箔材轧机。

4 辊不可逆式粗轧机的基本技术参数为:

工作辊直径/mm	280	轧制速度/(m·min⁻¹)	0-440/1200
支承辊直径/mm	660	带卷最大质量/t	5
辊面宽度/mm	1450	带卷最大外径/mm	1300
		带卷内径/mm	508

来料厚度/mm	0.35 ~ 0.6	产品宽度/mm	800 ~ 1200
产品最薄厚度/mm	0.08		

第二台 4 辊不可逆式轧机是精轧用的,1990 年投产,除最大来料厚度为 0.1 mm 与双合轧制后的厚度为 0.006 mm 外,其他参数均与粗轧机的相同。

该厂的精整工段有两条分卷/纵剪生产线,1 条卡姆普夫公司的,另 1 条是斯密茨公司的;1 条卡姆普夫公司的厚箔纵剪线;两条卡姆普夫公司的薄箔纵剪生产线;4 台黑格莫林公司(Hengelmolen)退火炉。

深加工设备有:1 台干式裱衬机,1 台湿式裱衬机,两台挤注机,1 台涂层机,40% 素箔深加工后出售。

产品结构为:

10% 空调器箔/μm	150 ~ 180	其中:		
5% 半刚性容器箔/μm	50 ~ 70	烟箔/μm	85%	6 ~ 7
10% 电子箔/μm	37	食品箔/μm	8%	7 ~ 9
5% 家用箔/μm	18 ~ 20	药箔/μm	7%	0 ~ 30
70% 包装箔				

产品的 40% 供出口,其中 80% 的烟箔向中国出口,10% 向中国台湾出口,其他的出口到东南亚地区和中东。

1996 年该公司安装了 1 台 1650 mm 万能铝箔轧机。

(6)米松金属箔公司(Misung Metal foil Co. , Ltd.)

该公司 1984 年投产,1991 年破产,改名为冈三铝业公司(Gang San Aluminium Co. Ltd.),后者又于 1992 年破产,改名为大一铝业公司(Dae I1 Aluminium Co. , Ltd.)。公司有两台铝箔轧机,都是 4 辊不可逆式的。

第一台为万能铝箔轧机,其简明技术参数为:

工作辊直径/mm	150	产品宽度/mm	200 ~ 800
支承辊直径/mm	400	轧制道次	5 ~ 6
辊面宽度/mm	600	双合轧制后的最薄厚度/mm	0.007
主电机功率/kW	150	带卷最大质量/kg	500
轧制速度/(m·min^{-1})	0 - 200/500	AGC	有
来料最大厚度/mm	0.35	AFC	有,空气轴承式
中轧最薄厚度/mm	0.014		

公司产品的 40% ~ 50% 为家用箔,烟箔出口到中国。出口到中国的量占公司出口总量的 50% ~ 60% ,产品宽度 300 ~ 500 mm。出口产品厚度为 7 ~ 10 μm,而内销产品厚度为 12 ~ 30 μm。

(7)和杨工业公司(Hy Yang Industrial Co. , Ltd.)

该公司是宋英伯(In Bae Song)工程师于 1979 年组建的,他原供职于洛特铝业公司与大韩铝业公司。工厂所有的设备是以他为首设计的并外委加工制造的。有 1 台 4 辊万能铝箔轧机,其主要技术参数为:

工作辊直径/mm	190	主电机功率/kW	200
支承辊直径/mm	550	轧制速度/(m·min^{-1})	0 - 500
辊面宽度/mm	700	最大轧制力/kN	1500

来料最大厚度/mm	0.35	轧制道次	5~6
带卷最大外径/mm	1200	双合轧制后的最薄厚度/mm	0.005
带卷内径/mm	300	产品最大宽度/mm	600
中轧最薄厚度/mm	0.01	AGC	有

还有合卷机 1 台,轧辊磨床 1 台,6 台薄箔分切机(5~50 μm),1 台厚箔分切机(100~500 μm),可切带箔的最大宽度为 600 mm。

工厂 70% 产品为 15~30 μm 的家用箔与工业箔,其余的为烟箔。工厂有时也生产两面光的向日本出口的食品包装箔,厚 10 μm。

该公司还有 3 台 500 mm 的 2 辊轧机,用于轧制废料带材与箔材。废铝有本厂的,也有外购的。生产工艺为:废料经熔炼后,铸成圆锭,委托挤压厂挤成 7 mm 厚、宽 200~300 mm 的带材,冷轧到 0.5 mm,粗轧到 0.07~0.1 mm,合卷轧成 15~30 μm 厚的家用箔与半刚性食品盒箔。

1995 年该公司的第二个铝箔厂建成投产,有 1 台 φ500 mm×550 mm 的劳纳(Lauener)连续铸造机,原料为原铝锭。铸造带坯厚 7~10 mm、宽 500 mm,生产能力 5 kt/a,其中 50% 用作铝箔毛料,其余的销往市场。

2.9.2.3 铝箔产量、进出口量与国内需求量

韩国铝箔产量、进出口量与国内需求量见表 2-65,东亚地区铝箔的进出口情况(2000年)见图 2-20,韩国铝箔对主要国家与地区的出口见表 2-66。由所列数据可见,韩国铝箔出口的主要对象为中国(含台湾与香港特区),为 1996—2000 年出口总量的 50.21%,而对中国大陆的出口量占其总量的 24.38%,每年都为 10 kt 左右。

表 2-65　1996—2000 年韩国生产、进出口及国内需求的铝箔量/kt

		1996	1997	1998	1999	2000
供给	生产	97.825	99.776	78.560	94.940	115.371
	进口	5.917	7.139	5.929	6.550	9.092
小计		108.742	106.915	84.489	101.490	124.463
需求	国内	68.783	65.216	44.156	54.933	77.349
	出口	39.959	41.699	40.333	46.557	47.114

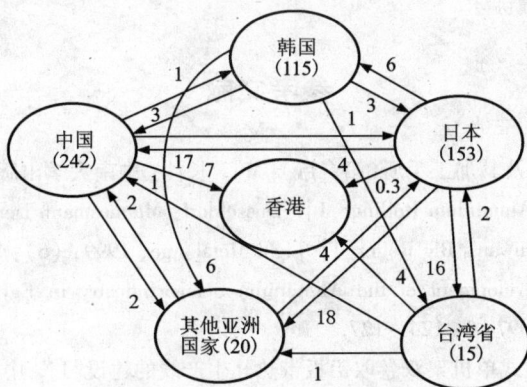

图 2-20　亚洲各国铝箔贸易

(括弧中数字为产量/kt,箭头处为出口量/kt)

表 2-66 1996—2000 年韩国铝箔出口到的主要国家或地区

国家或地区	1996		1997		1998		1999		2000	
	量/kt	%	量/kt	%	量/kt	%	量/kt	%	量/kt	%
中国	10.212		12.150		10.212		9.169		11.024	
中国香港	10.947	60.14	6.596	55.31	9.029	57.82	4.462	39.29	2.766	38.51
中国台湾	2.870		4.729		4.081		4.662		4.353	
日本	2.032		2.085		2.158		2.35		2.730	
菲律宾	4.572		4.967		4.155		6.554		4.884	
总出口量	39.958①		42.439①		40.338①		46.556①		47.111①	

注：①出口到其他国家或地区的未列出。

2.9.2.4 韩国铝箔的消费结构

韩国铝箔的消费结构见表 2-67 及图 2-44。

表 2-67 1998—2000 年韩国铝箔消费结构/kt

名　称	1998	1999	2000(占整体%)
空调器箔	16.334	23.070	33.979(43.78)
药箔	7.987	12.858	15.624(20.13)
电缆箔	3.425	3.840	2.982(3.84)
烟箔	2.662	3.154	2.111(2.72)
食品包装箔	2.639	2.876	2.446(3.15)
电容器(电子)箔	1.730	2.288	2.315(2.98)
容器箔	0.689	0.852	0.794(1.62)
其他	3.088	7.531	17.359(22.38)
总计	38.554	56.569	77.610

注：资料来源于韩国有色金属协会。

参考文献

[1] 王祝堂, 田荣璋. 铝合金及其加工手册(第二版)[M]. 长沙：中南大学出版社, 2000, 453～455.

[2] Barnes H R. Advances in Aluminium Rolling[M]. Dussëldorf: Mannesmann Demas Sack, 1998, 19.

[3] Hall A. CS Aluminium – Taiwan's Big Roller[J]. Light Metal Age, 1999, (6): 8～10.

[4] Busch, Wilstedt J M. Development of the Aluminium Semis Industry in Egypt Part1: Rolling Mills [J]. Aluminium. 73. Jahrgang 1997, 3: 124～127.

[5] 王祝堂. 论我国四辊可逆式单机架双卷取铝板带热轧生产线的建设[J]. 中国铝业, 1999, (5): 4～12.

[6] 英国 Davy 公司提供的技术资料.

[7] Nussbaum A I "Ed". The Drive for Hot Line Quality[J]. Light Metal Age, 1994, (6): 66～70.

[8] Hall A. World Aluminium Rolling Plants[M]. Alken, 1998, 492～533.

[9] 赵滨安. 参观香港美亚铝厂的几点启示[J]. 世界有色金属, 1996, (6): 37~33.

[10] 王祝堂, 田荣璋. 铝合金及其加工手册(第二版)[M]. 长沙: 中南大学出版社, 2000, 460~464.

[11] Hall A. World Aluminium Rolling Plants[M]. Alken, 1998, 450~781.

[12] Expansion puts Alnorf on Top. MBM Aluminium.Supplement[J]. London: MBM, 1995, 70~71.

[13] 日本轻金属学会研究委员会. アルシニウム压延设备の现状[M]. 东京: 轻金属学会, 1984, 1~30.

[14] 王祝堂, 田荣璋主编. 铝合金及其加工手册(第二版)[M]. 长沙: 中南大学出版社, 2000, 457~482.

[15] Finck R. Aluminium Cold Rolling Mills. Advances in Aluminium Rolling[M]. Dusseldorf: MDS Mannesmann Demag Sack GmbH, 1998, 34~44.

[16] 陈策, 宋德周. 国外现代铝带冷轧机和国产先进冷轧机[A]. 铝加工高新技术文集[C]. 北京: 中国有色金属加工工业协会, 2001, 186~195.

[17] Hall A. World Aluminium Rolling Plants[M]. Alken, 1999, 347~654.

[18] Hall A. The European Foil Industry[J]. Light Metal Age, December, 1996, 20~33.

[19] 王祝堂. 科米塔尔铝业公司万能铝箔轧机的改造[J]. 中国铝, 2000(9): 50~51.

[20] Comital Brings Foil Flatness Under Control[J]. Aluminium Today, March 2000, 25~26.

[21] World Metal Stat [J]. 2003, 55(7).

[22] World Metal Statistics[J]. World Bureau of Metal Statistics, May 2003, 30~31.

[23] The Aluminium Association. Aluminium Statistical Review of 1998[M]. Washington, D. C., The Aluminium Association, Inc., 24~39.

第3章 中国铝板带箔轧制工业

3.1 铝板带热轧工业

中国铝板带铸锭热轧工业的发展可大致分为五个阶段：1932—1956年2辊块片热轧法；1956年东北轻合金有限责任公司从前苏联引进一台2000 mm 4辊可逆式热轧机，开中国现代化铝板带热轧的先河，至1970年中国仅此一台4辊热轧机；第三阶段为中国自力更生发展铝板带热轧时期，第一重型机器集团公司设计制造的2800 mm 4辊可逆式热轧机1970年7月1日在西南铝业(集团)有限责任公司投产(图3-1)，一直到20世纪70年代末期都保持此状态；第四阶段为1982—2001年，这个时期中国对2000 mm及2800 mm热轧机作了现代化技术改造，产品品质及产量都得到提高，2800 mm 热轧机改为(1+1)式的，并建成一批2辊板带热轧机；第五阶段为2002—2008年，中国的铸锭热轧工业得到了前所未有的极大发展，

图3-1 中国自行设计制造的首条4辊铝板带2800 mm 热轧机

建成一批多机架热连轧生产线与众多的单机架双卷取热轧机。

3.1.1 2006年底以前建成的项目

截止到2006年底中国建成的热轧项目有183个。其中2辊块片小带卷轧制企业约150家，生产能力约350 kt/a。2006年底可建成或接近建成的各种类型生产线与轧机的数目及达产能力见表3-1，主要热轧生产企业及热轧机的设计达产能力见表3-2。

表 3-1　2006 年底中国热轧线(机)数及达产生产能力

热轧机类型	台(线)数/台(线)	达产能力/(kt·a^{-1})
4 辊可逆式热轧机(含连轧线粗轧机)	8	80[①]
2 辊可逆式带卷热轧机	8	280
(1+1)式热轧线[②]	2	530
(1+4)式热连轧线	3	1400
单机架双卷取热轧机	13	940
2 辊块片热轧机	约 150	350
总计		3580

注:①仅指东北轻合金有限责任公司的 2000 mm 热轧机;②(1+1)式热轧线可称为热粗-精轧生产线,但不能称为连轧线,凡是精轧机架数等于或多于 2 的方可称为连轧生产线。

表 3-2　主要热轧生产企业及热轧机的设计达产能力

企业	型式	规格/mm	制造国或公司	产能/(kt·a^{-1})
东北轻合金有限责任公司	单机架 4 辊	φ700/1250×2000	苏联	80
西南铝业(集团)有限责任公司	(1+1)	2800	中国	280
中铝西南铝板带有限公司	(1+4)	2000	VAI	400
明泰铝业有限公司	(1+4)	2000	中国	300
美铝渤海铝业有限公司	(1+3)	粗 3912,精 2184	美国,2 手	350
南山轻合金有限公司	(1+4)	2350	IHI	700
亚洲铝业集团	(1+5)	粗 2540	SMS	700
中铝中色万基铝加工有限公司	单机架双卷取	φ965/1500×2400	中色科技	200
中铝洛南热轧厂	(1+1)	2400	中色科技	250
巨科铝业有限公司	单机架双卷取	φ750/1450×1850	天重	180
富邦精业集团铝材厂	单机架双卷取 2 辊	φ800×1550	一重	60
万江铝业有限公司	单机架双卷取 2 辊	φ700×1350	意大利	40
重庆奥博铝材制造有限公司	单机架 2 辊	φ700×1500	日本	30
华益铝厂有限公司	2 辊 2 手	φ700×1500	日本	30
华瑞合作铝业公司(关闭,设置转卖)	2 辊	φ750×1500	一重	30
哈尔滨铝加工厂(停产)	2 辊	φ500×1300	陕压	20
新疆众和股份有限公司	单机架双卷取 2 辊	φ900×1300	陕压	20
平安高精铝板带有限公司西宁分公司	单机架双卷取 2 辊	φ800×1500	洛阳院	40
银邦铝业有限公司	单机架双卷取 2 辊	φ800×1500	陕压	40
北京伟豪铝业有限公司	2 辊	φ720×1500	一重	30
广州锌片厂(重组,设备出售)	2 辊	φ700×1200	—	20
广弘铝板带有限公司	2 辊	φ700×1300	—	20
方圆铝业有限公司	2 辊	φ700×1300		20

续表 3 - 2

企 业	型 式	规格 /mm	制造国 或公司	产能 /kt·a⁻¹
萨帕铝热传输(上海)有限公司	单机架双卷取2辊	φ650×1500	英国,2手	30
关铝股份有限公司	单机架双卷取4辊	φ630/1100×1300	中色科技	40
东阳光精箔有限公司	单机架双卷取4辊	φ700/1250×1650	中色科技	60
常铝铝业有限公司	单机架双卷取4辊	φ700/1250×1850	中色科技	80
美铝(昆山)铝业有限公司	单机架双卷取4辊	φ750/1250×1650	中色科技	60
三源铝业有限公司	单机架双卷取2辊	φ780×1500	涿神公司	30
南方铝业(中国)有限公司	单机架双卷取2辊	φ914×2134	美国,2手	40
威尔金属有限公司	2辊	—		25
温州铝制品有限公司	2辊	—		25
其他约150家二辊块片或小带卷轧机企业	—	—	—	350
总计				4580

3.1.2 已建成及在建的铸锭热轧生产线

3.1.2.1 中国设计制造的最大与最先进的2400 mm单机架双卷取热轧机

中国当前有13台单机架双卷取热轧机,比世界上其他国家与地区的总和还多7台。中国造的首台4辊单机架双卷取1300 mm热轧机2002年在关铝股份有限公司投产,其基本技术参数如下:

规格,φ630 mm/1100 mm×1300 mm;最大轧制力,12MN;最大轧制速度,180 m·min⁻¹;最大带卷质量,5 t;铸锭尺寸,350 mm×550 mm～1050mm×5000 mm;主电机功率,2×1100 kW;产品最薄厚度,5 mm;设计产能,40 kt·a⁻¹;前辊道长58 m;后辊道长88 m;轻型剪:剪切力为800 kN,可剪带材最大厚度30 mm;重型剪:剪切为1800 kN,可剪板材最大厚度80 mm。设计者,洛阳有色金属加工设计院;制造者,上海冶金矿山机械厂。

中色万基铝加工有限公司于2005年5月投入试生产的2400 mm单机架双卷取热轧机是中国制造的这类轧机中最大的与最先进的,3月28日开始有负荷试车,安于一个长228 m的厂房内,其基本技术参数如下:

规格,φ965 mm/1500 mm×2400 mm;最大轧制速度,260 m·min⁻¹;最大轧制力,40 MN;最大开口度,700 mm;锭坯最大尺寸:一期的500 mm×1860 mm×5500 mm,二期的680 mm×2160 mm×7200 mm;产品最薄厚度,3.5 mm;主电机功率,4×1500 kW;立轧机:最大轧制速度150 m·min⁻¹,最大轧制力800 kN;重型剪可剪板材最大厚度150 mm;轻型剪可剪板材最大厚度60 mm。设计者,洛阳中色科技股份有限公司;制造者,陕西压延设备厂。

3.1.2.2 中国造首条(1+4)式2000 mm热连轧生产线

明泰铝业有限公司在董事长马廷义先生的领导下,依靠一些退休的工程技术人员自力更生地制造了中国首条(1+4)式2000 mm热连轧生产线,于2003年1月23日投产(见

图3-2），这在中国铝板带轧制工业中具有里程碑的意义，尽管还存在一些不尽人意的地方，诸如还不能生产罐身料之类的带坯，但在轧制普通板带材方面却具有相当强的竞争力。其基本技术参数如下：

工作辊直径/mm	850/810	最大开口度/mm	600
工作辊辊面宽度/mm	2000	压下螺丝移动速度/(mm·s^{-1})	11.4
支承辊直径/mm	1350/1310	压下装置电机功率/kW	2×75
支承辊辊面宽度/mm	1900	交-交变频主电机功率/kW	5700
最大轧制力/kN	20000	至精轧机列距离/m	84.45
最大轧制速度/(m·min^{-1})	240	至重型剪距离/m	40
可轧锭坯最大尺寸/mm	$600 \times 1650 \times 5600$	至轻型剪距离/m	77
可轧合金	1XXX、3XXX、5XXX 系		

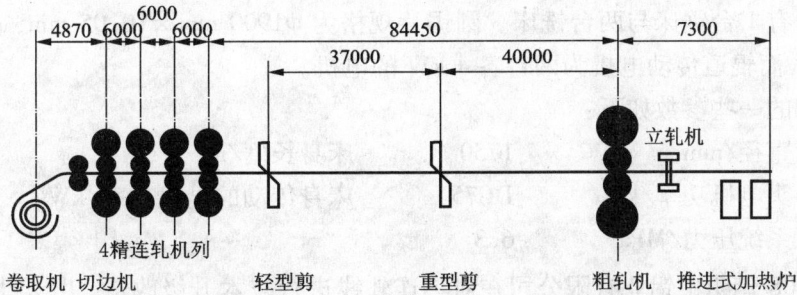

图3-2　明泰铝业公司(1+4)式2000 mm热轧线配置示意图

立辊轧机位于粗轧机进口侧，距轧机14 m，轧辊直径810 mm，高度600 mm，开合范围1000～2000 mm，主电机功率450 kW。

生产线上有3台剪切机，两台轻型剪，1台重型剪。

轻型剪的参数：

可剪材料厚度/mm	40	最大开口度/mm	300
最大剪切力/kN	2500	剪刃行程/mm	440

重型剪参数：

可剪材料厚度/mm	100	最大开口度/mm	400
最大剪切力/kN	7500	剪刃行程/mm	540

4机架热连精轧生产线的基本参数：

来料厚度/mm	30～40	每个机架的最大轧制力/kN	
出料最薄厚度/mm	2.0		20000
带材卷取厚度/mm	2.5～3.0	第四机架的最大轧制速度/(m·min^{-1})	
每个机架的主传动电机功率/kW			360
	2×1200	工作辊直径/mm	535

工作辊辊面宽度/mm	2000	机架间距/m	6
支承辊直径/mm	1350	第 4 机架至卷取机距离/mm	
液压系统压力/MPa	25		4870

车间内有两台推进式加热炉,燃料为煤气,加热炉是自行设计制造的,基本参数:

可装锭坯的最大尺寸/mm	600×1650×5600	液压半连续式铸造机的简明技术参数:	
可装锭坯数/块	24	最大负载/t	110
最高工作温度/℃	650	底座平台最大行程/mm	6500
设定温度/℃	585±7	底座平台投影尺寸/mm	4000×3000
有效空间/m	1.650×5.600×17.700	铸造机工作速度/(mm·min⁻¹)	8~210
煤气最大(标)用量/(m³·h⁻¹)	3000	平台空程快速升降速度/(mm·min⁻¹)	1400
高温轴流可逆式风机电机功率/kW	55/72	平台缓慢上升速度/(mm·min⁻¹)	200
区数	6	液压系统压力/MPa	12.5
液压系统压力/MPa	11	可铸锭的最大尺寸/mm	600×1650×5600

熔铸车间有 1 台锯床与两台铣床。圆锯片规格为 φ1900 mm×10.05 mm,其传动电机功率为 110 kW,而辊道传动电机为两台各 4 kW 的电机。

双面铣床的一些参数如下:

刀盘直径/mm	1750	床身长度/m	27.4
动力头电机功率/kW	DC75	床身传动的电机功率/kW	55
液压系统压力/MPa	6.3		

2007—2008 年明泰铝业有限公司在对热连轧线进行技术升级改造,由天津电传所负责,自动化控制设备从西门子公司引进,改造后装机水平将达到 2006 年的国际水平。主动机功率从 5700 kW 上升到 7200 kW。六面铣床的动力头电机功率为 6×7.5 kW,床身长度 20 m,液压系统压力为 6.3 MPa。

3.1.2.3 中国引进的首条(1+4)式 2000 mm 热连轧生产线

中铝西南铝板带有限公司的(1+4)式 2000 mm 热连轧生产线于 2005 年 6 月 28 日剪彩投产,这是中国引进的首条这类生产线,由奥钢联设计制造,它的装机水平达到了当前的国际先进水平,它的投产标志着中国铝板带轧制工业将跻身世界铸锭热轧大国之林。

2000 mm(1+4)式热连轧生产线的技术参数如下:

粗轧机:工作辊直径,930 mm/870 mm(报废);工作辊辊面宽度,2100 mm;支承辊直径,1500 mm/1400 mm(报废);支承辊辊面宽度,2000 mm;最大轧制力,35 MN;轧制速度;0 m·min⁻¹/120 m·min⁻¹/240 m·min⁻¹;主电机功率,AC2×3750 kW;弯辊力,2100 kN·侧⁻¹;模量,约 6750 kN·mm⁻¹;前辊道长,112 m;后辊道长,216 m。

立辊轧机;轧辊直径,965 mm/890 mm(报废);辊面高度,760 mm;立轧速度,0 m·min⁻¹/100m·min⁻¹/240 m·min⁻¹;电机功率,AC1×1400 kW;总轧制力,7.5 MN;乳液流量,约 500 L·min⁻¹;两辊总最大力矩,1080 kN·m;调节间距最大速度,100 mm·s⁻¹。

重型剪:型式,上切式;最大剪切力为,9800 kN;可剪板带最大厚度,150 mm;可剪板带最大宽度,1850 mm。

　　轻型剪：型式，上切式；最大剪切力，4500 kN；可剪板带最大厚度，60 mm；可剪板带最大宽度，1850 mm。

　　四机架精连轧机列：工作辊直径，750 mm/700 mm(报废)；工作辊辊面宽度，2100 mm；支承辊直径，1500 mm/1400 mm(报废)；支承辊辊面宽度，2000 mm；轧制速度(工作辊直径最小时)：F1，0 m·min^{-1}/60 m·min^{-1}/150 m·min^{-1}；F2，0 m·min^{-1}/86 m·min^{-1}/216 m·min^{-1}；F3，0 m·min^{-1}/124 m·min^{-1}/450 m·min^{-1}；F4，0 m·min^{-1}/180 m·min^{-1}/450 m·min^{-1}；F4 最大穿带速度，250 m·min^{-1}；由穿带速度加速最大速度时间，5 s；主电机功率，AC 各 1×4500 kW；最大轧制力，各 35 MN；轧机模量，约 6750 kN·mm^{-1}。

　　锭坯尺寸与参数(需经过铣面与锯切头尾)：可轧合金，1XXX，3XXX，5XXX，部分 8XXX；最大质量 13.1 t(将来 21.3 t)；宽度 900~1800 mm；典型宽度，1050 合金 900~1560 mm，3104 合金 1630 mm，5182 合金 1520 mm；最大厚度，520 mm(将来 610 mm)；典型厚度，1050 合金 500 mm，3104 合金 500 mm，5182 合金 400 mm；长度，最大 5200 mm(将来 7200 mm)，最短 3500 mm，典型 5000 mm；开轧温度，400~550℃。

　　最终带材尺寸与参数：宽度 800~1700 mm；典型宽度，1050 合金 800~1500 mm，3104 合金 1560 mm，5183 合金 1450 mm；厚度，最厚 6 mm(个别可达 8 mm)，最薄 2 mm；典型厚度，1050 合金 2.0~5.5 mm，3104 合金 2.3 mm，5182 合金 2.2 mm。

　　带卷参数：最大质量 13.1 t(设计 20.3 t)；内径 610 mm；外径(最大)1950 mm(将来 2450 mm)；温度最高 360℃，最低 200℃，3104 合金 320℃。

　　这条热轧生产线厂房有 5 跨，总面积 48768 m^2(长 384 m、宽 127 m)，分铸锭存放区、铣面间、加热炉及上料区、轧辊磨床间、生产线本身区、主电室、热轧卷冷却区、热轧卷存放区、热轧卷包装与存放区。生产线的基本尺寸如下：

　　粗轧机前端长度 108 m；粗轧机后端长度 246 m；粗轧机至重型剪距离 50 m；重型剪至轻型剪距离 78 m。

　　加热炉是从梅尔兹·高奇公司(MAERZ GAUTS CHI)引进的，可装 36 块 520 mm×1800 mm×5200 mm 的大锭，总质量可达 470 t，现已建好两台，另两台待建。

3.1.2.4　中国首条(1+5)式热连轧生产线

　　亚洲铝业集团正在广东省肇庆市大旺开发区内亚洲铝工业城建一条(1+5)式 2540 mm 热连轧生产线，可于 2010 年投产，这是一期工程。二期工程再增 1 台中间热轧机，将生产线改为(1+1+5)式的，从而成为全球除美国外，中国成为有这类生产线的第二个国家。

　　5 精连轧机列是由 2 手设备经西马克匹兹堡(Pittsburg)公司改造而成的，粗轧机为全新的，由西马克公司设计制造。生产线的电气与自动化控制设备由美国通用电气公司(GE)配套。

　　粗轧机基本参数：

生产线总长/m	380	最大轧制力/kN	40000
最大开口度/mm	600	主电机功率/kW	2×5500
带卷最大质量/t	20	粗轧机列：	
		最大轧制速度/(m·min^{-1})	600

3.1.2.5　山东南山轻合金有限公司的(1+4)式2350 mm 热连轧生产线

该生产线由日本石川岛磨播重工业公司(IHI)设计制造,2006 年 6 月投产。各类装备的基本参数如下:

加热炉(两台):制造者,埃布纳(Ebner)公司;容量750 t·台$^{-1}$(30 t 锭25 块);最高炉温 680℃;锭坯温度,350~550℃;均匀化处理温度 400~620℃;燃料,天然气。

立轧机:直径 1100 mm;辊面宽度 710 mm;最大开口度 2200 mm;轧制速度 0 m·min^{-1}/120 m·min^{-1}/240 m·min^{-1};最大轧制力 7840 kN;主电机功率 AC,1×1500 kW;可轧锭坯最大尺寸 610 mm×2100 mm×8650 mm。

热粗轧机:规格 ϕ1070 mm/1600 mm×2350 mm;最大开口度 700 mm;轧制速度 0 m·min^{-1}/100 m·min^{-1}/240 m·min^{-1};最大轧制力 50MN;主电机功率 AC,2×5000 kW。

重型剪:可剪材料温度 350℃;板带最大宽度 2200 mm;板带最大厚度 150 mm;最大剪切力 10 MN;主电机功率 AC,2×500 kW。

轻型剪:可剪材料温度 350℃;板带最大宽度 2200 mm;板带最大厚度 60 mm;最大剪切力 4500 kN;主电机功率 AC,2×325kW。

四精连轧机列:规格 ϕ750 mm/1620 mm×2350 mm;主电机功率 AC,各 1×4500 kW;F1 及 F2 上支承辊直径 TP 型,1620 mm;F1 轧制速度 0 m·min^{-1}/50 m·min^{-1}/125 m·min^{-1};F2 轧制速度 0 m·min^{-1}/80 m·min^{-1}/200 m·min^{-1};F3 轧制速度 0 m·min^{-1}/130 m·min^{-1}/325 m·min^{-1};F4 轧制速度 0 m·min^{-1}/200 m·min^{-1}/500 m·min^{-1};最大轧制力各 34.3 MN。

切边圆盘剪:直径 610 mm;可剪材料厚度 2.0~10.0 mm;可剪材料温度 200~450℃;最大切边量 50 mm·边$^{-1}$;剪切速度 0~570 m·min^{-1};传动电机功率 AC,1×250 kW。

山东南山轻合金有限公司是一个大型铝板带箔生产企业,是南山实业公司与澳大利亚力顶康赛特集团有限公司的合作企业,注册资金约 8400 万美元,前者出资约 5.11 亿元,占 75%股份,后者出资 2100 万美元,占 25%股份。投资约 6.5 亿元的 2000 mm 铝箔工程有 4 台阿申巴赫公司(Achenbach)箔轧机,2006 年投产。

3.1.2.6　美铝渤海铝业有限公司(1+3)式热连轧生产线

美铝渤海铝业有限公司新投资 27.3 亿元,将安装一条(1+3)式热连轧生产线,由一台 3600 mm 二手热粗轧机与一列二手 3 机架 3300 mm 热精连轧机列组成,但经过奥钢联(VAI) 的全盘现代化技术改造,以及其他配套齐全的冷轧与精整设备,冷轧板带材的设计生产能力 225 kt/a,可于 2008 年投产。

3.1.2.7　中铝河南铝业有限公司的(1+1)式2400 mm 热轧生产线[1]

中铝河南铝业有限公司于 2005 年 8 月中旬成立,是由中国铝业公司联合中色科技股份有限公司、伊川电力集团总公司、洛阳市经济投资有限公司共同出资设立的控股公司,是中国铝业公司的第二铝加工基地,下辖 5 个铝板带箔轧制企业,达产后的生产能力可达 400 kt/a: 洛阳中色万基铝加工有限公司、洛南热轧厂及洛阳冷轧厂、河南万基铝箔股份有限公司、郑州开发区 120 kt/a 高精度铝加工项目。

除前面介绍的洛阳中色万基铝加工有限公司的 2400 mm 单机架双卷取热轧机外,洛南热轧厂有一条(1+1)式 2400 mm 热轧生产线是中国全部自行设计制造的首条这类热轧生产线

（图 3-3），2006 年初期建成投产。它的建设对中国铝板带轧制工业的发展有着重要意义，是洛阳中色科技股份有限公司设计的。

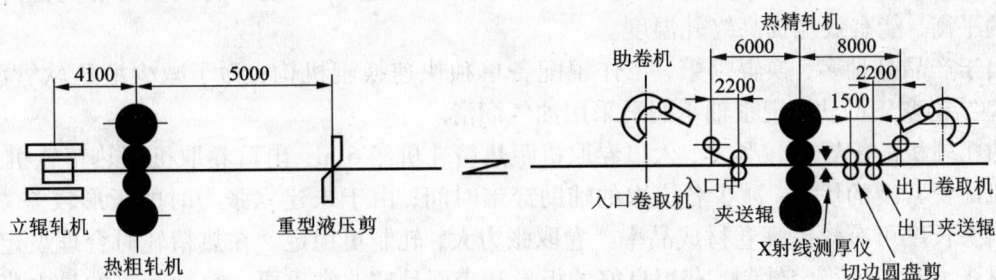

图 3-3 (1+1)式 2400 mm 热轧线示意图

（1）基本技术参数

立辊轧机：

轧制力/MN	8
最大轧制速度/(m·min⁻¹)	150

粗轧机：

锭坯最大厚度/mm	700
锭坯最大宽度/mm	2050
工作辊尺寸/mm	$\phi965 \times 2600$
支承辊尺寸/mm	$\phi1530 \times 2400$
最大轧制速度/(m·min⁻¹)	210
最大轧制力/MN	40
最大轧制力矩/(MN·m)	2.9

精轧机：

工作辊尺寸/mm	$\phi750 \times 2600$
支承辊尺寸/mm	$\phi1530 \times 2400$
最大轧制速度/(m·min⁻¹)	360
最大轧制力/MN	35
最大轧制力矩/(MN·m)	1.4
最大卷取张力/kN	300
最大卷取速度/(m·min⁻¹)	400

剪床：

剪切力/MN	80
可剪材料最大厚度/mm	150
可剪材料温度/℃	>300

（2）机组配置特点

1）热粗轧机轧制能力大

热粗轧机辊径大，工作辊直径 965 mm，重磨后最小直径 910 mm；最大轧制力 40 MN，在实际轧制软合金时，道次压下量可达 60 mm，对于最大厚度为 700 mm 的纯铝或软合金铸锭，轧制道次为 13~15，可保证进入热精轧机的料温在 400℃以上；轧制硬合金锭，也能够有效减少轧制道次。

热粗轧机主传动采用上下工作辊单独驱动，轧制力矩 2.9 MN·m，主电机（直流）额定功率 4×2240 kW。

对于辊宽 2400 mm 的宽幅轧机，弯辊效果较难渗透至全辊长，在轧窄料时尤为明显。热轧机在很大程度上是依靠控制工作辊的原始凸度、硬度、表面粗糙度等参数来保证带材的板形和表面品质。

热粗轧机与热精轧机的工作辊设计有很大区别。热粗轧机工作辊设计特点：辊径大，热凸度变化较明显，原始凸度稍大，为 -0.3~-0.6 mm；考虑到咬入效果，辊面粗糙度 Ra 为 1.25~1.75 μm；为使弯辊效果明显，弯辊力最大可达 2 MN。

2）热粗轧机速度高，通过能力大

一般在热精轧机上卷取轧制 3～5 道次，此时带材比较薄，同时乳液冷却量较大（10 kL/min 左右），温降很快，通过提高热精轧机轧制速度，可使带材的变形热与温降达到一定的平衡，能有效地提高终轧温度。

由于产品品种多，换辊频繁，工作辊配备单独快速换辊机构；为了减少液压软管漏油，用 E 型结构弯辊凸块；辊系轴承润滑采用油气润滑。

热粗轧机的配置比较紧凑，入口卷取机距热精轧机约 6 m，出口卷取机距热精轧机 8 m。卷取机配置紧凑的优点：减少各道次的辅助穿带时间；由于未建立张力时的板形较差，减少这段料头长度可有效提高卷材成品率。卷取张力大，轧制更稳定。在热精轧时合理设定和调整带材张力对保证稳定轧制、获得良好的板形和表面品质非常重要。热精轧机的最大张力为 300 kN，在轧制硬合金时带材张应力可达其屈服强度的 15% 左右。在实际轧制过程中，采用较大的张力可以保证带卷错层小于 4 mm。

热精轧机工作辊设计特点：辊径相对较小，热凸度变化较小，原始凸度约为 -0.2～-0.4 mm；为保证带材的表面品质，防止轧辊粘铝，辊面粗糙度 Ra 应为 0.8～1.2 μm；弯辊力最大可达到 1.8 MN。

3）两套独立的工艺润滑系统

铝带热轧机一般采用乳化液冷却润滑轧辊，控制乳液的浓度、压力及喷射量是有效控制板形、保护设备、提高表面品质的重要手段。本机组的粗、精轧各采用一套独立的工艺冷却润滑系统，可根据工艺特点分别调整乳液配比。在热粗轧时，为便于铸锭咬入，要求轧辊与带材之间具有较大的摩擦系数，因此需要较低浓度的乳液；在热精轧时，要求辊面充分润滑，尽量减小带材与轧辊之间的摩擦系数，降低轧制压力，防止出现粘铝，提高带材表面品质，因此用较高浓度的乳液。

两套系统的喷射梁均可分段控制，可根据合金特性、板材宽度、轧辊辊型变化等因素考虑喷射方案。热粗轧机采用入口侧单侧喷射；热精轧机采用双侧喷射，在成品道次为消除乳液对侧厚仪的影响则仅采用入口侧喷射。

3.1.2.8 东北轻合金有限责任公司的 3950 mm 厚板热轧生产线

东北轻合金有限责任公司为建 3950 mm 厚热轧生产线专门组建一个新公司，这个新的股份制公司在厚板项目中投入的资本金为：东北轻合金有限责任公司 4 亿元，新加坡麦达斯投资公司 3 亿元，黑龙江省及哈尔滨市投资公司各 1 亿元，金川有色金属集团公司 1 亿元。从德国西马克·德马格公司（SMS DMG）引进的 4 辊可逆式热轧机于 2006 年 6 月 9 日签订合同，生产线总投资 4.8 亿元，其中国内配套设备约 1.5 亿元，设备制造、安装与调试约 30 个月，计划于 2009 年底投入试生产。生产线示意图见图 3-4。项目总投资约 30 亿元。

生产线的基本技术参数如下：

支承辊直径/mm	1700	立辊轧机：	
辊面宽度/mm	3950	直径/mm	1000～1100
工作辊直径/mm	1050	高/mm	800～790
开口度/mm	710	主电机功率/kW	2×700
锭坯最大尺寸/mm	600×3650×6000	最大速度/(m·min^{-1})	226
产品厚度范围/mm	8～200	主电机功率/kW	2×4500

| 最大轧制力/kN | 56000 | 总质量/kt | 6 |
| 最大轧制速度/(m·min^{-1}) | 216 | | |

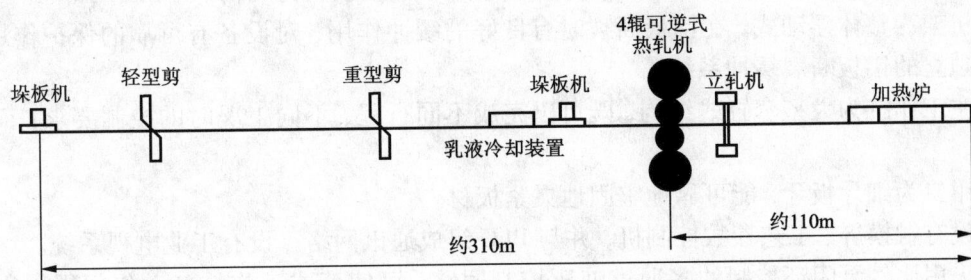

图 3 – 4　3950 mm 厚板热轧线配置示意图

新建的厚板系统还包括两台拉伸机，1 台 100 MN 的，1 台 60 MN 的；两台辊底式固溶处理炉，1 台可处理 40 m 长与 3500 mm 宽的厚板，另 1 台可处理 15 m 长、3500 mm 宽的厚板；精密带锯机与超声探伤生产线、时效炉等。

3.1.2.9　西南铝业(集团)有限责任公司的 4300 mm 厚板热轧生产线

中国目前有 2 家可生产热处理可强化铝合金厚板的企业：东北轻合金有限责任公司、西南铝业(集团)有限责任公司。其他有热轧机的厂，由于装备条件限制不能生产热处理可强化铝合金厚板。如中铝洛阳热轧厂于 2007 年 4 月 5 日成功地轧出了厚 71 mm、宽 1600 mm 的 5083 合金厚板，尔后又轧出了厚 25 mm 的 5083 合金厚板，各项性能指标完全满足标准和客户要求。不平度 ≤6 mm/m，抗拉强度达到 306 N/mm^2，屈服强度大于 160 N/mm^2，伸长率大于 25%。

西南铝业(集团)有限责任公司原有 2800 mm(1+1)式生产线可生产宽度达 2500 mm 的各种铝合金厚板，为了能生产更宽的与性能更优的更厚的厚板，公司决定投资 10 亿元、建设设计生产能力 50 kt/a 的新厚板生产系统，并对原来的厚板设备进行改扩建，整个改扩建工程可于 2009 年全面完成，届时厚板生产能力可望达到 80 kt/a，可为大飞机制造提供所需的各种铝合金所有规格的厚板。

新的厚板系统包括熔炼炉、保温炉、热轧机、拉伸矫直机、辊底式固溶处理炉、超声波探伤线及其他配套设备等。50 t 熔炼保温倾动式炉 2006 年从德国引进，其蓄热式燃烧器从美国引进，天然气消耗量 60 m^3/h，熔化速率 12 t/h，各项指标均居世界先进水平；熔体净化系统从法国 Novelis PAE 公司引进。新引进的 35 t 熔炼铸造系统已于 2006 年 10 月投产，专用于熔铸 2XXX、7XXX 系航空航天铝合金。

扁锭精密带锯已投产。2005 年 11 月 8 日与德国摩森纳锯床有限公司签署了引进 1 台大型精密带锯的合同，该带锯现已投产，是溶铸系统全盘升级技术改造项目的主要内容之一，是中国最先进的这类设备之一，对提高扁锭锯切尺寸精密度有着重要意义。

改造后的 60 MN 拉伸机跻身国际先进水平。该机是 20 世纪 70 年代一重集团公司设计制造的，但交货后一直未安装调试，2001 年初开始安装调试，并于同年 10 月投产，经过几年的使用，运转正常，达到了设计目标。在这次安装时对设备进行了全面的现代化技术改造，采用了当前国际上大型厚板拉伸矫直机的各项先进技术与控制设备，整机达到国际先进水平。

60 MN 拉伸矫直不但是中国最大的，也是亚洲最大的。

该机的主要技术特点：

● 活动夹头和固定夹头采用分段楔式钳口机构，铝板被夹得均匀、牢固、可靠。

● 机架为整体浮动式，在铝板断裂时有良好的缓冲作用，对设备有可靠的保护作用，并有 4 套独立的铝板断裂缓冲系统。

● 主工作缸为大型套缸式结构，既可以完成不同行程、不同工况时的控制要求，而且结构紧凑。

● 钳口为细牙板牙，能可靠地牢固地夹紧板材。

● 设有触摸屏、工艺参数控制机，并与 PLC 组成通讯网络。设有工业电视系统。

● 采用比例泵闭环控制的多通道液压控制回路，可使套式工作缸各动作间得以很好地协调。

● 采用了先进的电控比例泵闭环控制技术对两个大型套式工作缸的快进、拉伸回程及两缸间进行平衡的高精度同步控制。

● 电控系统中应用了定位及速度控制、多液压轴同步闭环控制技术，采用高精度大行程磁致伸缩式位移传感器监控行程，检测精度高，工作稳定。自动化系统集世界先进装备之大成，如德国 REXROTH 公司的 MX4 多轴电液 CNC 控制器、日本三菱公司的 PLC 控制系统及美国 AB 公司的软启动控制技术等。

技术参数为：

最大拉伸矫直力/MN	60	回程速度（最大）/(mm·s^{-1})	50
快速缸最大拉力/MN	6	同步精度（以两主缸中心线位差计算）：	
最大回程力/MN	6	拉伸时/mm	≤1.0
工作行程/mm	1200	快进、回程时/mm	≤2.0
喂料行程/mm	4200	产品规格：	
拉伸率/%	1.0~6.0	厚度/mm	5~200
拉伸精度/%	≤ ±0.03	宽度/mm	1000~2500
拉伸速度/(mm·s^{-1})	max 5	长度/mm	5000~20000
快进速度/(mm·s^{-1})	max 50	最大截面面积/mm^2	200000

中国最大的辊底式固溶处理炉。2005 年 11 月西南铝业（集团）有限责任公司与德国奥托·容克公司（Otto Junker GmbH）签订了引进 1 台高技术厚板固溶处理炉合同，可处理板材的最大厚度 200 mm，宽度 3500 mm，如果厚板宽度窄于 1700 mm，可双片并行通过。该炉安装完毕，如果调试顺利，将立即进入试生产。这不但是亚洲最大的厚板固溶处理炉，也是世界第二大这类处理炉。这条热处理生产线按计划建成投产对提高厚板产量与提升品质将起决定性的作用。

这条固溶处理生产线由 5 部分组成：装料辊道台，固溶处理区，强冷淬火区，后冷却区（弱淬火区），干燥区，卸料辊道台。辊道为不锈钢刷式的，铝板的接触面积减至最小，不但有利于热传输，而且消除了擦伤的可能性。采用电加热，通过强大的风机使高温气流从炉顶及炉底的一排排喷嘴喷到被加热的板上，既能以最快的速度使板材升温，又能确保加热温度均匀一致。气流温度与流量可自动调控，因而板材的温度可自动调节。

板材在炉内保温一定时间后，立即以设定的速度进入强冷却区即主淬火区。通过喷嘴把经过处理的既定温度的强长水流喷射到板的上下面进行淬火,水的流速是可调的,因而可根据板的厚度与合金成分的不同调节淬火速度,一方面保证有必需的冷却速度,另方面又能保证尽可能均匀的冷却,将板中的残余应力降到尽可能低的水平,确保板材不会发生不允许的变形与扭曲。板材在主淬火区降到一定温度后进入弱冷却区,使温度下降到设定的温度。这种淬火法可称为"二合一淬火法(two – in – one quench)"。薄板以缓慢的速度通过弱冷却区,而厚板则在此区内微微来回摆动(震荡)一段较短的时间,以便得到更为均匀的冷却。材料降到设定温度后进入干燥区,表面受到强风吹扫,吹除水分和潮气。

该生产线的所有工艺参数都存储于数据库内,可以随时显示、调阅、打印。生产线配备有以 PC 为基础的可视处理系统控制操作,并与 PLC 和局部操作终端相结合。

由江南电炉厂设计制造的 50 t 时效炉是世界最大的这类炉之一,已经投产。

4300 mm 厚板热轧机在重庆招标采购集团公司举行了开标会。4300 mm 4 辊可逆式热轧机是厚板系统最为关键的设备,这是 1983 年以来世界上新建的最大的铝板热轧机(日本古河铝业有限公司福井轧制厂的 4300 mm 热粗轧机 1983 年 4 月投产)。参与投标的企业有:第一重型机器集团公司、第二重型机器集团公司、中色科技股份有限公司。最后由二重集团(德阳)重型装备有限责任公司夺标,将完全实现国产化,2009 年投产后,将是世界第三大铝板带热轧生产线,将能满足中国航空航天、国防军工和国民经济建设对 4 m 级超宽铝合金厚板的需求,也将和东北轻合金有限责任公司一起肩成为国家启动的"大飞机"项目提供强有力的材料支撑。与这台大热轧机配套还将有一台拉伸力 120 MN 的厚板预拉伸机。

在厚板生产中超声探伤是必不可少的,2006 年 3 月西南铝在重庆招标采购(集团)有限责任公司就"水浸式铝合金板超声波探伤检测线"举行了开标会,参与该项目投标的有来自美国、以色列等国的三家外国企业,这台中国最大的现代化厚板超声波探伤检测线可于 2008 年建成。

3.1.2.10　中铝瑞闽铝板带有限公司的 2400 mm(1 +3)式热连轧生产线

中铝瑞闽铝板带有限公司是中国铝业股份有限公司 4 大铝板带工业基地之一,现有铝板带生产能力 120 kt/a。在建的高精铝板带工程占地面积约 30×10^4 m²,设计生产能力 230 kt/a,总投资超过 23 亿元,2007 年 6 月 6 日举行了奠基仪式,计划于 2009 年第 4 季度或 2010 年投产。

该项目有 1 条 2400 mm 热连轧生产线以及其他配套齐全的熔铸、冷轧、精整与公共设施,一些主要设备将从国外引进,建成后将是世界先进的大型铝板带企业之一。

熔铸车间有 75 t 的熔炼炉与静置炉各 1 台,苏州新长光热能有限公司设计制造,铸造机由美国瓦格斯塔夫公司(Wagstaff)提供,结晶器是可调的,每铸次最多可铸 5 块锭。3 台加热炉由高奇公司(Gautschi)设计,新长光热能有限公司制造,每炉可装 36 块 650 mm ×2200 mm ×8000 mm 的锭,以天燃气加热。

热轧生产线总长 390 m,前段长 160 m,后段长 230 m,轧制方向自右至左。

立辊轧机的技术参数:

项目	数值	项目	数值
		工作辊直径/mm	1050
轧辊直径/mm	1000	支承辊直径/mm	1500
电机功率/kW	1400	支承辊辊面宽度/mm	2400
最大轧制力/kN	7500	最大轧制速度/(m·min^{-1})	240
热粗轧机的基本技术参数:		锭坯最大厚度/mm	650

产品最薄厚度/mm	24	支承辊辊面宽度/mm	2400
主电机轼率/kW	AC,2×4000	F3 的最大轧制速度/(m·min⁻¹)	420
最大轧制力/kN	40000	产品最薄厚度/mm	2.5
热精轧机列的基本技术参数:		主电机轼率/kW	各 5500
工作辊直径/mm	750	最大轧制力/kN	各 20000
支承辊直径/mm	1500		

中国还有 10 多项拟建与已立项但尚未开工建设的铸锭热轧项目,它们是:中铝河南铝业有限公司的(1+4)式连轧线,中铝西北铝加工基地的热轧线,新安电力集团的(1+4)式连轧线,南南铝业有限公司的热轧项目,晟通科技有限公司、新仁科技有限公司、神火集团的热轧工程,平安高精铝板带有限公司的(1+3)式连轧线,万达铝业有限公司的(1+2)式连轧线,厦顺铝箔有限公司的(1+1)式热粗-精轧线,等等。在这些项目中有一部分仅是规划,能否实施还很难确定,即使有一半建成,其生产能力也是惊人的,可超过 2000 kt/a。

3.2 铝带坯连续铸轧工业[2~7]

1951 年美国享特·道格拉斯(Hunter Douglas)公司推出全球首台用于工业生产的双辊式铝带坯铸轧机,使这种技术进入工业化生产阶段。目前全世界设计制造铸轧机的主要国家与企业有:美国及意大利的法塔享特公司(FATA Hunter);法国的 Novelis PAE 公司;中国的涿神有色金属加工专用设备有限公司、中色科技股份有限公司、上海捷如重工机电设备有限公司、上海天重重型机械(集团)有限公司、诚达设备制造有限公司、中铝洛阳铜业有限公司冶金设备厂、正阳机械设备有限公司、圣实冶金机械公司等。

截止到 2006 年,全球保有的双辊式铝带坯铸轧机约 700 台,其中:

法塔享特铸轧机	约 148 台	薄带坯高速铸轧机	约 30 台
Novelis PAE 公司 3C 式铸轧机	约 155 台	其他的	约 40 台
中国双辊式铸轧机	超过 320 台		

它们的总生产能力约 6200 kt/a。

3.2.1 中国铝带坯铸轧技术的发展

3.2.1.1 双辊铸轧技术

(1)涿神公司的铸轧技术

涿神公司铸轧技术的发展代表中国铝带坯铸轧技术的发展历程。1962 年东北轻合金加工厂革新队开始研制窄铝条的铸轧装备与技术,1964 年制得 270 mm 宽的板条,1965 年在双辊下注式铸轧机上生产出宽 700 mm 的带坯,1978 年革新队搬迁到河北省涿县组成冶金部铝加工试验厂(现在的涿州市华北铝业有限公司),1982 年水平下注式 φ650 mm×1600 mm 原型机定型,可稳定地工业化生产带坯,1983 年 8 月这种铸轧机及其带坯铸轧工艺正式通过冶金工业部组织的以马龙翔教授为首的专家组的技术签定,从此中国有了有自主知识产权的铝带坯双辊铸轧设备及其生产工艺,对铝加工业的发展作出了重大贡献,标志着中国铝带坯铸轧技术进入了一个新阶段,迈过了一块新里程碑。

1984 年,涿神有色金属加工专用设备有限公司(简称涿神公司)成立,它是华北铝业有限公司和日本神户钢铁公司、神钢商业公司的合资企业，铸轧设备的设计与制造转入该公司，成为中国双辊铝带坯铸轧机设计与制造基地，中国三分之一左右的铸轧机是涿神公司提供的。

涿神公司紧跟国际铸轧机前进的步伐，先后开发出了三代产品。其中第一代——两辊中心线为水平的下注式，已被淘汰；第二代——两辊中心线为倾斜的侧注式，正在逐步淘汰中；当前的主导产品为第三代——两辊中心为垂直的平注式。第三代铸轧机依铸轧辊直径大小又可分为标准型与超型两种类型，超型铸轧机辊径超过 $\phi900$ mm。

中国制造的双辊式双驱动铝带坯铸轧机，运行速度 $0.5 \sim 1.5$ m/min。涿神公司设计制造的双辊式铸轧机系列的基本技术参数见表 3 – 3。

表 3 – 3　涿神公司双辊铸轧机的基本技术参数

铸轧机规格/mm	$\phi620 \times$ 1000 ~ 1200	$\phi680 \times$ 1350 ~ 1550	$\phi680 \times$ 1600 ~ 1800	$\phi960 \times$ 1550 ~ 1810	$\phi960 \times$ 1550 ~ 1810
产品规格厚/mm	6 ~ 10	6 ~ 10	6 ~ 10	6 ~ 10	6 ~ 10
宽/mm(1XXX 系)	≤1000	≤1400	≤1600	≤1600 (1000、3003)	≤1650 (1000、3003)
宽/mm(3XXX 系)	≤700	≤1000	≤1520	≤1460 (3004、5052)	≤1460 (3004、5052)
带卷内径/mm	510	510	510	510	510
带卷最大外径(厚度)/mm	1500(3.8)	1680(6.5)	1680(7)	1700(7.5)	1700(7.5)
轧辊直径/mm	620 ~ 580	680 ~ 640	680 ~ 640	960 ~ 840	960 ~ 840
辊身长/mm	1000 ~ 1200	1350 ~ 1550	1600 ~ 1800	1500 ~ 1810	1500 ~ 1810
轧制力/kN	3000	7000	9000	14700	14700
轧制力矩/kN·m	90	274.4	360	500	500
卷取张力/kN	60	80	100	100	100
机列速度/(m·min^{-1})	0.8 ~ 1.5	0.8 ~ 1.5	0.8 ~ 1.5	0.8 ~ 1.5	0.8 ~ 1.5
机列标高/mm	900	900	900	900	900
生产能力	以 7.00 mm 厚、1000 mm 宽、1.0 m/min 计，1134 kg/h (1000)	以 7.00 mm 厚、1260 mm 宽、1.0 m/min 计，1428 kg/h (1000)	以 7.00 mm 厚、1400 mm 宽、1.0 m/min 计，1587 kg/h (1000)	以 7.00 mm 厚、1400 mm 宽、1.1 m/min 计，1746 kg/h (1000)	以 7.00 mm 厚、1400 mm 宽、1.1 m/min 计，1525 kg/h (1000)
驱动方式	水平双驱	水平双驱	水平双驱	水平双驱	水平单驱

（2）洛阳有色金属加工设计研究院的铸轧机

洛阳有色金属加工设计研究院是中国大多数大中型铝板带箔轧制厂的设计者，同时在开发有色金属加工装备方面也作出了突出的贡献。他们设计并与陕西压延设备厂等联合制造的双辊式铝带坯铸轧机不但为中国众多的铝板带轧制厂所采用，而且出口到越南。2005 年以来中国还向印度尼西亚、印度与俄罗斯等国出口了多台双辊式铸轧机。

美铝(上海)铝业有限公司的 $\phi720$ mm × 1815 mm 大型铸轧机是该院在消化吸收国外先

进技术的基础上独立设计的，于 1998 年 1 月开始安装，2 月进入调试阶段，3 月底试轧出第一卷料，5 月正式进行试生产，2000 年 6 月通过国家有色金属工业局组织的专家委员会的技术鉴定。机组运行平稳，控制精度高。该机组为中国设计制造的首台液压驱动铸轧机，其性能指标已达到和超过引进的同类同规格铸轧机，而其价格却比引进设备低得多。该机组的开发研制成功为中国双辊铝带坯铸轧机家族增添了新成员。

中国双辊式铸轧机的装机水平已达到国际一般水平：

- 前箱液面自动控制；
- 采用预应力或非预应力轧制，轧制力和预载力显示；
- 采用上，下辊分别驱动；
- 液压式流量调节辊缝，实现辊缝在线调整，压下显示；
- 卷筒钳口自动定位；
- 粘辊检测显示；
- 直流电机驱动采用全数字可控硅变流装置控制；
- 机列逻辑与运算采用西门子 PLC 控制；
- 可视操作终端。

中色科技公司为越南海防市铝制品厂提供的一条 $\phi600\ mm \times 1000\ mm$ 铝带坯铸轧生产线一次试生产成功，并于 2000 年 9 月 20 日投产，运转正常，达到了各项设计指标。该机组可铸轧宽 750 mm 的带坯，带坯最大质量 2.2 t。海防铝制品厂有 2 辊冷轧机，将铸轧带坯剪切成小块再冷轧，准备今后建 800 mm 四辊冷轧生产线。这条生产线是中国出口的首台这类装备，是越南利用中国政府的无息贷款采购的。

中色科技公司提供的双辊式铝带坯铸轧机的基本技术参数见表 3 - 4。

(3)中铝洛阳铜业公司冶金设备厂的铸轧机

中铝洛阳铜业公司冶金设备厂是中国既有铸轧机开发设计能力又有制造能力的主要企业之一。该厂运用 CVA 与 CAPP 系统先后开发设计与制造的 $\phi650\ mm$、$\phi850\ mm$ 水平式、倾斜式铝带坯铸轧机组装备了一些铝板带轧制厂，如华东铝加工厂（因改制，为镇江鼎胜铝业有限公司收购，但工厂名称仍存在）、郑州铝业股分有限公司等，在生产中发挥了很好的作用，其基本技术参数见表 3 - 5。

(4)正阳机械设备有限公司的铸轧机

正阳机械设备有限公司虽不具备加工制造能力，但在铝加工设备设计方面具有相当强的技术实力。该公司设计的 $\phi680\ mm \times 1600\ mm$ 双辊铸轧机在中国率先使用英国梅托公司（Mentor）的全数字直流调速装置，提高了控制精度及可靠性，同时减少了维修工作量，所设计的铸轧机在登封铝厂一直运转正常，其基本技术参数如下：

规格/mm	$\phi680 \times 1600$	最大轧制力矩/(kN·m^{-1})	220
带坯厚度/mm	6 ~ 10	最大铸轧速度/(m·min^{-1})	1.5
宽度/mm	600 ~ 1400	最大卷取张力/kN	120
带卷内径/mm	510	主传动电机功率/kW	8.5
带卷最大外径/mm	1700	卷取电机功率/kW	18.5
带卷最大质量/t	7	设计生产能力/(t·h^{-1})	1.43
最大轧制力/kN	9000		

表 3-4 中色科技公司铸轧机的基本技术参数

使用企业	规格/mm	台数	最大轧制力/kN	轧制速度/m·min⁻¹	最大卷重/t	产品规格/mm	每台产能/kt·a⁻¹	投产年度
海门电子铝材有限公司	φ600×1000	2	2450	0.5~1.5	2.5	(6~8)×(440~800)	4.5	1989
江苏铝厂	φ680×1450	2	7000	0.5~1.5	6.5	(6~10)×(660~1260)	6.5	1995
华东铝加工厂	φ680×1450	1	7000	0.5~1.5	6.5	(6~10)×(660~1260)	6.5	1996
南方铝业(中国)有限公司	φ680×1650	1	7000	0.5~1.5	7.5	(6~10)×(660~1460)	8.0	1997
美铝股份有限公司	φ600×1000	3	2450	0.5~1.5	2.5	(6~8)×(440~800)	4.5	1998
华源铝业有限公司	φ600×1000	1	2450	0.5~1.5	2.5	(6~8)×(440~8000)	4.5	1998
美铝(上海)铝业有限公司	φ720×1815	2	9000	0.5~2.0	10.5	(6~8)×(800~1600)	14	1998
兰州铝业股份有限公司	φ960×1800	2	9000	0.5~2.0	10	(6~8)×(800~1600)	14	2001
越南海防铝制品厂	φ600×1800	1	2450	0.5~1.5	2.2	(6~8)×(440~750)	4.5	2000

表 3-5 中铝洛阳铜业公司冶金设备厂铸轧机的基本技术参数

使用企业	规格/mm	最大轧制力/kN	铸轧速度/m·min⁻¹	带坯厚度/mm	最大卷重/t	生产能力/kt·a⁻¹	投产年度
华东铝加工厂	650×1600	5000	1.2	6~10	7	6	1993
华东铝加工厂	850×1600	8000	1.2	6~10	7	8	1995
郑州铝业股份有限责任公司	850×1600	8000	1.2	5~10	7	8	1997
郑州铝业股份有限责任公司	850×1600	8000	1.2	5~10	7	8	2000
常熟铝箔厂	650×1600	5000	1.2	6~10	7	6	2000

（5）捷如重工机电设备有限公司与天重重型机械（集团）有限公司的铸轧机

它们是中国双辊式铝带坯连续铸轧机及辊套的主要设计者与制造者。截止到 2007 年，捷如公司向市场提供的 $\phi600$ mm × 800 mm ~ $\phi960$ mm × 1900 mm 水平式铸轧机可达 41 台，$\phi680$ mm × 1600 mm ~ $\phi1200$ mm × 2300 mm 倾斜式铸轧机 27 台，其基本技术参数如下：

轧辊辊径/mm	500 ~ 1250	辊芯材料	42CrMo，水槽
辊面长度/mm	500 ~ 2300		不锈钢堆焊
铸轧速度/(m·min^{-1})	0.8 ~ 1.5	辊套材料	P913 专用钢
带卷最大外径/mm	2500	铸轧辊冷却方式	逆流式
带坯厚度/mm	5.5 ~ 10	铸轧辊表面硬度/HB	380 ~ 430
带卷质量/t	1 ~ 25	轴承座	ZG45
控制系统	ABB、Siemens、	辊套寿命/t	5000 ~ 8000
	Euro、Omron 公司的	冷却水质	软化、消菌、过滤

天重公司在 2002—2007 年间向用户提供的铸轧机可达 45 台，以倾斜式为主。2007 年与中铝青海分公司第二电解铝厂签订了供应 9 台铸轧机（$\phi820$ mm × 1600 mm 的 4 台、$\phi980$ mm × 1900 mm 的 5 台）的合同，带坯总生产能力 100 kt/a，开中国一次性订货最大订单的先河。

天重公司生产的铸轧机的常用机型有：$\phi690$ mm × (1350 ~ 1600) mm，$\phi820$ mm × (1450 ~ 1850) mm，$\phi960$ mm × (1650 ~ 2300) mm，$\phi1010$ mm × (1850 ~ 2300) mm，主要技术参数如下：

可轧合金	1XXX 系、3003、5052、8011 合金等
带坯典型厚度/mm	7
轧制力/kN	8000 ~ 25000
最大轧制速度/(m·min^{-1})	1.5
轧辊直径/mm	690 ~ 1100
辊面宽度/mm	1350 ~ 2300

天重公司独家经销上海重型机器锻件厂的辊套为专利产品，采用 Cr – Mo – V 钢锻压的，具有抗热疲劳裂纹强，使用寿命长的特点，$\phi800$ mm ~ $\phi960$ mm × 1950 mm 辊套的带坯通过量可达 15 kt。

（6）第一重型机械集团公司等的铸轧机

第一重型机械集团公司、大连重型机器制造厂等不少企业都单独设计制造或参与制造了一些双辊式铸轧机。例如，第一重型机械集团公司为广东省大石县五金厂制造的单斜式铸轧机（$\phi650$ mm × 1200 mm）于 1999 年投产，其技术参数如下：

最高铸轧速度/(m·min^{-1})	1.1	铸轧力矩/(kN·m)	250
可铸轧合金	1XXX、3XXX、5XXX 合金	铸轧辊轴承（双列圆锥滚子轴承）	
带坯厚度/mm	6 ~ 8		No. 2097/64
带坯宽度/mm	600 ~ 1050	铸轧线调整方式	垫板组
最大卷重/t	3	机架立柱断面积/mm^2	200 × 300
主传动电机功率/kW	37.5	卷取张力/kN	60
压下方式	液压	卷筒直径/mm	510
传动方式	工作辊传动	卷取电机功率/kW	11.2
最大轧制力/kN	4800		

3.2.1.2　无机架小型双辊铸轧机

这种小型双辊铸轧机是岳阳大学洪伟教授发明的，取得了国家专利（91220799.×）。这种铸轧机具有结构简单、投资少、建设周期短、维护方便、费用低、技术易掌握、运行稳定可靠、产品品质可达到国家有关标准要求等优点，特别适合发展中国家小于铝板带轧制企业设备的更新换代。首台这种铸轧机于1995年在成都精密铝带厂投产以来一直运转正常，受到用户的欢迎与好评。目前已有7台在全国各地运转。其他拥有这种设备的企业是：扬州市华光铝材厂，银川民族铝品厂，江苏盐城三龙金属压延厂，山东莱州市铜铝带厂，徐州银宏铝业公司等。除后者的一台为 φ450 mm×600 mm 外，其他均为 φ450 mm×450 mm，其基本技术参数为：

最大铸轧速度/(m·min^{-1})　1.2	最大卷重/kg　　100
带坯厚度/mm　　3.5~10	生产能力/(t·a^{-1})　2700

无机架双辊铸轧机是在两个铸轧辊的滑动轴承套外，共用一个组合的轴承座代替常规铸轧机的笨重机架（图3-5）。在上下轴承套外各有一个偏心为12.5 mm 的偏心套，以便铸轧辊重磨后的调节及保持铸轧线不变，而常规铸轧机在每次重磨后需调整一次铸轧线。

无机架双辊铸轧机的预紧力为3 MN，而实测的铸轧力还不到2 MN。组合轴承座立柱部分的拉应力为38 N/mm^2，上下弧型部分的压应力为45 N/mm^2，因而使用这种组合轴承座安全可靠。几年来的实际运转完全证明了这一点。这种无机架双辊铸轧机的质量约5.4 t，是同规格国外闭式机架质量的1/6，是国内开式机架重的1/4。

为便于铸轧辊的装卸，设计了一台专用铸轧辊装卸液压支承架。卸辊时，支

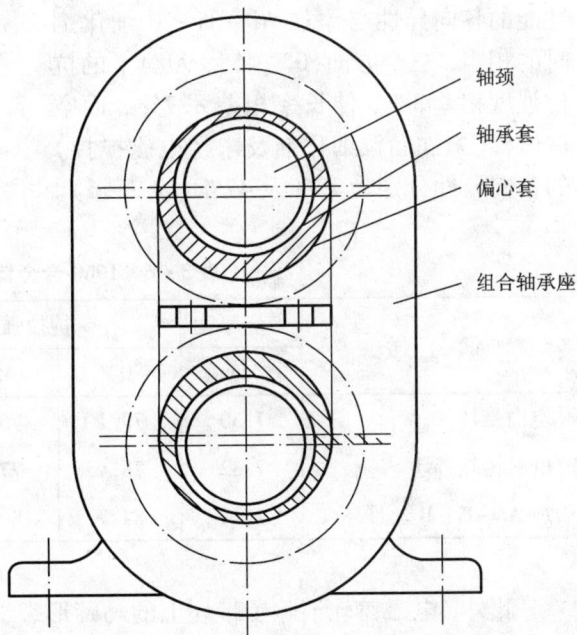

图3-5　无机架双辊铸轧机结构示意图

架将组合轴承座抬起，卸下轴承座后即可取下铸轧辊；而安装时，则先将铸轧辊装于支承架上，然后套上组合轴承座，液压支承架下降，再将组合轴承座固定于基础上。

3.2.1.3　铝带坯的电磁铸轧[3~5]

双辊铸轧机生产带坯时，铝熔体在700℃左右流入两辊间的铸轧区，受到辊的急冷，形成晶核并迅速向熔体内生长，若不限制它们的成长速度，则会形成粗大的树枝状晶，既降低带坯的加工工艺性能，又对产品品质有害。传统的细化晶粒措施是向铝熔体添加晶粒细化剂，如 Al-Ti、Al-Ti-B 或 Al-Ti-C 等。中南大学毛大恒教授、西北铝加工厂肖立隆高级工程师等在中国首次研究了铝带坯的电磁铸轧，取得了很好效果，于1997年6月通过了原中国有色金属工业总公司组织的专家组的技术鉴定。2001年8月20日西北铝加工分公司电解铝液电磁铸轧生产激光毛化板箔材项目获"国家高技术产业化示范工程"授牌。至此，该技术正

式进入工业试生产阶段，可惜还存在一些有待解决的问题，至今未获推广，即使西北铝加工分公司也未应用。

所谓电磁铸轧就是外加电磁感应器在冷却区中产生椭圆形电磁场与通电铝熔体产生的电场相耦合，对凝固过程中的铝浆体产生强烈的搅拌作用，有利于传热、传能和传质，有利于均质形核，可使枝晶细碎，从而获得细小的晶粒。向电磁感应线圈通交流电，向铝熔体通以直流电，便可形成电磁铸轧的电磁场系统。

这种电磁铸轧的磁场强度达到一定值时便有强烈的晶粒细化作用，使带坯晶体组织由粗大的柱状晶变为细小的等轴晶。

电磁铸轧带坯不但晶粒细小（图3-6），而且晶内偏析大为减轻。毛大恒等的工作指出，电磁铸轧1060合金带坯力学性能的各向异性与添加 Ai-Ti-B 细化剂时的相当，三个方向（0°、45°、90°）上的抗拉强度相差3%，伸长率相差8.7%，而空白试样（未加晶粒细化剂及未经电磁搅拌）的各向异性分别为12%及47%（表3-6）。

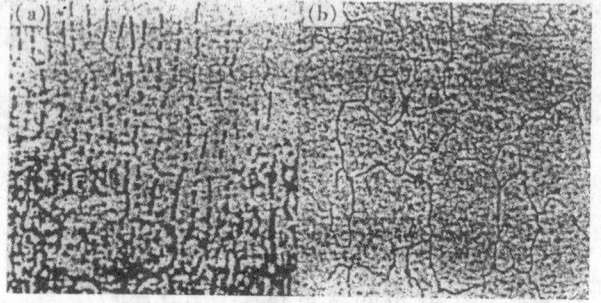

图 3-6　未施加电磁场（a）与施加电磁场（b）的铸轧带坯的显微组织　×250

表 3-6　1060 合金铸轧带坯的力学性能

试　　样	带坯厚度 /mm	抗拉强度/MPa			伸长率/%		
		0°	45°	90°	0°	45°	90°
空白带坯	7.30	79.1	76.1	69.8	33.3	23.8	17.5
电磁铸轧带坯	7.32	78.4	77.3	79.8	36.6	34.1	33.4
加 Ai-Ti-B 丝带坯	7.28	84.7	80.0	83.6	34.2	32.8	32.0

此外，电磁铸轧消除了带坯上的马蹄形裂纹与气道，改善了产品品质。采用电磁场取代 Ai-Ti-B 丝，其生产成本仅为后者的 1/60~1/70，每吨带坯可节约 60~70 元。

3.2.1.4　高速铸轧机

20 世纪 90 年代以来，铝带坯铸轧技术取得了重大进展，其主要标志是高速薄带坯铸轧已进入工业化生产。普基铝业工程公司的 Jumbo 3CM 高速铸轧机，已有 20 台在法国、韩国、巴西、土耳其、中国等国家运转；法塔享特公司的高速铸轧机（Speed Caster）有 9 台投产；克瓦纳戴维公司（Kvaemer Davy）的 1 台高速铸轧机（Fastcast）安装于卢森堡都德兰市欧洲铝箔公司（Eurofoil S. A., Dudelange, Luxembourg），这台高速铸轧机为 4 辊式，装有动态板形辊（RSR），但是由于生产线造价过高，投资大，目前还缺乏市场竞争力，如果不在技术方面取得进一步的重大突破，很难得到普遍推广。

高速薄带坯铸轧机的基本技术参数如下：

铸轧速度/(m·min⁻¹)：		工业化稳定生产厚度	2～2.5
最大	≥15	宽度	max 2200；
1XXX 系合金的工业生产	≥12		min 1200
3003、5XXX 系合金的工业生产		带坯组织：	1 级晶粒度
	≥10	轧制力/kN	18000
带坯规格/mm：		轧制力矩/(kN·m)	>800
厚度	1～6	生产能力/(kt·a⁻¹)	≥28

$$铸轧速度/(m \cdot min^{-1})$$

中国也一度积极开发薄带坯高速铸轧技术，国家已将此项技术列为优先发展与重点扶植的高新技术。涿神公司与中南大学等经过两年的研究、设计与制造的首台原型机于 2001 年 5 月在华北铝业有限公司投入试运转，但未达到预定目标，未生产出有实质性意义的薄带坯（<5 mm）。

3.2.2　中国保有的铝带坯双辊铸轧机及其生产能力

据笔者的最新调查统计，截止到 2006 年底，中国有引进的双辊式铸轧机 12 台，总生产能力 156 kt/a；中国自行设计制造的双辊式铸轧机 320 台，其中 5 台出口，中国保有 315 台，总生产能力 2600 kt/a。

中国引进的双辊式铸轧机的技术参数见表 3 - 7。

表 3 - 7　中国引进的双辊式铝带坯铸轧机的基本技术参数

引进企业名称	制造公司	规格/mm	最大轧制力/kN	最大轧制速度/(m·min⁻¹)	带坯厚度/mm	带坯最大宽度/mm	最大卷重/t	设计产能/(kt·a⁻¹)	投产年度
华北铝业公司	普基铝业工程公司	φ960×1600	14000	3.0	6～12	1450	10	10	1987
抚顺铝厂	普基铝业工程公司	φ620×1740	12500	1.6	6～10	1600	10	12	1987
洛铜集团	享特工程公司	φ980×1400	15000	2.0	6～10	1270	5	10	1988
太原铝材厂	普基铝业工程公司	φ960×1670	12500	1.6	6～10	1600	10.5	13	1989
云南铝业公司	普基铝业工程公司	φ620×1490	11000	1.6	6～10	1200	8	10	1989
美铝（上海）铝业公司	戴维公司	φ960×1700	12500	1.6	6～10	1600	10.5	12	1989
瑞闽铝铸轧公司	新享特工程公司	φ1003×1854	17000	2.27	5～10	1600	11	15	1996
成都铝箔厂	新享特工程公司	φ1003×1676	20425	2.27	6～10	1600	10	15	1993
广州铝加工厂（广弘铝业）	法塔享特公司	φ940×1340	17835	2.92	5～10	1270	7.6	10	1995
渤海铝业公司	普基铝业工程公司	φ960×2300	23000	4	4～10	2150	22	25	1998
美铝（上海）铝业公司	戴维公司	φ675×1800	10000	2.0	5～8	1780	10	14	1989
新美铝铝业公司（云南）	法塔享特公司	φ940×1340	17850	3.0	5～10	1260	7	10	1999
合　计		12 台		总生产能力				156 kt/a	

经过 20 年的开发与研究，历时 25 年的发展与完善，中国已成为全球第一大双辊式铝带坯铸轧机生产大国，已成为世界保有铸轧机最多的国家。今后，中国在着重发展铸锭热轧的

同时，还应大力发展铸轧工业，必竟约有80%以上的板带箔可用铸轧带坯轧制，以铸锭热轧带坯与铸轧带坯的供应能力各占50%左右为宜。2009年中国双辊式铝带坯连续铸轧机保有台数可达450台左右。

3.3 引进的4/6辊铝带冷轧机及典型产品的轧制规范

3.3.1 引进的4/6辊冷轧机

1956年，东北轻合金有限责任公司从苏联引进两台1700 mm 4辊可逆式冷轧机。改革开放以来，又是东北轻合金有限责任公司率先从工业发达国家引进1台米诺公司的 $\phi260/625$ mm×900 mm的4辊可逆式铝带轧机，于1979年投产。截止2006年底，中国引进的4/6辊铝带冷轧机达34台，总生产能力超过1080 kt/a。

我国引进的4/6辊铝带冷轧机的简明技术参数见表3-8。

西南铝业（集团）有限责任公司的 $\phi450/1270$ mm×1850 mm非可逆式4辊冷轧机与 $\phi440/1250$ mm×1850 mmCVC4辊冷轧机、渤海铝业有限公司的 $\phi510/1350$ mm×2300 mm的4辊非可逆式冷轧机、瑞闽铝板带有限公司的非可逆式6辊CVC冷轧机、南山轻合金有限公司的2台2350 mmCVC-6冷轧机、华北铝业有限公司的1850 mm 6辊冷轧机都是具有当时世界先进水平的铝带大型冷轧机。所谓大型铝带冷轧机是指辊面宽度不小于1800 mm、带卷最大质量大于10 t的。还有华西铝业有限责任公司从法塔享特公司引进一台 $\phi400/965$ mm×1850 mm 4辊非可逆式铝带冷轧机。中铝西南冷连轧板带有限公司从西马克公司（SMS）引进一条2000 mm双机架冷连轧生产线及奥钢联引进一台2000 mm冷轧机可于2009年投产。亚洲铝业集团肇庆铝工业城从美国引进的1727 mm5机架冷连生产线及1台从西马克公司引进的单机架CVC-6冷轧机均分别于2008年及2009年投产。中铝河南铝业有限公司郑州冷轧机厂从奥钢联（VAI）引进1台DSR辊2300 mm冷轧机可于2009年投产。平安从西马克公司引进两台2400 mm CVC6冷轧机2010年投产。

3.3.2 中国4辊轧机典型产品的轧制率规范

在此列举了一些在900 mm、1400 mm、1850 mm、2800 mm 4辊冷轧上轧制某些典型产品的冷轧率规范，可供制订操作规程时参考。

3.3.2.1 某些产品在900 mm 4辊冷轧机上的轧制道次

在 $\phi260/625$ mm×900 mm 4辊冷轧机上（主电机功率612 kW、最大轧制力4410 kN）轧制厚7.00 mm，宽400~750 mm 1XXX系和8011合金（带坯为F状态）道次分配为：

0.21 mm厚的产品：7.00→4.80→3.00→1.85→1.10→0.64→0.37→0.21；

0.30 mm厚的产品：7.00→4.70→2.80→1.65→0.95→0.54→0.30；

0.40 mm厚的产品：7.00→4.90→3.10→1.90→1.15→0.68→0.40；

0.50 mm厚的产品：7.00→4.70→2.80→1.60→0.90→0.50；

1.00 mm厚的产品：7.00→4.70→2.90→1.70→1.00；

1.50 mm厚的产品：7.00→4.60→2.70→1.50；

2.00 mm厚的产品：7.00→4.90→3.20→2.00。

表 3 - 8　中国引进的 4 辊铝带箔冷轧机

（截止 2006 年底 35 台，总生产能力 1080kt/a）

序号	使用企业	型式	规格/mm	制造国及公司	台数	投产年度	设计产能/(kt·a⁻¹)	带卷最大质量/t	最大轧制速度/(m·min⁻¹)	最大轧制力/kN	来料最大厚度/mm	产品最小厚度/mm	主电机功率/kW	可轧合金
1	东北轻合金有限责任公司	可逆式	φ500/1250×1700①	苏联新克拉马托尔机器制造厂	2	1956	共40	6	300	13000	10	0.3	2200	软、硬
2	上海华瑞铝业合作公司	可逆式	φ420/1040×1400	从捷克斯洛伐克引进二手轧机	1	1969	10	2	200		8	0.5		软
3	东北轻合金有限责任公司	可逆式	φ260/625×900	意大利米诺公司(MINO)	1	1979	6	1.5	450	4410	7	0.2	612.4	软
4	北京铝箔厂（破产）	可逆式	φ260/625×900	意大利米诺公司	1	1979	6	1.5	450	4410	7	0.2	612.4	软
5	华北铝业有限公司	非可逆式	φ420/1100×1600	日本神户钢铁公司	1	1982	30	6	750	12700	7	0.2	800×2	软
6	东北轻合金有限责任公司	非可逆式	φ400/960×1400	意大利米诺公司	1	1985	22	6	800	9800	10	0.2	1178×2	软
7	鼎胜铝业有限公司	非可逆式	φ380/800×1400	意大利米诺公司	1	1985	20	5.5	600	7840	7	0.2	933×2	软
8	华益铝厂有限公司	可逆式	φ255/610×1150	英国法默诺顿公司,二手设备	1	1985	14	1.2	300	4000	7	0.25	900	软
9	广州铒片厂	可逆式	φ304/685×1194	英国戴维公司(Davy),二手设备	1	1986	5	0.5	90	2500	6	0.3	450	软
10	奥博铝材制造有限公司	可逆式	φ300/730×1250	日本植田公司	1	1987	15	2	300	4000	6	0.2	700	软
11	西北铝加工厂	非可逆式	φ400/965×1590	意大利新亨特工程公司	1	1988	30	10.5	924	15000	7	0.2	975×2	软

续表 3-8

序号	使用企业	型式	规格/mm	制造国及公司	台数	投产年度	设计产能/(kt·a⁻¹)	带卷最大质量/t	最大轧制速度/(m·min⁻¹)	最大轧制力/kN	来料最大厚度/mm	产品最小厚度/mm	主电机功率/kW	可轧合金
12	云南新美铝业有限公司	非可逆式	φ380/800×1450	意大利米诺公司	1	1989	25	7	600	8820	7	0.2	700×2	软
13	富邦集团铝材有限公司	可逆式	φ260/730×1500	从台湾省买来的二手设备	1	1989	12	2	180	3000	6	0.3	500	软
14	万江铝业有限公司	可逆式	φ350/750×1300	意大利米诺公司	1	1990	15	2	420	7350	7	0.3	625×2	软
15	太原铝材厂	非可逆式	φ455/1240×1830	意大利新亨特工程公司	1	1990	30	10.5	924	14000	7	0.05	1330×2	软
16	广州铝加工	非可逆式	φ380/800×1450	意大利米诺公司	1	1990	25	6.5	600	8820	7	0.2	650×2	软
17	美铝(上海)铝业有限公司	非可逆式	φ317/870×1450	英国戴维公司	1	1990	30	10	600	13720	7	0.2	1200×2	软
18	西安秦川机械厂	非可逆式	φ400/965×1450	意大利新亨特工程公司	1	1991	30	8.5	900	14700	8	0.2	1100×2	软
19	西南铝业(集团)有限责任公司	非可逆式	φ450/1270×1850	德国德马克公司	1	1992	96	11	1270	19000	7	0.15	2000×2	软
20	渤海铝业有限公司	非可逆式	φ510/1350×2300	英国戴维公司	1	1993	75	22	1500	19600	7	0.2	1500×4	软
21	伟豪铝业公司丹东加工厂	非可逆式	φ343/864×1652	意大利法塔亨特公司	1	1993	20	6.2	330	5500	8	0.15	1500×2	软
22	西南铝业(集团)有限责任公司	非可逆式	φ440/1250×1850,CVC	德国西马克公司	1	1995	80	11	1500	16000	3	0.15	4000×2	软
23	中南铝加工有限公司	非可逆式	φ305/915×1676	从美国加拿大铝业公司买的二手设备	1	1995	15	7	300	5000	2.3	0.2	411×2	软

续表 3-8

序号	使用企业	型式	规格/mm	制造国及公司	台数	投产年度	设计产能/(kt·a⁻¹)	带卷最大质量/t	最大轧制速度/(m·min⁻¹)	最大轧制力/kN	来料最大厚度/mm	产品最小厚度/mm	主电机功率/kW	可轧合金
24	华西铝业有限责任公司	非可逆式	φ400/965×1850	意大利新享特工程公司	1	1996	20	10	1200	12000	10	0.2	900×2	软
25	中铝瑞闽铝板带有限公司	非可逆式	1850,CVC-6⑤	德国西马克公司	1	1996	65	11	1200	16000	8	0.1	4000×2	软
26	南方铝业(中国)有限公司	可逆式	φ425/1050×1700	德国德马克公司,二手设备	1	1996	20	7.8	330	10000	10	0.2	1115×2	软
27	平安高精铝板带有限公司分厂	非可逆式	φ380/800×1400	意大利米诺公司	1	2001	20	7	600	7800	8	0.1	933×2	软
28	顺源实业有限公司	可逆式	φ260/700×1250	德国施洛曼公司制的二手设备	1	2000	15	6	336	6000	7	0.1	728	软
29	顺源实业有限公司	可逆式	φ260/700×1250	德国施洛曼公司制的二手设备	1	2001	15	6	336	6000	7	0.08	728	软
30	华北铝业有限公司	非可逆式	1850mm6辊	日本日立公司	1	2003	50	12	1500	16000	8	0.25	4000	软
31	南山轻合金公司	非可逆式	2350CVC-6	SMS	1	2006	100	30	1500	20000	10	0.2	5500	软
32	南山轻合金公司	非可逆式	2350CVC-6	SMS	1	2006	100	30	1800	17000	3.5	0.1	5000	软
33	南南铝业公司	非可逆式	1850	IHI	1	2005	35	—	—	—	—	—	—	软
34	华扬铝业公司	非可逆式	1850	IHI	1	2005	35	—	—	—	—	—	—	软

3.3.2.2 1450 mm 4 辊不可逆式冷轧机一些产品的轧制道次

1400 mm 级 4 辊冷轧机是中国当前一种主要的铝带冷轧机型,其总生产能力(619 kt/a)占中国 4 辊铝带冷轧机(辊面宽度不小于 800 mm)总生产能力(13985 kt/a)的 44.3%。

在 ϕ385/820 mm×1450 mm 4 辊可逆式轧机,轧制力 9200 kN、轧制力矩 120 kN·m、最大轧制速度 650 m/min 道次压下率不超过 60%、产品宽度 500~1260 mm。

轧制 5182 合金 2 mm 厚、宽 960 mm 带材时的轧制道次分配(带坯 F 状态):8.00→6.50→5.35→4.45→3.75→3.10→2.50→2.00。

轧制 2 mm 厚、宽 1150 mm 的 3004 合金带材的轧制道次分配(带坯 F 状态):8.00→6.10→4.65→3.50→2.70→2.00。

轧制 2 mm 厚、宽 1050 mm 的 5083 合金带材的轧制道次分配(带坯 F 状态):8.00→6.50→5.35→4.45→3.70→3.05→2.50→2.00。

冷轧 0.50 mm 厚、宽 1260 mm 的 1005 合金带材的轧制道次分配(带坯为铸轧料):8.00→4.80→2.70→1.45→0.90→0.50。

冷轧 0.15 mm 厚、宽 1260 mm 的 1050 合金带材的轧制道次分配(带坯为铸轧料):8.00→4.80→2.70→1.45→0.90→0.50→0.27→0.15。

3.3.2.3 在 1850 mm 及 2800 mm 4 辊不可逆式冷轧机上轧制某些产品的轧制道次

在 ϕ650/1270 mm×1850 mm 4 辊不可逆式冷轧机,1850 mm 轧机电机功率 4000 kW,最大轧制力 1900 kN。

轧制 1XXX 系 H18 状态 0.15 mm 厚材料的轧制道次分配(带坯为 F 状态):4.50→2.30→1.15→0.58→0.29→0.15。

轧制厚 0.30 mm 的 3XXX 系 H18 带材的轧制道次分配(带坯 F 状态):6.00→3.20→1.80→1.00→0.60→0.30。

3.3.2.4 在 ϕ650/1400 mm×2800 mm 4 辊可逆式轧机上冷轧某些产品的轧制道次

在 ϕ650/1400 mm×2800 mm 4 辊可逆式轧机上冷轧 0.45 mm 厚 5XXX 系合金的轧制道次:5.00→4.40→3.60→3.0→2.40→2.00(进行中间退火)→1.40→1.00→0.70→0.55→0.45。

3.3.2.5 在 ϕ510/1350 mm×2350 mm 4 辊不可逆式冷轧机上轧制某些产品的轧制率规范

在 ϕ510/1350 mm×2350 mm 4 辊不可逆式冷轧机上轧制某些产品的轧制道次见表 3-9、表 3-10。这台轧机的低速级为 0—240—600 m/min,高速级为 0—600—1500 m/min;最大轧制力 20000 kN;主电机功率 6000 kW(低速时),高速时张力 5.88~58.8 kN;卷取电机功率 2000 kW,低速时张力 24.4 kN~19.5 kN,高速 II 时张力 9.75~78 kN,高速 I 时张力 4.88~39 kN。轧制油流量 4000~7000 L/min。

表 3-9 在 2350 mm 4 辊不可逆式轧机上轧制 1XXX 系合金带材的轧制率规范

（来料厚为 7.0 mm ~ 7.5 mm、宽 1000 mm ~ 1600 mm 的铸轧带坯）

道次	厚度/mm		道次压下量 ΔH/mm	道次压下率 ε/%	总压下量 /mm	总变形率 /%	速度级
	H_0	H_1					
1	7.5	4.2	3.3	44.0			低
2	4.2	2.3	1.9	45.2			低
3	2.3	1.2	1.1	47.8			高 II
4	1.2	0.65	0.55	45.8			高 II
5	0.65	0.35	0.3	46.2			高 I
6	0.35	0.2	0.15	42.9	7.3	97.3	高 I
1	7.5	4.2	3.3	44.0			低
2	4.2	2.3	1.9	45.2			低
3	2.3	1.2	1.1	47.8			高 II
4	1.2	0.7	0.5	41.7			高 II
5	0.7	0.45	0.25	35.7			高 I
6	0.45	0.3	0.15	33.3	7.2	96.0	高 I
1	7.5	4.2	3.3	44.0			低
2	4.2	2.3	1.9	45.2			低
3	2.3	1.2	1.1	47.8			高 II
4	1.2	0.65	0.55	45.2			高 II
5	0.65	0.4	0.25	38.5	7.10	94.7	高 I
1	7.5	4.2	3.3	44.0			低
2	4.2	2.3	1.9	45.2			低
3	2.3	1.3	1.1	43.5			高 II
4	1.3	0.75	0.55	42.3			高 II
5	0.75	0.5	0.25	33.3	7.0	93.3	高 I
1	7.5	4.2	3.3	44.0			低
2	4.2	2.3	1.9	45.2			低
3	2.3	1.3	1.1	43.5			高 II
4	1.3	0.85	0.45	38.5			高 II
5	0.05	0.6	0.25	29.1	6.90	92.0	高 I
1	7.5	4.2	3.3	44.0			低
2	4.2	2.3	1.9	45.2			低
3	2.3	1.2	1.1	47.8			高 II
4	1.2	0.7	0.5	41.7	6.8	90.7	高 I
1	7.5	4.2	3.3	44.0			低
2	4.2	2.3	1.9	45.2			低
3	2.3	1.3	1.0	43.5			高 II
4	1.3	0.8	0.5	38.5	6.7	89.3	高 I
1	7.5	4.2	3.3	44.0			低
2	4.2	2.3	1.9	45.2			低
3	2.3	1.3	1.0	43.5			高 II
4	1.3	0.9	0.5	30.8	6.6	88.0	高 I

道次	厚度/mm		道次压下量	道次压下率	总压下量	总变形率	速度级
	H_0	H_1	ΔH/mm	ε/%	/mm	/%	
1	7.5	4.2	3.3	44.0			低
2	4.2	2.3	1.9	45.2			低
3	2.3	1.2	0.8	34.8			高Ⅱ
4	1.5	1.0	0.5	33.3	6.5	86.7	高Ⅰ
1	7.5	4.2	3.3	44.0			低
2	4.2	2.3	1.9	47.6			低
3	2.3	1.2	1.1	45.5	6.3	84.0	高Ⅱ
1	7.5	4.2	3.3	44.0			低
2	4.2	2.3	1.9	45.2			低
3	2.3	1.4	0.9	39.1	6.10	81.3	高Ⅱ
1	7.5	4.2	3.3	44.0			低
2	4.2	2.3	1.9	45.2			低
3	2.3	1.6	0.7	30.4	5.90	78.7	高Ⅱ
1	7.5	4.2	3.3	44.0			低
2	4.2	2.3	1.8	42.9			低
3	2.4	1.8	0.6	25.0	5.70	76.0	高Ⅱ
1	7.5	4.2	3.3	44.0			低
2	4.2	2.8	1.4	33.3			低
3	2.8	2.0	0.8	28.6	5.5	73.3	高Ⅱ
1	7.5	4.2	3.3	44.0			低
2	4.2	2.5	1.7	40.5	5.0	67.7	低
1	7.5	4.2	3.3	44.0			低
2	4.2	3.0	1.2	28.6	4.5	60.0	低

表 3 – 10　在 2350 mm 4 辊不可逆式轧机上轧制 3XXX 系合金带材的轧制率规范

（来料厚为 7.0 mm ~ 7.5 mm、宽 1000 mm ~ 1600 mm 的铸轧带坯）

道次	厚度/mm		道次压下量	道次压下率	总压下量	总变形率	速度级
	H_0	H_1	ΔH/mm	ε/%	/mm	/%	
1	7.5	4.9	2.60	34.7			低
2	4.9	3.1	1.80	36.7			低
3	3.1	1.9	1.20	38.7			低
4	1.9	1.1	0.80	42.1			高Ⅱ
5	1.1	0.65	0.45	40.9			高Ⅱ
6	0.65	0.35	0.30	46.2			高Ⅰ
7	0.35	0.2	0.15	42.9	7.30	97.3	高Ⅰ
1	7.5	4.9	2.6	34.7			低
2	4.9	3.1	1.8	36.7			低
3	3.1	1.9	1.2	38.1			低
4	1.9	1.1	0.8	42.1			高Ⅱ
5	1.1	0.7	0.4	36.4			高Ⅱ
6	0.7	0.45	0.25	35.7			高Ⅰ
7	0.45	0.3	0.15	33.3	7.20	96.0	高Ⅰ

道次	厚度/mm		道次压下量 ΔH/mm	道次压下率 ε/%	总压下量 /mm	总变形率 /%	速度级
	H_0	H_1					
1	7.5	4.9	2.6	34.7			低
2	4.9	3.1	1.8	36.7			低
3	3.1	1.9	1.2	38.7			低
4	1.9	1.1	0.8	42.1			高Ⅱ
5	1.1	0.65	0.45	40.9			高Ⅱ
6	0.65	0.4	0.25	38.5	7.10	94.7	高Ⅰ
1	7.5	4.9	2.6	34.7			低
2	4.9	3.1	1.8	36.7			低
3	3.1	1.9	1.2	38.7			低
4	1.9	1.1	0.8	42.1			高Ⅱ
5	1.1	0.65	0.45	40.9			高Ⅱ
6	0.65	0.5	0.15	23.1	7.0	93.3	高Ⅰ
1	7.5	4.9	2.6	34.7			低
2	4.9	3.1	1.8	36.7			低
3	3.1	1.9	1.2	38.7			低
4	1.9	1.05	0.85	44.7			高Ⅱ
5	1.05	0.6	0.45	42.9	6.90	92.0	高Ⅰ
1	7.5	4.9	2.6	34.7			低
2	4.9	3.1	1.8	36.7			低
3	3.1	1.9	1.2	38.7			低
4	1.9	1.1	0.8	42.1			高Ⅱ
5	1.1	0.7	0.4	36.4	6.8	90.7	高Ⅰ
1	7.5	4.9	2.6	34.7			低
2	4.9	3.1	1.8	36.7			低
3	3.1	1.9	1.2	38.7			低
4	1.9	1.1	0.8	42.1			高Ⅱ
5	1.1	0.8	0.3	27.3	6.7	89.3	高Ⅰ
1	7.5	4.9	2.6	34.7			低
2	4.9	3.1	1.8	36.7			低
3	3.1	1.9	1.2	38.7			低
4	1.9	1.3	0.6	31.6			高Ⅱ
5	1.3	0.9	0.4	30.8	6.6	88.0	高Ⅰ
1	7.5	4.9	2.6	34.7			低
2	4.9	3.1	1.8	36.7			低
3	3.1	1.7	1.4	45.2			低
4	1.7	1.0	0.7	41.2	6.5	86.7	高Ⅱ
1	7.5	4.9	2.6	34.7			低
2	4.9	3.1	1.8	36.7			低
3	3.1	1.9	1.2	38.7			低
4	1.9	1.2	0.7	36.8	6.3	84.0	高Ⅱ

道次	厚度/mm		道次压下量 ΔH/mm	道次压下率 ε/%	总压下量 /mm	总变形率 /%	速度级
	H_0	H_1					
1	7.5	4.9	2.6	34.7			低
2	4.9	3.1	1.8	36.7			低
3	3.1	1.9	1.1	35.5			低
4	2.0	1.4	0.6	30.0	6.1	81.3	高Ⅱ
1	7.5	4.9	2.6	34.7			低
2	4.9	3.1	1.8	36.7			低
3	3.1	1.9	1.1	35.5			低
4	2.0	1.6	0.4	20.0	5.9	78.8	高Ⅱ
1	7.5	4.9	2.6	34.7			低
2	4.9	3.1	1.8	36.7			低
3	3.1	1.8	1.3	41.9	5.7	76	高Ⅱ
1	7.5	4.9	2.6	34.7			低
2	4.9	3.2	1.7	34.7			低
3	3.2	2.0	1.2	37.5	5.5	73.3	高Ⅱ
1	7.5	4.9	2.6	34.7			低
2	4.9	3.2	1.7	34.7			低
3	3.2	2.0	0.7	21.9	5.0	66.7	高Ⅱ

3.4 中国现代铝带冷轧工业

自从 1956 年中国第一家大型综合性铝加工厂（现为东北轻合金有限责任公司）建成，经过 50 余年的发展，中国铝板带轧制工业取得了巨大成就。

截至 2006 年底，中国有自行设计制造的辊面宽度不小于 1200 mm 的 4 辊铝带冷轧机 75 台，生产能力 1350 kt/a；辊面宽度 800 mm 级的 4 辊铝带冷轧机 32 台，生产能力 256 kt/a；引进的 4/6 辊铝带冷轧机 35 台，生产能力 1080 kt/a。这些现代化 4 辊铝带冷轧机的总生产能力约 2686 kt/a，共有企业 84 家。

3.4.1 中国铝带冷轧的简单回顾

3.4.1.1 解放前的铝带冷轧

中国铝板轧制工业起步于 1919 年，上海益泰信记铝器厂开始用二辊小轧机制轧小铝片，比美国和法国的仅约晚 30 年，但铝带冷轧却到 1932 年才开始，即始于华铝钢精厂的建成。

解放后，新中国对私营企业采取利用、限制、改造的方针，华铝钢精厂的铝箔产量维持在 560 t/a 左右。1960 年，该厂作为当时中国大陆最后一家外商企业由国家赎买接管，改名为上海铝材厂。

3.4.1.2 东北轻合金有限责任公司的建设

中国从 1952 年开始对建设中国第一个现代化的综合的大型铝加工厂作前期准备工作（包括人员的国内外培训等）。在国民经济建设第一个五年计划的第一年（1953 年）开始建设现在的东北轻合金有限责任公司，它是在苏联的全盘援助下建设的，分两期进行，1954—1956 年建设第一期工程，1958—1960 年建设第二期工程，厂区占地面积 $189 \times 10^4 \ m^2$。一期工程的主要项目有：熔炼铸造车间，板带材车间，管棒型线材车间，中心试验室。1956 年 11 月 6 日经国家验收正式投产。

轧制车间有 $\phi700/1250 \ mm \times 2000 \ mm$ 可逆式 4 辊热轧机 1 台，$\phi500/1250 \ mm \times 1700 \ mm$ 可逆式 4 辊冷轧机两台，冷轧板带材的生产能力 20 kt/a，所生产的板带材对中国的经济建设与国防建设发挥了极为重要的作用。1988 年，中国第一重型机械集团公司与意大利米诺公司(MINO)合作对铝带冷轧机作了现代化技术改造，使单机生产能力达到 20 kt/a。改造后的简明技术参数如下：

型式	4 辊可逆	支承辊尺寸/mm	$\phi1250/1050 \times 1700$
最高轧制速度/$(m \cdot min^{-1})$	300	压下方式	液压 AGC
可轧合金	所有铝合金	传动方式	工作辊传动
来料最大厚度/mm	10	弯辊方式	正、负
产品最薄厚度/mm	0.3	最大轧制力/kN	13000
带材宽度/mm	1060～1630	轧制力矩/$(kN \cdot m)$	215
最大卷质量/t	6	开卷机张力/kN	5.8～58
工作辊尺寸/mm	$\phi500/470 \times 1700$	卷取机张力/kN	11～70

3.4.1.3 西南铝业(集团)有限责任公司的建设

1958—1977 年是中国自力更生发展国民经济的时期，为了改善铝板带材轧制工业的布局，除了建成了西南铝业(集团)有限责任公司这样的大型铝加工厂外，在全国各地还建设了一批中小型铝板带材加工厂，如沈阳方圆铝业有限公司、石家庄有色金属加工厂、天津海伦铝业有限公司(原铝制品总厂)、北京伟豪铝业有限公司(原铝制品总厂)、重庆铝制品加工厂等 30 余家。

1961 年东北轻合金有限责任公司铝箔车间建成，是按照华铝钢精厂的设备与工艺设计的，其 800 mm 冷轧机可生产较窄的 40～50 kg 的小卷带材。

西南铝业公司的筹建工作始于 20 世纪 50 年代末，是为了生产能满足制造苏式大型飞机所需的铝、镁、钛材而建的。1965 年 7 月 1 日动工兴建，1970 年 7 月板带车间投产，有 1 台中国第一重型机械集团公司设计制造的 $\phi750/1400 \ mm \times 2800 \ mm$ 可逆式 4 辊热轧机、1 台 $\phi650/1400 \ mm \times 2800 \ mm$ 可逆式 4 辊冷轧机，后者当时的设计生产能 20 kt/a。这台冷轧机的一些参数如下：

型式	4 辊可逆	最大轧制力/kN	20000/46000(静)
可轧合金	所有铝合金	轧制力矩/$(kN \cdot m)$	425(单辊)
来料最大厚度/mm	软 8，硬 6	工作辊轴承	四列圆锥辊
产品最薄厚度/mm	0.5	支承辊轴承	四列圆锥辊
带材宽度/mm	1200～2560	轧制线调整	垫板组
带卷最大质量/t	3.3	工作辊更换方式	套筒式
工作辊尺寸/mm	$\phi650/610$	支承辊更换方式	推拉式
支承辊尺寸/mm	$\phi1400/1300$	机架立柱断面/mm^2	800×810
压下方式	电动	套筒直径/mm	750
传动方式	工作辊	开卷机张力/kN	40
板形检测	人工	卷取机张力/kN	400

开卷电机功率/kW　　　DC55×2　　　　　　卷取电机功率/kW　　　DC850

1985 年这台冷轧机改为(1+1)式热粗轧-精轧机。第一重型机械集团公司又为西南铝业有限责任公司制造了 1 台 φ650/1400 mm×2800 mm 4 辊可逆式冷轧机,1983 年投产。该轧机在技术上达到 20 世纪 70 年代的国际水平,轧制速度提高到 360 m/min,有液压自动厚控系统(AGC)、轧辊轴承油雾润滑、工作辊液压正负弯辊、开卷机随动对中、可控硅供电、轧辊分段冷却、轧制液精密过滤等。

3.4.1.4　铝带冷轧的振兴与大发展时期

1978—1998 年是中国铝带冷轧工业的大振兴大发展时期,中国铝带冷轧工业由计划经济向社会主义市场经济转变的过渡时期,大型铝板带轧制厂产品转为以民用为主。党的十一届三中全会以来,特别自 1980 年实行对外开放,以及在以后的一段时间内执行的"优先发展铝"的方针指引下,中国铝带冷轧工业的发展进入了前所未有的黄金时期。板带材的产量由 1978 年的 62.27 kt 增加到 1998 年 267.19 kt,年平均增长率为 7.55%。

在这个时期,一方面对原有的大型铝加工厂诸如东北轻合金有限责任公司、西南铝业(集团)有限责任公司的板带轧制系统作了大规模的改扩建,并建设了一批新的板带加工厂,如铁岭有色金属加工厂、渤海铝业有限公司、华北铝业有限公司、郑州铝业股份有限公司、华东铝加工厂、瑞闽铝板带有限公司、华益铝厂有限公司、广州铝加工厂、云南铝业股份有限公司铝加工厂、西北铝加工厂板带分厂、太原铝材厂、秦川机械厂铝加工厂、海伦铝业有限公司、通用铝业有限公司、包头铝业集团板带厂、平阴铝厂板带厂、江苏铝厂板带厂等;另一方面,中国重型机械集团公司、洛阳有色金属加工设计研究院、涿神公司、陕西压延设备厂、昆明重型机械制造厂等在设计制造了 30 多台现代化的 2800 mm、1600 mm、1400mm 级、800 mm 级 4 辊铝带冷轧机的同时,还引进了 30 余台 4 辊铝带冷轧机,其中有一些冷轧机如西南铝业(集团)有限责任公司的 φ440/1250 mm×1850 mm CVC4 辊不可逆冷轧机、φ450/1270 mm×1850 mm 4 辊不可逆冷轧机、瑞闽铝板带有限公司的 1850 mm 6 辊不可逆 CVC 铝带冷轧机、渤海铝业有限公司的 φ510/1350 mm×2300 mm 4 辊不可逆铝带冷轧机都具有当时的世界先进水平。

这些中国自行设计制造的与引进的 4 辊铝带冷轧机的总生产能力约为 1400 kt/a,为此时期(1978—2000 年)以前东北轻合金有限责任公司与西南铝业(集团)有限责任公司的 3 台 4 辊铝带冷轧机生产能力之和(60 kt/a)的 23 倍强。也就是说,这 22 年的发展速度为前 22 年(1956~1978 年)发展速度的 23 倍多。

3.4.1.5　以结构调整为主的大发展时期

从 1999 年开始,中国的现代铝带轧制工业进入一个以调整装备结构、技术结构、产品结构等为主的更高一级的发展时期,也是超高速发展时期,大致可于 2010 年前后结束。

1999 年至 2003 年仅投产的 1400 mm 级 4 辊不可逆式铝带冷轧机就有 19 台,占自 1985 年以来投产的这类轧机总数(31)台的 61.3%。这些轧机都是中国自行设计制造的。这说明中国淘汰代表落后生产力的块片 2 辊轧机的政策得到了有效的贯彻,取得了卓著的成就。

3.4.2　中国现代铝带冷轧工业的现状

● 截止到 2006 年底引进的 4/6 辊铝带冷轧机 35 台,总生产能力 1200 kt/a,其中 6 辊的 4 台,(CVC 型的 3 台,平辊的 1 台),其余的都是 4 辊的。从意大利引进的 13 台,占总数的

36%,从德国引进的 8 台,占总数的 22%;

● 截止到 2006 年底有自制的 4 辊≥800 mm 的铝带卷冷轧机约 180 台(冷轧机是指工作辊直径大于 280 mm 的)其中 1400 mm 级的达 85 台,占总数的 47.3%;

● 2006 年冷轧板带生产能力(kt/a):

引进轧机	1000	2 辊轧机	380
中国自制的 4 辊轧机	1850	总计	3238

预计 2010 年冷轧板带的生产能力可超过 7800 kt/a(表 3 – 11)。

表 3 – 11　2004—2010 年中国铝板带生产能力

企　业	简　述	生产能力/(kt·a^{-1})						
		2004	2005	2006	2007	2008	2009	2010
西南铝业公司	2800 mm、1450 mm 冷轧机各 1 台,1850 mm 冷轧机两台,2 冷连轧线 1 条,2000 mm 冷轧机 1 台	210	210	210	210	240	400	550
明泰铝业公司(含郑州厂)	1500 mm、1930 mm 冷轧机各 1 台、1650 mm 冷粗机 5 台,2000 mm 冷粗轧机 1 台	180	180	200	250	250	250	250
中铝河南分公司(含万基、伊川、郑州、洛阳 4 厂)	2300 mm 冷轧机两台、2050 mm 冷轧机两台、2000 mm 冷轧机两台、1850 mm 冷轧机两台、1450 mm 冷轧机 3 台	15	50	100	200	300	500	500
南山轻合金有限公司	2200 mmCVC – 6 辊冷轧机两台	—	—	—	80	120	180	200
亚洲铝业板带厂	1850 mm、2350 mm 冷轧机各 1 台,1727 mm5 冷连轧线 1 条	—	—	—	—	120	400	600
渤海铝业公司	2300 mm 冷轧机两台	70	70	70	70	70	120	200
顺源铝业公司	1850 mm 冷轧机两台、1450 mm 冷轧机 1 台、1250 mm 冷轧机两台	60	70	80	80	90	90	90
巨科铝业公司	1850 mm、1450 mm 冷轧机各两台	—	15	20	30	80	100	100
中铝瑞闽铝板带公司	1850 mm 冷轧机两台、1600 mm 冷轧机 1 台,2350 mm 冷轧机两台	90	90	120	120	120	180	350
东北轻合金有限责任公司	1700 mm 冷轧机两台,1500 mm、1400 mm、900 mm、800 mm 冷轧机各 1 台	60	60	80	100	120	120	120
鼎胜铝业公司	1900 mm 冷轧机 6 台、1450 mm 冷轧机 1 台	20	40	80	100	120	120	120
郑州铝业公司	1850 mm 冷轧机 5 台、1400 mm 冷轧机 1 台	30	40	60	60	80	100	120
四方铝业公司	1400 mm 冷轧机两台	50	50	50	50	50	50	50
华扬铝业公司	1850 mm 冷轧机 1 台	30	40	50	50	50	50	50
富邦集团铝材公司	1500 mm、1400 mm 冷轧机各 1 台	40	50	50	50	50	50	50

企 业	简 述	生产能力/(kt·a⁻¹)						
		2004	2005	2006	2007	2008	2009	2010
邵东铝业公司	1400 mm、1600 mm 冷轧机各 1 台	25	30	55	55	55	55	55
华益铝厂公司	1150 mm、1400 mm 冷轧机各 1 台	40	40	40	40	40	40	40
关铝股份公司	800 mm 冷轧机 1 台、1450 mm 冷轧机 3 台	25	30	40	50	70	70	70
铁岭铝业公司	1400 mm 冷轧机 1 台	15	15	15	15	15	15	15
银邦铝业公司	1450 mm 冷轧机 1 台、1200 mm 冷轧机 1 台	15	20	20	30	40	40	40
太原铝材厂(新东方)	1830 mm 冷轧机 1 台	30	30	30	30	30	30	30
万达铝业公司	1450 mm、1650 mm 冷轧机各 1 台、1850 mm 冷轧机两台	30	30	40	50	50	120	150
鑫泰铝业公司	1450 mm 冷轧机两台, 2050 mm 冷轧机 1 台	30	40	40	90	90	90	90
华北铝业有限公司	1600 mm、1850 mm 冷轧机各 1 台	60	70	80	80	80	80	80
美铝(上海)铝业公司	1700 mm 冷轧机两台	40	50	60	60	60	60	60
华西铝业有限公司	1850 mm 冷轧机 1 台	40	40	40	40	40	40	40
博威合金材料公司	1450 mm 冷轧机 1 台, 1850 mm 冷轧机 3 台	—	10	10	15	45	80	100
泰山铝业公司	1850 mm 冷轧机 1 台	—	—				20	35
三英铝业有限公司	1450 mm 冷轧机 1 台	—	5	10	15	20	20	20
捷和铝业有限公司	1450 mm 冷轧机 1 台	—	—	5	10	15	20	20
东南铝业有限公司	1850 mm、1450 mm 冷轧机各 1 台	3	8	10	15	30	40	50
魏桥铝业科技公司	1850 mm 冷轧机两台	—	5	12	20	50	60	80
广大铝业公司	1450 mm 冷轧机 1 台	2	6	8	15	15	15	15
富海铝业公司	1450 mm、1850 mm 冷轧机各 1 台	10	20	20	20	20	30	60
鲁丰铝业公司	1400 mm、1850 mm 冷轧机各 1 台	20	25	25	30	50	50	50
联强铝业公司	1850 mm 冷轧机 1 台	—					30	50
银宏铝业公司	1450 mm 冷轧机两台, 1850 mm 冷轧机 1 台	20	30	60	80	80	80	80
邹平铝业公司	1850 mm 冷轧机 2 台, 2250 mm 冷轧机 1 台(2009 年)	—	30	30	30	30	50	80
奥博铝材制造公司	1200 mm、1450 mm 冷轧机各 1 台	15	15	15	15	30	30	40
信通铝业公司	1850 mm 冷轧机 1 台	—	—		10	20	35	35
平安高精板带公司	1400 mm 冷轧机 1 台, 2300 mm 6 辊冷轧机两台(2010 年)	15	15	15	15	15	15	215
新大中铝业公司	1200 mm 冷轧机 1 台	2	4	8	10	10	10	12
广州广弘铝板带公司	1400 mm 冷轧机 1 台	2	6	8	15	15	15	15
云南铝业公司	1400 mm、1850 mm 冷轧机各 1 台	15	15	15	15	15	40	60
栋梁新材料公司	1700 mm、2350 mm 冷轧机各 1 台	—	—		6	40	60	100
金兰铝业公司	1500 mm 冷轧机 1 台	—	4	6	10	15	15	15

企　业	简　述	生产能力/(kt·a⁻¹)						
		2004	2005	2006	2007	2008	2009	2010
通用铝业公司	1450 mm 冷轧机 1 台	15	15	15	20	20	20	20
金平果铝业公司	—	—	—	—	—	—	120	150
西北铝加工基地	—	—	—	—	—	—	—	250
神火佛光铝业公司	2300 mm 冷轧机两台	—	—	—	—	—	40	120
捷和铝业公司	1400 mm、1850 mm 冷轧机各 1 台	—	—	30	50	50	50	50
新仁科技公司	1850 mm 冷轧机 1 台，1500 mm 冷轧机 1 台	—	—	—	10	40	80	80
华英铝业公司	1650 mm、1850 mm 冷轧机各 1 台	—	20	20	20	60	60	60
伟豪铝业公司	800 mm、1400 mm 冷轧机各 1 台	40	40	40	40	40	40	40
中原铝业公司	1850 mm 冷轧机 1 台	—	8	15	20	30	30	30
联通铝业公司	1650 mm 冷轧机 1 台	—	2	5	8	25	25	25
浩龙铝业公司	1600 mm 冷轧机 1 台	—	—	4	8	12	20	20
新安电力集团	—	—	—	—	—	—	200	300
东南合金铝公司	1420 mm 冷轧机 1 台	—	—	2	4	8	15	15
长宏铝业有限公司	1650 mm 冷轧机 1 台	—	—	4	8	12	18	18
广宜铝业公司	1650 mm 冷轧机 1 台	—	—	—	6	10	18	18
龙马铝业公司	1200 mm 冷轧机两台	6	12	25	25	25	25	25
远景铝业公司	1450 mm 冷轧机两台	—	8	12	20	30	30	30
天海铝业公司	1550 mm 冷轧机 1 台	25	25	25	25	25	25	25
美铝(昆山)铝业公司	1450 mm 冷轧机 1 台	—	2	4	8	15	15	15
云湖铝业公司	1650 mm 冷轧机 1 台	—	2	6	10	20	20	20
永登铝业公司	1700 mm、1450 mm 冷轧机两台	5	12	18	30	50	50	50
淅川铝业公司	1850 mm 冷轧机 1 台、1500 mm 冷轧机两台	8	20	20	40	60	80	80
常铝铝箔有限公司	1450 mm 冷轧机两台，1850 mm 冷轧机两台	40	40	60	60	80	80	120
南方铝业(中国)有限公司	1700 mm 冷轧机两台	30	30	30	30	30	30	30
南南铝箔有限公司	1850 mm 冷轧机 1 台	30	40	50	50	50	50	50
云南新美铝铝业有限公司	1450 mm 冷轧机 1 台	30	30	30	30	30	30	30
东阳光精箔有限公司	1550 mm 冷轧机两台，1850 mm 冷轧机两台	30	40	75	100	100	100	100
兰铝西北铝加工分公司	1590 mm、1700 mm 冷轧机各 1 台	30	40	45	60	60	60	60
中南铝加工有限公司	1676 mm 冷轧机 1 台	35	35	35	35	35	35	35
平阴铝厂	1400 mm 冷轧机两台	40	40	40	40	40	40	40
萨帕铝热传输(上海)公司	1400 mm 冷轧机两台	30	40	50	50	50	50	50

企 业	简 述	生产能力/(kt·a^{-1})						
		2004	2005	2006	2007	2008	2009	2010
美铝铝业(昆山)公司	1450 mm 冷轧机 1 台	—	10	20	25	25	25	25
晟通科技有限公司	1900 mm 冷轧机两台	—	—	20	40	80	80	90
小 计		1615	2114	2638	3237	3977	5646	7228
其余有 4 辊冷轧机的企业约 30 个	小计	240	245	250	280	350	400	500
其余有 2 辊冷轧机的企业约 200 个	小计	400	380	350	300	220	180	150
总 计		2255	2739	3238	3817	4547	6226	7878

- 在 2005—2010 年期间二辊轧机的生产能力会逐年有所下降,据预测 2010 年在产 2 辊轧机的生产能力可能只剩下 150 kt/a。由于中国经济发展的不平衡 2 辊轧机还会存在一段较长的时间;
- 中国自行设计的首台 6 辊不可逆式 2050 mm 冷轧机于 2005 年 4 月在新安万基工业园洛阳中色万基铝加工有限公司投产,洛阳中色科技股份有限公司设计。

3.4.2.1 冷轧机

中国现代化冷轧工业始于 1956 年东北轻合金有限责任公司的投产,当时有从苏联引进的可逆式 1700 mm 冷轧机两台,可轧制各种铝合金。在投产后的 20 多年里所生产的板带材主要用于航空工业与兵器工业。

2006 年底,中国铝加工业拥有现代化 4 辊与 6 辊冷轧机约 185 台(其中可轧单零箔的万能冷轧机 66 台),生产能力 1905 kt/a;2 辊冷轧机约 200 台,生产能力 350 kt/a。总计冷轧板带生产能力 2255 kt/a。

(1)世界先进大型带材冷轧机

到 2006 年底,中国拥有世界级先进的大型铝带冷轧机 11 台(表 3 –12),笔者认为满足下列条件者可列为这类轧机:①辊面宽度不小于 1800 mm;②最高轧制速度不小于 1200 m/min;③带卷质量不小于 10 t;④生产能力不小于 50 kt/a;⑤装有目前各种先进工艺过程与品质监控设备。

表 3 –12 中国现有的先进铝带冷轧机

企业名称	规格/mm	生产能力/(kt·a^{-1})	投产年度
渤海铝业有限公司	2300	75	1993
西南铝业(集团)有限责任公司	1850	96	1992
西南铝业(集团)有限责任公司	1850 – CVC4	80	1995
瑞闽铝板带有限公司	1850 – CVC6	65	1996
华北铝业有限公司	1850、六辊	50	2004
南南铝业有限公司	1850	40	2004
南山轻合金有限公司	2200 – CVC6(2 台)	200	2006
中色万基铝加工有限公司	2050,六辊	80	2005
中色万基铝加工有限公司	2000	50	2005
华扬铝业科技公司	1850	40	2005
总计	11 台	776	

（2）2 辊冷轧机

2006 年中国的二辊冷轧机约有 200 台，生产能力 350 kt/a 左右。它们在中国国民经济的发展中发挥了重要作用，在今后的一段时间内还会起着相当大的作用，但随着现代化进程的加深将逐渐被市场淘汰，预计至少要延续到 2030 年。它们占的生产能力不大，2006 年的生产能力仅占总生产能力的 15.6%。

3.4.2.2 铝板带精整设备

铝板带精整设备通常包括：拉弯矫直机、纵剪、横剪、辊式矫直机、热处理炉、包装机、预涂生产线等。中国铝板带轧制工业基本上都配备有这些设备，能满足生产需求。

西南铝业（集团）有限责任公司拥有中国唯一的 1 条铝带材预涂生产线，在生产中发挥了很大的作用，取得了较高的经济效益。随着中国建筑工业的发展，预涂板材的应用会日益增多，根据市场需求有必要在国内再增建这类生产线。

目前国内的拉弯矫直机列已达到 115 条，其中引进的 25 条；纵剪生产线 77 条，其中引进的 32 条；横剪生产线 142 条，其中有精密的引进生产线 12 条；各种装料量的退火炉超过 650 台，但尚未有单卷退火炉，新建的新企业可考虑是否设置单卷退火炉，以便处理小批量材料。

纵剪生产线主要用于剪切罐身料薄带材及空调箔，南山轻合金有限公司从得涅利·弗罗林公司引进的高技术高速生产线能确保被剪带材在平直度、结构、边部状态与宽度精确度都达到最佳值。这条纵剪生产线在可切材料宽度之大、可切条数之多、最终产品外径之大均居中国之最，看来在 2015 年之前还不可能有居其上的后来者。生产线的技术参数如下。

可剪材料	1XXX、3XXX、5XXX、8XXX（部分）合金
被剪带材屈服强度/（N·mm^{-2}）	30~350
被剪带材抗拉强度/（N·mm^{-2}）	80~450
被剪带材厚度/mm	0.10~1.00
被剪带材宽度/mm	950~2100
带卷最大外径/mm	2800
带卷内径/mm	406、500、610
带卷最大质量/t	30
生产线速度/（m·min^{-1}）	0~800
分条最多数/条	81
产品带卷最大外径/mm	2000
产品带卷内径/mm	150、200、300、406、500
产品宽度/mm：	
最窄	10
最宽	2080

3.4.3 中国自行设计制造的铝带冷轧机

中国可设计制造 4/6 辊铝带冷轧机的企业有：第一重型机械集团公司、昆明重型机器公司、中色科技股份有限公司、涿神有色金属加工专用设备有限公司、捷如重工机电设备有限公司、天重重型机械（集团）有限公司、诚达设备制造有限公司、正扬机械设备有限公司等。它们提供的轧制设备在中国铝加工业中发挥了很大的作用，而且开始出口，2007 年天重重型机械（集团）有限公司向印度百诺肯铝业公司出口 1 台 φ380 mm/960 mm×1700 mm 四辊不可逆式冷轧机 1 台与印度尼西亚林氏集团出口 φ440 mm/1250 mm × 1850 mm 四辊不可逆式冷轧机 1 台(最大轧制速度 1200 m/min、轧制线高 2850 mm、主电机功率 2 × 2000 kW)。

3.4.3.1 4 辊 800 mm 级铝带冷轧机

第一重型机械集团公司设计制造的首批 4 辊 800 mm 铝带冷轧机于 1985 年在东北轻合金有限责任公司等投产,后来洛阳有色金属加工设计研究院、西安重型机械研究所等在研制开发这类轧机方面作了许多工作,所提供的十多台这类轧机在薄带材与厚铝箔生产中发挥了很好的作用。一般都把这类轧机设计成可以轧制厚度不小于 0.05 mm 的带材。中色科技股份有限公司设计的 800 mm 铝带 4 辊不可逆式冷轧机组的主要技术性能如下:

可轧材料　　　　　　　软合金
来料厚度/mm　　　　　6 ~ 8
来料宽度/mm　　　　　440 ~ 660
带卷内径/mm　　　　　510
带卷外径/mm　　　　　1460
带卷最大质量/t　　　　2.5
产品厚度及偏差/mm　　0.05 ± 0.003
　　　　　　　　　　　(0.2 ~ 1.0) ± 0.005
产品宽度/mm　　　　　420 ~ 640
开卷机:
　　卷筒直径涨缩范围/mm　φ470 ~ 520
　　卷筒长度/mm　　900
　　张力/kN　　　　1.157 ~ 5.884
　　最大开卷速度/(m·min⁻¹)　465.2
　　电机功率/kW　　DC2 × 71
机前装置:
　　送料辊尺寸/mm　　φ200 ~ 760
　　直头板(两位式)宽度/mm　390
　　侧导辊尺寸/mm　　φ100 ~ 150
　　展平辊(3 个)尺寸/mm　φ140 ~ 800
　　光亮调整辊尺寸/mm　　φ140 ~ 800
　　纠偏装置形式　　光电式
4 辊轧机:
　　工作辊尺寸/mm　　φ260 ~ 900
　　支承辊尺寸/mm　　φ630 ~ 800
　　立柱断面尺寸/mm　　350 × 400
　　最大轧制力/kN　　3.432
　　最大传动力矩/(kN·m)　32.3

最大穿带速度/(m·min⁻¹)　30
最大轧制速度/(m·min⁻¹):
　　轧制带材　　　　300
　　轧制铝箔　　　　600
最大推上速度/(mm·s⁻¹)　2
最大正负弯辊力/kN　　245
电机功率/kW　　　　DC 728
换辊方式　　　　　　用液压缸
机后装置:
　　圆盘剪可切材料厚度/mm　1 ~ 2
　　圆盘剪可切边宽度/mm　10 ~ 20
　　圆盘剪剪切穿带电机功率/kW
　　　　　　　　　　　AC 1.1
　　碎边机可碎边厚度/mm　1 ~ 2
　　碎边长度/mm　　　≤100
　　碎边电机功率/kW　DC 5.5
卷取机:
　　卷筒直径涨缩范围/mm　φ490.6 ~ 510
　　卷筒长度/mm　　900
　　张力/kN　　　　0.57 ~ 65
　　最大卷取速度/(m·min⁻¹)　690
　　电机功率/kW　　DC71 × 3
皮带助卷器:
　　助卷带材厚度/mm　0.2 ~ 4.0
　　助卷带材宽度/mm　400
　　传动方式　　　　液压
上、卸卷小车:
　　传动方式　　　　液压
　　带卷贮存方式　　辊运式,可存 5 卷

3.4.3.2　4 辊 1800 mm 铝带冷轧机

中国设计制造的 1800 mm 级冷轧机通常都能达到目前一般的国际水平，其装机水平为：具有完善先进的液压压上厚度自动控制系统（AGC），分段控制冷却的板型系统，先进的预涂板式过滤系统。具有全自动和手动控制的 CO_2 灭火系统，全数字控制和网络通讯，提供控制精度和可靠性，先进的工程师工作站和信息文化的文化管理，开卷对中 CPC 装置，自动纠偏带材。轧辊轴承采用四列短圆柱滚子轴承并采用油雾润滑，卷取机卷筒钳口准确定位，彩色液晶操作终端，方便操作和显示。

正扬机械设备有限公司为永登铝业公司铝加工厂提供的 $\phi380$ mm/1050 mm × 1800 mm 4 辊不可逆式冷轧机的基本技术参数如下：

规格/mm	$\phi380/1050 \times 1800$	低速张力/kN	107
主电机功率/kW	500 × 2	高速张力/kN	1.8
最大轧制力/kN	13000	卷取机：	
轧制速度/(m·min^{-1})	0 ~ 200 ~ 600	电机功率/kW	220 × 2
带卷最大质量/t	8.5	低速张力/kN	110
带卷最大外径/mm	1700，最小 900	高速张力/kN	1.5
来料厚度/mm	6 ~ 10	轧制线高度/mm	1100
来料最大宽度/mm	1550	整机装机容量/kW	DC 1840，AC 650
产品最薄厚度	0.1	穿带速度/(m·s^{-1})	0.2 ~ 0.5
工作辊直径/mm	380 ~ 350	最大前滑量/%	15
辊面宽度/mm	1800	产品规格/mm	0.1 ~ 0.3
肖氏硬度	90	厚度偏差/mm	0.1 ± 0.004
支承辊直径/mm	1050 ~ 950		0.3 ± 0.006
辊面宽度/mm	1700		0.6 ± 0.009
肖氏硬度（HS）	70 ~ 75		3.0 ± 0.040
开卷机：		宽度/mm	不切边 900 ~ 1550
电机功率/kW	200 × 2		切边后 850 ~ 1500

3.5　讨论与展望

根据目前中国铝轧制（板、带、箔）工业的装备分析，2010 年，中国的轧制装备水平将全面赶上、甚至超过工业发达国家的，但在装备研发、设备与制造方面还有较大差距，可能相差 20 年以上。在此，笔者提出目前我们在一些铝板带箔装备方面存在的问题以供讨论，希望这些问题能在今后尽快解决。

（1）装备研发、设计与制造

实际上，我们现在制造的热轧机、冷轧机、箔轧机仅相当于国际上的三流水平，可能还略逊于意大利的水平，比一流的西马克公司，阿申巴赫公司，二流的奥地利钢铁联合公司（VAI）、日本石川岛磨播重工业公司（IHI）、日立公司（Hitach）的相差较大，而自动化工艺过程控制设备与欧洲 ABB、日本东芝公司、美国通用电气公司、德国西门子公司等的差距则可能更大一些。日本在 20 世纪 50 年代末与 60 年代初引进一二套轧机后，就组织力量消化吸收，在不到 5 年的时间内，就设计制造出了其水平足可与引进设备相媲美的轧机及其配备设备，70 年代中期以后就大举出口这类装备，进展之快，令人惊叹。

造成这种差距有多方面的原因，既有机制方面的因素，也有经费不足与技术力量不够集中的因素。今后我们还要建一批新厂，需要大量的装备，必须改变轧制设备引进一代又一代的局面。

（2）轧制装备分布结构

中国轧制厂或轧制设备的集中度不合理，过于分散，即中小企业多，需建设一批规模大的企业，厂址应尽量接近消费市场，珠江三角洲有必要集中一批大的先进的设备，亚洲铝业集团与东阳光板带箔项目的建设是十分必要的，神火集团将铝箔项目建到上海浦东也是远见卓识的决策。

（3）扁锭熔铸设备与扁锭生产结构

铸锭品质对产品性能与冶金组织起着决定性的作用，而先进的装备是生产优质扁锭的先决条件。总体看来，我们的熔铸设备还不够先进，既需要引进，也必须大力研制开发，诸如先进的燃烧系统、余热回收系统、烟气净化系统、熔体净化装备、内导式液压铸造机、铸锭锯切与包装机列、超声波探伤机等。

另外，大部分扁锭与铸轧带坯应逐步由铝电解厂提供，这对节约二源（资源与能源）、降低成本与保护环境都大有裨益。

（4）铝液电磁铸轧装置

铝液电磁铸轧是一项先进技术，但电场发射系统会产生震动又不精巧，不利于铸轧高品质带坯，虽不能说它成为这项技术与装置商业化生产的鸿沟，却也是一道必须逾越的屏障，欲完全消除震动恐怕是不可能的，但必须减至最低限度，以不破坏表面氧化膜为目标。要做到精巧，便于操作与维护，也实属不易。还要评估电磁场对工人身体是否有影响。

（5）薄带坯高速铸轧机

中国在研制薄带坯高速铸轧机与生产技术方面虽取得了许多阶段性的成就，但还有一些关键技术有待突破，离商业化生产时日还难以卜定。因此，引进一条这类生产线很有必要，以便从中吸取一些经验。高速铸轧带坯对生产某些铝箔带坯是有竞争力的。

（6）带锯与圆锯

扁锭锯切可用带锯也可以用圆锯，中国多用圆锯。而带锯具有工作时噪声低、锯口小、电耗低的优点，应大力推广，圆锯应尽快淘汰。

（7）铣面机

扁锭在热轧之前都要经过铣面（2 辊轧机小扁锭例外），当前除西南铝业（集团）有限责任公司外，中国其他企业的扁锭铣削表面粗糙度都超过 5 μm。因此，在条件允许的情况下，应对铣床与铣刀质量加以改造与改进。

（8）铸锭热轧机与双辊式连续铸轧机的比例

冷轧用的带坯的生产方式有 3 种：铸锭热轧的；双辊式连续铸轧机生产的；黑兹莱特式连铸连轧工艺生产的。

前两种中国都能生产，也就是说中国都拥有生产这类产品的大量装备，不过它们之间应有个合理的比例。黑兹莱特连铸连轧机列中国还没有，有引进的必要，因为该生产线在生产某些产品方面有明显的优越性。

在这里，笔者提供两个宏观方面的情况：一是当前全球市场上，真正需用铸锭热轧带坯冷轧的板带箔只有罐身料、高档 PS 板材、小轿车外壳板（现在也有用铸轧材料的）、航空航天硬合金板材、厚板与特厚板、电子产品等等，其产量仅占轧制产品的 20% 左右，而且，已试验成功用黑兹莱特连铸连轧法生产罐身料与汽车蒙皮板。这就是说，由于连续铸轧技术与连铸连轧技术的进步，过去生产板带材需用铸锭热轧带坯冷轧，现在可以由其他技术代替；二是工业发达国家自 20 世纪 90 年代中期以来已停止建设铸锭热轧生产线，而双辊式铸轧机与黑兹莱特连铸连轧生产线的建设却在逐年增多。当然，这并不是说铸锭热轧法技术已过时，而是说现在生产能力已足够大，如果市场需要可通过对现有装备的改造来提高产量。

以上这些情况投资者不妨考虑一下。笔者认为，铸锭热轧机的生产能力与连续铸轧、连铸连轧机列生产能力的比例以各占 50% 为宜，同时后两者占的比例应与时俱增。

值得探讨一下：现在单机架双卷取热轧机的建设是否多了一些？中国十多台这类轧机的装机水平似乎没有多大差别，这种同水平重复建设现象值得思考。

（9）冷轧机及冷连轧生产线

中国在建多条热连轧生产线，与此同时，冷轧机及冷连轧机生产线的建设宜及时赶上。通常冷轧生产能力应达到热轧生产能力的 70% 左右。冷轧机是圆柱形六辊式还是 CVC 式的，连轧机是双机架的、三机架的，还是更多机架的，宜根据项目情况慎重选择。

（10）双机架铝箔连轧生产线

全球现有两条双机架铝箔连轧生产线，看来中国已到了建设这类生产线的时候，有条件的铝箔企业可以考虑。

（11）光亮铝板带轧机

随着国民经济全面协调持续发展，对光亮铝板带材的需求会有所增加，当然这个市场并不大。有条件的企业可考虑建一条这类产品生产线。

（12）用铸造复合锭轧制复合板带材值得考虑与建设。

（13）轧制油烟净化回收装置

不管是热轧还是带材冷轧，在生产过程中都会排放一定量的烟气与油烟，导致环境被污染。因此，大型轧机都需要设置油烟、烟气净化与回收系统，至于中小型轧机是否应有这类装置可以环保部门的意见与法规条例为准。

（14）包装生产线

铝材在运输过程中的损失高达 0.5%。包括机械损伤、化学损失（腐蚀）、丢失、静电灼伤等。因此，牢固良好的防潮防雨包装显得十分重要，不可掉以轻心，大型企业最好有半自动化的机械化包装生产线。

最后还要说一点：西南铝业（集团）有限责任公司、南山轻合金有限公司、亚洲铝业集团新建的板带轧制项目都将罐身料作为主导产品之一，然而生产有国际市场竞争力的罐身料可不是一件轻而易举的事，如果能在有负荷试车后的 5 年内也就是在 2010 年能提供有国际市场竞争力的这种罐身料，就非常了不起。切不可认为有了（1 + 4）式热连轧生线就可以不费大劲生产罐身料。2003 年美国铝业公司与加拿大铝业公司设在美国的工厂已能生产 0.254 mm 厚的罐身料，可是中国仍只能少量生产无国际市场竞争力的 0.28 mm 厚的罐身料，从 0.3 mm 减薄到 0.254 mm 需要做的工作太多，进展进度之慢、要求技术之高，不是我们能够想象到的。但是，我们真诚地希望中国能早日生产这种产品。所谓有国际市场竞争力的产品，是指其品质与美国铝业公司、诺威力铝业公司及加拿大铝业公司产品相当，可在北美与西欧市场上与其一决雌雄的产品。

3.6　中国的铝箔工业

铝加工业随着 1988 年美国匹兹堡冶炼厂的建成而开始兴起。大约在 1891 年美国和欧洲一些手工作坊采用多层锤击法生产小张铝箔，由于其尺寸小与厚度不均，不是当时已大量应用于包装工业的锡箔的竞争对手。1903 年法国人高茨希（A. Gautschi）用二辊轧机平张叠轧法轧得厚 0.05 mm 的铝箔，这是世界上第一批工业生产的铝箔。1910 年，瑞士人纳欧（R. V. Neher）与德国施密茨（August Schmitz）机器厂合作，采用装有前后卷取机的二辊轧机成功地轧出了窄幅的成卷铝箔。铝箔生产从此走上了工业化的发展大道。

3.6.1　中国铝箔工业的发展历程

中国铝箔工业的发展可分为四个阶段：1932—1960 年为起步阶段，1961—1979 年为自力更生建设小铝箔厂阶段，1980—1999 年为高速发展向铝箔大国迈进阶段，2000—2010 年为建设以超宽轧机铝箔项目为主并向铝箔强国前进的阶段。

3.6.1.1　起步虽早，发展停滞：1932—1960 年[1]

中国铝箔生产技术是 20 世纪 30 年代以瑞士引进的，1932 年瑞士铝业公司（Alussise）、加拿大铝业公司（Alcan）与英国铝业公司（British Aluminium）在上海杨浦区合资创建华铝钢精厂，主要生产 0.008 mm 的烟箔，还生产少量铝板、带。由于铝箔轧制是一种专门的特殊加工技术，20 世纪 30 年代全世界只有美国、英国、瑞士、德国、中国、日本等少数几家工厂能生产，所以价格昂贵，利润丰厚。

华铝钢精厂是新中国成立以前中国唯一的一家铝箔轧制厂，在开工的初期其规模居远东第一。1935 年外商企业英美烟草公司也建了一个铝箔车间，生产自己所需的烟箔，终因技术难度大加工成本高而被迫停产，后将全部设备卖给华铝钢精厂。后者仅用了其中的几台，其余的闲置于仓库内，防止落入他人之手，以垄断铝箔生产。新中国成立后，它们被调拨给西安铝制品厂。

华铝钢精厂拥有熔炼、铸造、热轧、冷轧、铝箔轧制、精整等全套生产设备，其主要的设备见表 3 - 13。所需的原铝锭全部进口。除表中所列的设备外，还有：切边合卷机、分卷机、接头机、裁切机、染裱机、压花机、上腊机、退火炉、轧辊磨床等配套设备。

该厂的铝箔多为小平张烟箔，厚 0.008 mm，衬纸后质量 21 g/m²，尺寸为 114.3 mm × 171.45 mm，以包为单位，每包 1060 张，相当于净铝质量 0.45 kg(1.1b)。每箱装 144 包。注册商标"金钟牌"，日产 40 箱，年产 12000 箱，折合净铝 780 t，带纸总质量 1650 t。

除产烟箔外，还生产裱纸糖果箔（0.009 mm）、裱牛皮纸的茶叶箔（0.014 mm）、电容器素箔（0.006 mm ~ 0.0075 mm），以及染色、压花、上蜡等的种种深加工箔。

在 1943—1945 年太平洋战争期间，华铝钢精厂由日本接管，转产飞机修理铝合金板。抗日战争胜利后，交还瑞士商人，恢复铝箔生产。1946 年，瑞士铝业公司与加拿大铝业公司制订了工厂的扩建计划。后来，由于解放战争的胜利挺进，扩建计划未于执行。

表 3 – 13　华铝钢精厂的主要装备

设备名称	规　　格	台数
熔炼炉	3 ~ 8 t	3
铁模(锭的尺寸)	80 mm×300 mm ~ 430 mm×760 mm	16
热轧机	ϕ550 mm×1300 mm	1
块片冷轧机	ϕ650 mm×1500 mm	2
带卷冷轧机	ϕ425 mm×800 mm	3
铝箔粗轧机	ϕ350 mm×800 mm	1
	ϕ300 mm×600 mm	3
箔材中轧机	ϕ230 mm×600 mm	4
箔材精轧机	ϕ230 mm×550 mm	18
箔材洗涤机	ϕ230 mm×550 mm	2

新中国成立后，华铝钢精厂在政府的对私营工商业的"利用、限制、改造"方针指导下维持素箔产量为 560 t/a 左右。1960 年，该厂作为华夏大地上最后一家外商企业由中国政府赎买接管，铝箔产量节节上升。1964 年以后的产量达到 2 kt/a 以上。后来工厂易名为上海铝材厂，1997 年又实行改制，租赁给民营企业家，改名为"上海华瑞铝业合作公司"，表明中国在社会主义市场建设方面在铝加工业中的成就。2006 年华瑞铝业合作公司永久性关闭。

3.6.1.2　自力更生建设小铝箔厂：1958—1979 年

1958 年西北机器厂为成都 715 厂制造了 27 台 ϕ154 mm×300 mm 二辊铝箔轧机，开中国自制铝箔轧机先河。东北轻合金有限责任公司同年为建一个铝箔车间委托哈尔滨工业大学机械系一个班的大部分学生以作毕业实习的名义到华铝钢精厂，测绘全部设备，绘出制造图。由上海冶金矿山机器厂制造了 14 台 ϕ240 mm×600 mm 二辊铝箔轧机。这个华铝钢精厂翻版的铝箔车间于 1963 年投产，设计生产能力 1.5 kt/a。粗轧机电动压下，精轧机手动压下，最大轧制速度 100 m/min，虽然设备与工艺水平有所提高，但仍是 20 世纪 30 年代水平。

1959 年中国从德意志民主共和国引进一套生产能力为 0.95 kt/a 的成套铝箔生产线，其主要装备为：1 台 ϕ250 mm/750 mm×850 mm 的可逆式冷轧机，7 台 ϕ220 mm/560 mm×800 mm 的可逆式粗中轧机，4 台 ϕ320 mm×800 mm 的中精轧机，其他配套设备等。直流传动，可控硅供电，可控硅励磁，张力自动控制，电动压下。此套设备原计划装在东北轻合金有限责任公司，后调拨给西北铝加工厂，1966 年投产，1987 年卖给天元铝业集团有限公司。这套轧机具有 20 世纪 40 年代水平。

在 20 世纪六七十年代全国各地依照上海铝材厂与西北铝加工厂铝箔车间的装备与生产工艺建设了一批小型铝箔厂，其中主要的有：北京延庆铝箔厂(2005 年破产关停)、常熟市铝箔厂、辽宁电子铝箔厂、四川江油西南金属制品厂，西安铝制品厂等。1979 年中国铝箔的总生产能力约 12 kt/a，产量约 7 kt。

3.6.1.3　改革开放迎来大发展：1980—1999 年

同国民经济的其他各个部门一样，改革开放以来是中国铝箔工业的黄金发展时期，以前所未有的速度向前发展，取得了举世瞩目的巨大成就。建成了一批现代化的铝箔厂，如：渤海铝业有限公司铝箔厂(2008 年 12 月关停待售)、华北铝业有限公司、厦顺铝箔有限公司、西南铝业(集团)有限责任公司铝箔分厂、华西铝业有限责任公司、美铝(上海)铝业有限公司、东北轻合金有限责任公司(薄板分厂)等。这个时期是中国铝箔工业实现现代化、与国际市场开始接轨。截止到1998年底,中国有大小铝箔企业79家(含轧制厂的铝箔车间),总设计生产能力195 kt/a(不含仅能生产厚箔及单零箔轧机的产能),平均每个厂的生产能力为2.34 kt/a。中国铝箔厂之多,平均规模之小,二辊轧机之多,均居全球之最。

1979年东北轻合金有限责任公司从德国阿申巴赫公司(Achenbach)引进1台四辊不可逆式φ230 mm/560 mm×1200 mm万能铝箔轧机,从此中国有了现代化四辊铝箔轧机。

据《中国有色金属工业年鉴》的资料,1983年中国铝箔的产量为8 kt,1997年的产量为114 kt/a,这14年的年平均增长率为20.9%,是增长速度最快的铝材品种之一。

3.6.2 中国铝箔工业的现状

中国已成为一个铝箔生产大国,2004年的产量达450 kt,并成为一个铝箔净进口国,2004年的进口量59.545 kt,出口量62.982 kt,净进口量−3.437 kt(有衬背铝箔即复合铝箔按50%折算成素箔);2006年的铝箔产量745 kt,从而超过美国的产量成为世界第一大铝箔生产大国。

中国从2005年起成为一个初级铝箔强国,其标志是:

- 生产能力最大,约有1252 kt/a;
- 拥有世界上装机水平先进的与最多的超宽幅的2000 mm级的箔轧机30台;
- 可生产各种铝箔,并可批量生产宽度达1100 mm的0.005 mm级电力电容器箔;
- 铝箔出口到国际市场,并具有较强的竞争力;
- 劳动生产率与各项技术经济指标正在全面赶上工业发达国家的。

当然中国要成为一个真正铝箔强国还需要一些时日,可能还要10年左右,特别是在自主创新与研发力量方面,以及全员素质方面还有相当大的差距。

3.6.2.1 铝箔轧机的产能与装机概况

截止到2006年底中国有铝箔企业约130家,其中生产双零箔的仅28家,其余的生产厚箔、单零箔及板带材,双零箔的生产能力166 kt/a,单零箔的207 kt/a,厚箔的879 kt/a,共计1252 kt/a(图3−7~图3−10及表3−14)。

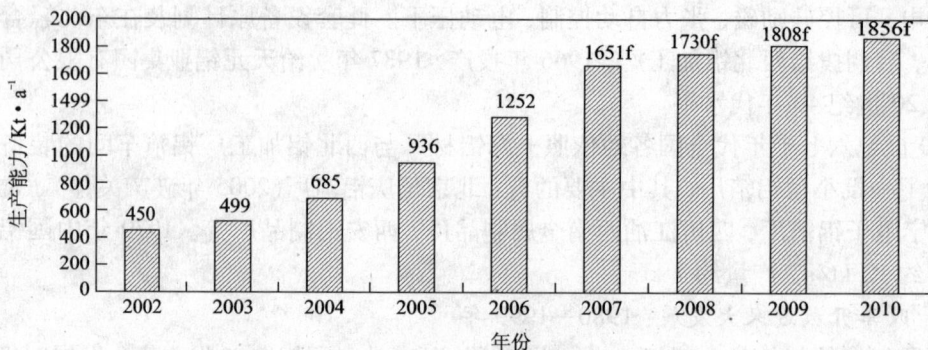

图3−7 2002—2010年中国铝箔的生产能力

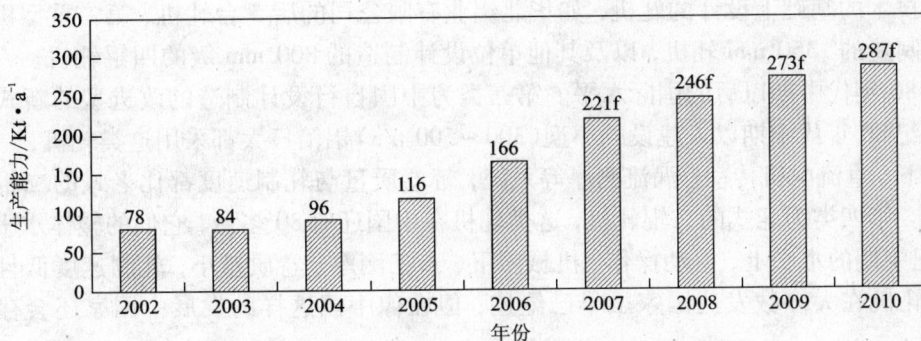

图 3 - 8　2002—2010 年中国双零箔的生产能力

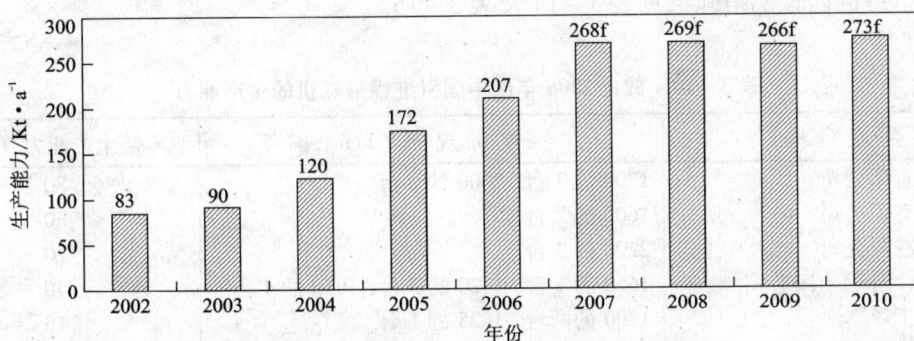

图 3 - 9　2002—2010 年中国单零箔的生产能力

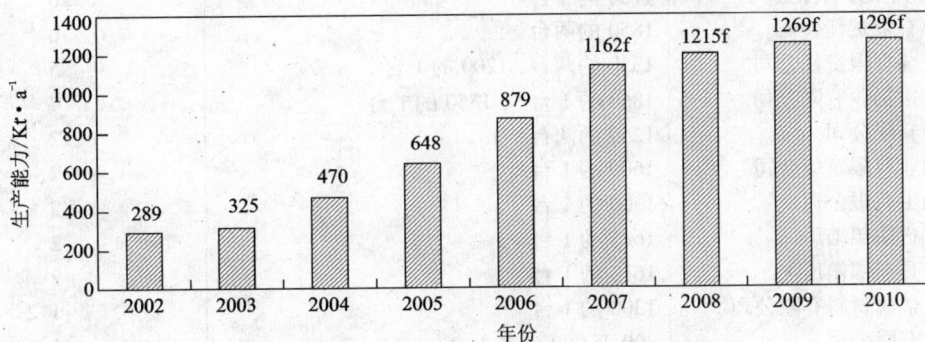

图 3 - 10　2002—2010 年中国厚铝箔的生产能力

中国铝箔行业所拥有的轧机是世界铝箔轧机大展台，既有上世纪 30 年代的，也有 21 世纪初国际先进的；有德国的、英国的、法国的、日本的、意大利的，还有中国自行设计制造的。按装机水平可分为四类：第一类为引进的达到当前国际或国际先进水平，都装有液压压下、液压弯辊、AGC、AFC、速度自动控制、轧辊分段冷却、全油润滑、二氧化碳自动灭火系统，以及速度最佳化系统等装置，带卷质量 5 ~ 16 t，轧制速度 800 ~ 2000 m/min，如厦顺铝箔有限公司的 2000 mm 轧机、西北铝加工厂的 1700 mm 轧机、渤海铝业有限公司的 2200 mm 轧机、南山轻合金公司的 2000 mm 轧机、上海神火铝箔有限公司的 2150 mm 轧机、首龙铝业公司的 1780 mm 轧机、南南铝业公司的 1800 mm 轧机等。第二类为中国的设计院在消化吸收引进轧机技术的基础上设计的轧机，如华北铝业有限公司的后 5 台轧机、第一重型机器集团公司设计制造的 1350 mm 轧机，以及其他单位设计制造的 800 mm 级的四辊轧机，一般都达到上世纪 80 年代中期以后的国际水平。第三类为中国自行设计制造的改进型的新式二辊轧机，20 世纪 80 年代中期以来建设的小型(300~500 t/a)铝箔厂大都采用这类轧机，一般都装有液态压下、直流电机传动、涡流测厚等系统，带卷质量与轧制速度都比老式的二辊轧机大幅度提高。第四类为老式的二辊轧机，这类轧机在中国还有 80 多台，它们的整体水平仍停留在 20 世纪中期的水平上，手动操作、机械压下、人工测厚、卷质量小，轧制速度低且不能调节；这类轧机在大多数发达国家虽早已绝迹，但在像中国这样的发展中国家还会存在一段时间。

(1)引进的四辊铝箔轧机

中国引进的四辊铝箔轧机见表 3-14 及表 3-15。

表 3-14   截止 2006 年底中国引进铝箔轧机的生产能力

企 业 名 称	轧 机 规 格 / mm	双零箔生产能力/(kt·a^{-1})
厦顺铝箔有限公司	1700 的 3 台、2000 的 6 台	80
华北铝业有限公司	1600 的 7 台	30
渤海铝业有限公司	2200 的 3 台	20
南方铝业(中国)有限公司①	1650 的 1 台, 1420 的 3 台, 1950 的 4 台	40
西北铝加工厂	1700 的两台, 1625 的 1 台	15
大亚集团丹阳铝箔公司	1480 的两台, 1500 的 1 台	15
西南铝业(集团)有限责任公司	1700 的两台	6
美铝铝业(上海)有限公司	1780 的 3 台②	20
华西铝业有限责任公司	1850 的两台	6
东北轻合金有限责任公司	1350 的两台, 1200 的 1 台	5
云南新美铝铝业有限公司	1860 的 1 台①, 1350 的 1 台	7
顺源铝业有限公司	1250 的两台①	12
石家庄铝业有限责任公司	1600 的 1 台	2
中南铝加工有限公司	1300 的 1 台	2
恩远公司贵阳铝箔厂	1625 的 1 台	2
伟豪铝业丹东铝箔厂	1613 的 1 台	2
鲁丰有色金属材料有限公司	1300 的 1 台	1.2
渤海机械有限公司	800 及 900 的各 1 台①	1.5
天元铝业公司	800 的 1 台	0.8
龙马铝业有限公司①	1575 的 1 台, 1400 的两台	10
涿州铝箔厂①	1060 的两台①	2
南山轻合金公司	2000 的 4 台	25
上海神火铝箔有限公司	2150 的 3 台	25
南南铝业公司	1800 的两台	10
昆山铝业有限公司	2150 mm 的 3 台	25
中基复合材料有限公司	2000 mm 的 3 台	25
首龙铝业公司	1780 的两台	10
总 计		400

注：①二手轧机；②其中 1 台二手轧机。

表3-15 中国引进的四辊铝箔轧机的简明参考数据(≥800mm)

(截止到2006年底共77台,生产能力424.3kt/a)

企业名称	轧机规格/mm	制造国与公司	台数	投产年度	设计产能/(kt·a⁻¹)	最大卷重/t	最大轧制速度/(m·min⁻¹)	最大轧制力/kN	来料最大厚度/mm	来料最大宽度/mm	成品最薄厚度/mm	主电机功率/kW
东北轻合金有限责任公司	φ230/560×1200,万能	德国阿申巴赫公司	1	1979	0.8	2.2	700	4000	0.7	1050	0.005×2	420
华北铝业有限公司	φ260/700×1600,粗中 φ260/700×1600,中精	日本神户钢铁公司 日本神户钢铁公司	1 1	1983} 1983}	5	6.0 6.0	1200 1200	5000 5000	0.5 2×0.05	1320 1320	0.012 0.006×2	720 360
东北轻合金有限责任公司	φ230/560×1350,中精	德国阿申巴赫公司	2	1989	4	4.0	1200	4000	0.08	1100	0.005×2	400
美铝(上海)铝业有限公司	φ310/875×1780,中精	英国戴维公司	2	1989	6	9.12	1500	68 60	0.5	1560	0.006×2	2×200
中铝西北铝加工分公司	φ254/660×1625,万能	意大利新亨特工程公司	1	1990	2	8.3	960	4000	0.6	1400	0.006	403
华北铝业有限公司	φ260/700×1600,中精	神户钢铁公司,涿神公司	2	1990	15	6.0	1200	5000	2×0.05	1320	0.006	360
石家庄铝业有限责任公司	φ260/700×1600,中精	神户钢铁公司,涿神公司	1	1990	2	6.0	1200	5000	0.08	1320	0.006	360
云南新美铝业有限公司	φ230/550×1350,万能	德国阿申巴赫公司	1	1990	2	7.0	1200	4000	0.3	1180	0.006	450
中南铝加工有限公司	φ180/420×1060,二手①	意大利米诺公司	2	1990	2	1.5	120	1600		800	0.007	240
中南铝加工有限公司	φ230/650×1300,万能	意大利米诺公司	1	1991	2	3.0	800	3000	0.08	1050	0.006	360
恩远公司贵阳铝箔厂	φ254/660×1625,万能②	意大利新亨特工程公司	1	1991	2	5.0	1200	2500	0.6	1200	0.006	720
夏顺铝箔有限公司	φ260/720×1700,粗中 φ260/720×1700,精	法国克莱西姆公司 法国克莱西姆公司	1 1	1991} 1991}	15	9.3 9.3	1500 1200	6500 6500	0.6 0.1	1550 1550	0.012 0.006	2×500 740

续表 3-15

企业名称	轧机规格/mm	制造国与公司	台数	投产年度	设计产能/(kt·a⁻¹)	最大卷重/t	最大轧制速度/(m·min⁻¹)	最大轧制力/kN	来料最大厚度/mm	来料最大宽度/mm	成品最薄厚度/mm	主电机功率/kW
西南铝加工厂	φ254/670×1700,粗中	德国阿申巴赫公司	1	1993	6	9.2	1500	5000	0.5	1550	0.012	3×500
	φ254/670×1700,精	德国阿申巴赫公司	1	1993		9.2	1200	5000	0.1	1550	0.006	3×500
大亚集团丹阳铝箔公司	φ230/600×1480,粗中	英国戴维公司	1	1994	8	5.0	1200	3000	0.6	1250	0.014	—
	φ230/600×1480,精	英国戴维公司	1	1994		5.0	1200	3000	0.014	1250	0.006	—
伟豪铝业公司丹东铝箔厂③	φ254/660×1613,万能	意大利法塔亨特公司	1	1994	2	3.34	957	3500	0.35	1470	0.005×2	—
渤海铝业有限公司	φ360/1000×2200,粗	英国戴维公司	1	1994	20	15.7	2000	8000	0.7	1880	0.03	3400
渤海铝业有限公司	φ360/1000×2200,中	英国戴维公司	1	1994		15.7	2000	8000	0.15	1880	0.007	3400
渤海铝业有限公司	φ360/1000×2200,精	英国戴维公司	1	1994		15.7	1200	8000	0.10	1880	0.007	700
华西铝业有限责任公司	φ280/850×1850,精中,精	意大利法塔亨特公司	2	1995	6	10	1500	7000	0.7	1675	0.006	2×600
南方铝业(中国)有限公司	φ360/864×1650,粗	德国阿申巴赫公司(二手)	1	1997	1	7	800	5000	1.0	1440	0.05	1000
南方铝业(中国)有限公司	φ184/571×1420,中④	德国阿申巴赫公司(二手)	1	1997	15	5.8	900	4000	0.2	1250	0.014	260
南方铝业(中国)有限公司	φ184/571×1420,精	德国阿申巴赫公司(二手)	2	1997		5.8	600	4000	0.06	1250	0.007	260
顺源铝业有限公司	φ260/700×1250,粗中④	德国施洛曼公司(二手)	2	1998	25	6	336	6000	7.0	1080	0.08	728
华北铝业有限公司	φ260/700×1600,粗中精	神户钢铁公司,涿神公司⑤	3	2000	15	6	1200	5000		1320		360
鲁丰有色金属材料公司	φ230/550×1300,万能⑥	意大利米诺公司	1	2001	1.2	5	1200	4000	0.7	1120	0.006	600
渤海机械有限公司	φ225/540×800,粗中	德国爱恩斯特公司(二手)	1	2001	1.5	1	600		7	620	0.012	150
渤海机械有限公司	φ180/400×900,精	德国弗罗林公司(二手)	1	2000		1	600		0.06	720	0.006	150

续表 3-15

企业名称	轧机规格/mm	制造国与公司	台数	投产年度	设计产能/(kt·a⁻¹)	最大卷重/t	最大轧制速度/(m·min⁻¹)	最大轧制力/kN	来料最大厚度/mm	来料最大宽度/mm	成品最薄厚度/mm	主电机功率/kW
天元铝业公司	φ220/560×800,粗[7]	德国(民主)	1	1992	0.8	—	—	—	—	—	—	—
夏顺铝箔有限公司	φ260/720×1700,粗	法国克莱西姆公司	1	1997	5	10	1700	6500	0.75	1550	0.012×2	2×500
云南新美铝铝业有限公司			1	—	6	—	—	—	—	—	—	740
中铝西北铝加分公司	φ260/720×1700,粗中	法国克莱西姆公司	1	2002	10[8]	13	1500	6500	0.6	1550	0.01	2×500
中铝西北铝加分公司	φ260/720×1700,精	法国克莱西姆公司	1	2002		13	1200	6500	0.1	1550	0.006	740
夏顺铝箔有限公司	φ280/850×2000,粗	德国阿申巴赫公司	1	2003	25[9]	12	2000	6000	0.6	1850	0.03	1600
夏顺铝箔有限公司	φ280/850×2000,中	德国阿申巴赫公司	1	2003		12	2000	6000	0.35	1850	0.012	1200
夏顺铝箔有限公司	φ280/850×2000,精	德国阿申巴赫公司	1	2003		12	1200	6000	0.12	1850	0.006×2	600
龙马铝业有限公司[10]	φ230/610×1575,粗	洛威公司美国(二手)	1	2003	10	7	700	7000	0.76	1370	0.018	450
龙马铝业有限公司	φ230/550×1400,中	德国阿申巴赫公司(二手)	1	2003		3	700	5600	0.7	1280	2×0.007	300
龙马铝业有限公司	φ230/550×1400,精	德国阿申巴赫公司(二手)	1	2003		3	700	5600	0.4	1280	2×0.007	265
首龙铝业有限公司	φ280/850×1780,粗中	日本 IHI 公司	1	2005	10	10	2000	—	0.6	1550	0.010	2×800
首龙铝业有限公司	φ280/850×1780,中精	日本 IHI 公司	1	2005		10	2000	—	0.012	1550	0.006×2	2×800
大亚集团丹阳铝箔有限公司	φ260/750×1500,粗	德国阿申巴赫公司	1	2004	7[11]	—	2000	6000	0.8	1300	0.012	2×425
南南铝箔有限公司	1750	日本 IHI 公司[12]	2	2004	10	—	—	—	—	—	—	—
南山轻合金有限公司	φ280/850×2000,粗	德国阿申巴赫公司	1	2005	40,双零箔及空调箔各 20	12	2000	6500	0.75	1850	0.016	2×800
南山轻合金有限公司	φ280/850×2000 中1	德国阿申巴赫公司	1	2005		12	2000	6000	0.35	1850	0.012	2×600
南山轻合金有限公司	φ280/850×2000 中2	德国阿申巴赫公司	1	2005		12	2000	6000	0.35	1850	0.012	2×600
南山轻合金有限公司	φ280/850×2000,精	德国阿申巴赫公司	1	2005		12	1200	6000	0.10	1850	2×0.005	1×600
美铝(上海)铝业有限公司	φ330/850×1700,中精	二手	1	2004	22[13]	9.6	1100	—	0.25	1500	2×0.006	1×1330
南方铝业(中国)有限公司	×1930	(二手)	4	2004	20	—	—	—	—	—	—	—

续表 3 - 15

企业名称	轧机规格/mm	台数	投产年度	设计产能/(kt·a⁻¹)	最大卷重/t	最大轧制速度/(m·min⁻¹)	最大轧制力/kN	来料最大厚度/mm	来料最大宽度/mm	成品最薄厚度/mm	主电机功率/kW
上海神火铝箔有限公司	φ280/1000×2150,粗	1	2005	25	12.5	2000	—	0.6	1920	0.03	2×900
上海神火铝箔有限公司	φ280/1000×2150,中	1	2005		12.5	2000	—	0.35	1920	0.012	2×600
上海神火铝箔有限公司	φ280/1000×2150,精	1	2005		12.5	1200	—	0.10	1920	0.006	500
昆山铝业有限公司	φ280/1000×2150,粗	1	2006	—	12.5	2000	—	0.6	1920	0.03	2×900
昆山铝业有限公司	φ280/1000×2150,中	1	2006	25	12.5	2000	—	0.35	1920	0.012	2×600
昆山铝业有限公司	φ280/1000×2150,精	1	2006	—	12.5	1200	—	0.10	1920	0.006	500
中基复合材料有限公司	φ280/850×2000,粗	1	2006	25	12	2000	6000	0.6	1850	0.03	1600
中基复合材料有限公司	φ280/850×2000,中	1	2006	—	12	2000	6000	0.35	1850	0.012	1200
中基复合材料有限公司	φ280/850×2000,精	1	2006	25	12	1200	—	0.12	1850	0.006 ×2	1200
夏顺铝箔有限公司	φ280/850×2000,粗中精	3	2006	25	参数与二期 3 台轧机的相同						600

注:①1998年卖给涿州铝箔厂;②因无厚箔剪,仅生产双零箔;③原辽宁电子铝箔厂,由伟豪铝业公司租赁;④余姚冶炼总厂1992年从国外引进;⑤华北铝业公司后5台轧机是神户钢铁公司技术由涿神冶炼总厂制造的;⑥海威铝业公司1996年从意大利引进;⑦从西北铝加工分公司购进,西北铝加工分公司1960年从前苏联引进德国制造设备;⑧西北铝加工分公司3台铝箔机的生产能力可达15kt/a,80%按0.007mm箔计算;⑨双零六箔的生产能力;⑩从渤海铝业有限公司购买的二手能力;⑪从渤海铝业公司1998年渤海铝业公司从欧洲引进,因水平较低,保存在仓库,一直未采用;⑫与原有2台轧机配套,中国陕压制造;⑬IHI公司图纸,双零箔生产能力15kt/a;⑬与原有轧机配套,使单零箔与厚箔产能达30kt/a。

（2）中国自行设计制造的辊面宽度 800 mm 级以上的 4 辊铝箔轧机

中国洛阳有色金属加工设计研究院、一重集团公司、昆明重型机器厂、涿神公司、正扬机械设备公司、捷如重工机电设备有限公司、上海天重重型机器设备有限公司等在消化吸收引进装备与技术的基础上设计与制造了一批 800 mm 级的及 1800 mm 4 辊铝箔轧机。这些轧机都达到了当时同规格的一般国际水平，如 1350 mm 4 辊铝箔轧机大致与意大利米诺公司（MINO）同规格轧机的相当。

1）1350 mm 铝箔轧机

中国现有 3 台一重集团公司设计制造的 $\phi230/550$ mm $\times 1350$ mm 四辊不可逆式万能铝箔轧机，它们的 0.007 mm 箔的总生产能力为 2.4 kt/a，特别是恩远公司皖北铝箔厂的那一台的实际产量已突破设计产能。它们的基本技术参数见表 3 – 16。

表 3 – 16　一重集团公司设计制造的 1350 mm 不可逆式万能铝箔轧机技术参数

技术参数	轧机规格/mm		
	$\phi230/550 \times 1350$		
使用企业	东北铝业有限公司	延吉铝业集团公司	恩远皖北铝业公司
型式	4 辊不可逆	4 辊不可逆	4 辊不可逆
投产年度	1993	1999	1996
生产能力/(kt·a^{-1})	0.8	0.8	0.8
最大轧制速度/(m·min^{-1})	700	800	800
可轧材料	1XXX、5052、3003	1XXX、5052、3003	1XXX、5052、3003
来料厚度/mm	0.5 ~ 0.7	0.5 ~ 0.7	0.5 ~ 0.7
产品厚度/mm	0.2 ~ 0.007 × 2	0.2 ~ 0.006 × 2	0.2 ~ 0.006 × 2
带材宽度/mm	600 ~ 1050	600 ~ 1000	600 ~ 1100
带卷最大质量/t	2	4	4
工作辊尺寸/mm	$\phi230 \times 1350$	$\phi230 \times 1350$	$\phi230 \times 1350$
支承辊尺寸/mm	$\phi550 \times 1300$	$\phi550 \times 1300$	$\phi550 \times 1300$
主电机功率/kW	DC476	DC300 × 2	DC300 × 2
压下方式	液压压上	液压压上	液压压上
传动方式	工作辊传动	液压压上	液压压上
弯辊方式	正负	正负	正负
板形检测	人工	人工	人工
最大轧制力/N	2000	4000	4000
轧制力矩/(kN·m)	10	10	10
工作辊轴承	双列圆柱辊	双列圆柱辊	双列圆柱辊
支承辊轴承	4 列圆柱辊	4 列圆柱辊	4 列圆柱辊
轧制线调整	电动丝杠	电动丝杠	电动丝杠
工作辊更换方式	快速	快速	快速
支承辊更换方式	推拉	推拉	推拉
机架立柱截面积/mm^2	315 × 400	315 × 400	315 × 400
开卷机张力/N	250 ~ 7500	250 ~ 7500	250 ~ 7500
套筒外径/mm	350、650	350、650	350、650
卷取机张力/N	250 ~ 7500	250 ~ 7500	250 ~ 7500

技术参数	轧机规格/mm		
	ϕ230/550×1350		
套筒外径/mm	350	350	350
开卷机 CPC	±40	±40	±40
开卷电机功率/kW	DC37.3×2	DC52×2	DC52×2
卷取电机功率/kW	DC52×2	DC70×2	DC70×2

2)800 mm 级铝箔轧机

中国现有这类较为现代化的 4 辊铝箔轧机 35 台，他们的生产能力约 18 kt/a，主要用于生产厚箔，其技术参数见表 3－17～表 3－20。

表 3－17　昆明重型机器厂设计制造的 800 mm 4 辊铝箔轧机的技术参数

参　　　数	粗轧机	中轧机	精轧机
来料最大厚度/mm	0.5～1	0.1	0.014×2
来料最大宽度/mm	650	650	650
带卷内径/mm	400	300	300
带卷最大质量/kg	650	650	650
产品最薄厚度/mm	0.1	0.028	0.07×2
带卷最大外径/mm	740	740	740
最大轧制力/kN	1300	1000	1000
最大轧制速度/(m·min^{-1})	300	300	300
工作辊直径/mm	200	180	180
支承辊直径/mm	550	450	450
辊面宽度/mm	800	800	800
套筒外径/mm	300	300	300
主电机功率/kW	250	160	125
最大卷取张力/kN	13	2	2
卷取电机功率/kW	75	12	12
驱动方式	直流电机驱动，可控硅供电		
轴承类型	4 列短圆柱轴承		
压下方式	电动	液压	液压
换辊方式	液压快速	液压快速	液压快速
冷却方式	分段喷油	分段喷油	分段喷油
张力控制	恒张力，有张力反馈系统		
显示系统	速度、压力、厚度数字显示		
外形(长×宽×高)尺寸/mm	4700×9100×3130	4300×8260×2245	3380×3803×1684
机械部分质量/t	60	35.5	33
轧制油过滤	—	板式过滤器	板式过滤器

表 3 - 18　一重集团 800 mm 粗中轧机的技术参数

参　数	数值	装　机　水　平
来料厚度/mm	0.5±0.2	恒压力液压压下
带卷质量/t	1	液压正负弯辊
产品厚度/mm	0.05	轧辊轴承油雾润滑
产品宽度/mm	350~560	轧制油分段冷却
最大轧制力/kN	1200	可控硅供电与励磁
最大轧制速度/(m·min⁻¹)	180	恒张力系数,稳态偏差<2%,动态偏差<10%~15%

表 3 - 19　西安重型机器厂 700 mm 万能铝箔轧机的简明技术参数

参 数 名 称	数 值	参 数 名 称	数　　值
来料最大厚度/mm	0.5	轧制油流量/L·min⁻¹	500
来料最大宽度/mm	560	开卷张力/kN	粗中轧 0.88~4.4　精轧 0.250~1.47
产品最薄厚度/mm	0.007×2	卷取张力/kN	粗中轧 0.55~2.75　精轧 0.18~0.8
带卷最大质量/kg	500	驱动方式	直流电机驱动,可控硅供电与励磁,恒张力,恒速
带卷内径/mm	250		
带卷最大外径/mm	750	测厚方式	涡流,偏差可显示和自动调节
最大轧制力/kN	1200	压下方式	恒张力,液压压下
最大轧制速度/(m·min⁻¹)	360	冷却方式	轧制油分段冷却
工作轧直径/mm	185~200	过滤器	精密板式过滤器
支承辊直径/mm	530~550	换辊方式	简易快速换辊
辊面宽度/mm	700	轴承润滑	支承辊轴承油雾润滑

表 3 - 20　洛阳有色金属加工设计研究院设计的四辊 800 mm 箔材精轧机技术参数

参 数 名 称	数 值	参 数 名 称	数 值
来料厚度/mm	0.05	液压推进速度/(m·s⁻¹)	0.002
来料宽度/mm	440~660	穿带速度/(m·min⁻¹)	10~20
产品最薄厚度/mm	0.007×2	开卷机电机功率/kW	20×2
带卷最大质量/t	2.5	张力范围/kN	0.04~4
带卷内径/mm	5.5	最大开卷速度/(m·min⁻¹)	510
带卷最大外径/mm	1460	叠轧开卷机电机功率/kW	20
最大轧制力/kN	1500	张力范围/kN	0.2~2
最大轧制速度/(m·s⁻¹)	720	最大开卷速度/(m·min⁻¹)	510
工作辊尺寸/mm	φ200×900	卷取机电机功率/kW	25×2
支承辊尺寸/mm	φ550×800	张力范围/kN	0.15~3
套筒尺寸/mm	φ505/565×900	最大卷取速度/(m·min⁻¹)	870
压下率/%	30~70	轧制油流量/(L·min⁻¹)	>20
最大前滑量/%	20	轧制油过滤精度/μm	≤1

　　3)中国自行设计制造的辊面宽度≥1200 mm 的箔轧机

　　所谓箔轧机是指工作辊直径≤280 mm 四辊轧机,截止到 2005 年底,中国已投产及在建的这类轧机及生产能力见表 3 - 21。

表3-21 中国自行设计制造的辊面宽度≥1200mm的四辊铝箔轧机的简明技术参数

企业名称	型式	规格/mm	设计或制造企业	台数	投产年度	设计产能/(kt·a⁻¹)	带卷最大质量/t	最大轧制速度/(m·min⁻¹)	最大轧制力/kN	来料最大厚度/mm	产品最薄厚度/mm	主电机功率/kW
东北铝业有限公司(已矿产)	非可逆式	φ230/550×1350	一重集团公司	1	1993	1.1(双)	2	700	2000	0.7	0.007×2	DC 476
恩远公司院北铝箔厂	非可逆式	φ230/550×1350	一重集团公司	1	1996	1.1(双)	4	800	4000	0.7	0.006×2	DC 300×2
延吉铝业集团公司	非可逆式	φ230/550×1350	一重集团公司	1	1999	1.1(双)	4	800	4000	0.7	0.006×2	DC 300×2
富海集团铝板带箔厂	非可逆式	φ260/700×1600	涿神公司	1	2005	12	7	1200	10000	0.4	0.01	—
明泰铝业公司	非可逆式	φ260/660×1650	多家公司	2	2002	20	10	402	3500	0.6	0.007×2	450
东阳光精箔有限公司	非可逆式	φ260/660×1450	洛阳设计院	1	2004	6	9.2	1200	—	0.65	0.012	467×2
郑州铝业有限公司	非可逆式	φ260/700×1450	捷如有限公司	1	2003	—	—	—	—	—	—	—
鲁丰铝箔工业有限公司	非可逆式	1650	涿神公司	2	2004	12	—	—	—	—	—	—
邵东铝业有限公司	非可逆式	1600	涿神公司	1	2004	5	—	—	—	—	—	—
巨科铝业有限公司	非可逆式	φ240/660×1600	天重重型机器设备公司	2	2004	12	8	1200	5000	4	0.012	730
顺源铝业有限公司	非可逆式	φ260/700×1850	圣实公司	2	2004	35	13	1200	6500	0.7	0.04	500×2
顺源铝业有限公司	粗非可逆式、中精	φ260/700×1850	圣实公司	3	2004	35	13	1200	6500	0.2	0.012	500×2

续表 3 – 21

企业名称	型式	规格/mm	设计或制造企业	台数	投产年度	设计产能/(kt·a^{-1})	带卷最大质量/t	最大轧制速度/(m·min^{-1})	最大轧制力/kN	来料最大厚度/mm	产品最薄厚度/mm	主电机功率/kW
郑州铝业有限公司	非可逆式	φ280/800×1830	捷如重工公司	1	2005	8	14	1500	6000	0.6	0.03	650×2
鑫泰铝业有限公司	非可逆式	φ260/980×1450	洛阳院	1	2001	8	6.5	600	7000	6.5	0.05	730×2
天鹏铝业有限公司	非可逆式	1650	—	3	2006	10	—	—	—	—	0.006×2	—
中色万基铝加工有限公司	非可逆式,精	φ230/600×1400	洛阳院	1	2004	—	—	—	—	—	—	—
鼎胜铝业有限公司	非可逆式	宏业科技有限公司	—	4	—	—	—	—	—	—	—	—
顺源实业有限公司	非可逆式	φ260/980×1450	洛阳院	1	2002	8	7	600	7000	6.5	0.08	728
富海集团铝板带箔厂	非可逆式	φ260/980×1450	洛阳院	1	2000	8	7	660	10000	8	0.05	934
华瑞铝业合作有限公司	非可逆式	φ265/630×1400	多家企业	1	2002	5	6	360	3000	0.9	0.05	225
明泰铝业有限公司	非可逆式	φ260/660×1650	多家企业	1	2002	8	7	480	3000	0.7	0.05	800

（3）中国自行设计制造的可轧单零箔的四辊冷轧机

在中国这类铝带冷轧机可分为两类：一类是800 mm级的，另一类是1400 mm级的。通常不把它们列为铝箔轧机，但为了与常规的冷轧机（可轧厚度 >0.2 mm）有所区别，又把它们称为万能冷轧机。截止到2006年底中国有这类万能冷轧机95台（不含引进的1台），总生产能力1375 kt/a。如果按50%铝箔产能计算，则它们的厚箔及单零箔的生产能力约687.5 kt/a。

从总体来说，中国自行设计制造的1400 mm级万能冷轧机都具有较高的装机水平。但有少部分轧机不是按正规的工程程序设计制造的，机械零部件的加工精度也不尽人意。因此，装机水平较低，不过所生产的产品在价格方面是有竞争力的，能满足某些用户的需求。

3.6.2.2 铝箔产量、进出口量与消费量

1983—2002年中国铝箔的产量、进出口量及消费量见表3-22。1983—1997年的产量来自历年的《中国有色金属工业年鉴》，而1998—2003年的产量是笔者调查汇总，2003年的产量为395 kt。进出口量的数据来自历年的海关统计，并已将进出口的复合铝箔（海关称为有衬背铝箔）量乘了0.5转算成素铝箔，这就是说在计算铝箔的量时都应以素（光）箔为准，否则应说明。表中所指的消费量是产量与净进口量之和。还需说明的是，中国海关在1993年（含1993年）以前在统计时未将素箔与复合箔分开。因此，表中的进出口量是指乘以系数0.75以后折合成的素铝箔。

进入20世纪80年代以来即改革开放以来中国铝箔产量扶摇直上，1983—1989年的年平均增长率为13.39%；而1990—2006年的年平均增长率，见表3-22。进口量虽然有的年度高有的年度低，但除1993年及1997年外，总的趋势是增加的。可喜的是，出口量则呈稳步增长趋势，由1990年出口0.579 kt到2001年出口22.523 kt，11年增长了近38倍，年平均增长率达39.5%。

表3-22 中国的铝箔产量、进出口量与消费量/kt

年度	产量	进口量	出口量	净进口量	表观消费量
1983	8	—	—	—	—
1984	8	—	—	—	—
1985	11	—	—	—	—
1986	13	—	—	—	—
1987	15	—	—	—	—
1988	17	—	—	—	—
1989	17	—	—	—	—
1990	14.493	23.466	0.579	22.887	37.380
1991	20.192	19.956	0.577	19.379	40.291
1992	32.108	26.247	1.414	24.833	56.941
1993	38.042	13.725	0.825	12.900	50.942
1994	42.815	26.839	2.407	24.432	67.247
1995	90.706[①]	27.540	5.103	22.437	113.143
1996	105.825	25.272	4.812	20.460	126.285
1997	117.540	21.199	10.150	11.049	128.589

年度	产量	进口量	出口量	净进口量	表观消费量
1998	145.672	28.034	18.751	9.283	154.955
1999	170.136	47.265	20.817	26.448	196.584
2000	241.935	48.768	22.031	26.738	268.673
2001	290.887	42.465	22.523	19.742	310.829
2002	339.557	42.5	32.6	9.9	335.52
2003	395	55.4	39.4	16.0	406.0
2004	510	59.545	62.982	-3.437	406.563
2005	625	64	75	-11	614
2006[②]	750	56	176	-120	630

注：①全国工业普查数据；②1996—2003 年的产量为笔者调查汇总数据。

3.6.3　双零箔的生产能力、产量、消费量

3.6.3.1　生产能力

中国自 20 世纪 90 年代初期以来，现代化 4 辊箔轧机双零箔的生产能力及产量逐年大幅度上升，2 辊轧机的双零箔产量则逐年显著减少，2004 年 97% 以上的双零箔都是由 4 辊轧机生产的。2002 年至 2010 年中国双零箔的生产能力见图 3 - 11，可由 78 kt/a 增至 287 kt/a（估计值），年平均增长率为 17.7%。

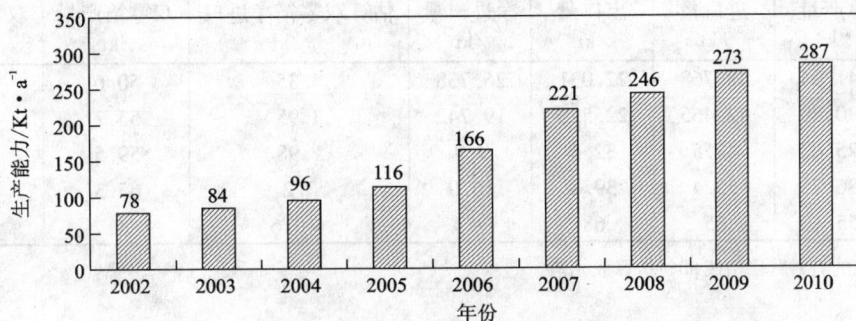

图 3 - 11　2002—2010 年中国双零铝箔生产能力的变迁

3.6.3.2　产量

2000—2004 年双零箔的产量见图 3 - 12。由 2000 年的 50.6 kt 增至 2004 年的 81 kt，主要是由于厦顺铝箔有限公司 3 台 2000 mm 轧机与大亚集团丹阳箔公司 1500 mm 粗轧机的投产，以及南方铝业（中国）有限公司 4 台箔轧机的投入运转。这几年双零箔的年平均增长率为 12.5%。2000—2004 年，铝箔总产量为 1755.2 kt，双零箔的产量为 309.6 kt，占总产量的 17.64%。据预测，2010 年的双零箔产量可能达到 250 kt。2007 年双零箔的实际产量 125 kt。

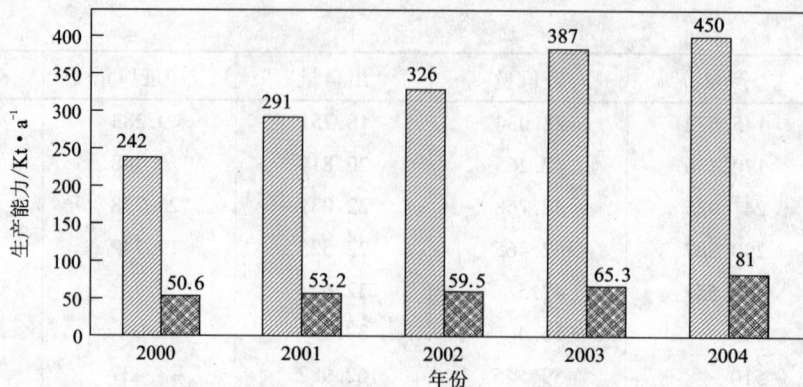

图 3-12 2000 年至 2004 年双零箔的产量及铝箔总产量

3.6.3.3 进出口量

由于中国海关对进出口铝箔不是按厚度分的，而是按有无衬背分的，因此无法统计双零箔的进出口量，所以我们按铝箔净进口量的 20% 作为双零箔的净进口量(表 3-23)。

在这里需特别指出的是，中国于 2004 年成为铝箔净出口国，自上世纪初以来的近 100 年中国一直是铝箔净进口国。自 2004 年以后中国铝箔的净出口量会一年比一年多，随着厦顺铝箔有限公司与丹阳铝箔有限公司的达产，以及上海神火铝箔有限公司、南山轻合金铝箔公司、南南铝箔有限公司、首龙铝业有限公司、河南万基铝箔有限公司，中国双零铝箔的出口量会逐年增加，从 2007 年起中国将成为全球最大的双零铝箔出口国。

表 3-23 中国铝箔的进出口量及双零箔的消费量

年度	总产量/kt	进口量/kt	出口量/kt	净进口量/kt	估算双零箔净进口量/kt	双零箔产量/kt	双零箔消费量/kt
2000	241.94	48.768	22.031	26.738	5.35	50.6	55.95
2001	290.89	42.465	22.523	19.742	3.95	53.2	57.15
2002	325.62	42.5	32.6	9.9	1.98	59.5	61.48
2003	386.75	55.4	39.4	16.0	3.2	65.3	68.5
2004	455.10	65	68	-3	-0.6	81	80.4

注：进出口的有衬背铝箔按 50% 折算成光箔。

3.6.3.4 消费量及消费结构

（1）消费量

2000—2004 年中国铝箔及双零铝箔的消费量见表 3-24。

表 3-24 中国铝箔及双零箔消费量

年度	A 铝箔总消费量/kt	B 双零箔消费量/kt	B/A/%
2000	268.7	55.95	20.82
2001	310.63	57.15	18.40
2002	335.52	61.48	18.32
2003	402.75	68.5	17.01
2004	507	80.4	15.86

由表 3 - 24 可见，2000—2004 年期间中国双零箔的消费率为 17% ~ 20.1%，平均消费率为 18.51%，与世界的平均消费率 17.8% 与美国的 17% 很接近。

在这 4 年内，铝箔总消费量的年平均增长率为 13.7%，而双零箔的年平均增长率为 9.6%，前者的增长率比后者的高 4.1 个百分点，这主要是受空调箔高速增长拉动的结果。

（2）消费结构

中国跟大多数其他发展中国家一样，包装香烟用的双零箔占有相当大的比例。1995—2003 年中国香烟的年平均产量为 3385.5 万箱，产量的升幅非常小（表 3 - 25），因此，铝箔用量几乎固定不变，约为 38 kt（含假烟用箔量，按增加 5% 估算）。2003 年中国双零箔的总消费量为 68.5 kt，其中烟草包装用占 45.5%。

表 3 - 25　中国烟草产量

年度	产量/万箱	年度	产量/万箱
1995	3480.8	2000	3270
1996	3401.7	2001	3338.9
1997	3368.4	2002	3443.9
1998	3349.5	2003	3578.3
1999	3238.0	平均	3385.5

其余用于包装诸如黄油、饼干、牛奶及乳制品、糖果等各种食品与饮料等。2003 年中国双零铝箔的消费结构见图 3 - 13。

在 2015 年前，中国烟草工业用双零箔的量或保持不变，或略有上升，但所占的比例则会以较大的速度下降，估计下降速度可达 3 个百分点/年，在 2015 年以后，随着人们健康意识的提高，则其用量会逐年减少，而占的比例则会以更大的速度下降。

今后中国双零箔消费的主要增长在奶制品、日用品与食品饮料等包装方面。例如利乐包装（Tetra pak）用的都是宽的双零（0.00635 mm）铝箔，1 亿个利乐包消费这种箔 63 t，2003 年利乐包的产量 180 亿个，用箔约 11 kt。

近几年来，中国奶制品业发展迅猛，已成了一个高效率的农业部门。2003 年奶牛存栏数达 800 万头，产奶 1630 kt，奶制品厂 560 家，大城市对奶制品需求量将以每年 20% ~ 30% 的速度上升。不过同发达国家相比，中国奶制品业依然处于发展的初级阶段。2006 年人均奶制品消费量只有 10 kg，而发达国家的却高达 100 kg/a。

（3）对双零箔需求的预测

2004 年中国双零箔总消费量为 75.0 kt。在到 2015 年为止的这段时间内，中国烟草工业的用箔量会有所下降，因为受到镀铝纸与镀铝塑的竞争，而主要增长点在奶制品、糖果、糕点、其他食品与饮料的包装方面。因此，尽管铝箔总需求量的年平均增长率可达 18%，而双

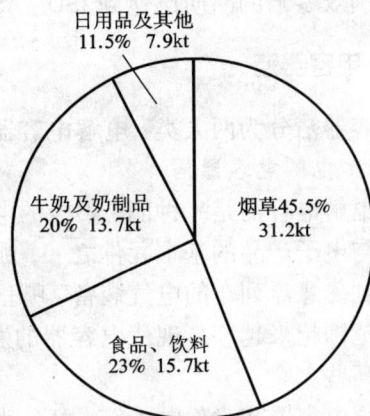

图 3 - 13　2003 年中国双零铝箔的消费结构

零箔的年平均增长率只不过有 15% 左右。据此推算，2010 年中国对轧制双零箔的需求量可达 160 kt，2015 年的需求量为 310 kt 左右（图 3 - 14）。

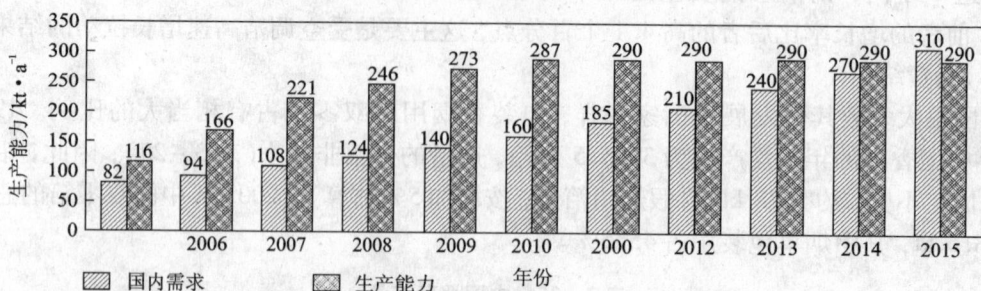

图 3 - 14 2005—2015 年中国国内对轧制双零箔的预测需求量及实际生产能力

由图 3 - 14 可清楚地看出，中国现有在建的双零箔企业可于 2007 年全部建成投产，其生产能力达 182 kt/a；只有到 2015 年国内需求量才超过设计生产能力；另外如果考虑有 20% 出口，则在 2012 年可达到供需平衡。不过根据笔者的经验与调查，只要各方面的工作做好与人员的积极性充分调动起来，铝箔轧机的实际产量完全有可能超过设计生产能的 50%。

扩大双零铝箔的出口量是摆在中国铝箔企业与进口贸易商面前的一项紧迫而重大的任务。中国双零箔的品质已达到 ISO、ASTM、JIS、DIN 标准的要求。

3.6.4 电容器箔

电容器箔分为两大类：电解电容器箔与电力电容器箔。

3.6.4.1 电解电容器箔

铝电解电容器是一种阴、阳极的电容器，这两个极都是用高纯铝箔制造的。电容器是诸多电器与电子产品的基本元件之一，哪里有电器，从普通的荧光灯到航天飞机，从摩托车电子设备到磁悬浮列车的电气装备，哪里就有电解电容器在起着关键性的作用。铝电解电容器的应用范围越来越广。现代电容器的发展趋向是：体积更小些，质量更轻些，适应性更强些，效率更高些。

电解电容器箔又称电子箔，可分为阳极箔和阴极箔，按其生产方法又可以分成若干种，如图 3 - 15 所示。

阴极箔生产工艺有两种：法国工艺的硬态铝箔化学腐蚀法；日本工艺的软态铝箔电化学腐蚀工艺。目前国内多数采用化学腐蚀法，所用铝箔主要是含铜的纯铝系铝箔（2301 - H19）与 3003 - H18 铝 - 锰合金箔。

阳极箔一般按生产工艺分高低压箔两种，低压箔采用大于 99.98% Al 的高纯铝箔经低压阳极氧化处理而成，箔的厚度 0.092 ~ 0.095 mm；高压箔是用更纯的铝轧制的（>4 N），厚 0.105 ~ 0.115 mm，使用之前应经过高压阳极氧化处理。

高压阳极箔又可以分为两类：优质高压箔；普通高压箔。前者特点是"二高一薄"，即高纯、高立方织构和薄的表面氧化膜。这类产品品质上乘，但成本高。铝纯度 >4 N，立方织构 >96%。真空热处理在 10^{-3} Pa ~ 10^{-5} Pa 时进行。

普通高压阳极箔是一种经济实用的材料，铝纯度 >3N8，立方织构 >92%，真空热处理在

10^{-1} Pa ~ 10^{-2} Pa 条件下进行。

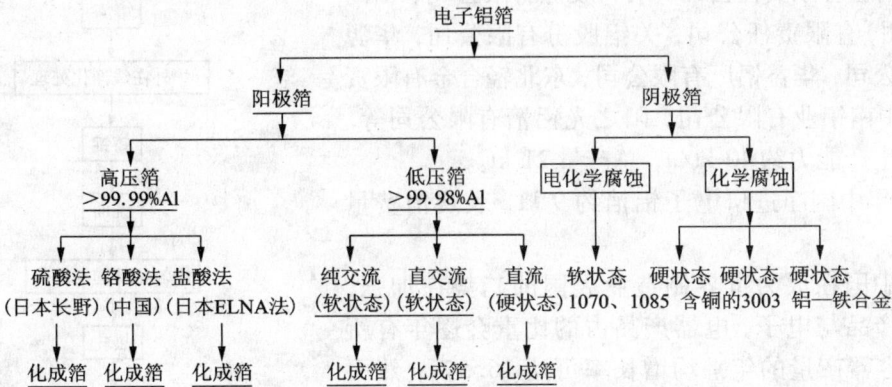

图 3 – 15　电子铝箔的分类

腐蚀箔及化成箔的生产工艺流程见图 3 – 16 及图 3 – 17。前处理是去除铝箔表面油污与自然氧化膜。

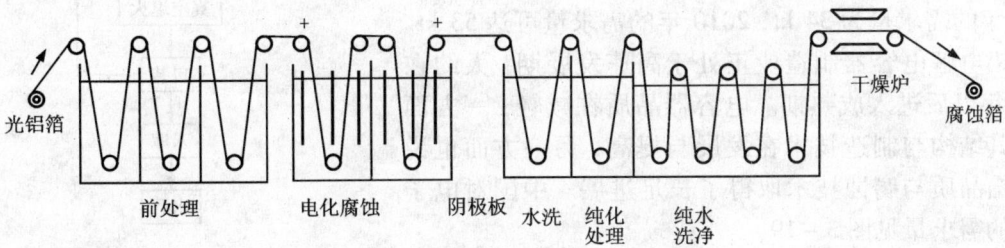

图 3 – 16　腐蚀箔的腐蚀工艺流程示意图

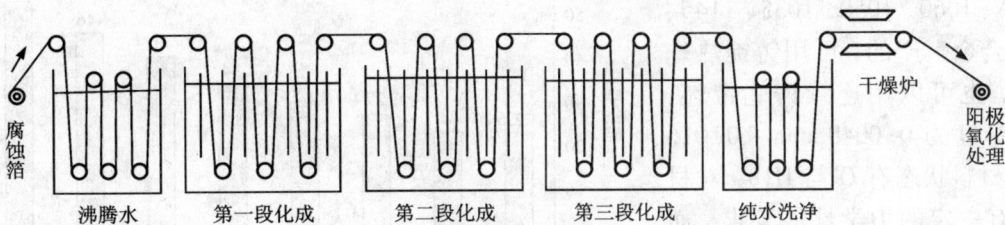

图 3 – 17　化成箔的阳极氧化工艺流程示意图

全世界可生产电子箔的国家有日本、美国、法国、德国、意大利、俄罗斯、中国等，除中国用铸轧法生产少量(大量用铸锭)阴极箔带坯外，其他所有的供冷轧电子箔用的带坯都是用铸锭热轧法生产的。电子箔最好都用热轧带坯生产，不但因为连续铸轧带坯不能进行均匀化处理，冶金组织得不到保证，而且箔材的力学性能也较低。电子光箔的生产工艺流程见图 3 – 18。

真空退火炉供处理需阳极氧化处理的箔，高压阳极氧化箔退火炉的真空度应达到 10^{-3} Pa ~ 10^{-5} Pa，低压箔的只要达到 10^{-1} Pa ~ 10^{-2} Pa 的真空度就可以。厚箔纵剪机列应有清洗功能，以便彻底洗净箔材表面油污。其他工艺与装备与轧制普通箔的相同。

截止到 2006 年底，中国电子铝箔的生产企业 10 家：伟豪铝业有限责任公司，众和股份有限公司，西南铝业（集团）有限责任公司，关铝股份有限公司，华源铝业有限公司，华益铝厂有限公司，东北轻合金有限责任公司，中南铝业有限公司，阳之光铝箔有限公司等。他们的总生产能力约 40 kt/a，总产量 21 kt。

2006 年中国净进口电子铝箔约 9 kt，表观消费量 30 kt。

由于中国在成为世界制造业大国的趋势在加强，高新技术产品与电子、电器产品占的比重会逐年有所上升，电容器产量的年平均增长率可达 16.5%，然而由于电容器体积在向小型化方面发展，1 只电容器的平均铝箔用量有减少到 0.7 g 或甚至 0.6 g 的可能。1975 年每只电容器的平均铝箔用量为 1.6 g。

在 2004—2010 年期间中国电子铝箔的年平均增长率可达 15%，2006 年对这种铝箔的需求量为 30 kt，2007 年的需求量为 34 kt，2010 年的需求量可达 53 kt。中国铝电解电容器制造业正处于高速发展期，大约在 2010 年以后进入成熟期。电容器品质在减轻，一方面说明其结构与制造技术在发展与提高，另一方面也说明铝箔品质与腐蚀技术取得了长足进展。中国对电子铝箔的需求量见图 3-19。

3.6.4.2 电力电容器箔

电力电容器是用纯度较低的 1070A、1060、1050、1035、1145、1235 合金生产的，可用铸锭热轧带坯，也可以用连续铸轧带坯，箔的厚度为 0.0048 mm ~ 0.016 mm，材料状态有 O 与 H18，对材料还有一定的力学性能要求，而对电解电容器箔则无此规定，不过用户要求提供力学性能数据，则应测试，但仅供参考。

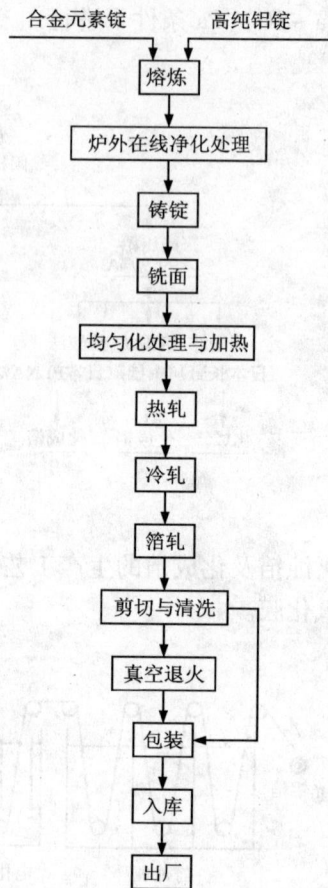

图 3-18　电子光箔的生产流程图

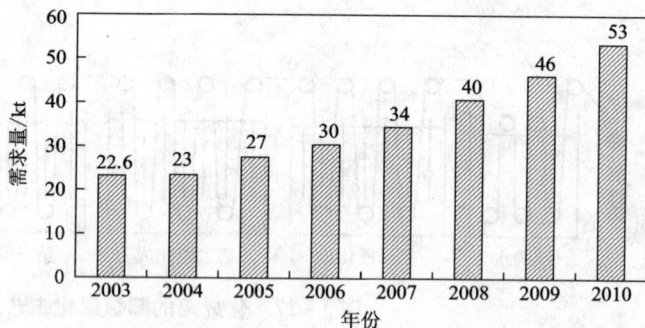

图 3-19　2003—2010 年中国对电子铝箔的需求量

0.005 mm 铝箔不作包装材料，因为太薄，不能起绝对阻挡作用，有些机物分子可以渗透。据欧洲相关协会的研究，铝箔起绝对阻挡作用的最薄厚度为 0.006 mm。可见在现有生产技术条件下，0.00635 mm 箔是当前最经济与最有效的包装铝箔。

由于 0.0045 ~ 0.0059 mm 的铝箔不能作为优质包括材料，目前的用途仅限于电力电容器，据我的调查，中国 0.005 mm 箔的市场容量不超过 2.1 kt（2006 年），全世界市场总容量也只不过 17.5 kt。

　　世界上能够生产厚度薄至 0.0046 mm 铝箔的国家只有中国、美国、日本与德国等,从技术角度来看,生产这么薄的箔并不是十分困难的,但要大规模地有效益地生产高品质的这类箔却不那么容易。

　　云南新美铝铝箔有限公司开中国批量生产双零五负偏差箔之先河。该公司通过精心组织与操作,以及严密周到的准备工作,于 2005 年中期用自产的铸轧带坯顺利地批量生产出了双零五负荷偏差电力电容器箔。生产工艺经美国通用电气公司的专家组几次实地考察与论证,获得该公司的认证。新美铝生产的双零五箔的全部品质指标均达到或超过通用电气公司的规定值,例如针孔度比验收值低二个数量级,达到世界顶尖水平。

　　今年新美铝的电力电容器箔不但成百吨地出口到美国,而且经欧洲 ABB 公司设在中国的电器厂的试用,获得了满意的效果,已批量供货。新美铝在引进的阿申巴赫公司(Achenbach)1350 mm 4 辊不可逆式精轧机上轧制双零五箔,带箔宽度最大的达到 1180 mm。

　　云南新美铝铝箔有限公司虽是一个中美合资企业,然而美铝业公司既没有参与管理,又没有给予任何技术支持。

　　所以,生产双零五箔的技术完全是中国自主研发的,该技术于 2006 年 4 月通过中国有色金属工业协会组织的专家组的鉴定,与会专家一致认为,该项技术达到世界先进水平。

　　上海恩远公司贵阳铝箔厂稳定轧制 0.0048 mm 箔的成品率跻身世界前列。恩远公司贵阳铝箔厂原名贵州黔鹰机械厂,有 1 台 $\phi254/660$ mm $\times$ 1500 mm 四辊不可逆式的万能铝箔轧机,从意大利新亨特工程公司引进。2005 年 0.006 mm 箔的产量 3188 t,成品率达 89%,均创中国铝箔工业最高记录,用的是中铝瑞闽铝板带公司与云南新美铝铝箔有限公司的 0.30 mm 及 0.25 mm 的铸轧坯料。

　　该公司于 2005 年 12 月上旬组成一个 0.005 mm 箔试制小组,经过精心挑选坯料、磨削轧辊、调整轧制油状态与过滤精度、调整轧制工艺参数(轧制压下率、前后张力、轧制力、轧制速度、油温、厚度控制,等等),于 12 月 11 日成功地轧出了 2 卷共 8.7 t、宽 960 mm 的 0.0048～0.005 mm 的 1235 合金箔。

　　按照 ASTM 标准对箔各项性能进行了严格的检测,各项指标均符合 ASTM B 373:1995,针孔还不到 500 个/m^2。在双合轧制过程中断带 3 次,其中 2 次是入口切边不好造成的,另一次是夹杂造成的。

　　贵阳铝箔厂的 0.005 mm 电力电容器箔经多家用户试用后,反映良好,各项指标均符合要求,可以替代进口产品。

　　郑州铝业股份有限责任公司用国产 1450 mm 轧机试制成 0.005 mm 箔。该公司经过精心周密的准备及各方的密切配合、精心操作,于 2005 年 12 月一举试轧成功 0.005 mm 箔,用的是上海捷如重工机电设备有限公司 2003 年设计制造的四辊不可逆式 $\phi260/700 \times 1450$ mm 粗中、精轧机与洛阳中色科技股份有限公司工程装备研究所提供的四辊不可逆式 1450 mm 粗轧机,自产的铸轧带坯,宽 1200 mm,箔卷质量 4 t,无断头。按 GB/T3616-1999 严格检测后各项性能完全符合要求,针孔数远低于标准的极限值,仅有 175 个/m^2。

　　中国三个企业生产 0.005 mm 箔的最突出特点是,都用的铸轧带坯,而国外全部用的是铸锭热轧带坯。通常,在生产双零箔时,铸锭热轧带坯的轧制过程比铸轧带坯的轻松些与容易些,成品率也略高些,性能与表面品质也略好一些,而中国用的是国产铸轧带坯轧制 0.005 mm 电力电容器箔,这在铝箔发展史上是首次。

中国是在中幅箔轧机上轧制，轧机有引进的也有国产的，工作辊辊径大的为 260 mm，小的为 230 mm，成品率都相当高，最高的达到 89%，达到世界顶尖水平。生产的 0.005 mm 箔的最大宽度达到 1200 mm，这也属国际先进水平。

3.6.5 汽车热交换器铝板带箔

汽车热交换器包括汽车空调器、水箱散热器、油冷却器、中间冷却器和加热器等。汽车热交换器位于汽车前端，经受雨水、路面挥发的盐分、汽车排出的废气、砂粒、灰尘和泥浆等的污染，还承受着反复冷热循环和周期性振动。这些对于热交换器选材、防腐和接合技术等提出了严峻挑战。传统的热交换器采用铜制造，然而，汽车朝着轻量化方向发展，同时出现了低成本的加工装配技术，使铝制热交换器在汽车上的应用获得成功。

3.6.5.1 热交换器铝化率趋势

从铝的特性看，热交换器是最适于用铝制造的部件。铝散热器的质量比铜的减少20%~40%，而两者的加工费几乎相当。因此，日本和美国的汽车空调器完全采用铝材。散热器的铝化率：欧洲达到95%，美国达到80%，日本为55%。在2000年以前中国大多数国产车仍以铜散热器为主，约占92%以上，但自本世纪初以来，国内铝散热器应用发展很快，铝制内冷却器、油冷却器、加热器心部等也有所推广。

除全铝汽车外，热交换部分是汽车用铝材最多的零部件，用的铝材有各种规格的板、带、箔、复合带（箔）、挤制圆管和扁管及多孔扁管、焊接圆管和扁管，品种规格多，质量要求高。各种铝质热交换器和中间冷却器结构形式及用材如表3-26、表3-27所示。

表3-26 不同规格汽车铝散热器的质量

汽车排放量/mL	>2500	1800~2500	1000~1600	<1000
铝散热器质量/kg	10.7	8.4	5.6	3.3

表3-27 各种铝热交换器和中间冷却器结构形式及用的主要材料

结构形式		散热片		冷却水管	
		美国	中国	美国	中国
管带式结构	真空钎焊	1100、3003 3005、6063 5005、6954	1100、3003	双面复合经高频缝焊制成扁管 4045/3003/7072 4045/3005/7072	双面复合带经高频缝焊制成扁管 4A17/3003/7A01 4A17/3005/7A01
	气体保护钎焊	3003 3003+Zn 3203+Zn 7072	3003、3A21 3003+Zn 3A21+Zn 7A01	双面复合带经高频缝焊制成扁管 4043+Zn/3003/7072 4045+Zn/3003/7072	双面复合带经高频缝焊制成扁管 4A13+Zn/3003/7A01 4A17+Zn/3003/7A01
	管片式结构（装配）	1050、1100 1145、3003 7072、8006 8007	1050、1100 3A21、3003 7A01	挤制或高频缝焊圆管 1050、1100、3003	挤制圆管 1100、1050A、3003 3A21、1050

结构形式	散热片		冷却水管	
	美国	中国	美国	中国
波纹焊接式	1100、3003	1100、3003 3A21	挤制扁管或多孔扁管 1050、3003	挤制扁管或多孔扁管 1050、3003、3A21
板翅焊接式	1100、3003	1100、3003 3A21	冲压板翅 3003	冲压板翅 3003、3A21

　　随着汽车用散热器向小型、轻量、高性能、低成本、耐用等方向发展,在铜材和铝材的竞争中,铝散热器已略占优势,汽车用各类散热器已向铝制的转化。在此应特别指出的是,美国已开发出了其品质仅比铝散热器稍大一些的铜散热器,而铜散热器的制造成本比铝的稍低,使用期限又比铝的长,所以从总体来看,超轻的铜散热器的价格/性能比比铝的还略胜一筹。这是摆在铝行业面前的严峻挑战。

　　由表 3 – 27 可见,汽车散热器、空调器用的铝材品种很多,在此仅介绍复合铝板带箔。

3.6.5.2　汽车散热复合铝板带箔

　　世界上生产汽车散热复合铝板带箔的大企业有:萨帕公司(Sapa)、柯鲁斯公司(Corus)、日本神户钢铁公司等。现以萨帕铝热传输(上海)有限公司生产的复合材料来说明它们的品种与应用。

　　(1)萨帕公司生产的散热材料

　　汽车复合散热材料用于制造水箱、冷凝器及蒸发器,其材质、规格和用途见表 3 – 28 ~表 3 – 31。

表 3 – 28　汽车水箱(radiator)散热复合铝材

型式	萨帕编号合金	芯材	皮材	水侧层	产品	厚度/mm
VB 式	FA 6514 – H18	AA 6063			翅片	0.100,0.105
	FA 8DS4 – H24	3005LL	AA 4004(10%)*	AA 3005(10%)	管	0.32,0.35
	FA 8584 – O	AA 6063	AA 105(5%)+ AA 4104(2.5%)		主板	1.2,1.4
		AA 6063	AA 4104(5)		侧板	1.2,1.4
NB 式	FA 6815 – H14SR	FA 6815			翅片	0.08,0.10,0.105
	FA 6811 – H14	AA 3003 + 1.5% Zn			翅片	0.10,0.115
	FA 82A4 – H14	3005LL	AA 353(10%)	AA 3005(10%)	管	0.35
	FA 8ET – H14	AA 3003	AA 4343(8%)	AA 7072(8%)	管	0.32
	FA 8ET – H14	AA 3003	AA 4045(9%)	AA 7072(10%)	管	0.30,0.35
	FA 8223 – H14	AA 3003	AA 4045(7.5%)		管	0.36
	FA 82D4	AA 3003	AA 4343(8%)	AA5005(10%)	主板	1.2,1.5
	FA 8EA4	AA 3003mod	AA 4343(10%)	AA 7072(10%)	主板	1.3,1.5
	FA 8213 – O	AA 3003	AA 4343(10%)		侧板	1.2
	FA 8213 – O	AA 3003	AA 4343(7.5%)		侧板	1.52

　　注:括弧中的百分数为皮材厚度占的比例,下同。

表 3 - 29   管带式冷凝器及蒸发器复合铝材

型式	萨帕编号合金	芯材	皮材	铝材	厚度/mm
VB 式	FA 8286 - H145R	AA 3003	2XAA 4004(10%)	翅片	0.15
	FA 8286 - H24	AA 3003	2XAA 4104(10%)	翅片	0.152
NB 式	FA 8816 - H14	AA 3003 + 1.5% Zn	2XAA 4343(10%)	翅片	0.14, 0.16
	FA 8826 - H14	AA 3003 + 1.5% Zn	2XAA 4045(10%)	翅片	0.14, 0.16
	FA 8996 - H14SR	AA 3003 + 1.0% Zn	2X 4343 + 1.0% Zn(10%)	翅片	0.16

表 3 - 30   层叠式蒸发器(laminated evaporator)复合铝材

形式	萨帕编号合金	芯材	皮材	铝材	厚度/mm
VB 式	FA 7806 - H14	FA 7806		翅片	0.10
	FA 8R88 - O	FA 7825	2XAA 4104(15%)	管板	0.40, 0.47, 0.50
	FA 8RL8 - O	FA 7825	2XAA 4747 + 1.5% Mg(15%)	管材	0.48
NB 式	FA 7795 - H26	AA 3003 + 1.5% Zn		翅片	0.10
	FA 7783 - H26	AA 3003 + 1.0% Zn		翅片	0.10
	FA 8826 - O	AA 3003	2XAA 4045(10%)	管板	0.40, 0.47, 0.50
	FA 8221 - O	AA 3003	1XAA 4045(5%)	侧板	1.0

表 3 - 31   平流式冷凝器(parallel flow condenser)复合铝材

形式	萨帕编号合金	芯材	皮材	铝材	厚度/mm
VB 式	FA 8C16 - H14SR	AA 3003 + 1.5% Zn	2XAA 4343(10%)	翅片	0.127
	FA 89B6 - H4SR	AA 3003 + 1.0% Zn	2XAA 4045 + 1.0% Zn(10%)	翅片	0.115

汽车散热器和空调冷凝器均由流体管道和散热带组成,通过机械胀管或钎焊法将其装配而成。其结构材料主要是铝合金多孔口琴管、扁管、高精度薄壁圆管以及铝合金三层复合散热箔带。

三层复合铝合金钎焊箔材应满足质轻、耐腐蚀、热传导性好、强度高、成形加工性好、可钎焊、节约贵金属等综合性能和多功能的要求。为达到上述要求,尤其是钎焊性和耐蚀性的要求,铝合金复合箔材是在 3XXX 系芯材上双面包覆 4XXX 合金(皮材),包覆率为 10% ~ 16%。这种复合箔钎焊时无需再施加钎焊料,使铝合金复合箔具有良好的钎焊性能和加工性能,从而简化了散热器、冷凝器的制造工艺,降低了生产成本,同时达到汽车轻量化的目的。

(2)散热复合铝板带箔生产工艺

复合铝板带箔的轧制及精整与普通板带箔的轧制的主要区别是:需分别准备芯材锭坯与轧制包覆皮材板;需对它们进行清洗,采用常规酸碱浸蚀法,以便彻底消除氧化膜,但也可以用清洗剂清洗,虽不能除去氧化膜,但对环保更好一些;复合热轧焊合。其生产工艺流程如图 3 - 20 所示。

芯、皮材配对是将 Al - Si 合金板置于芯材锭坯上,可将他们焊在一起也可以不焊,但还是焊接为好,以提高成品率。可采用氩弧焊,将前端与左右侧面基本通焊起来,但不必焊得严密,尾端不焊;也可以采用爆炸法焊合。热压焊的压下率宜小,以能焊牢最佳。

A：芯材熔炼 → 铸锭 → 均匀化退火 → 铣面 → C

B：皮材熔炼 → 变质处理 → 铸锭 → 均匀化退火 → 铣面 → 热轧开坯 →

矫直 → 下料剪边 → C

C：A / B → 表面清洗 → 芯、皮材配对 → 加热 → 热轧复合 → 冷粗轧 →

打卷剪边 → 中间退火 → 冷却 → 状态控制退火 → 精轧 → 纵剪分条 →

→ 成品

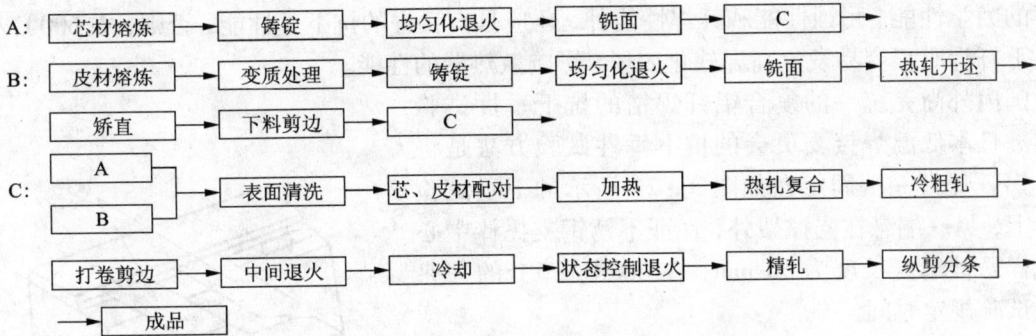

图 3-20　散热三层复合板带箔生产工艺流程框图

(3) 热交换复合箔铝合金

热交换复合铝板带箔用的合金分两大类：芯材合金与皮材合金，前者多为 3XXX 合金，后者则为 4XXX 合金 (见表 3-32、表 3-33)。

影响三层复合钎焊箔选材的因素很多，其中钎焊方式是影响选材的关键。不同牌号的芯、皮材的复合箔各有不同的具体用途，且合金的元素含量根据不同钎焊工艺而异，材料要满足多性能要求，性能之间有时又相互制约，需根据热交换器的实际使用要求综合权衡取舍。

表 3-32　常用芯材合金主要成分(质量分数/%)及固、液相线温度

牌号	Mn/%	Mg/%	Zn/%	固相线温度/℃	液相线温度/℃
3003	1.0~1.5	—	0.10	643	654
3N03[①]	1.0~1.5	—	0.5~2.5	641	653
3N23[①]	1.0~1.5	—	0.5~2.5	641	653
6951	0.10	0.4~0.8	0.20	616	654

注：①日本合金。

表 3-33　常用 4XXX 系钎焊皮层合金的主要成分及固、液相线温度

牌号	$w(Si)$/%	$w(Mg)$/%	$w(Bi)$/%	$w(Zn)$/%	固相线温度/℃	液相线温度/℃
4343	6.8~8.2	—	—	0.20	577	615
4045	9.0~10.0	0.05	—	0.10	577	590
4047	11.0~13.0	0.10	—	0.20	577	580
4004	9.0~11.0	1.0~2.0	—	0.20	559	591
4104	9.0~10.5	1.0~2.0	0.02~0.20	0.20	559	591
4N43[①]	6.8~8.2	—	—	0.5~2.5	576	609
4N45[①]	9.0~11.0	0.05	—	0.5~2.5	576	588
4N04[①]	11.0~13.0	1.0~2.0	—	0.20	559	579
4047	11.0~13.0	0.10	—	0.20	577	580

①日本合金。

汽车热交换器总成的钎焊工序对作为波浪散热带使用的三层复合铝合金箔，除要求具有良好的力学性能、耐蚀性能和钎焊性能外，还应具有良好的抗下垂性能，否则，在600℃左右高温下钎焊时很容易发生高温软化变形，影响散热器的性能。

国内外尚无统一的复合铝钎焊箔的抗下垂性试验标准。日本低温焊接委员会的抗下垂性试验方法是将复合铝钎焊带一端固定在如图3-21所示的下垂试验装置上，另一端悬在支撑架外，保证不锈钢支撑棒中心至试样悬臂端点长度为50 mm，在600℃±5℃的马弗炉内试验规定时间。

试验结果表明，在芯材与皮材成分一定的条件下，退火后冷加工率是影响复合箔抗下垂能力的主要因素。向芯材合金添加微量锆等有助于提高抗下垂性能。中国东北轻合金有限责任公司与中南大学材料科学院对复合厚箔的性能与生产工艺作过系统的研究。

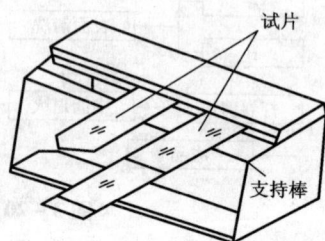

图3-21 厚铝箔下垂试验装置示意图

3.6.5.3 汽车复合散热箔的生产能力、产量及需求量

汽车热交换器包括水箱散热器和空调器两类，每辆车共需7台。其中水箱散热器(管带式)平均用复合铝合金带箔2.8 kg/台，空调器用铝合金带箔4 kg/台，分别见表3-34、表3-35。

表3-34 汽车铝水箱散热器三层复合铝合金带箔用量

部件	材料规格/mm	用量/(kg·台$^{-1}$)
波浪带	3层复合箔带材 $0.1 \times 34 \times L$	0.8
冷却管坯带	3层复合带 $0.35 \times 65 \times L$	1.4
主片	双层复合带 $1.52 \times 78 \times L$	0.22
侧片	双层复合带 $2 \times 40 \times L$	0.23
拉条	3003带 $1.52 \times L$	0.02
合计		2.77

表3-35 汽车空调器三层复合铝合金带箔用量

部件	用途	材料规格/mm	用量/(kg·台$^{-1}$)
波浪带	冷凝器	3层复合带 $0.1 \sim 0.20 \times 19$, 22, 32, $44 \times L$	2.5
波浪带	蒸发器	3层复合带 $0.1 \sim 0.2 \times 84$, $98 \times L$	1.5
合计			4

(1)生产能力及产量

截止到2003年底，中国生产三层复合铝板带箔的企业有3家：萨帕铝热传输(上海)有限责任公司、东北轻合金有限责任公司、萨新铝业有限公司。现有正在建设的企业有两家：运城铝业(昆山)有限公司，三源铝业有限公司。它们的产量及生产能力见表3-36。

表 3 –36　2006 年复合铝合金带箔生产能力及产量

企业	2006 年		2010 年
	生产能力/(kt·a⁻¹)	产量/kt	预测生产能力/(kt·a⁻¹)
萨帕铝热传输(上海)有限公司	35	24.987	35
美铝(昆山)铝业有限公司	12	—	20
东北轻合金有限责任公司	10	0.3	20
三源铝业有限公司	10	—	20
银邦铝业有限公司	18	14.467	35
萨新铝业有限公司	7	6.2	10
冠云铝业有限公司	5	3.5	10
华特铝热传输材料有限公司	3	2.8	3
财发铝热传输材料有限公司	10	8.097	3
众兴铝业有限公司	2	1.8	2
关铝股份有限公司	2	1.5	3
总　　计	114	63.651	161

（2）对中国复合铝带箔需求的预测

中国汽车空调冷凝器、蒸发器已经全部实现铝化，轿车 100% 地安装了空调器，轻、微型车处于选配阶段，但其发展方向将是轻、微型车基本上全部安装铝质空调器，而卡车则为选配。如前所述，2003 年中国汽车复合铝带箔的平均消费量为 3.78 kg/辆，比日本 2000 年的 7.22 kg/辆还低 47.65%。笔者认为平均每辆汽车用 7.3 kg 三层复合铝带箔应是中国汽车热交换系统铝化的中期目标，2010 年如果能达到此值就算可以了（表 3 –37）。

表 3 –37　2004 ~ 2010 年中国汽车产量及对 3 层复合铝带箔需求量

年度	汽车产量/万辆	对 3 层复合铝带箔需求量	
		kg/辆	总量/kt
2003	449.65	3.78	17
2004	540	4	21.6
2005	650	4	26.0
2006	750	4.5	33.8
2007	860(预)	5	43.0
2008	980(预)	6	58.8
2009	1100(预)	6.5	72.0
2010	1260(预)	7.3	92.0

（3）对中国铝板带箔表观消费量的预测

2006 年中国铝板、带、箔的表观消费量为 2598.2 kt，在到 2010 年为止的这段时间内，表观消费量的年平均增长率可达 16.5%。据此，2010 年的表观消费量可达 4800 kt，这几年的如下：

2006 年	2598 kt
2007 年	3020 kt
2008 年	3540 kt
2009 年	4320 kt
2010 年	4800 kt

参考文献

[1] 任涛. 新型宽幅双机架铝带材热轧机组配置特点[J]. 有色金属加工，34(6)，2005：42～43.

[2] 王祝堂，田荣璋. 铝合金及其加工手册(第二版)[M]. 长沙：中南大学出版社，2000，400～443.

[3] 洪伟. 无机架双辊铸轧机简介[A]. 铝加工高新技术文集[C]. 北京：中国有色金属加工工业协会，2001，129～132.

[4] 毛大恒，肖立隆. 电磁场对铸轧带坯质量的影响[J]. 轻合金加工技术，1998，26(3)：11～15.

[5] 肖立隆，陈建林. 电磁场对铸轧铝带坯晶粒的影响[J]. 轻合金加工技术，1999，27(8)：8～12.

[6] 赵啸林，毛大恒，严宏志. 铝电磁铸轧冷却区中电磁行为探讨[J]. 轻合金加工技术，1998，26(10)：10～16.

[7] 王祝堂. 迈向新世纪的双辊铝带坯连续铸轧[J]. 轻合金加工技术，2000，29(4)：1～6.

第 4 章　国外典型铝板带箔轧制企业

4.1　德国阿卢诺夫铝板带有限公司

德国阿卢诺夫铝业公司(Alunorf—Aluminium Norf GmbH)世界最大铝板带轧制厂,通常将其称为阿卢诺夫铝厂或阿卢诺夫轧制厂,位于诺伊斯市(Neuss),现属海德鲁铝业公司(Hydro Alminium)。

公司现有两条热轧生产线,1 条(1 + 3)式的,1 条(1 + 4)式,前者的生产能力 500 kt/a,后者的生产能力超过 1000 kt/a,成为全球铝板带热轧生产能力之最,它的冷轧生产能力近1000 kt/a,也是世界上最大的,但不生产 2XXX 系及 7XXX 系硬合金。

该厂始建于 1968 年,有 1 条(1 + 3)式热连轧生产线,冷轧车间有 4 台冷轧机、8 组熔炼 – 静置炉及相应的配套设施与设备,当时投资 4.7 亿西德马克,这条热轧生产线被称为"NORF 1"。1989 年,公司董事会决定大规模的扩建,增建 1 条(1 + 4)式的热连轧生产线即"NORF2",简称"No.2 线",以及 1 条双机架冷连轧生产线与配套的其他设备,1994 年中期全面建成投产,当时投资 10 亿西德马克。2006 年底,公司有员工约 2000 人,其中工程师占 10% 左右。

该公司位于莱茵河(Rhein R.)畔,所需的一部分铝合金扁锭由德国联合铝业公司就近的铝厂提供,通过水路运来。

该厂对环保建设极为重视,在扩建工程中仅环保设施方面的投资就超过 1.1 亿西德马克,用于处理排放的烟气、废水、雨水与地表水处理,以及噪声降低。

4.1.1　产品结构及种类

阿卢诺夫铝业公司的建设地址相当理想,可以就近获得原料,产品的 80% 左右的销售半径仅 1000 km。据我们匡算,一个大型铝板带加工厂生产销售 1 t 产品的运输量约有 3 t。因此,厂址选择对最佳经济效益的取得有着一定的影响。

该公司的产品主要供给联合铝业公司格雷文布罗伊(Grevenbroich)轧制厂,用于进一步轧制特薄板带与铝箔,以及联合铝业公司与加拿大铝业公司德国公司所属的设在哥廷根(Göttingen)、奥列普列但堡(Ohleplettenberg)、卢登施德(Ludenscheid)、萨克索尼·安哈特市(Saxony – Anhalt)的加工厂,以及制罐厂、制板厂、建材加工厂、交通运输工具零部件制造厂等。主要产品有:

- 包装材料:从啤酒罐到食品盒,从酸乳包装箔至家用箔的种种铝箔与特薄带材。
- 印刷版基板:制造印刷书、报及其他印刷品用的 PS 版基板。
- 建筑板带材:屋面板、房顶板、门面板、成型板、抛光板、预涂板及后涂板等。
- 汽车、卡车、厢式车等交通工具所需的各种板带材,用于制造车身结构、散热器、内部装饰件,等等。

该公司产品基本上销往德国及邻近的一些国家,远程出口量还不到产量的20%。

4.1.2　热轧生产线基本技术参数

阿卢诺夫铝业公司在同一座厂房的两跨内各有1条现代化铝板带热连轧生产线,这是全球绝无仅有的。这两条生产线的配置见示意图4-1。

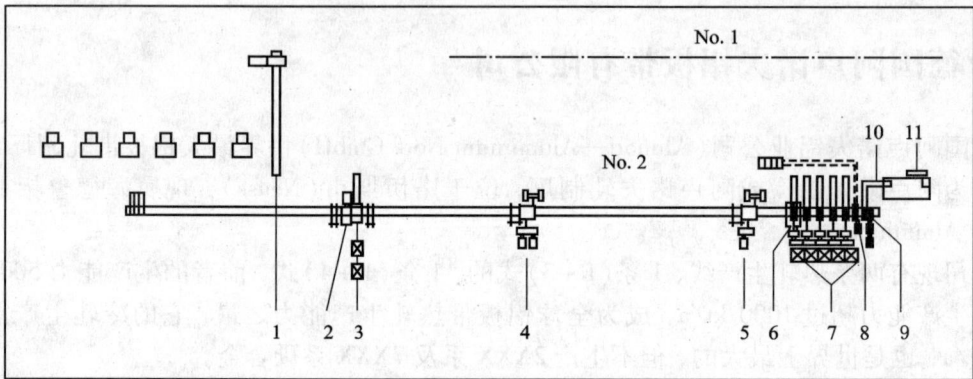

图4-1　热连轧生产线示意图(线条距离不成比例)
1——锭坯运输机;2——立辊轧机;3——4辊可逆式粗轧机;4——重型剪;5——轻型剪;6——冷却系统;
7——4机架热精轧机列;8——剪边机;9——卷取机;10——带卷运出机;11——带卷检查装置

4.1.2.1　NORF1热轧生产线

No.1热轧生产线于1967年底投产,4辊可逆式粗轧机装有机械压下,分快速与慢速两档,工作辊有液压弯辊系统,输入辊道长约84 m,输出辊道长192 m左右,在距粗轧机约48 m处有1台带板头尾剪切机。

3机架热连轧为机械压下,工作辊有液压弯辊系统,设有同位素测厚仪和AGC系统。粗轧机可轧的扁锭最大厚度为600 mm,热轧到18~30 mm,进入3机架连轧机列,其压下率分别为60%、40%、50%。成品尺寸:带材尺寸,厚2.5~10 mm,宽760~2900 mm,带卷最大外径1800 mm,最大质量15 t,厚度偏差±0.1 mm。在No.2生产线未建成前,产品的90%作为本厂的冷轧坯料,其余的供外厂用。带卷在箱式保护气氛炉内退火,其中单室退火炉4台,双室退火炉5台,每室可装4卷,横卧放置,还有1台板片退火炉。

No.1热轧生产线的简明技术参数:

粗轧机的:		精轧机列的:	
工作辊直径/mm	965	工作辊直径/mm	749
支承辊直径/mm	1524	支承辊直径/mm	1524
辊面宽度/mm	3300	辊面宽度/mm	3048
锭坯最大厚度/mm	600	最大轧制速度/(m·min^{-1})	360
锭坯最大质量/t	15	主电机功率/kW	各3794
最大轧制速度/(m·min^{-1})	180	产品厚度/mm	2.5~10
主电机功率/kW	5968	带卷最大质量/t	15
产品厚度/mm	18~100		

4.1.2.2　NORF2 热轧生产线

No. 2 热轧生产线于 1994 年中期投产，由德国西马克公司(SMS)建设，是一次性建成的最先进的(1+4)式热连轧生产线，可轧 30 t 的锭坯，在全世界的多机架铝板带热连轧生产线中独居鳌头。可生产宽达 2300 mm 的带材，长度约 400 m。粗轧机支承辊装于莫哥尔(Morgoil)轴承内，其他轧辊及辊道均用的减磨型(anti - friction)轴承，以环保型的油 - 空气润滑系统润滑。

采用西马克公司开发的自动工艺参数控制系统监控带材板形、平直度与厚度，可达到当前的最高精度。精轧机列装有：液压调节系统，CVC 系统，工作辊正弯，轧制线调节装置，以及 SMS 的热板形与平直度控制模型。粗轧机及精轧机列的乳液喷淋系统有集成阀，可对每个喷嘴进行单独控制。在两个机架之间装有液压调节的带材张力测量传感器，在最后一个机架之后有测量带材厚度与板形的自动检测系统。

生产线可轧制宽达 2200 mm 的 3004 合金罐身料，其厚度仅略超过 2 mm。装有温度监测控制系统，能确保材料的冶金组织与品质均匀一致。为确保轧制终了温度的一致性，终轧速度可从 480 m/min 调到 522 m/min，是全球轧制速度最快的热精轧机列。

为了保护环境、车间卫生与工作人员健康，对排放物质设有收集与净化处理系统，例如在粗轧机与精轧机列的上方设有强大的乳液蒸气抽吸系统，使其通过褐煤焦炭过滤床，从烟筒排出的仅是水气；在机架与辊道的下方有乳液收集盘，使其不排入下水道。

扩建的熔铸车间可铸长达 9 m 的锭，但为了保证最大的生产效率，将锭的最大质量限制为 30 t。

(1)粗轧生产线的简明技术参数

粗轧生产线包括图 4 - 1 中的：锭坯运输机 1，立辊轧机 2，4 辊可逆式粗轧机 3，重型剪 4，轻型剪 5。立辊轧机的最大轧制力为 12MN。

粗轧机的简明技术参数：

工作辊直径/mm	1050	锭坯质量/t	4.8 ~ 30
工作辊辊面宽度/mm	2500	锭坯尺寸/mm:	
支承辊直径/mm	1524	厚	540 ~ 610
支承辊辊面宽度/mm	2400	宽	950 ~ 2200
主传动电机功率/kW	2 × 5000	长	3500 ~ 8650
最大轧制力/MN	50	产品厚度/mm	10 ~ 100
最大轧制速度/(m·min⁻¹)	230		

最大轧制速度/$(m \cdot min^{-1})$　230

剪切机可切板带的尺寸/mm：

重型剪可切的厚度	max 135/115	轻型剪可切的厚度	max 55/40
宽度	max 2300	宽度	max 2300

(2)热精轧机列的简明技术参数

阿卢诺夫铝厂 No.2 热精轧机列含图 4 - 1 中的冷却系统 6，4 机架热精轧机列 7，剪边机(2 ~ 6 mm)8，卷取机 9，带卷运出机 10，带卷检验装置 11。

热精轧机列的技术参数：

工作辊直径/mm	780	支承辊直径/mm	1450
工作辊辊面宽度/mm	2700	支承辊辊面宽度/mm	2400

传动电机功率/kW	各 5000	带卷外径/mm	1500 ~ 2700
最大轧制速度/(m·min⁻¹)	一般 480	带卷质量/t	max 29.9
	特殊情况 522	生产能力/(kt·a⁻¹)	800
最大轧制力/MN	各 45	厚度偏差	< ±1%
带材厚度/mm	2 ~ 6	最终轧制温度/℃	(250 ~ 360) ±10
带材宽度/mm	未切边 950 ~ 2300	带卷密度/(kg·mm⁻¹)	超过 12
	切边后 760 ~ 2200		

最后需指出的是，No. 1 热轧生产线的锭坯在坑式炉内加热，而 No. 2 热轧生产线用的是推进式加热炉，不过它们加热后的锭坯可方便地运至任一条生产线轧制，大大提高了生产的灵活性。

No. 2 生产线的两台剪切机是由 SMS 公司的年轻德藉华人工程师设计，中国第一重型机器制造集团公司制造。

4.1.3 单机架冷轧机

该公司 4 台冷轧机位于一个车间内，横向排列，与(1 +3)式热连轧线并列，第二条热连轧线在第一条之北，并排着(图 4 -2)。这些轧机都是西马克·德马格公司(SMS DEMAG)提供的。

4.1.3.1 基本技术参数

1 号 4 辊不可逆式冷轧机 1968 年投产，即与第一条热连轧生产线同时建成，这条(1 +3)式热连轧线可生产 2900 mm 宽的板带材。2 号及 3 号 4 辊不可逆式冷轧机分别于 1975 年及 1980 年投产，可生产薄到 0.15 mm 的带材。这 3 台冷轧机可生产的带材的最大宽度为 1650 mm。为了生产更宽的材料，即为了提供更宽的铝箔毛料与包装板带材，4 号冷轧机于 1987 年建成投产，这是一台 CVC/HS (Continuous Variable Crown) 连续可变凸度/Horizontal Stabilization 水平稳定化)4 辊不可逆冷轧机，可生产板带材的最大宽度为 2140 mm。这 4 台单机架冷轧机的基本技术参数见表 4 -1。

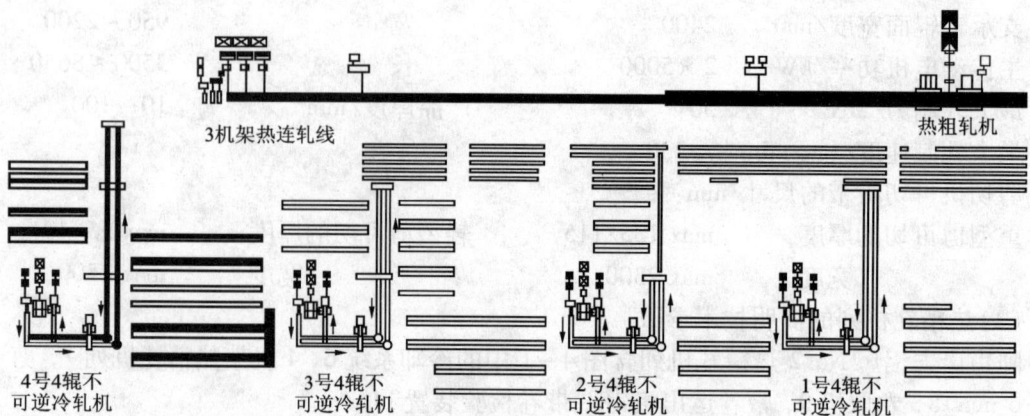

图 4 - 2 阿卢诺夫铝板带公司四台冷轧机的排列

表 4 – 1　四台单机架冷轧机的基本技术参数

参　数	1 号冷轧机	2 号冷轧机	3 号冷轧机	4 号冷轧机
工作辊直径/mm	510	510	510	490
支承辊直径/mm	1350	1350	1350	1400
辊面宽度/mm	1860	1860	1860	2450
最大轧制速度/(m·min^{-1})	900	1650	1650	1500
带材宽度/mm	750 ~ 1650	750 ~ 1650	750 ~ 1650	800 ~ 2110
来料最大厚度/mm	4.5	4.5	3	8
产品最薄厚度/mm	0.25	0.25	0.15	0.2

4.1.3.2　4 号冷轧机

4 号冷轧机为 CVC4 – HS 型, 专门用于轧制高品质的带材, 产品最薄厚度 0.2 mm。这台高技术冷轧机的扩建不仅是为了提高带材品质, 而且也是为了拓宽产品的规格, 加大带材宽度与减薄厚度。为此, 配备了两套工作辊, 一套的直径 490(450) mm, 另一套的直径 380(330) mm, 前者的辊面宽度 2450 mm, 后者为 2240 mm, 但两套工作辊的轴承座直径相同, 这种情况在世界的铝带冷轧机中极为少见。

该轧机采用了特大型板带轧制厂的多规格产品的最优化设计概念(complete concept), 既可以满足未来发展的需求, 又可以满足高难度产品轧制的需求。除了采用 CVC/HS 技术与结构上的盒式法(cassette method)设计外, 还通过万向连接轴节对支承辊直接驱动。

轧机的最优化设计概念能保证最小的尺寸偏差, 还可使带材具有最佳的平直度, 另外, 由于采用了两套工作辊, 对冷轧机达到理想的经济性起了决定性的作用, 优化的辊系可与产品轧制方案完美地匹配。

(1) 完美设计概念内容

完美设计概念的主要体现如下:

●轧制线高度相当高, 在车间地平线之上 3000 mm, 这不但可以节省投资, 而且便于带卷运输与设备维护。带卷可在车间内按需要路线运输。从高架仓库出来的带卷经轧制后又返回库内。

●CVC 工作辊与 CVC 移动。

●水平稳定化(HS)。

●每根工作辊由 AC 电机通过万向联轴节与无回闪(backflash)传动系统(无齿轮箱)直接驱动。

●通过盒式设计(cassette – trpe design)配备的工作辊辊径变化范围大, 拓宽了产品规格。

●用楔块调整轧制线高度, 在工作辊和支承辊的有效直径范围内能确保轧制线恒定。

●双阶段压力块抽回装置(Two – stage pressure piece withdrawal device)。

●液压螺旋压下。

●工作辊换辊车可侧向移动, 可快速换辊。

●液压支承辊换辊装置

这种设计概念是面向未来的, 可保证轧机在今后一段较长的时间内仍处于国际领先装机水平, 且便于今后的升级改造。

（2）CVC – HS 技术

CVC 技术与 HS（水平稳定化）技术结合起来形成一项更完美的新技术，具有更多的优点：首先是采用盒式设计，工作辊的直径范围由 490 mm 变到 340 mm，不需要作设备上的重调工作，换上辊后即进入工作状态，按选定的规范轧制，能更有效地调节辊缝形态。

西马克公司开发的 CVC 技术，可以连续地改变辊缝形态（连续可变凸度），也就是说，只要两根 CVC 辊沿轴向相向移动就可以连续地调节辊缝形态。因此，不需要轧辊在水平方向作任何弯曲。其具体优点是：

仅需一套磨好的 CVC 辊，就可以完成全部轧制过程；换辊次数减少；可降低轧制力；减少轧辊磨损；轧辊位置稳定；加大道次压下率；轧制道次最少化；提高了带材表面品质；提高了带材平直度；改善了带材制导；边部废料减少；最大限度地提高了轧制规范改变的适应性。

（3）支承辊直接驱动

用两台同步 AC 电机直接驱动支承辊，一台安于另一台之上，布局紧凑。这种驱动不用中间齿轮箱，是通过万向联轴节直接进行的，不会产生回闪现象。电流用交直流互换控制经直接转换器送入电机。交流驱动优点是：更加经济，因为变送电损耗低；维护工作量减少，因为无整流器；尺寸小；惯性矩低；整个系统有更佳的控制动力学。

（4）配套设施齐全精确

控制系统齐全，联结精确，可达到精密的平直度闭环控制，除了通过 CVC 轴向移动、工作辊弯曲与工作辊倾斜来调节辊缝与辊形外，精密的闭环控制还包括热平直度控制。

控制系统含平直度测量辊与综合的轧辊冷却系统。轧制油通过可单独调节流量与压力阀门喷向轧辊，每隔 52 mm 有一个喷嘴，因此，即使工作辊直径变化范围大，也能确保在任何情况下进行最优化的热平直度控制。

液压、润滑与轧制油系统都位于地下室。所有传动装置的润滑都由润滑油系统集中供给，流量可达 200 L/min。

轧辊的全部轴承的润滑油/空气来自中央润滑设备。既能保证优化的润滑又使消耗量最小。油是由压缩空气送来的，经过自动耦合器与特制分配器向轴承提供最合理的油雾润滑。这种合理的润滑可保证轴承能长期运转，轧辊磨损也很小。

在轧制油系统中有完善的过滤设施，冷却与润滑油连续通过平板过滤器而得到净化。轧制油系统的流量可达 10000 L/min。由于冷却剂为低闪点矿物油，在 Airpure 过滤器室与油窖内都配备有强大的灭火系统，它们全是高压 CO_2 型的，一旦发生火情，通过传感器发出的信号，灭火系统就会立即自动起动，为了强化完全措施还配备有泡沫灭火器。

轧制线上配有高科技的自动化设备，居当今的世界先进水平：现代化的厚度控制；平直度测量与控制系统，受控带材宽度可达 2100 mm，其上有 57 个测量区，每个区监控的宽度分别为 26 mm 或 52 mm；快速记录与打印系统连续显示本道次及既往道次带材的厚度；在线显示对全轧制过程的分析与诊断结果。

4.1.3.3　技术参数

可轧材料：铝及铝合金

带材宽度/mm	800 ~ 2140	带卷最大外径/mm	1950
来料厚度/mm	max 8	带卷最小内径/mm	600
成品厚度/mm	min 0.2	带卷最大质量/t	15

第一套 CVC 工作辊直径/mm	490/450	轧制力/MN	20
第二套 CVC 工作辊直径/mm	380/340	开卷张力/kN	12.5~150
支承辊直径/mm	1400/1300	主电机功率/kW	2×4200
支承辊辊面宽度/mm	2240	轧制冷却油流量/$(\mathrm{L\cdot min^{-1}})$	10000
最大轧制速度/$(\mathrm{m\cdot min^{-1}})$	1500	中央润滑油系统流量/$(\mathrm{L\cdot min^{-1}})$	200

4.1.4　双机架冷连轧机列

阿卢诺夫铝板带公司的双机架冷连轧生产线是西马克公司设计制造的，电气与自动化控制设备由 ABB 工业技术公司(Industrietechnik AG)配套与提供，工作辊为 CVC 型，是当今全世界最先进的双机架铝带冷连轧生产线之一。截止到 2004 年底，全球共有 19 条双机架冷连轧生产线，总的生产线能力约 4000 kt/a，绝大多数为圆柱形辊，只有两条生产线采用 CVC 辊；有 18 条为四辊的，仅日本神户钢铁公司真冈轧制厂的那一条为 CVC－6 的。中铝西南铝板带冷连轧公司的那条也是 CVC－6 式的。

阿卢诺夫铝板带公司的双机架冷连轧生产线创造了几项同类机列的世界记录：生产能力 280 kt/a，主导产品为罐身料与铝箔毛料；带卷最大质量 29 t；主电机功率各 6000 kW。

4.1.4.1　基本技术参数

阿卢诺夫铝板带公司的双机架冷连轧生产线基本技术参数如下：

可轧材料：软合金

工作辊直径/mm	510	入口侧带材最大张力/kN	75
工作辊辊面宽度/mm	2450	出口侧带材最大张力/kN	65
工作辊型式与辊数	CVC－4	开卷机电机功率/kW	DC790
来料最大厚度/mm	3.5	转数/(r·min⁻¹)	223/1000
产品最小厚度/mm	0.2	卷取机电机功率/kW	DC2×895
轧制速度/(m·min⁻¹)	1500	转数/(r·min⁻¹)	1138
产品最大宽度/mm	2150	主电机转数/(r·min⁻¹)	187/610
主电机功率/kW	各6000	设计生产能力/kt·a⁻¹	280

4.1.4.2　基本功能

这条 2450 mm 双机架冷连轧生产线代表当今铝带冷轧的最高水平，其基本特征为：电机通过行星齿轮驱动工作辊；液压螺旋压下；工作辊可轴向移动(CVC)；工作辊可弯曲与支承辊平衡；双闭环板形控制；双闭环带厚控制；自动供带与穿带；轧制线高度自动调整；带卷自动对中与自动测量带宽；自动快速换辊；自动运输套筒；带卷自动装卸与自动出入高架仓库。

4.1.4.3　电气与控制设备

除上面提及的主电机及开卷机、卷取机的驱动电机外，其他的电气设备及自动化监控设备有：供电系统，传动控制，工艺过程计算机，工艺过程控制系统。

(1)供电系统

供电系统的组成：同步交流主驱动电机由一台水冷式 12 脉冲交－交变频器供电；开卷机与卷取机的 DC 驱动电机由线性整流器(line commutated converter)供电；电机由空气－水热交换器冷却；铸造树脂变压器；变流装置带数字式触发器，并可调节电流与显示诊断结果。

（2）控制系统

①传动控制。全数字式；各机架均有调速控制系统。

②工艺过程计算机。合同管理；材料流动跟踪；含自适应模型的可对穿带与工艺参数的设定值进行计算（轧制力，带材温度，在线式热凸度，辊缝轮廓）；带材报告；带厚在线记录；事故记录。

③工艺过程控制系统。过程计算机辅助的设定值给定；工艺数据高速显示（模拟图表、诊断、扰动指示信号、事故记录仪）；计算机分析的传动系统诊断；记录功能；全数字式控制；数字传动控制；三套测厚系统；两套应力计（stres-someter）测量辊的板形仪；配置三套激光测速系统的质量流控制。

4.2 德国科布伦茨轧制厂

4.2.1 概况

德国科布伦茨（Koblenz）轧制厂——全球主要的高精铝板带企业之一[1]属爱励铝业公司（Aleris），板带产量约 150 kt/a，是一个名副其实的高精铝板带轧制企业，生产的合金种类约 110 个，主导产品为热交换器复合热传输板带箔、航空航天板带、汽车与船舶板材、工模具厚板、结构板材等等（图 4 - 3），材料的 65% 出口到其他欧洲国家（约占 32%）与世界各国（约占 33%），见图 4 - 4。

科布伦茨轧制厂成立于 1964 年，原属美国凯撒集团（American Kaiser Group），初期生产挤压材，稍后转为生产板带材，1987 年荷兰霍哥文集团（Dutch Hoogovens Group）收购该厂，1999 年霍哥文集团被英国钢铁生产者——科鲁斯集团公司（Corus Group plc.）并购，于是科布伦茨轧制厂划归科鲁斯铝轧制产品公司（Corus Aluminium Rolled Products）。现在，该公司下辖三个企业，其他两个企业是：比利时杜菲尔（Duffel）轧制厂，加拿大卡普·得·拉·马德里（Cap - De - La - Madeleine）轧制厂。2006 年 2 月美国爱励铝业公司收购了柯鲁斯集团铝业板块，从此，科布伦茨轧制厂又投奔新主。

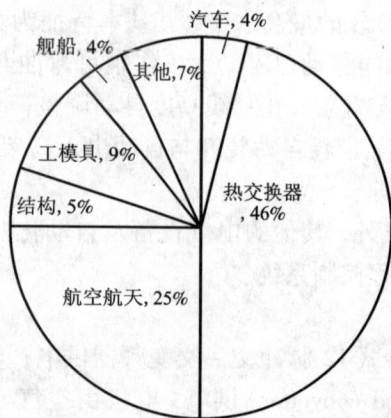

图 4 - 3　科布伦茨轧制厂产品结构示意图

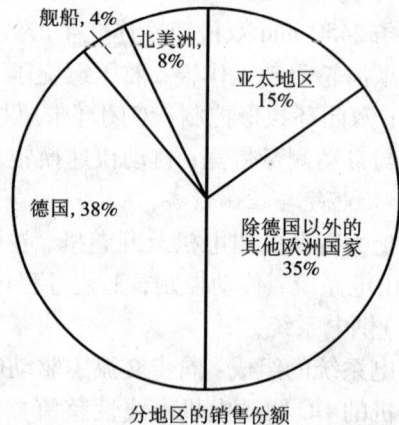

图 4 - 4　科布伦茨轧制厂产品销售地区示意图

科布伦茨轧制厂的品质管理体系与追求高品质的经营理念，在世界铝板带轧制行业久负盛誉，成为国际航空航天材料的主要供应者之一，所生产的厚板更是享誉全球。

科布伦茨轧制厂的生产、技术服务、工艺与品质保证、市场开拓、销售与管理员工约1300人。工厂的劳动生产率达120 t/(人·年)。产品品质年年有所改善，产量逐年有所上升，生产装备在不断地更新与改造。职工平均工龄在15年以上。

4.2.2　不断完善的一流装备

科布伦茨轧制厂拥有一流的装备，同时根据需要在不断地改造与扩建，20世纪80年代后期熔炼铸造车间新安了一台现代化的可倾动的静置炉。现在全车间共有五套熔炼静置炉组，在线熔体处理有SNIF除气系统与陶瓷片过滤箱。

同期，增建了1台4辊不可逆式冷轧机与成套的辅助设备，如退火炉、矫直机与剪切生产线，以及1台4辊可逆式3250 mm热轧机，形成一条(1+1)式生产线。2002年一台世界上最大之一的铣床建成投产，对航空薄板生产系统进行了全面改造。后来又投资4200万欧元对冷轧工艺进行了全面大规模改扩建，从而于2005年末向航空航天部门提供宽度达2800 mm的铝合金厚板。

熔炼合金用的原料：纯铝，合金元素，工厂内部废料。铸锭最大质量25 t。由于采用当前先进的熔炼铸造工艺，铸锭既有均匀一致的冶金组织，又有相当高的力学性能与小的内应力。

3760 mm热粗轧机可将600 mm厚的扁锭轧成最大宽度3600 mm、最薄厚度8 mm的厚板，最大轧制速度180 m/min。3250 mm四辊热精轧机是双卷取的，产品最终厚度2.5 mm~15 mm，最大宽度3000 mm。热粗轧机的主电机功率7200 kW，最大轧制力45MN。有一台铁本公司(Tippins)提供的四辊不可逆式3760 mm冷轧机，产品最大宽度3500 mm、最大厚度2.5 mm。还有一台1830 mm六辊不可逆式冷轧机，最终产品厚度0.20 mm，精度±0.005 mm。所有冷轧机都有全自动化控制设备，自动调控带材厚度、板形、平直度。6辊冷轧机的最大轧制速度1000 m/min。

可生产的最大厚板尺寸为厚180 mm、宽3600 mm、长24000 mm。有一台80MN的拉伸矫直机。HHT连续卧式固溶处理炉，可处理的最大板材尺寸为厚200 mm、宽3600 mm、长24000 mm。

4.2.3　航空航天铝合金厚板典型生产工艺及主要设备

科布伦茨轧制厂航空航天厚板典型生产工艺：原料→熔炼→铸造→铸锭均匀化→铸锭铣面→加热→热轧→剪切→冷轧→固溶热处理→淬火→预拉伸→超声波探伤→人工时效→涡流电导率检测→锯切→精锯切。

4.2.3.1　熔炼铸造及铸锭处理

航空工业用铝合金多为2XXX、6XXX、7XXX系合金，其熔铸工艺特点是：

合金中铜、镁、锰含量高，镁在熔炼过程中易烧损，铜、锰在熔体中易分布不均匀，锌，铜易偏析；杂质铁、硅含量要严格控制；因为氢严重影响材料的应力腐蚀性能[5]，熔体中的含氢量要严格控制；碱性金属含量要严格限制；合金的结晶范围较宽，不平衡共晶致脆的裂纹倾向较大，7XXX系合金尤为突出。

根据上述特点，为了提高铝熔体成分的均匀性，降低烧损，同时控制杂质含量，目前在熔铝炉内增加电磁搅拌装置。电磁搅拌装置是由变压器、变频器、控制单元、感应线圈、循环冷却水系统组成。变压器主要是将变频器产生的谐波与电网隔离。循环冷却水系统是保护感应线圈正常工作。通过变频器产生的低频电源通过电磁线圈产生行波交流磁场，次交流磁场穿过线圈前方的不锈钢板和耐火材料进入熔池，在熔池内的感应电流和磁场共同作用下产生电磁力，推动熔池内铝熔体流动。采用电磁搅拌装置的优点是：可确保熔体成分均匀，同时因为是非接触式搅拌故避免了采用铁制搅拌工具对铝熔体的污染，从而有效地抑制铁杂质含量增加；感应器置于铝熔炉底部，搅拌时熔体表面的氧化膜不易破坏可减少烧损，金属实收率可提高 0.5% ~ 1.5%，熔体吸气量也减少；熔炼时间可缩短 20%，生产率可提高 10% ~ 25%，燃料消耗减少 10% ~ 15%；可以使铝熔体温差降到 5℃ 左右，降低了铝熔体表面温度，炉渣可减少 20% ~ 50%，从而使扒渣时间减少 20% ~ 50%。

该厂的熔炼炉配有电磁搅拌装置。有四条熔铸生产线，每条线由一台熔炼炉、一台保温炉和铸造系统组成。熔炼炉为圆形倾动式，可由顶部一次性加料。圆形倾动炉在转炉时铝熔体流动更为平衡，也更为洁净，可完全排干，换炉生产灵活方便。

为了更有效地控制合金成分和限制杂质含量，对所有航空铝合金均通过计算机对成分进行优化配料。熔体在保温炉内进行净化处理和成分调整。该厂采用 SNIF 在线除气和陶瓷过滤装置，可将熔体中氢含量由 0.25 mL/100 gAl 降到 0.1 mL/100 gAl。

该厂采用液压半连续直冷铸造工艺，一条熔铸生产线最多可同时铸造 8 块 10 t 重的扁锭，最大铸锭重可达 25 t。铸造过程中采用计算机控制各种工艺参数，如熔体水平、流量、温度、冷却水流量与压力、铸造温度，以控制逆偏析而获得良好的冶金组织。

在铸造航空硬合金时采用一种自行研发的铸造工艺：当铸造过程稳定后将结晶器上移，缩短液面和结晶器底沿的距离，因降低金属液面高度减少了通过结晶器冷却壁的排热，铸锭提早进入直接水冷区。这样有效地减少了壳层厚度，铸出的铸锭表面品质更好(图 4 - 5)。

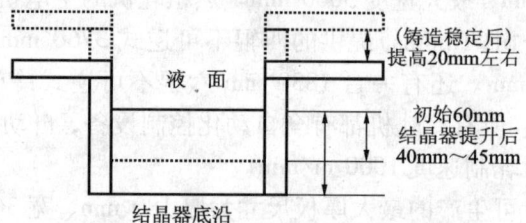

图 4 - 5　科布伦茨轧制厂的铸造工艺示意图

为满足航天工业和汽车工业对高附加值铝材的需求，2005 年该厂又在进行技术改造，在这次技术改造中，铸造车间将安装一个新的铸造台，用于生产航空用超宽铝扁锭(最大尺寸可达 2800 mm 宽，500 mm 厚)。相应配套一台 7 m 长的均热炉，该炉设计装炉量为 190 t，由埃布纳(Ebner)公司提供。此外，美国瓦格斯塔夫(Wagstaff)公司结合 Koblenz 铝轧制厂自己研发的铸造自动化技术，为其提供并安装了 13 套用于结晶器液位控制的 Selcom DeltaLine™ 型差异式激光传感器。

4.2.3.2　轧制

科布伦茨轧制厂有 11 台坑式加热炉，这种炉具有使用灵活、占用空间较少等优点，所以生产厚板等的工厂还是多用坑式加热炉预热与均匀化处理。

对于大部分厚度 12 mm 以上航空用厚板可直接由热粗轧机轧出成品；厚度小于 12 mm 的板材一般由热精轧机或由冷轧机轧制成成品，其原因如下：

厚度小于 12 mm 的板材如果由热粗轧机进行成品轧制，则不利于发挥粗轧机的效率；

板形、尺寸公差难于保证，特别是产品的厚度精度难以保证；

对于宽度 2800 mm 以上的超宽板材，热轧过程中易出现塌腰，下表面与辊道摩擦，会出现擦划伤，表面品质无法保证。

热粗轧机的主要技术参数如下：

型式	单机架 4 辊可逆式热粗轧机
工作辊尺寸/mm	ϕ920×3760
铸锭最大尺寸/mm	550×2200×7000
最大轧制速度 m/min	160
主电机功率/kW	8000
最大轧制力/MN	45
产品最薄厚度/mm	8
产品最大宽度/mm	3600

据悉，爱励公司决定从 2007 年下半年开始拆除现有的热粗轧机，将其搬迁到杜菲尔轧制厂，另建一台 4200 mm 的粗轧机。

4.2.3.3　固溶热处理

航空铝合金厚板的热处理工艺有如下特点：

2XXX 系合金的过烧敏感性大，特别是航空上应用最为广泛的 2024 型合金中由于有熔点为 507℃的 $(\alpha+\theta+S)$ 共晶，淬火温度 490～501℃与共晶点温度十分接近，最易产生过烧。因此固溶加热温度必须严格控制；为了保证板材淬火后的性能均一性，厚板表面、中心温差要尽可能地小；航空铝合金对淬火转移时间敏感，易发生所谓"延迟淬火"，由此不能获得最佳力学性能，使材料晶间腐蚀加剧；通常 2XXX 系合金的淬火转移时间要小于 20 s，7XXX 系合金的淬火转移时间小于 15 s。

老式的固溶处理主要是通过盐浴炉来进行，从盐浴炉到淬火水槽之间的转移用天车吊料，转移时间过长，一般在十几秒以上，使硬铝合金晶间腐蚀加重，严重影响到产品的耐腐蚀性能；其板材在以后的加工中变形大，性能不稳定，无法生产出高质品的产品。此外盐浴炉内的盐浴剂是强氧化剂，除对环境有污染外，也给安全生产带来一定的隐患。

因为传统淬火方式存在诸多不足，20 世纪 70 年代末，国外开发了专用于航空铝合金厚板的热风循环辊底式固溶热处理/淬火技术，其优点是：

处理的厚板规格范围较大，加热速度快，保温时间短，生产效率高，操作安全；热处理温度控制准确（奥地利埃布纳公司生产的 Hicon 辊底炉在保温阶段可将温差控制在 ±1℃以内）；淬火转移时间短，所谓"延迟淬火"效应小，板材在加热炉中加热（固溶处理）后立即进入喷淋区；现今的辊底炉技术可将该时间控制在 13 s 以内；更快、更均匀的冷却速率，用大流量的去离子冷却水对板材上下表面同时进行喷淋冷却（淬火），使板材具有细小，均匀的强化组织，性能稳定；同时由于厚板表面和中心的冷却速率接近，淬火后翘曲变形小，板形好；板材表面无划伤；安全可靠；洁净、环保，低污染排放。

现在，辊底炉技术已普遍为航空用铝合金厚板生产厂所采用。科布伦茨轧制厂分别于 1983 年和 1999 年由埃布纳公司建造了两台辊底式淬火炉，可对最大规格为 200 mm×3600 mm×24000 mm 的厚板进行在线热处理。

4.2.3.4 预拉伸

航空用铝合金厚板在淬火后内部存在很大的内应力,它来源于淬火造成的温度梯度。一般板材越厚温度梯度越大,这种残余应力就越高。残存的内应力如果不及时消除,经过一定时间后板材会发生严重的翘曲,使板材报废。不仅如此,这种残余应力会增加厚板机加工时变形,同时会使板材应腐蚀及疲劳破裂敏感性增加,降低部件的使用寿命,极大地影响飞机飞行的安全性。因此有效地消除板材内部的残余应力是航空用铝合金厚板生产的重要环节。

单纯使用矫直机对板材进行矫直,虽然可以消除部分内应力,外表看来平直度也较好,但是如果对这样的板材进行机加工,改变了板材内部应力的分布,则又会发生翘曲现象。目前最好的办法是使用预拉伸机对板材进行微量预拉伸(1%~3%变形量),其原理是,板材在淬火后表面产生压应力,而心部则呈拉应力状态,同时板材表面层因为相对冷却稍快,晶粒细小、屈服极限较高,而在芯部则较低;预拉伸时在均匀的外拉力作用下,厚板芯部产生附加的拉应力,这种拉应力和原有的残余拉应力相叠加,屈服强度较小的板材芯部率先产生塑性变形,从而达到完全消除板材内部应力的目的。

科布伦茨轧制厂有3台拉伸机,其中最大的一台为80 MN,可拉伸的最大厚板截面尺寸为220×1600 mm;对于超出拉伸机能力的厚板,该厂有一台300 MN冷锻压机,通过压锻减少板材的残余应力。

4.2.3.5 超声波探伤、涡流电导率检测

航空用的铝合金厚板大都需要A级探伤,而传统的手工超声波探伤,探伤精度低,漏检率比较高。因此国外现代化工厂多采用最先进的水浸式多通道全幅面探伤机,进行自动、无盲点、高精度探伤。

科布伦茨轧制厂有两条水浸式探伤线,配有5台扫描桥,可同时对厚板进行无损探伤。

对于需要进行人工时效的厚板,在时效处理后通常要进行涡流电导率检测,目的是进行热处理状态识别和过程的均匀性检测。

4.2.3.6 成品锯切与精加工

目前在国外航空铝合金厚板成品生产中已不单纯是简单的锯切,通常还配有初步的机加工,可按照客户的需求进行定做产品已成为趋势。

科布伦茨轧制厂设有两个厚板锯切中心,采用先进的带锯锯切厚板,优点是锯口小,金属损耗少。另有两台数控机加锯床,可加工带吊运孔、弧形或其他形状的航空用铝合金厚板产品。数控机加锯床技术参数见表4-2。

表4-2 数控机加锯床技术参数　　　　mm

参　数	CNC-Centrel	CNC-Centre2
最大长度	6000	1400
最小长度	1000	340
最大宽度	3000	1250
最小宽度	1000	340
最大厚度	380	320
最小厚度	8	4

4.2.4　研发力量不断加强

为了保持工厂的三大主导产品(航空航天与交通运输铝合金板带材、工模具厚板、热交换复合板带材)在世界市场中的领先地位,不断提高产品的市场竞争力,科布伦茨轧制厂非常重视产品的研究开发工作,每年投入的研发经费约占销售收入的3%。

科布伦茨轧制厂研发中心近20年来的最大成就是:为铸造大扁锭与特厚工模具板研制出一套行之有效的成熟的工艺,制订了一套工艺文件,开发出了一套独特的工具与模具合金,不但保证了产品所需的性能,而且使铸造厚板中的内应力小于标准中的规定;制定了高精度航空航天、交通运输、工模具厚板的热轧、热处理与精整工艺;研制出一批有良好综合性能的新合金,它们有适用于厚板生产的,也有适宜轧制薄板与热交换复合厚箔的。

科鲁斯集团公司技术中心在研发航天航空、工模具厚板合金方面与美国铝业公司(Alcoa)、加拿大铝业公司(Alcan)并列为世界三强之一,在热交换复合铝板带生产方面是世界四强之一(另三个是萨帕铝热传输公司、加拿大铝业公司、海德鲁铝业公司)。科布伦茨轧制厂新研制的有更高强度的热交换器合金,可使热传输箔的厚度减薄和/或热交换器在更高的压力下工作,因而可将热交换器做得更加紧凑,可进一步减轻其质量。

该公司发展的Alustar™合金在焊后的强度比同系传统高强度合金的强度还高20%,适用于制造高速渡轮(ferry),可显著减轻自身质量。飞机工业用特厚板机械加工“集成结构(integral structure)”,不但可显著减轻部件的质量,降低制造成本,而且飞机的可靠性、安全性也有很大提高。所谓集成结构就是过去需用几个或甚至三四十个零件用铆接、焊接、紧固连接工艺才能组装成的复杂部件,现在只用一块热轧的特厚板通过铣、刨等机械切削工艺加工成一个整体结构部件。生产集成结构件是一项高技术工作,首先需铸造冶金组织合格、内应力小的特大硬合金铸锭,经过严格的均匀化处理后,热轧成特厚板,固溶热处理后,再经拉伸。拉伸工序很重要,一方面使厚板达到所要求的平直度,另方面使热处理过程中产生的残余应力降低到某一值,使厚板中的这种应力与以后机械加工时产生的应力处于平衡状态,当然这是理想的状态,即使达不到这种状态,也应使切削加工后的残余应力小到不会引起成品集成结构件发生变形,否则就会成为废品。

Alustar™合金是一种Al-Mg系不可热处理强化的高强度铝合金,对海水有很强的抗腐蚀性能,焊接后的强度比常规船舶合金的高得多,在制造水翼艇、高速渡轮、巡逻艇方面有着独特的优势,对减轻船体质量与增加载荷、提高稳定性有着重要意义。

随着模具与工具结构的改进,铝合金在工模具制造业中的应用取得了长足的进展,尽管铝合金工模具价格目前比钢的贵一些,但由于其易加工、交货快捷,铝合金厚板在工模具材料中有很强的竞争力,是一种很有前景的材料。为此,科布伦茨轧制厂开发出一系列的工模具厚板铝合金,最大厚度可达900 mm。科布伦茨厂模具合金家族各成员的特性如下:

HOKOTOL高强度铝合金:最大厚度400 mm;抛光性能优良;抗磨损性能强;板材整个厚度上力学性能高度一致。

WELDURAL通用型模具铝合金:最大厚度700 mm;可焊性能优秀;中高力学性能;高抗磨性能;在整个厚度上有均匀一致的力学性能。

GIANTAL传统模具铝合金:最大厚度900 mm;可焊性能良好;力学性能高;尺寸稳定性能优秀;切削加工性能优良。

科布伦茨轧制厂另一类最有特色的高精产品是汽车热换器复合铝板带箔,是科鲁斯集团生产这类材料的最大工厂。科鲁斯集团是全球最大的复合铝板带箔生产者,2004 年的产量约 120 kt,占全世界总产量的四分之一左右。

科布伦茨轧制厂研制成功多个热传输复合铝合金,形成了系列,在汽车发动机与齿轮箱冷却系统、制冷器、空调器中获得了广泛的应用。由于这些合金有更强的抗腐蚀性能、更高的力学性能与更优良的热交换效率、更大的减重效果与长得多的使用期限,被誉为"长寿合金(long life)"。科布伦茨轧制厂可向用户提供任何厚度与宽度的复合热传输铝合金板带箔材。

4.3 德国格雷文布洛伊铝箔厂[2]

格雷文布洛伊(Grevenbroich)轧制厂属海德鲁铝业公司(Hydro Aluminium),是全球最大的铝箔与特薄板材生产企业。

该厂拥有 4 项铝箔方面的"吉尼斯"记录:生产能力最大,200 kt/a,加上薄板带的则达 320 kt/a;有约 1800 名职工,2001 年的铝箔及薄带材的产量 280 kt,销售额 20 亿德国马克,劳动生产率高达 156 t/(人·年),1 百万德国马克/(人·年);生产能力最大的铝箔轧机组,"Foil 2000"箔材轧制生产线 4 台轧机的铝箔(0.006 mm ~ 0.009 mm)实际产量在 40 kt/a 以上;可是只有员工 80 名,劳动生产率高达 500 t/(人·年),这在当前世界是绝无仅有的,单台轧机的年平均产量 10 kt;"Foil 2000"生产线的辊面宽度 2200 mm,产品宽度 2080 mm;轧制速度高达 2500 m/min,粗轧机的卷取速度可达 2700 m/min,中轧机的卷取速度高达 3250 m/min,精轧机的最大卷取速度为 2500 m/min。

格雷文布洛伊是德国莱茵地区(Rheinland)的一个小镇,距杜塞尔多夫市(Dusseldorf)32 km,距全球最大的铝板带轧制厂——阿卢诺夫铝厂(Alunrf)仅 30 km,前者用的带坯大部分是由后者提供的。

格雷文布洛伊轧制厂的前身为莱茵平板金属公司(Rheinische Blattmetall AG——REBAG),从 1922 年开始生产铝箔,是世界最古老的铝箔厂之一,经不断的改扩建,目前已是全球最大与最先进的铝箔与薄板带(PS 版基材等)轧制厂。该厂把厚度小于 0.06 mm 的轧制产品称为箔材,而把厚度等于和大于 0.06 mm 的轧制产品称为薄板带(sheet)。该厂是历经 30 余年建成的。

格雷文布洛伊轧制厂有 5 条生产线,24 台箔材轧机。它们被命名为:系列 1,5 台轧机;系列 2,4 台轧机;组 7,6 台轧机;组 8,7 台轧机;组 10,两台轧机。现正在对"组 8"生产线进行现代化技术改造。

4.3.1 铝箔生产线

4.3.1.1 组 7 及组 8(Group 7, Group 8)

组 7 及组 8 是该公司最老的铝箔生产线。组 7 有 6 台 4 辊不可逆式 1600 mm 轧机,1 台粗轧机,1 台中轧机,4 台精轧机,是美国布劳·诺克斯公司(Blaw Knox)设计制造的,1961 年投产。带卷最大质量 3 t,即 2 kg/(mm 带卷宽),主导产品为 0.008 ~ 0.015 mm 的深加工包装箔以及液体包装箔、利乐包装箔(Tetra Pak),等等。

组 8 原有 6 台布劳·诺克斯公司提供的1600 mm 4 辊不可逆式轧机，1 台粗轧机，1 台中轧机，4 台精轧机，1963 年投产。带卷单位质量为 3 kg/(mm 带卷宽)，以生产 0.015 mm ~ 0.060 mm 厚的酸奶纸盒包装箔，以及 0.060 ~ 0.200 mm 的厚箔为主。1994 年由德马克公司(MDS)对中轧机及精轧机进行了现代化改造，而对粗轧机则作了大规模的彻底改造。

4.3.1.2　系列 1(Series1)

系列 1 有 5 台箔轧机，都是 4 辊不可逆的 1850 mm 的：1 台粗轧，1 台中轧，3 台精轧。都是阿申巴赫公司设计制造的，1971—1973 年投产，主导产品为 0.00635 mm 的利乐包装箔及其他包装箔。这些轧机都在未停止生产的条件下作过不同程度的现代化改造，其中 1 台精轧机于 1995 年装上了英国戴维公司(Davy)的 Davy System 21，尔后粗轧机装上了戴维公司的动态板形辊 DSR(Dynamic Shape Roll)。它是在 Davy System 21 的控制下工作的，可对轧制带材的厚度、板形及辊型进行动态控制。动态板形辊于 1996 年底安装完毕，1997 年 1 月即投入运转。

4.3.1.3　组 10(Group 10)

该组轧机于 1994 年投产，有两台阿申巴赫公司轧机：1 台中轧机，1 台精轧机。带卷的单位质量为 3 kg/mm 带卷宽。

中轧机带有合卷机，其简明技术参数为：

工作辊直径/mm	241	轧制速度/(m·min^{-1})	0 ~ 750/1500
辊面宽度/mm	1676	带箔宽度/mm	900 ~ 1450
支承辊直径/mm	660	产品厚度/mm：	入口 0.07
辊面宽度/mm	1625		出口 0.00635 × 2

精轧机的简明技术参数：

工作辊直径/mm	241	轧制速度/(m·min^{-1})	0 ~ 450/900
辊面宽度/mm	1676	带箔宽度/mm	900 ~ 1450
支承辊直径/mm	600	产品厚度/mm：	入口 0.03 × 2
辊面宽度/mm	1625		出口 0.00635 × 2

在实际生产中，第一台轧机作粗轧机用时带箔的最有效的入口厚度为 0.07 mm；也可以作精轧机用，产品厚度为：可由 2 × 0.025 mm 轧至 2 × 0.00635 mm。

这条生产线主要用于轧制空调箔，通常产量为 30 kt/a。该生产线用上了一系列新技术：轧制产品定向系统，功能概念(function concepts)系统；封闭排烟罩，可使烟气流向最佳化与排放的空气最小化；排烟罩是可更换的；Mae - West 程序块(blocks)；调节缸内有平衡缸(counterbalancing cylinder)；液压回程补偿(hydraulic backlash compensation)，等等。

控制室位于两台轧机之间，从而可以对它们进行有效的监控。

带卷装卸与出入高架仓库等工作都是在计算机控制下按指令自动进行的。1995 年这两台轧机的产量达 30 kt，主要产品为空调箔与其他厚箔。

4.3.1.4　系列 2(Series 2 line)

系列 2 生产线又名"铝箔 2000(Foil 2000)轧制线"，是当今生产能力最大的、速度最快的、劳动生产率最高的生产线，共有 4 台阿申巴赫公司铝箔轧机，1987 年建成投产，产品厚度 0.00636 ~ 0.009 mm，工人 80 名，产量早已达到 40 kt/a，最大宽度 2080 mm，一般产品宽度为 1840 mm，最大轧制速度 2500 m/min。

这 4 台轧机的组成为：1 台粗轧机，1 台中轧机，两台相同的精轧机。它们的简明技术参数如下：

粗轧机：

型式	4 辊不可逆式	工作辊直径/mm	280
带材宽度/mm	min 1040,	支承辊直径/mm	950
	max 2080	辊面(工作辊)宽度/mm	2200
来料厚度/mm	max 0.75	主电机功率/kW	4 × 600 DC
产品厚度/mm	min 0.03	轧制速度/(m·min^{-1})	0 ~ 1000/2500
工作辊直径/mm	360	卷取速度/(m·min^{-1})	max 3250
支承辊直径/mm	1040	精轧机(两台)：	
辊面宽度/mm	2200	型式	4 辊不可逆式
主电机功率/kW	4 × 600 DC	带材宽度/mm	1040/2080
轧制速度/(m·min^{-1})	0 ~ 1000,	来料厚度/mm	max 0.04
	max 2000	产品厚度/mm	min 2 × 0.006
卷取速度/(m·min^{-1})	max 2700	工作辊直径/mm	280
中轧机：		支承辊直径/mm	950
型式	4 辊不可逆式	辊面宽度/mm	2200
带材宽度/mm	min 1040,	主电机功率/kW	2 × 600 DC
	max 2080	轧制速度/(m·min^{-1})	0 ~ 750/1800
来料厚度/mm	max 0.08	卷取速度/(m·min^{-1})	max 2500
产品厚度/mm	min 0.014	带卷最大直径/mm	1850
		带卷最大质量/t	13

各台轧机的工艺参数都由中央计算机控制，计算机与各项控制装备位于有空调的监控室内。装有 Achenbach Optiroll® SGC® 或 SCA 厚度控制系统，能确保箔材厚度偏差达到最小、最均匀与最精确；有 1 台全自动控制与纠偏的箔带平直度 Optiroll® SFC 仪。

装有快速换辊系统，可在 5 min 内换完工作辊。工作辊与支承辊上有自动控制的分段喷洒的轧制油系统。轧制油经串连的平板式过滤系统净化后，可达到最理想的洁净度。

"Foil 2000"生产线有一个共有油烟回收处理系统，由各台轧机上方吸烟罩吸抽的油烟送入回收净化处理系统后，可回收其中95%以上的油。该装置每小时可处理从 4 台轧机吸回的油烟 $28 × 10^4$ m^3，每年可从中回收约 500 t 轧制油，又进入轧制油循环系统，使排出的气体能满足当前最严格的油气排放标准，这实际上相当于每天少向大气排放约 2 t 碳氢化合物。

4.3.1.5 "Foil 2001"工程[4]

VAW 公司于 2001 启动了"Foil 2001"工程，即对"组 8"的 4 台铝箔轧机(它们是美国布劳·诺克斯公司Blaw knox 制造的)，进行全面的彻底的现代化技术改造，把原有轧机全部拆除，换上新的，并增加一条双机架 1450 mm 4 辊箔轧机，工程由阿申巴赫公司总承包，传动系统由西门子公司(Siemens)提供，自动化设计由奥钢联工业公司(Voest Alpine Industrieanlagenbau—VAI)配套，笔者 2002 年参观该厂时，正在安装此双机架连轧机列。"Foil 2001"工程可于 2003 年全部完成。

双机架连轧机列装有各种各样的高新技术装置，可以说集当前铝箔轧机一切先进技术之大成：正负弯辊系统；换辊后液压系统及润滑系统可以自动对接；箔带双合系统；数字位置传感器，可以保证辊缝大小的高度精细一致性；装有液压水平稳定机构，可保证工作辊(work roll axes)始终处于平行状态;有轧制线自动调整系统,不管是在轧制过程中还是换辊后都能保持恒定。

为了生产优质表面的铝箔采取了两项重大改进:一是在一定的生产周期,始终保持轧制油成分恒定与高度的清洁;二是采用 SUPERSTACK Ⅱ 平板式过滤器,能对轧制油进行全流量连续的精密过滤,对轧制油管理起着重要的作用。

新轧机全部采用西门子公司的三相、变频、交流电机转动(电机容量从 100 kW 至 1000 kW),因而所有电机在运行期间几乎是免维护的,并采用了最现代化的数字技术。

在轧制中对入口侧箔材张力采用最现代化的传感器技术进行高精度测量与控制。为了确保控制系统的稳定性、均匀性、一致性,采用奥钢联奥地利自动化公司(VAI Automation of Austria)的 VANTAGE 轧机自动化系统(mill automation system),该系统由 AGC、AFC、速度控制及与现有计算机连接的间面(interface with the existing computer)构成。

该工程完成后,格雷文布洛伊轧制厂可以生产当前一切高技术的各种宽度的优质箔材,至少在 2020 年以前可以保住世界上最大与最先进、最有竞争力的铝箔厂地位。

这条双机架铝箔生产线的几项参数如下:

箔材宽度/mm	1450	带卷单位宽度质量/(kg·mm⁻¹)β	
箔材厚度/mm	max 2 ×0.11	投产年度	2002
	min 2 ×0.006	生产能力/(kt·a⁻¹)	16
轧制速度/(m·min⁻¹)	0~900/1500		

4.3.2　冷轧生产线

虽然格雷文布洛伊轧制厂的大部分铝箔带坯由阿卢诺夫铝厂提供,但工厂还有一台现代化的不可逆式 6 辊冷轧机与一台 4 辊冷轧机,前者是德马克公司(MDS)的 6-Hi 型轧机,后者却较老,它们的总生产能力高达 140 kt/a。阿卢诺夫铝厂每年可向格雷文布洛伊轧制厂提供 120~140 kt/a 铝箔带卷坯。由于格雷文布洛伊轧制厂有两台万能冷轧机,所以既可以生产铝箔带卷坯,又可以生产特薄板带与厚铝箔诸如 PS 版基材、罐盖料、0.06~0.20 mm 的单零箔及厚箔。

6 辊万能可变凸度(universal crown——UC)薄带冷轧机是德马克公司(MDS Mannesmann Demag Sack)设计制造的,其基本技术参数如下:

可轧材料	1XXX、3XXX、	轧制速度/(m·min⁻¹)	0~425/1200
	5XXX 系合金 PS	轧制力/kN	7500/9000
	基板品质级带材	工作辊直径/mm	360(330)
带材宽度/mm	750~1450	中间辊直径/mm	440(400)
入口带材厚度/mm	0.1~0.2	支承辊直径/mm	863(800)
出口带材厚度/mm	0.05~0.8	中间辊移动量/mm	400
带卷质量/t	max 4.6	工作辊传动电机功率/kW	2 ×1200
带卷直径(套筒/卷材外径)/mm	300~1250		

这台 6 辊万能可变凸度轧机的主要特点是:

- 工作辊与中间辊均可弯曲。
- 控制手段齐全:带前馈厚度校准的 AGC 系统,位置与轧制力控制,带激光测速仪的质量流控制,自动板形控制(AFC)。

　　● 带卷自动出入库的高架仓库。

　　套筒自动装卸运输系统。

　　● "Womack"型轧制油过滤系统。

4.3.3　1685 mm 纯拉伸脱脂 – 矫直 – 涂层生产线

　　当前,拉伸矫直(tension leveling)在铝合金薄带材生产中显得非常重要,用于消除轧制过程中带来的某些缺陷,诸如边部波浪(wavy edges)、中间波浪(center buckles)、震颤条纹(chatter marks)、鱼骨状(人字形)纹(herringbones)与弯曲(camber)等。近期的发展趋势是将纯拉伸矫直机或常规的拉弯校直机与脱脂清洗机、涂层线、退火炉组成一条庞大的连续生产线,生产高品质的特薄带材与厚的或较厚的箔带材。

　　格雷文布洛伊轧制厂的脱脂 – 拉伸矫直 – 涂层联合连续生产线于 1992 年投产,是德国杜伊斯堡市(Duisburg)BWG 公司设计制造的,电气与控制系统由 ABB 公司配套,是上世纪 90 年代投产的全球少有的几条生产线之一,专门用于生产 PS 版基带材,美国铝公司达文波特轧制厂(Alcoa Davenport Works)的 PS 版带材车间也有一条。

　　该生产线的基本技术参数如下:

可处理的合金	1050、3003、	带材厚度/mm	0.1 ~ 0.5
	3103、5005	带材宽度/mm	800 ~ 1685
合金的屈服强度/MPa	135 ~ 225	带卷外径/mm	max 1850
合金的抗拉强度/MPa	145 ~ 250	带卷最大质量(不带套筒)/t	10
套筒尺寸/mm:			
外径	550	开卷张力/daN	100 ~ 825
长度	2000	卷取张力/daN	100 ~ 1300
套筒质量/kg	800	矫直张力/daN	1000 ~ 20000
线速度/(m·min^{-1})	20 ~ 300	拉矫率/%	0 ~ 1.5
穿带速度/(m·min^{-1})	20	液压工作压力/MPa	15
加速时间(从零至 100 m/min)/s20		气动压力/kPa	400 ~ 600

在德国厚度为 1.5 mm ~ >0.02 mm 的平轧铝板带(FRPs)定义为特薄板带,而铝箔是指厚度≤0.02 mm 的带材。

　　格雷文布洛伊轧制厂有 3 个印刷铝板带(PS 版基板)加工中心,是世界上最大与最先进印刷铝板带生产企业,每年的产量在 100 kt 以上,上述的纯拉伸矫直生产线安于第三中心(图 4 – 6),建设这条生产线投资了约 2 千万欧元。

4.4　美国达文波特轧制厂

　　美国铝业公司(Alcoa)达文波特(Davenport)轧制厂是世界最大厚板生产企业,位于美国依阿华州(Iowa)达文波特市,于 1972 年建成投产,拥有世界上最大的铝板带热轧生产线,它开创了铝板带热轧的多项世界之最:

　　● 最大的四辊可逆式粗轧机,φ1105 mm/φ2134 mm × 5588 mm。

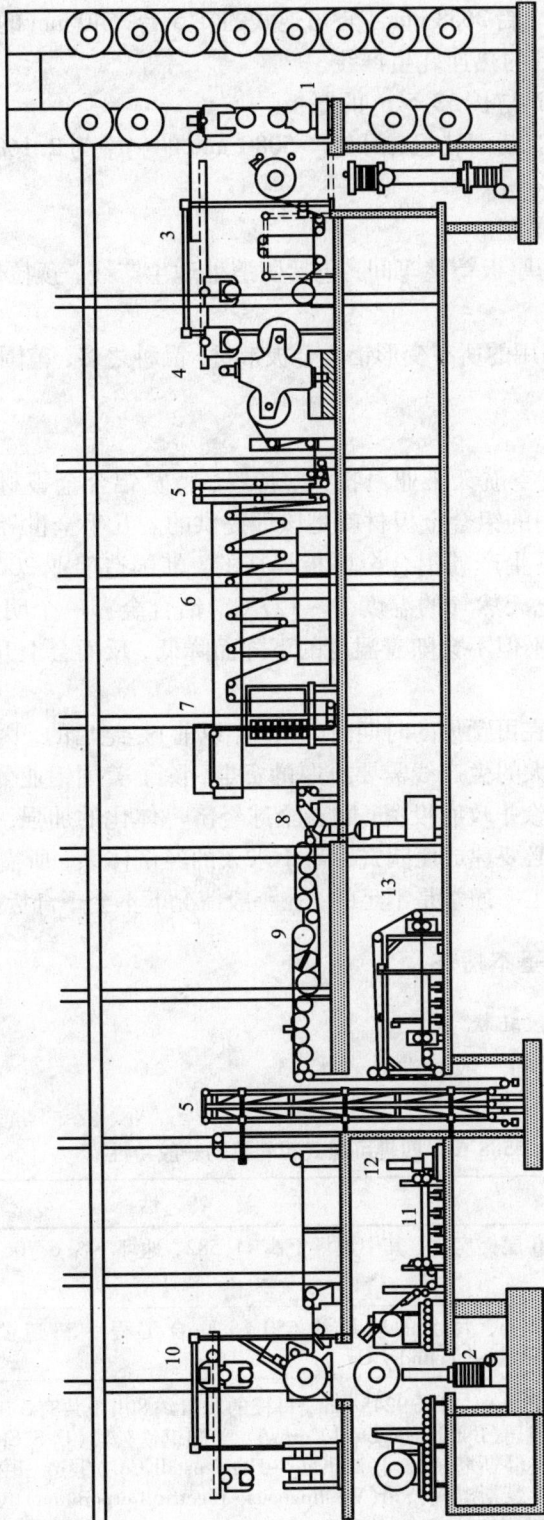

图 4-6　格雷文布洛伊轧制厂第三印刷铝板带中心的 BWG 公司的纯拉伸矫直生产线

1——带卷提升车；2——带卷提升机；3——带卷旋转机；4——备料台；5——纯拉伸矫直机；
8——切边机；9——重卷机；10——检查台；11——废料卷取机；13——平直度测量区（生产线总长约70m）

5——缓冲坑；6——脱脂除油区；7——干燥区；
12——检查台；13——平直度测量区（活套区）；

- 机架数最多的热轧生产线，共有 8 台轧机：1 台 5588 mm 四辊可逆式粗轧机，两台中轧机（1 台 4064 mm 4 辊可逆式的、1 台 3658 mm 4 辊可逆式的），5 台 2540 mm 的 5 机架精轧机列。
- 全世界首条全计算机控制的热连轧生产线。
- 可生产最大宽度 5334 mm 与长 33.5 m 的厚板。
- 最大的 3658 mm 的 4 辊变断面轧机，可生产 5080 mm 的斜率为 2.1% 的变断面厚板。
- 输出辊道长 207 m。
- 有 1 台 3.75 MN 的换辊吊车。
- 最先进、最大与最完善的厚板精整车间，包括固溶处理生产线、预拉伸机与矫直机等。
- 全球最大的轧辊磨床。
- 可生产国民经济各个部门用的所有变形铝合金板带材，品种之多，范围之广，前所未有。

4.4.1 建设背景

该厂是为满足造船工业、航空航天工业对特大、特厚、特宽铝合金板材需求建设的，美国阿波罗登月舱及发射火箭等用的铝合金板材就是该厂提供的。几乎全世界制造远洋运输巨轮的液化天然气贮罐都是用该厂生产的铝合金厚板焊接的，韩国造船业 2000 年与达文波特厂订有长期厚板供应合同。液化天然气的温度为 –127℃，铝合金有一个明显特点是无低温脆性，即其强度、塑性、韧性等不但不会随着温度的下降而降低，反而会上升，是制造低温结构的良好材料。

该厂的建设是空前的，至少在可预见的时期内（2020 年以前）是绝后的，因为市场对特大板材的需求是有限的；建设这样宏大的生产线需要雄厚的资金，除了美国铝业公司外，其他任何一个跨国铝业公司都投资不起，除非政府投资；随着全球经济一体化的加强，各国在经济上的依存性会一步一步地加深，没有必要建成庄园式万事不求人的经济体系，所需的特大板材可向该厂订购，这样的大生产线的开工率通常是不足的，在一般情况下不会干奇货可居的事情。

4.4.2 5588 mm 热轧生产线的基本特性

4.4.2.1 5588 mm 四辊可逆式粗轧机

5588 mm 四辊可逆式粗轧机的一般特性见表 4 – 3。

表 4 – 3　5588 mm 四辊可逆式粗轧机的一般特性

参　数	一　般　特　性
高度/m 质量/t	相当于 6 层楼房高，其中地坪上高 11.582，地坪下深 6.706 9072
牌坊（两个）	高 9.812 m，每个的质量约 650 t，联合工程 – 铸造公司铸造（United Engineering and Foundry Co.）
工作辊（两根）	直径 1105 mm，总长 9245 mm，每根的质量约 80 t。共有 3 组，分别由贝斯勒姆钢铁公司（Bethlehem Steel Corp.）、美国钢铁公司（U.S. Steel Corp.）、米德瓦卡 – 赫潘斯塔尔公司（Midvale – Heppenstall Co.）锻造。由两台各 2984 kW 的威斯汀豪斯电气公司（Westinghouse Electric Corporation）电机拖动

参　数	一　般　特　性
支承辊(两根)	直径 2134 mm，总长 13.106 m，带轴承每根的质量 350 t，联合工程 – 铸造公司生产
锭坯质量/t	max 22.68
控制系统	由系统工程试验室(Systems Engineering Laboratories)840 – A 型在线式计算机系统控制，可由自动操作转换为手动操作
产品最大宽度/mm	5334
最大开口度/mm	660，产品最薄厚度 9.5
轧制速度/(m·min^{-1})	max 120

4.4.2.2　中轧机及精轧机列

热轧生产线上有 2 台中轧机与一组五机架精轧机列，它们的基本技术参数见表 4 – 4。

表 4 – 4　中轧机及精轧机列的基本技术参数

参　数	中　轧　机		精轧机列
	M1	M2	
工作辊直径/mm	950	880	533
支承辊直径/mm	1524	1499	1422
辊面宽度/mm	4064	3658	2540
电机功率/kW	3680	3680	F1、F2 各 2944
			F3 – F5 各 2208
轧制速度/(m·min^{-1})	max 180	max 180	300/420
产品厚度/mm	20 ~ 200	20 ~ 200	2 ~ 6(卷)
质量/t	10 ~ 20	10 ~ 20	10 ~ 20

两台中轧机一般不参与带卷连轧，是为了生产中厚板与为变断面轧机提供坯料而设置的。如果需要，其中的 1 台或两台可与粗、精轧机组成连轧生产线。

4.4.2.3　其他配套设施

为热轧生产线配套的其他设施有：

- 均匀化处理 – 加热炉组，有坑式的也有推进式的。
- 1 台 375 t 的换辊天车，2 台 150 t 的运锭天车。
- 207 m 长的输出辊道。
- 有 3 台威斯顿仪器公司(Weston Instrument Inc.)的 X 射线检测仪，用于厚板探伤。
- 有 1 台 5588 mm 宽的联合工程公司(United Engineering)厚板剪，由 1 台 2944 kW 的电机拖动，可剪切 203 mm 的特厚板。
- 1 台瓦尔里施 – 辛根(Walarich-Siegen)轧辊磨床，是世界上最大的磨床之一。
- 1 台 152 mm 剪、1 台 76 mm 剪，变断面板材生产线上还有 1 台 57 mm 剪。

- 尽管热轧车间的占地面积相当于两个足球场地,生产线前后长度约 610 m,但由于采用计算机全自动控制,生产线各部位的情况及各种参数均在屏幕上清晰地显示,各岗位的操作人员和管理人员都了如指掌,并有先进的近距离对讲通讯系统。
- 1997 年和 2002 年由埃布纳公司建造了辊底式固溶热处理生产线,两台炉的宽度同为 4370 mm,长度分别为 100 m 和 150 m;热处理板材厚度 6~140 mm,最大可处理的厚板长度,前者为 27 m,后者 40.5 m。

4.4.3 生产工艺

产品可分为 3 大类:2~6 mm 厚的带卷,厚板,变断面厚板。这 3 类产品的生产工艺流程见示意图 4-7。

5588 mm 4 辊可逆式粗轧机可轧制宽 5486 mm 的特宽板,比目前可生产的最宽板材还宽 1219 mm。所生产的变断面厚板特别适合于焊接液化天然气(LNG)贮罐,由于采用计算机控制,这种厚板尺寸极为精密。

所生产的带卷的最大外径可达 2438 mm。厚板精整车间有时效炉、退火炉、固溶处理生产线,既有立式的又有卧式的,可处理各种各样的材料,可处理长 33.5 m、宽 5334 mm 的特大、特厚板,各项工艺参数均由计算机控制,板材连续通过固溶处理炉。

厚板在淬火处理后需进行拉伸,正常的拉伸变形率为 1.5%~3%,但该厂的拉伸机可使厚板发生 12% 的永久变形,具体变形率决定于板材的合金牌号、厚度及宽度。通过拉伸可能消除材料的淬火内应力,改善其平直度。采用多辊矫直机也可矫平板材,该车间有 5 台多辊矫直机,可处理各种尺寸的板材。

达文波特轧制厂对环保也极为重视,排放的乳液都经过处理,热轧机上设有强大蒸汽抽吸系统,经过滤后才排入大气。各项指标均能满足当地环保部门最严格的环保法规、条例的要求。

该厂还有 3 条值得一提的生产线:
- 连续气垫热处理生产线
- 飞机蒙皮板连续压光线
- 连续纵横剪线(精整生产线)

第一条(连续气垫热处理)线是当时唯一的由计算机控制的生产线,气垫热处理炉的总长度为 107 m,入口端辊道衬有橡胶。气垫炉分 20 区,自动控制温度,可保证温度偏差 ±3℃,淬火水的温度及流量均由计算机调控,因而材料的力学性能既稳定又均匀一致。

第二条(飞机蒙皮板连续压光)线可成卷地压光带材,可保证带材表面的高品质与均匀性,为航空工业及其他行业提供优质的板材;在压光的同时可对材料施加一定的冷加工量,生产不同状态的材料;如果必要,可使材料的力学性能有所提高。

第三条生产线是连续精整线,来料可是热处理后的卷材,也可是压光后的带卷。该生产线具有下列功能中的一项或同时几项:
- 表面清洗
- 拉弯矫直以消除内应力(以消除内应力为主)
- 矫直,使其达到预定的平整度偏差
- 纵剪或横剪

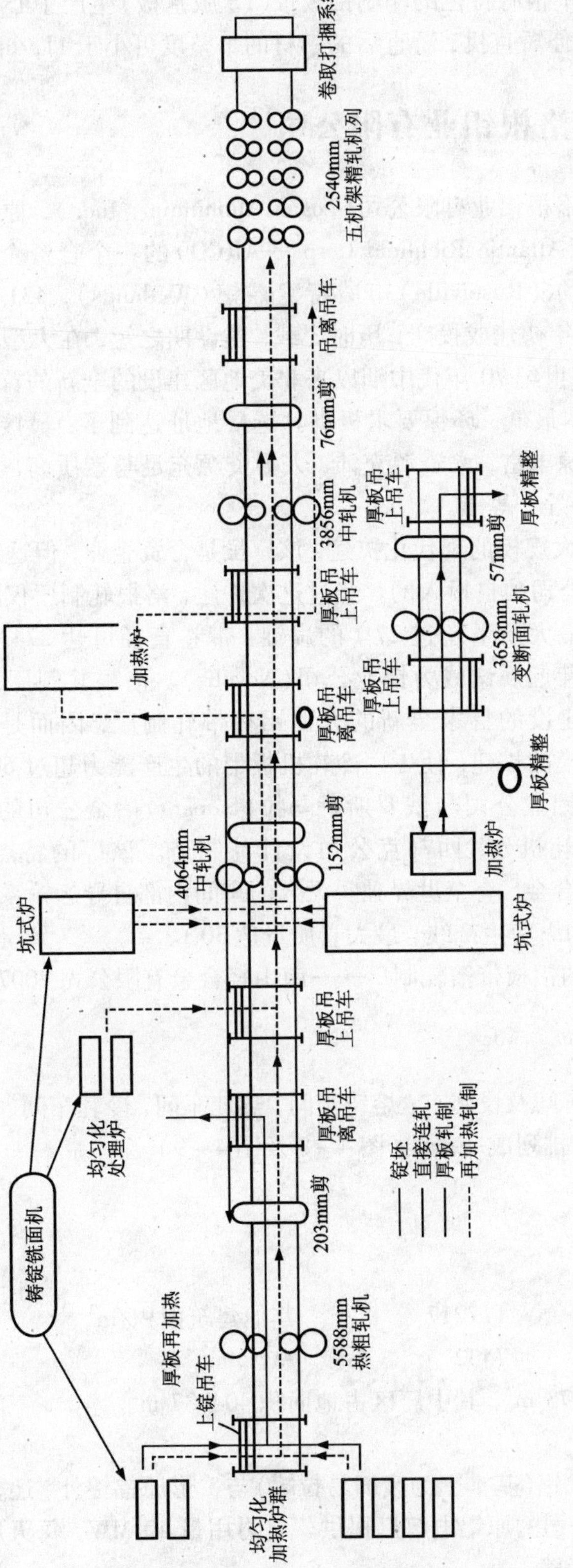

图 4-7　达尔文波特厂热轧生产线生产各类产品的工艺流程示意图

达文波特轧制厂有一个很有特色的印刷铝板带（PS 版基板）生产中心，有 1 条德国 BWG 公司提供的 1850 mm 纯拉伸矫直机，矫直后的带材的平整度可小于 1I，可生产 CTP 版基板。

4.5 美国肯塔基州洛根铝业有限公司[3、4]

洛根轧制厂的全称为洛根铝业有限公司（Logan Aluminuim, Inc.），原是加拿大铝业公司与大西洋里奇菲尔德公司（Atlantic Richfield Corp. —ARCO）的一个合资企业，位于美国肯塔基州（Kentucky）卢塞尔维尔（Ruselville）市威特兰兹镇（Wetlands），431 号高速公路之北。1981 年初开工建设，1984 年初建成投产，历时 3 载，建设期之短，在大型现代化铝板带厂建设史上极为罕见。这是 20 世纪 70 年代中期以来北美地区建设的全新的首家大型全盘现代化的铝板带轧制厂，生产成本最低，环保要求极高。选厂地址达到了：最接近原料产地，70% 产品可销往就近市场，能源丰富，水资源充沛，人力资源充足与素质高，当地污水处理条件好，交通便利，公共设施齐全，等等。

1992—1994 年又经过大规模的现代化扩建，该厂虽是合资企业，但这次扩建所需的 2.55 亿美元资金是加拿大铝业公司独自投入的。经过这次扩建，洛根轧制厂仅罐身料产能就达到 300 kt/a 左右。该厂使用最大质量超过 27 t 的扁锭，带卷直径可达 2743 mm，带材宽度达 2134 mm。该公司从 2005 年起属诺威力铝业公司（Novelis）。洛根轧制厂是 20 世纪 80 年代以来至 2006 年止全世界建设的首家全新的大型铝板带轧制厂，因而是最先进的轧制厂，1992—1994 年又经过大规模的扩建，使工厂冷轧机板带的生产能力超过 600 kt/a，成为仅次于德国阿卢诺夫（Alunorf）铝业公司与俄罗斯萨马拉（Samara）冶金公司的第三大铝板带厂。该厂拥有 1 条 3 机架冷连轧机列，西马克公司设计与制造。该厂的特点是只生产 1XXX、3XXX、5XXX、8XXX 等系合金，有全世界独一无二的车间内部自导运输系统，罐身料是其主导产品；有全球速度最快的纵剪生产线；最大卷质量达 30 t。

中国建的第一家全新的铝板带箔轧制厂——南山轻合金有限公司 2007 年 6 月投产。

4.5.1 平面布置

洛根轧制厂主要生产车间及设施有：熔铸车间，热轧车间，冷轧车间，精整包装车间，维护车间，管理大楼等，它们排列成一条线（图 4-8 及图 4-9）。

4.5.2 基本情况

• 建筑物

生产车间面积/m²	117217	其他建筑面积/m²	2787
办公室面积/m²	7432	总计/m²	127436

工厂占地总面积 3946673 m²，其中厂区占地面积 404787 m²。

• 主要原材料

工厂用的主要原材料除铝（基本上为废旧易拉罐）与 T 形原铝锭外，还要外购一部分轧制用的扁锭，由加拿大铝业公司的原铝电解厂提供。电力用量 40 MW，每天用水量 3875 t。原材料及产品由铁路及公路运输。

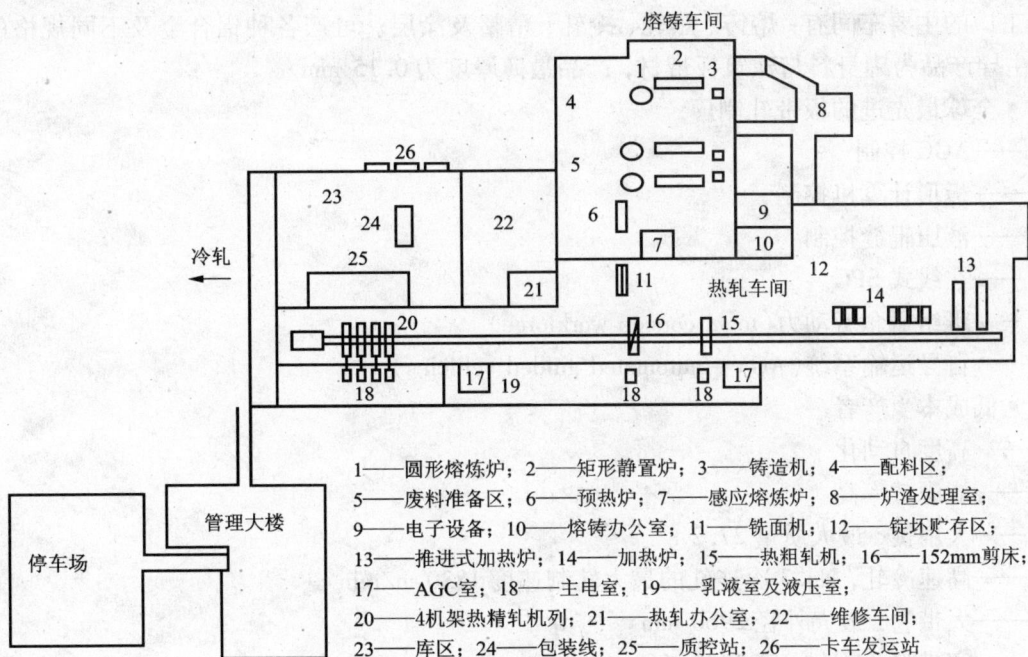

1——圆形熔炼炉；2——矩形静置炉；3——铸造机；4——配料区；
5——废料准备区；6——预热炉；7——感应熔炼炉；8——炉渣处理室；
9——电子设备；10——熔铸办公室；11——铣面机；12——锭坯贮存区；
13——推进式加热炉；14——加热炉；15——热粗轧机；16——152mm剪床；
17——AGC室；18——主电室；19——乳液室及液压室；
20——4机架热精轧机列；21——热轧办公室；22——维修车间；
23——库区；24——包装线；25——质控站；26——卡车发运站

图 4-8　熔铸车间及热轧平面布置示意图

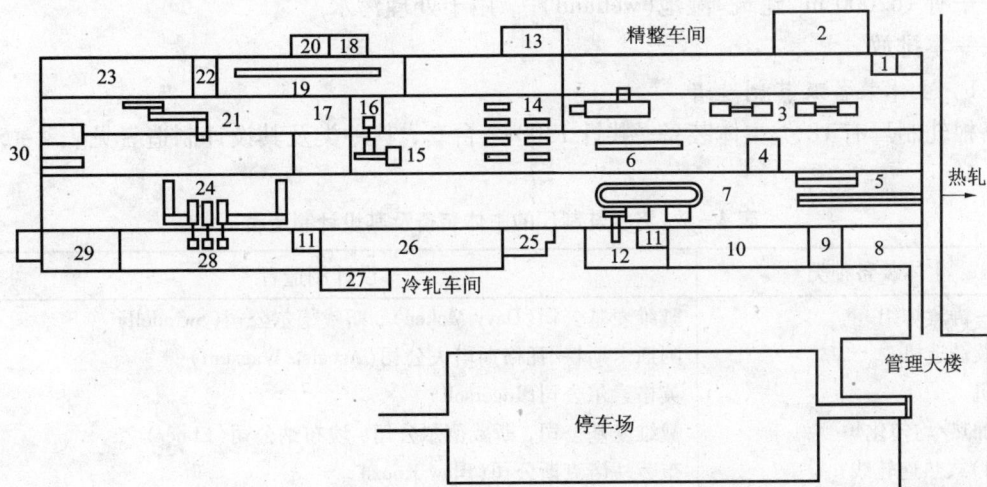

图 4-9　洛根轧制厂冷轧车间及精整车间平面布置示意图

1——精整办公室；2——铁路及卡车发运站台；3——厚带及薄带纵剪；4——维修办公室；5——蓄热室；6——拉伸矫直机；
7——No.1 冷轧机；8——自助食堂；9——锅炉房；10——轧制油及液压室；11——AGC 室；12——主电室；
13——实验室及精整办公室；14——退火炉组；15——No.2 冷轧机；16——主电室；17——轧制油室；18——电子设备室；
19——冷却线；20——湿贮存室；21——No.3 纵剪机列；22——轧制油配兑室；23——包装线；24——3 机架冷连轧；
25——冷轧办公室；26——轧辊车间；27——冷连轧办公室；28——主电室；29——轧制油室；30——卡车地下库

- 主要车间及主导产品

工厂的主要车间有：熔铸、热轧、冷轧、精整及涂层。可产各种铝合金及不同规格的产品，主导产品为罐身料与建筑板带材，产品最薄厚度为 0.15 mm。

- 全球最先进的板带轧制厂

——AGC 控制

——板形计算机控制

——液压辊缝控制

——在线式 SPC

——班组概念劳动力（team concep workforce）

——自导运输系统（AGV – automated guided vehicles）

- 低成本生产者

——高度自动化

——能源效率高

——大扁锭，最大质量 27.2 t

——高速冷轧，No.3 冷连轧的最大轧制速度 1830 m/min

——大带卷，最大外径 2960 mm

——宽带材，最大宽度 2000 mm

- 环保型

——采用最先进的环保控制工艺与装备，可满足当前最严格的环保法规要求

——有 162000 m² 建筑"湿地（wetland）"，用于处理污水

——零排放

4.5.2.1　主体装备及其制造者

洛根轧制厂有 18 类主体装备，共计 1300 余台套，其种类及其设计制造者见表 4 – 5。

表 4 – 5　洛根轧制厂的主体装备及其设计制造者

主体装备种类	设计制造者
熔炼 – 静置炉组	戴维麦基公司（Davy Mckee），斯威德尔公司（Swindell）
半连续铸造机	阿斯卡斯特/瓦格斯塔夫公司（Ascatst/Wagstaff）
铣面机	英格索尔公司（Ingersoll）
扁锭加热/均匀化炉	戴维麦基公司，斯威德尔公司，埃布纳公司（Ebner）
（1 + 4）式热连轧线	布劳 – 诺克斯公司（Blaw Knox）
退火炉	松比姆公司（Sunbeam）
单机架四辊不可逆式冷轧机	威恩 – 联合公司（Wean United）
拉伸矫直机	赫尔沃思公司（Herr Voss）
纵剪机列	斯塔姆科公司（Stamco）
涂层机组（coater）	亨特公司（Hunter）
薄带冷轧机（light mill）	戴维公司
轧辊磨床	瓦尔里施 – 辛根公司（Waldrich-Siegen），赫库尔斯公司（Hercules）
包装线	普纳涅特公司（Plantet）

主体装备种类	设计制造者
天车、堆垛机、起重机	P – H 公司(P&H)
全厂电器电子设备	通用电气公司,西门子公司,雷赖斯公司(GE, Seimens, Reliance)
操作及维修要求自诊断	多家公司
及显示系统[1]	
3 机架冷连轧机列	西马克公司(SMS)
自导运输系统	控制工程公司(control Engineering)
(Automatic Guided Vehiles)	

注：[1] virtually self sufficent for all operational and maintenance requirements.

4.5.2.2　工程量

在这里介绍一下洛根轧制厂一期工程与二期扩建工程有关工程建设方面的一些数字,使我们对建设大型现代化铝板带轧制厂工程量之浩大有所了解,在两年多一点的时间内完成这么大的工程量,决不是一件轻而易举的事情。

（1）一期工程
- 工程设计耗时 800000 人时
- 线缆用量 1828.8 km
- 用了 458730 m^3 石块
- 混凝土 107044 m^3
- 全厂用水取自新帕湖(Spa Lake)
- 钢材 17000 kt

（2）二期扩建工程

洛根轧制厂于 20 世纪 90 年代前期进行了一次较大规模的扩建,主要是增加一条 3 机架冷连轧生产线,以及配套的其他装备,如推进式加热炉、自导运输系统、纵剪线等,其目标是使罐身料的产量增加到 300 kt/a。相应的工程量为：
- 增加建筑面积 27870 m^2
- 浇灌混凝土 41200 m^3
- 耗用钢材 5357 t
- 增加污水处理"湿地(wetland)"面积 161915 m^2,可容纳水 52990 m^3

4.5.3　主导装备的基本工艺参数

4.5.3.1　热轧生产线

洛根轧制厂热轧生产线是美国布劳 – 诺克斯公司设计制造的。粗轧机及 3 机架热精轧机列的基本技术参数为：

粗轧机：

型式	四辊可逆式
工作辊辊面宽度/mm	2290
主电机功率/kW	8952
最大轧制速度/(m·min^{-1})	155
最大锭质量/t	30

| 工作辊直径/mm | 965 |

3 机架热精轧机列：

工作辊辊面宽度/mm	2290
产品最薄厚度/mm	2
最大轧制速度/(m·min^{-1})	381
主电机功率/kW	各 4478

采用 4 辊可逆式热粗轧机，推进式加热炉。加热炉每台可装 31 块 30 t 的锭。推进式加热炉是埃布纳公司(Ebner)设计制造的，装有特殊设计的热风循环系统，不但能确保炉内温度的均匀性，同时可避免锭坯边部与棱角部的过热；装有专门开发的气体渗透热电偶(pneumatic penetration thermocouple)，能自动检测与记录锭坯表面温度。

一些参数如下：

3XXX 系合金锭	应经过均匀化退火
5XXX 系合金锭	仅加热
产品厚度/mm：	
3XXX 系	锭宽不超过 2108 时，2.3/2.80
5XXX 系	锭宽不超过 1700 时，2.7/2.80
5XXX 系	锭宽 1727～1778 时，0.280
5XXX 系	锭宽不低于 1803 时，0.280
切边量/mm	3004/3104 合金最大 178，最小 76
	5182 合金最大 178，最小 102
锭坯长度/mm	所有合金的最大长度 7620
	3004/3104/3204 合金最小长度 4572
	5XXX 系合金最小长度 5715

4.5.3.2　3 机架冷连轧机

3 机架冷连轧机列是洛根轧制厂的核心装备，机械设备是西马克公司设制造的，而电气电子设备及控制设备由西门子公司配套，达到了高起点与 20 世纪 90 年代初期的世界先进水平。从签定合同到投产还不到 3 年，并一次投产成功。每个机架的螺旋压下系统由机架下的两块楔铁与机架顶部的 4 个液压缸组成。液压螺旋压下系统可根据前馈数据、品质控制与轧辊偏心补偿进行自动厚度控制。位置传感器为索尼磁尺(Sony Magnescales)。

带卷运输平板车位于车间地坪上，但操作室地面却在车间地坪之上约 2.74 m。操作室位于机列的出口侧的有空调设施的房间内，出口侧还有检查站，从每一带卷的两端各取一定长度的板片对其两面进行检查。机列主电室所有电气、电子设备都是西门子公司提供的。

带材厚度控制系统是 ABB 公司的 MOD 300 型的非接触式 AGC 仪，装有 4 台高速 X 射线测厚传感器，进口侧、机架之间各有 1 台。

带材平直度由 ABB 公司工业系统公司生产的 Stressometer(应力计)型仪测量与控制，采用坚固可靠的精密的压力传感器，可在非常严酷的条件下工作。测量结果通过计算机处理后，对影响带材平直度的各项参数诸如轧制油流量、带材温度、压下量等进行精密控制，使轧出的带材具有所需要的理想的平直度，并在屏幕上显示带材的实际平直度曲线。

铝板带的现代化轧制生产表明，精密的热控制不但在热轧过程中起着至关重要的作用，就是在冷轧时也非同小可，因此需根据自动平直度控制系统（AFCS – Atuomatic Flatness Control System）的指令对轧制油喷射量、喷射部位与压力等进行精密控制。3 机架冷轧机列的轧制油喷淋系统是美国控制公司（U. S. C. —United States Controls）提供的，其喷射头及喷射阀界面与轧机的 ABB 公司的板形仪系统对接。

轧制油的洁净度对带材表面品质和光洁性起着非常重要的作用。采用两台平板式施耐德压力过滤器过滤轧制油，总过滤面积 223 m²。当过滤纸两面的压力差达到 4.0 大气压（0.4 MPa）时会自动更换过滤介质及纸。

目前，全球有两条现代化 3 机架冷连轧生产线，除洛根轧制厂的这一条外，另一条在美国铝业公司的田纳西州厂，相距 507 km，都是西马克公司设计制造的，都用于轧制罐身料，但它们之间是有区别的：美国铝业公司的那条是连续式的，而洛根厂的是非连续式，采用外径达 2743 mm 大带卷轧制，不过如果需要，也可以改为连续轧制。

洛根轧制厂 3 机架冷连轧机的自导运输系统从热轧高架仓库将质量达 30 t 的热轧坯卷运来，每车可装 3 卷，运到备料站后，带卷自动转 90°，然后一卷一卷地连续装上套筒，准备轧制。

3 机架冷连轧机的来料及产品基本参数见表 4 – 6，罐身料生产工艺参数见表 4 – 7。

表 4 – 6　洛根 3 机架冷连轧机列来料及产品基本技术参数

参数	最小值		最大值	
	设计的	实际的	设计的	实际的
来料厚度/mm	1.27	1.27	3.6	3.6
来料宽度/mm	1168	1220	2083	2032
产品厚度/mm	0.15	0.20	0.50	1.32
来料带卷外径/mm	1200		2743	2667
带卷内径/mm	609	609	609	609
带卷质量/t		30		30

表 4 – 7　洛根 3 机架冷连轧机列罐盖及罐身料生产工艺参数

部位	目标温度/℃	轧制速度
罐体	入口最大 110，出口 160 ± 10	第 1/2 机架间有冷却系统时，最大实际生产速度为 1200 m/min，而 2/3 机架间使用冷却系统时，最大轧制速度 1585 m/min
罐盖	入口最大 80，在本厂涂层时 155，不在本厂涂层时 150	目前实际最大速度 1066 m/min，为了达到目标温度与避免轧机震动，可采用更低一些的轧制速度

3 机架冷连轧机的基本参数如下：

机械设备制造者	西马克公司（SMS Schloemann – siemag）
电气/自动设备制造者	西门子公司（Siemens）
机架数	3
机列总功率/kW	23010
第 3 机架最大出口速度/(m·min^{-1})	1828

工作辊直径/mm	559
支承辊直径/mm	1524
可轧材料	各种铝及铝合金，含 3004、 3104 及 5182 合金
板形仪	ABB 公司(Asea Brown Boveri)
测厚仪	ABB 公司(Asea Brown Boveri)
传感器系统	ABB 公司及日本索尼公司(Sony)

4.5.3.3 No.1 冷轧机

洛根轧制厂 No.1 冷轧机是 1 台 4 辊不可逆式的，1983 年投产，1987 年经过改造，由原来的铝箔轧机改为轧制薄铝带。其基本技术参数如下，有 AFC 及 AGC 系统：

工作辊直径/mm	最小 356，最大 380
辊面宽度/mm	2235
支承辊直径/mm	最小 990，最大 1040
支承辊辊面宽度/mm	2134
主电机功率/kW	2 ×933
开卷机电机功率/kW	448
卷取电机功率/kW	448
最大轧制力/kN	9000
压下率/%	25 ~ 50
来料宽度/mm	最小 1067，最大 2000
来料厚度/mm	最小 0.23，最大 1.07
产品厚度/mm	最小 0.15，最大 0.64
轧制速度/(m·min^{-1})	最小 488，最大 853
带卷外径/mm	最小 686，最大 2540
带卷质量/t	最大 23.587
套筒长度/mm	2134
套筒外径/mm	686

4.5.3.4 No.2 冷轧机

工作辊直径/mm	最小 533，最大 584
工作辊辊面宽度/mm	2310
工作辊质量/t	7
工作辊带轴承座质量/t	12
支承辊质量/t	53
支承辊带轴承座质量/t	80
主电机功率/kW	2 ×2984
开卷机电机功率/kW	1119
卷取电机功率/kW	2 ×1119
轧制力/kN	3400
压下率/%	30 ~ 60

控制系统	AFC 及 AGC
来料宽度/mm	最小 1066，最大 2032
来料厚度/mm	最小 0.254，最大 6.35
出料厚度/mm	最小 0.20，最大 3.80
轧制速度（高档）/(m·min^{-1})	最小 18，最大 1828
（低档）/(m·min^{-1})	最小 18，最大 730
带卷外径/mm	最小 685，最大 2667
带卷质量/t	最大 27.2
套筒尺寸/mm	长 2184
	外径 686
	内径 610

4.5.3.5　纵剪生产线

洛根轧制厂有 3 条纵剪生产线，1 条厚带纵剪线，一条薄带纵剪线，还有 1 条 No.3 纵剪线，用于纵剪 3 机架冷轧机列轧制的带材，主要为罐身料。

No.3 纵剪线是当今世界上速度最快的，原设计最大工作速度为 1220 m/min，而实际操作速度已达 1524 m/min，未发生任何问题。该生产线是美国俄亥俄州纽不莱梅市（New Bremen）莫纳奇·斯塔姆科公司（Monarch Stamco）设计制造的。电子设备及计算机控制系统是俄亥俄州欧克利得市（Euclid）雷莱恩斯电子公司（Reliance Electric）提供的。

这条高速纵剪线是按照加拿大铝业公司提出的诸多苛刻条件设计的，采用了一些新技术：以真空系统吸抽剪下的碎边，不会干扰高速操作；剪切机组可横向运动，可使进料长度与带材颤振降至最小；带材总保持着一定的张力，重卷时不截留空气；整条生产线将带材与设备零部件的接触点减至最少，可避免材料擦划伤；卷材准备及剪好的材料卷的装卸都是自动化的；刀组为一整体，在纵剪机列上是首创，寿命长达 4536 t。来料带卷的最大质量为 29 t，纵剪后带卷的最大质量为 18 t。

厚带纵剪生产线的一些基本参数如下：

可剪切料厚度/mm	0.20～0.76
切边宽度/mm	31～127
切的条带宽度/mm	254～2000
可切条数/条	1～5
润滑剂涂覆量/(mg·m^{-2})	(107～377)±35%

4.5.3.6　自导运输系统

洛根轧制厂在扩建时建了一套自导运输系统（Automated Guided Vehicles System），担任车间内部的繁重材料运输，共有 5 台运输车，其中两台运输扁锭，另 3 台运输带卷，按指令自动运送，这套系统在全世界的铝板带轧制厂中是独一无二的。其任务是：

- 从铸造车间将扁锭运至铣床贮料区
- 将铣面后的锭从铣床运至加热炉备料区
- 将热轧带卷从热轧生产线的尾部运至 3 机架冷连轧机列邻近的高架仓库（ASRS bay）
- 将换下的轧辊运至磨辊车间，或将磨好的轧辊运到轧机旁。

每台运输车可装 125 t，或装 4 块扁锭或 3 卷带卷，运行速度 36～46 m/min。由计算机按运行图指控运行, 这套自导运输系统是埃尔威尔 - 帕克电气公司 (Elwell - Parker Electric Company) 设计制造的。

4.5.3.7 烟气处理系统

洛根轧制厂对环保极为重视, 热轧生产线与冷轧生产线都有完善的烟气处理系统, 使排放的气体洁净化, 能满足当前最严格的环保法规与条例要求。首先, 处理系统能将轧机蒸发的烟气、水气全部收集起来, 几乎使车间内部的排放量达到零。轧机上部的烟气收集罩是防滴型的 (drip - resistan), 其上不会凝聚水珠。烟气中的油全部得到回收。

4.6 美国奥斯威戈轧制厂[5]

奥斯威戈轧制厂 (Oswego Works) 是诺威力铝业公司轧制产品公司 (Alcan Rolled Products Company) 所属的一个独资企业, 位于美国安大略湖畔 (Lake Ontario) 奥斯威戈市 (City of Oswego) 以东约 6.7 km 的斯克里巴 (Scriba) 镇。1961 年开始建设, 1964 年热轧生产线投产, 1967 年四辊不可逆式 1830 mm 冷轧机建成, 1976 年 4 辊不可逆式 2235 mm 高速冷轧机开始运转, 是诺威力铝业公司最大的铝板带轧制厂之一, 也是一个有 38 年历史的较老的轧制厂。产品为不可热处理强化的铝合金民用板带材, 罐身料是其大宗主导产品。自 1980 年以来, 每年的热轧材料都超过 450 kt, 冷轧板带材的产量超过 350 kt, 90% 以上为罐身料, 但该厂不冷轧罐盖料, 热轧的罐盖坯卷运到该公司所属的休斯顿轧制厂加工。

该厂的特点是:

● 产品较单一, 合金种类较少, 90% 以上的产品为罐身料带卷, 所生产的合金一般不超过 8 种。

● 冷轧机产能大。该厂只有 2 台 4 辊不可逆式冷轧机, 但生产能力却高达 280 kt/a 或更大些, 是全球铝板带生产能力最高的之一。

● 3 机架热精轧机列之后有一对开纵剪生产线, 可在热轧生产线上进行纵剪, 这在全世界的热轧生产线中是罕见的。

● 有热轧中板 (3 ~ 10 mm) 生产线。

● 退火炉全是惰性气体保护的, 产品表面品质高。

4.6.1 基本概况

奥斯威戈轧制厂的一些基本情况如下:

——占地面积 2428722 m^2, 建筑面积 113340 m^2

——固定资产原值 5.05 亿美元

——职工人数约 1000 名, 职员约占 24%

——全员劳动生产率超过 400 t/(人·年)

——各种产品的生产能力/(kt·a^{-1}):

回收再生铝	85	冷轧板带	280
铸锭	370	热轧中板	30
热轧产品及坯卷	480		

工厂仅有 1 名厂长, 设计划、生产销售、冶金质检、工程、维修、财务、人事定额等部门,

还有信息资料、医务、服务等科室。有 6 个主要车间：

- 废旧易拉罐及本厂工艺废料回收中心
- 冷轧车间
- 熔炼铸造车间
- 精整、包装、贮运车间
- 热连轧车间
- 轧辊磨削及维修车间

4.6.2　废料处理中心及熔铸车间

奥斯威戈轧制厂主要生产的合金为 3XXX、1XXX 及 5XXX 系的，本厂熔铸车间提供约 64% 的锭坯，其余的从加拿大铝业公司的铝电解厂运来。废料处理中心仅处理从外地收购的废旧易拉罐及本厂的 3XXX 系合金罐身料轧制废料，以及铣面废料。

工厂所用的原材料——原铝锭、扁铸锭、废铝及废旧易拉罐等由铁路、汽车及轮船运来。收购的废旧易拉罐经破碎、除漆后送去熔炼。

4.6.2.1　熔炼炉及铸造机

车间有 5 台熔炼-静置炉组与 3 台半连续式 DC 铸造机。废料熔体由铝液包从废料处理中心运到熔铸车间，经成分调整、精炼、净化处理后铸成扁锭。

两台 75 t 的圆形熔炼炉，顶部装料，与 1 台 65 t 的可倾动的矩形静置炉相联，两台炉之旁有一对流式换热装置。熔铸车间炉子与铸造机的布置见示意图 4-10。成分合格的铝合金熔体通过两个 φ100 mm 的流口流入静置炉，除了进行炉内精炼外，还进行在线式 SNIF 净化除气处理与若干层玻璃丝布过滤处理。最

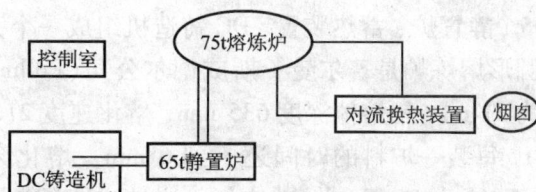

图 4-10　熔炼炉、静置炉、蓄热装置及铸造要的配置示意图

后采用加拿大铝业公司自行研制开发的熔体纯净度分析仪（Liquid Metal Cleanliness Analyser）测定过滤精度，以鉴定对尺寸小至 0.39 μm 的固态质点的滤除能力。最后铸成大扁锭。

5 台熔炼-静置炉组及其生产能力见表 4-8。这些炉组对废料有很高的熔化能力，特别是新投产的 No.4 及 No.5 炉。该厂的最大特点之一是生产的合金种类不多，一般为 4 种，即 3004、3104 等二三种合金的产量占 92% 以上。在熔炼 3004 合金废料时，为了调整成分，通常须添加 10%~15% 纯铝锭。

表 4-8　奥斯威戈轧制厂熔炼-静置炉的容量及生产能力（通过量）

炉号 No.	熔炼炉/t	静置炉/t	通过量/(kt·a⁻¹)
1	50	38	55
2	46	30	40
3	57	50	75
4	75	65	100
5	75	65	100
总计			370

车间有 5 台铸造机，是洛马公司（Loma）设计制造的。每台每次可铸 5 块扁锭，锭的厚度

为 475～635 mm，宽 915～2030 mm，长 2670～4440 mm，最大质量 24 t。

熔铸中心还有 1 台铣屑熔化炉，熔化前经过破碎，由气动装置将破碎的铣屑运到炉前的贮料室，熔化后的熔体由浇包运至静置炉调整成分。

与熔铸中心相邻有一炉渣处理室，有两台炉渣冷却机：1 台为 MFS 公司的回转式冶金炉，另 1 台为 Ajax 公司的振动式冷却器。另外，还有 1 间炉渣扒出室（raking room）与 1 个炉灰贮仓。

4.6.2.2　铣面机

奥斯威戈轧制厂有两台英格索尔（Ingersoll）铣面机：1 台 1828 mm 宽的，另 1 台为 2032 mm 宽。为立式单面铣床，刀盘直径 2000 mm，可安装 18 把刀，干铣，表面干净光滑，采用风力排屑。铣面后铺纸保护，准备装炉加热/均匀化退火。每铣完一面，铸锭退出，经翻转机翻转后，再送去铣另一面。

4.6.2.3　D.C.4 蓄热式熔炼炉

奥斯威戈轧制厂熔铸车间首台交叉流动的蓄热式加热炉于 1978 年 2 月投产。这不但在加拿大铝业公司是首台这类熔炼炉，也是全世界铝工业第一台这样的熔炼炉。由 75 t 熔炼炉、65 t 静置炉、蓄热装置、DC 铸造机组成一个完整的熔铸机组。

圆形熔炼炉是普尔曼 - 斯威德尔公司（Pullman - Swindell）设计的，炉膛直径 8077 mm，面积为 51 m²，铝熔体深度 635 mm，熔化速度 21.3 t/h。采用大抓斗装料，每斗的容量为 16～23 t，每装一炉料的时间还不到 6 min。熔化废料采用布卢姆工程公司的 4 号燃烧器（4 Bloom Engineering Co.），热空气。这是一种高能量密度的燃烧器，燃烧消费量达 77 GJ/h，可用 No.6 柴油，也用气体燃料。自蓄热装置投产后，能源效率大为提高。

在一个熔化周期熔炼炉的能量平衡：

输入能量/(GJ·h⁻¹)	
燃料	6.58
预热的热空气	10.01
输出能量/(GJ·h⁻¹)	
烟囱排出的	39.94
炉墙吸收的	0.35
炉内的总能量/(GJ·h⁻¹)	
熔化铝	31.40
加热炉墙	4.13

静置炉为倾动的矩形炉，采用布卢姆工程公司的双燃料冷空气式的 25.3 GJ/h 燃烧器。铝熔体从熔炼炉流向静置炉的速度为 5.89 t/min。

蓄热装置（对流换热装置）由两组立式换热管组成，每组有 144 根管，用离心法铸造的，管的外径为 82 mm，壁厚 8 mm，有效长度 2235 mm，材料为 Ni - Cr 合金，有效热交换面积 180 m²。这种换热装置由热传输公司（Thermal Transfer）设计制造，而整个系统则是普尔曼 - 斯威德尔公司的。

采用这种热交换系统，能源效率大大提高，助燃空气经蓄热装置预热后，温度由 15～20℃上升到 530～540℃。No.4 炉的柴油消耗量节约 32.5%，每年的节约量达 2838 kt。

4.6.3　热轧车间

4.6.3.1　加热/均匀化炉

　　热轧车间共有 22 台加热/均匀化退火炉,坑式(井式),每炉可装 8 块锭,位于热轧生产线进料侧,其中 14 台为烧煤气的辐射管式间接加热的,另 8 台也以煤气为燃料,但为直接加热。加热后的锭坯由天车吊出,置于装锭小车上,运至热轧生产线的输入辊道端头,待收到信号后即放于辊道上。

　　加热温度及时间决定于合金种类、产品规格与用途,加热温度 450~593℃,时间 8~48 h或更长一些。

4.6.3.2　热轧生产线

　　目前,热轧生产线的生产能力达 480 kt/a 几乎相当于 1963 年生产能力的 3 倍。热轧生产线上有:进料侧辊道,立辊轧机,3048 mm 四辊可逆式粗轧机,150 mm 液压重型剪,25 mm轻型剪,2540 mm 3 机架热精轧机列,切边机,纵剪机,卷取机与带卷运送系统。在卷取机之前有一台单刀纵剪生产线,这是其特点。一般的热轧生产线都没有这类纵剪机。

　　热轧生产线各机组的一些基本参数如下。机列总长 240 m,所用乳液每 6 个月换一次,并有过滤系统,每月补充 4440 L 新乳液。热轧卷通过地面运输系统自动运往贮料场,带卷成卷存放,存放高度为二三层。该厂原有厚板生产线,自 1973 年 8 月开始停止厚板生产,并于1979 年将厚板拉伸矫直机卖给了中国东北轻合金有限责任公司。

　　热粗轧机:

工作辊直径/mm	914
辊面宽度/mm	3048
支承辊直径/mm	1498
辊面宽度/mm	3000
主电机功率/mm	2×2984
最大轧制速度/(m·min^{-1})	145
最大卷质量/t	13
制造公司	布里斯(Bliss)
锭坯最大厚度(轧机开口度)/mm	660
锭坯最大宽度/mm	2920

　　粗轧机的压下机构原为电动机械传动,于 1978 年改造为液压压下,并装有液压弯辊系统与 AGC 系统、清辊器等。通常,粗轧带坯的厚度为 25 mm 以上。轧 3004 合金时,扁锭的厚度为 600~660 mm,经 11~13 道轧制后进入热连精轧机列,第 6 道次开始滚边立轧,第 9 道次剪切头尾。而轧制 5182 合金时的锭坯厚度为 457~533 mm,轧 15~17 道次轧至 19~25mm 厚,进入连轧机列。

　　立辊轧机的传动电机功率为 1500 kW。重型剪离粗轧机 30 m,液压,可剪切的最大厚度为 150 mm,为切头或剪切厚板之用。机列的的辊道长度(粗轧机至精轧机列的距离)152 m。轻型剪可切材料的最大厚度为 25 mm,距连轧机列 20 m,用于剪切进入连轧机的带坯头部。

　　3 机架热精轧机列:

工作辊辊面宽度/mm	2540

产品最薄厚度/mm	2
最大轧制速度/(m·min⁻¹)	250
最大卷质量/t	16
主电机功率/kW	各 3481
卷的最大外径/mm	1930
卷的内径/mm	508
带材(5XXX 系合金)的最大厚度/mm	6.35
(1XXX 及 3XXX 合金)的最大厚度/mm	8.12
制造公司	布里斯

热精轧机列装有：液压压下，AGC、AFC，液压弯辊系统，清辊器，乳液分段冷却控制，乳液精密过滤装置，等等。

3004 合金带坯的最终厚度 2.16 mm，5182 合金带坯的最终厚度为 3.56～4.04 mm。连轧机出口端有切边用的圆盘剪/碎边机组；还有 1 台 φ400 mm 的圆盘纵剪机，如果需要可将带坯一剖为二，再卷成两卷。为了确保板带材的表面品质，No.1 及 No.2 机架的工作辊每两天换一次，而 No.3 机架的工作辊每天换一次。

4.6.3.3　热轧中板生产线

奥斯威戈轧制厂于 1970 年建了一条热轧中板生产线(Hot Rolled Flat Sheet—HRFS)，产品厚度为 3.2～9.5 mm，由多辊矫直机、拉伸矫直机与横剪机组成。

生产线的一些基本技术参数：

来料带卷：

外径/mm	762～1930
内径/mm	508～610
最大质量/t	14.5

来料厚度/mm：

最小厚度	3.2
宽度不超过 2438 mm 时的最大厚度	6.6
宽度不超过 1676 mm 时的最大厚度	9.5
成品板的长度/mm	150～1270
拉伸矫直板长度/mm	635～1270
拉伸矫直板生产能力/(t·a⁻¹)	500

中板工段还有一台辐射管加热式退火炉，原用于厚板退火。另有两台龙门锯，1 台双头的，另 1 台为单头。

4.6.4　冷轧车间

奥斯威戈轧制厂有强大的冷轧生产能力，有两台大容量不可逆式冷轧机，有 5 台退火炉，6 条精整生产线，退火炉的生产能力大于冷轧机的。

4.6.4.1　1830 mm 4 辊不可逆式冷轧机

这台冷轧机于 1970 年投产，为 4 辊不可逆式，联合工程与铸造公司(United Engineering & Foundry)设计制造。装有 AGC 与 AFC 等计算机控制系统，有两台 X 射线测厚仪：1 台测厚带板厚度,另一台测薄带材厚度。

轧机的简明技术参数:

工作辊直径/mm	459
工作辊辊面宽度/mm	1830
支承辊直径/mm	1220
最大轧制速度/($m \cdot min^{-1}$)	2400
工作速度/($m \cdot min^{-1}$)	通常 1500
主电机功率/kW	4×932
(两台串联驱动减速机)	
产品厚度/mm	0.10~3.2

4.6.4.2 2235 mm 4 辊不可逆式冷轧机

这台单机架 4 辊不可逆式冷轧机是美国布劳·诺克斯公司设计制造的,1976 年投产,装有 AGC、AFC 等控制系统,板型测量辊为压磁式,两台 X 射线测厚仪,分别用于测量厚带材及薄带材厚度。有两台计算机,通用电气公司的,一台控制冷轧机的工艺参数,另一台控制辅机的参数。

2235 mm 冷轧机的简明技术参数:

工作辊直径/mm	565
工作辊辊面宽度/mm	2235
最大轧制速度/($m \cdot min^{-1}$)	1524
最大卷质量/t	16
主电机功率/kW	5968
产品厚度/mm	0.25~4.57
生产能力/($k \cdot a^{-1}$)	150

这两台冷轧机生产能力大,采用大压下量,一般为 50%,高时达 65%,经 3 道次可将热轧带卷轧至 0.25 mm,厚度偏差为 ±0.007 mm,生产能力达 280 kt/a。轧制油有精密过滤系统,不更换,每月仅补充 17411 L 新油。每台轧机都有西格恩德公司(Signed)自动打捆机。

不过,遗憾的是,由于这两台冷轧机是 20 世纪 70 年代的产品,没有快速换辊系统,一般换辊时间都超过 10 min。也没有自动循环运卷系统,而是用叉车一卷一卷地运送,套筒也是成组捣运。可是,由于工人技术熟练,各方配合密切,效率很高。

2235 mm 冷轧机是全球最大的铝板带冷轧机之一,从设计到投产历时 3 年(1973—1976 年),总投资 2500 万美元。在设计阶段,加拿大铝业公司派了一个专业组进驻布劳·诺克斯公司,共同解决一些技术难点。该机的基础共用钢筋 400 t,灌筑混凝土 4180 m^3。

4.6.4.3 退火炉及精整设备

(1)退火炉

该厂共有 5 台惰性气体退火炉,全用于卷材退火,一般装 18 卷,退火时间 18 h。

——1 台燃气的阿姆科公司(AMCO)的 73 t 的退火炉。

——两台各 172 t 的燃气阿姆科公司的退火炉。

——另两台为电炉,由松比姆公司(Sunbeam)提供,各 204 t,主要供成品退火。

(2)精整工段

精整工段的生产线有：

——1575 mm 亨特公司拉弯矫直－纵剪生产线，带材厚度 0.10～1.62 mm，宽度 254～1575 mm。

——1880 mm 斯塔姆科公司厚带纵剪线，材料厚度 0.30～3.17 mm，宽度 356～1880 mm，速度 228 m/min。此生产线还有拉弯、压花、印花、切边等功能。

——1780 mm 拉矫－纵剪生产线，这条生产线具有拉矫、纵剪、切边等功能，最大速度 406 m/min。

——1220 mm 纵剪－清洗生产线，具有纵剪、清洗、预处理等功能，带材最大厚度 1.9 mm，最大速度 312 m/min。

——1500 mm 矫平－清洗机列。

——1220 mm 电解清洗机列。

4.7 法国纽布里萨克轧制厂

法国纽布里萨克轧制厂现属加拿大铝业公司（Alcan），原属法国普基集团（Pechiney Group）。它是一个国际企业集团，核心业务有：铝业，包装业，铁合金，高温合金，技术服务和工程服务，国际贸易等。

铝及铝材生产是其主导业务，所属的雷纳铝业公司（Rhenalu）是全世界第五大铝业公司，在法国境内有 18 个工厂与 1 个研究中心，员工 6 千余名，年产铝材 600 kt 多，可生产所有的变形铝合金和各种铝材。

——在原铝电解技术方面居世界领先地位，是第四大原铝生产国，控制的生产能力达 1145 kt/a。AP50 电解槽是世界上最大的，采用 500 kA 电流。采用此技术建设铝电解厂仅投资一项就比 AP30 槽型的低 15%。

——全世界第二大连续铸轧机（Jumbo3C）供应者，全世界第一大高速薄带坯铸轧机（Jumbo3CM）供应商。

——欧洲第二大全世界第四大轧制铝材（板、带、箔）生产者。空中客车飞机公司（Airbus）飞机的机翼与机身板材的 50%、波音飞机公司制造同类产品的铝合金板材的 25% 是雷纳铝业公司提供的。2000 年该公司有 7 个密度更轻、强度更大的新型铝合金投产，已通过空中客车公司的鉴定，将用它们制造未来的可乘座 800 人的 A380 型巨型喷气式客机。

雷纳铝业公司及普基轧制产品公司也是其他交通运输铝材的主要供应者。

——欧洲罐身料的主要生产者，全世界最大的冷冻装置用的轧制焊合铝板（Roll Band Panel）供应者，全球厨具铝圆片的主要制造企业，欧洲生产铝结构型材、交通运输型材与工业型材的主要生产者之一。

普基集团原是法国的一个国有企业，1995 年转为私有化的国际性企业，但法国政府仍占 11% 股份。

2004 年加拿大铝业公司收购了普基集团的铝板块。

4.7.1 纽布里萨克轧制厂

雷纳铝业公司在法国本土有两个铝板带轧制厂：纽布里萨克轧制厂（Neuf－Brisach），有

1 条 (1 + 4) 式热连轧生产线；伊苏瓦尔轧制厂 (Issoire)，有 1 条 (1 + 3) 式热连轧生产线，前者轧制 1XXX、3XXX、5XXX 合金板带材，罐体、罐盖、拉环带材占总产量的 60% 左右，其他为铝箔毛料、建筑及交通运输板带材，产品销往世界各地，本国的销量仅占 30% 左右。伊苏瓦尔轧制厂以轧制硬合金材料为主，供航空航天工业、汽车工业等部门用。

纽布里萨克轧制厂有熔铸车间、热轧车间、冷轧车间、精整包装车间、维修车间等。熔铸车间只生产一部分锭坯，不足部分由公司所属的铝电解厂提供。

4.7.1.1　基本概况

该厂位于巴黎东北斯特拉斯堡附近的纽布里萨克镇，是法国最大的铝板带材加工厂，1961 年开始建设，历经 6 年于 1967 年建成投产，1992 年又对热轧生产线作了大规模的改扩建，将原来的 3 机架热精连轧改为 4 机架的，成为世界 10 大铝板带热连轧生产线之一。工厂内树林浓密，花草茂盛，郁郁葱葱。

工厂占地面积/m²	2480000
厂区面积/m²	730000
建筑面积/m²	152000
工厂内铁路、公路运输里程/km	约 17
热轧线生产能力/(kt·a⁻¹)	450
冷轧板带生产能力/(kt·a⁻¹)	380
2000 年员工总数/名	1532
2000 年板带材总产量/kt	365
生产的合金系	1XXX, 3XXX, 5XXX

4.7.1.2　熔铸车间

熔铸车间生产能力 300 kt/a，不足部分由雷纳铝业公司电解铝厂提供。该车间有 6 台熔炼 – 静置炉组，每组都配有 Alpur 型在线式铝熔体净化处理系统。DC 铸造机可铸锭的最大尺寸为 610 mm × 2100 mm × 5600 mm，有 1 台锯床、1 台刨边机、1 台双面铣面机。炉组的规格如下：

45 t 天然气熔炼炉和 45 t 天然气静置炉	3 组
两台 45 t 感应熔炼炉和 70 t 静置炉	1 组
1 台 105 t 天然气熔炼炉和 1 台 70 t 静置炉	1 组

值得着重指出的是，该车间有 1 台高达 20 m 的铣屑及切边废料破碎机，制成小颗粒，可大大减小感应熔炼时的烧损；还有 1 台圆筒形倾斜炉，直径 8 m，长 10 m，高 15 m 用于熔炼有涂层的废料与炉渣。在此圆筒形炉之旁有 1 套烟气处理系统，可滤除所有的有害气体与固体颗粒，使排放物能满足欧洲最严格的环保法规与条例要求。

4.7.1.3　热连轧车间

热轧车间有 7 台推进式加热炉，其中 5 台以天然气为燃料，每炉可装 27 块锭坯；另两台为电炉，每炉可装 36 块锭坯。加热炉的出料端有横向输锭辊道，将加热后的锭坯送至热轧生产线的输入辊道。粗轧机之前设有立辊轧机。粗轧机的简明技术参数：

制造公司	克莱西姆 (Clecim)
工作辊直径/mm	850
支承辊直径/mm	1500

工作辊辊面宽度/mm	2840
主传动电机功率/kW	5215
最大轧制速度/(m·min^{-1})	200
锭坯最大质量/t	12
锭坯最大厚度/mm	600
1XXX 系合金的轧制道次	12 ~ 15
1XXX 系合金的轧制厚度/mm	35 ~ 70
3XXX 系合金的轧制道次	20 ~ 25
3XXX 系合金的轧制厚度/mm	40 ~ 60
后辊道(输出)长度/m	120

粗轧机与热精连轧机之间有 1 台 100 mm 的剪切机,用于剪切带坯端头。配乳液用的乳膏从法国 ALOGIDAC 公司购进,配制时再添加工厂自行研制开发的添加剂。对热轧生产线各种设备的漏油现象监控严密,混入乳液中的机油极少,同时,对乳液进行精密过滤,所以对乳液几乎不全部更换,仅定期加入新的。

热连轧机列原为 3 机架,为了提高产量与改善产品品质,1992 年由德国德马克公司(MDS Mannesmann Demag Sack GmbH)在机列前部增加了 1 个机架,改为(1 +4)式的。新增加的这个机架的简明技术参数如下:

来料最大宽度/mm	2150	负载 41000 kN 时	2
来料最大厚度/mm	70	轧制速度/(m·min^{-1})	51/127
工作辊直径/mm	760/710	轧制力矩/(kN·m):	
支承辊直径/mm	1525/1425	额定的	2310
辊面宽度/mm	2300	停车时	4000
轧制力/kN	41000	主传动电机:	
机架横截面积/cm^2	7000	功率/kW	约 5400
液压压下速度/(mm·s^{-1}):		转数/(r·min^{-1})	0 ~ 250/625
负载 36000 kN 时	4		

最后一个机架的最高轧制速度由原来的 300 m/min 改为 400 m/min。后 3 个机架的轧制力分别为 30000 kN,传动电机功率各 3571 kW。在机列之后装有 X 射线 AGC 及板形控制仪,中凸度控制目标 10%,厚度偏差控制目标为 ±1%。

为了检查热轧带坯的表面品质,该厂每轧 10 卷需从其中一卷上取一块试样,经生产线之侧的阳极氧化槽处理 20 ~ 25 min 后,检查其表面,色调是否均匀及其他缺陷。

在热轧生产线与冷粗轧机之间有一高架仓库,用于贮存热轧带卷,可装 9 层,容纳量为 550 卷。

4.7.1.4 冷轧车间

冷轧车间有 3 台 4 辊不可逆式单机架冷轧机,一条 3 机架 4 辊冷连轧生产线,冷轧罐身料的流程:由高架仓库运来的热轧带卷(厚 2.6 ~ 2.7 mm)进入了 3 机架连轧机列轧至 0.66 mm 以下,存于高架仓库,然后由 2050 mm 4 辊不可逆式单机架冷轧机轧至成品厚度,目前的最薄厚度为 0.27 mm。

2300 mm 冷粗轧机的基本技术参数：		产品宽度/mm	800 ~ 2100
轧机编号	L12	最大卷质量/t	12
制造公司	克莱西姆	最大轧制速度/(m·min⁻¹)	1800
投产年度	1986	主传动电机功率/kW	2 × 2800
工作辊直径/mm	470	最大轧制力/kN	18000
支承辊直径/mm	1400	设计生产能力(热轧带坯通过量)/(kt·a⁻¹)	
辊面宽度/mm	2300		100
产品最薄厚度/mm	0.25	换卷时间/min	1

该冷轧机装有 AGC、AFC 系统，1990 年又装上 DSR 动态板形辊。回转式双开卷机。

2050 mm 冷轧机是一台万能冷轧机，是可轧制单零箔的轧机，装有 AFC 与 AGC，专门进行罐身料的最后一道次轧制，从 0.7 mm 左右轧到 0.3 mm 以下，年产罐身料约 110 kt，有 3 台测厚仪。冷却润滑剂为水基乳液是该机的最大特点之一，是工厂自制的，但考虑到该机仍有液压油系统，因而还设有现代化的 CO_2 灭火系统。该轧机之后有一高架仓库，7 层，带卷容量 360 卷。冷粗轧机之后也有一个高架仓库，可容纳 7 层卷，共 400 卷。

2050 mm 冷轧机的基本技术参数：

轧机编号	L16	最大卷质量/t	12
制造公司	克莱西姆	最大轧制速度/(m·min⁻¹)	1800
投产年度	1986	最大轧制力/kN	17000
工作辊直径/mm	450	主传动电机功率/kW	2 × 2800
支承辊直径/mm	1400	轧罐身料的实际轧制速度/(m·min⁻¹)	
辊面宽度/mm	2050		1400
产品厚度/mm	0.07 ~ 1.6	轧制液	美孚基油 +
产品宽度/mm	800 ~ 1850		8% 添加剂

1500 mm 冷轧机，这是该厂最小的一台冷轧机，其简明技术参数如下：

制造公司	阿申巴赫	最大轧制速度/(m·min⁻¹)	1000
	（Achenbach）	产品最薄厚度/mm	0.15
工作辊直径/mm	450	主传动电机功率/kW	5595
支承辊直径/mm	1250	最大卷质量/t	12
辊面宽度/mm	1500		

三机架 2040 mm 冷连轧机的简明技术参数如下：

工作辊直径/mm	550	带卷最大质量/t	12
支承辊直径/mm	1300	产品厚度/mm	0.4 ~ 3.5
辊面宽度/mm	2040	润滑冷却剂	美孚基油 +
最大轧制速度/(m·min⁻¹)	1080		8% 添加剂
传动电机总功率/kW	10071(各 3357)	制造公司	克莱西姆

4.7.1.5　精整包装车间

该车间的主要装备有：退火炉 5 台；气垫退火生产线两条；拉弯矫直机列两条；涂层生产线 3 条；纵剪生产线两条，最大剪切速度 700 m/min；横剪生产线 1 条，可同时完成垫纸与自动包装。

4.7.2　热连轧生产线的技术改造

为了提高产量与改善产品品质，1992 年纽布里萨克轧制厂对原来的三机架热连轧生产线进行了全面的较大的技术改造，在原机列的前面增加一套新机架，成为四机架热精连轧生产线，最后一套机架的轧制速度由原来的 300 m/min 提高到 400 m/min，并对一些其他装置作了相应的改造，增加了一些功能。改造工作由 MDS（德马克公司）执行。

尽管新增加的一套机架在设计方面很先进，但必须顾及到现有的装备，同时须安装在现有的基础与底板上，又受工厂现有条件的限制与制约，其难度甚至比新设计与安装一条全新的生产线还大一些。

入口侧的新机架与原有机列的（虚线部分配置见图 4-11）。

更不尽人意之处是，工程不能一次完成，必须在两次停工期内结束，否则，将影响生产，同时停工期短；一次在夏季，一次在年末，都是设备的计划大修期，工厂的其他车间仍照常生产。

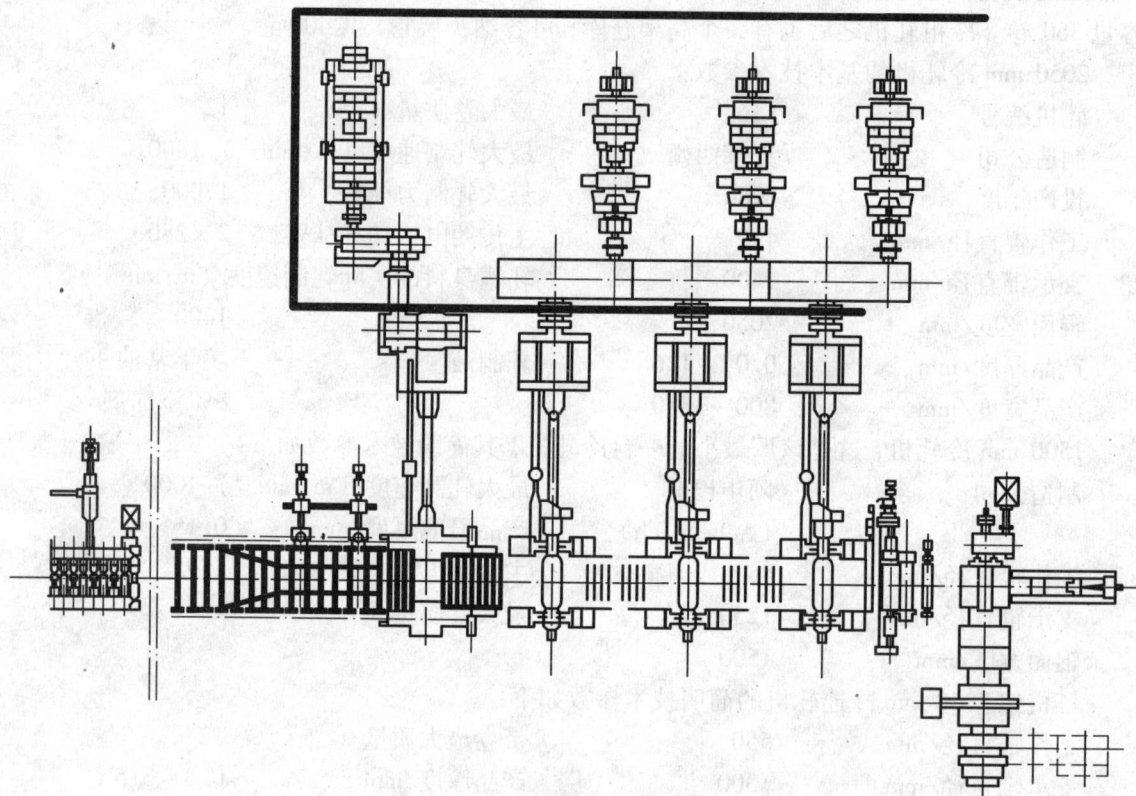

图 4-11　新机架（左）与原三机架机列配置示意图（轧制方向自左至右）

4.7.2.1　设计改进与特点

在设计方面对新增加的机架作了一些较大的改进，主要的改进有：

①支承辊轴承改为油膜润滑式的，并附加了液压系统，以提高其承受能力。

②位置控制　采用液压辊调节

　　液压调节缸位于机架的下十字头（crosshead）之上，位置传感器的执行元件安于液压缸的中心，而位置传感器则位于机架的下方，在乳液盘之外，这是一个极易接近与维护的位置，同时这样配置液压缸，对换辊很方便（图 4 - 12）。

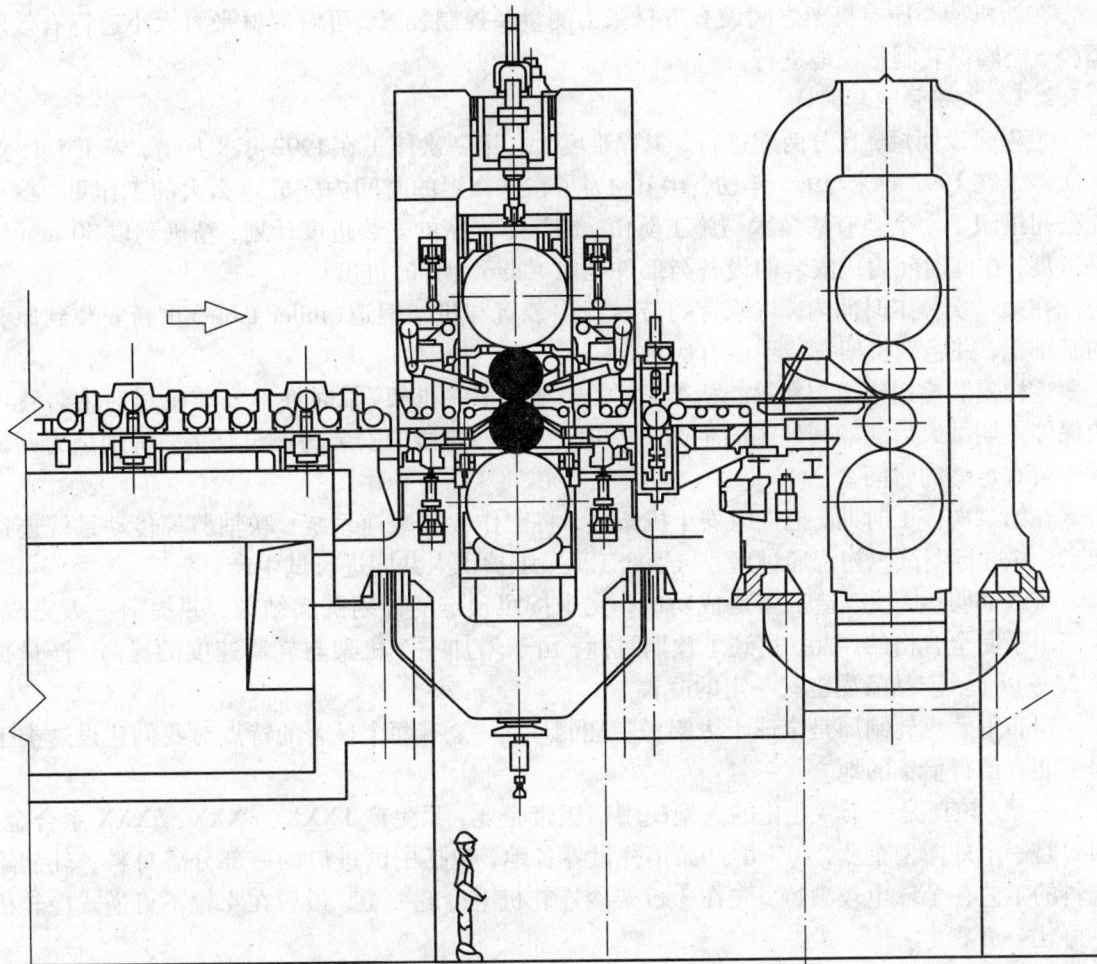

图 4 - 12　改造后的新机架的配置（轧制方向自左至右）

　　● 弯辊系统
　　对工作辊设有正负弯辊系统，弯辊缸位于轴承座内，但由于位置限制，无法将弯辊缸置于平衡缸内。
　　工作辊的正负弯曲及上工作辊与支承辊的压下都是通过液压系统的高压进行的。
　　● 乳液喷嘴阀单个控制，可单独调控乳液喷射量、压力等，便于精密控制辊型。
　　● 带材导尺位于机架之内，并设有从动辊（idle roller），因而不会擦伤带材表面。
　　● 清辊器既能转动又能颤震，可对工作辊进行有效的清刷，能在操纵台上对清辊器的平衡及其对工作辊的接触压力进行有效而精密的控制。
　　● 通过压下螺旋与电机械传动来升降上工作辊及支承辊来调节辊缝大小，这种调节是无级的。

- **工作辊的传动**

电机通过伞齿轮装置及蜗杆直接拖动工作辊。

- **带材张力测量及控制**

在新机架与原有机架之间设有带材张力测量及控制装置，可对带材张力大小进行有效的监控，能确保轧制平稳地进行。

4.7.2.2 工程管理与调试

工程建设期短，且分两期进行，工程难度大。第一次停工在1992年8月份，停工7 d，第二次停工在1992年末/1993年初，10 d。为了在这么短的时间内完成这么大的工作量，德马克公司组织了一个强有的技术与施工队伍，制订了周密的安装进度计划，精确到以30 min为一进度，在此时间内应安装的设备与部件是以1 min为计时进度。

在第一次停工时间内，将原有的带材对中装置与机架辊道(roller table)重新安装到原有的基础上，并将新机架安装到原有底板上。

这样安装输送辊道与在第二机架之前(原来的第一机架)临时性地安装带材对中装置可确保停工期结束后能顺利地照旧生产，并可减少第二阶段的安装与调试任务，特别是为调试工作留有足够的时间。

在第二次停工时期，把辊组安于机架内，将工作辊与减速系统、联轴器等传动系统连接起来，并进行调试。初调通过后，与生产工人、维护工人共同进行试生产。

实践证明，这项改造工程是成功的，完全按照预定的计划圆满结束，并提前一天完成，生产出了完全合格的产品，达到了预期目标，由于增加一个机架与轧制速度的提高，产量提高25%以上，产品品质也有一定的改善。

纽布里萨克轧制厂是全球十大铝板带轧制厂之一，有两个显著的特点对我们建设这类工程可能有值得借鉴的地方。

一是，该厂是一个专业化的大型民用铝板带企业，只生产1XXX、3XXX、5XXX系合金，同时是一个外向型企业，70%的产品销往世界各地，包括中国进口的一部分罐身料。轧制罐身料的工艺在全球也较独特，先在3机架冷连轧机上冷轧一道，最后在4辊不可逆式冷轧机上再轧一道。

二是该厂的设备与生产有如下特点：

- 有3个高架仓库，可减少厂房建筑面积；
- 工厂是根据市场情况一次又一次逐步扩大与建设起来的；
- 有一台冷轧机的冷却润滑剂为水溶性乳液；
- 热精连轧生产线的改造是成功的，组织工作与预备工作做得周密细致，在工期短同时分两次进行的条件下取得预期成功，实属难能可贵。经过这次改造，不但产量有较大提高，而且改善了产品品质。
- 该厂有一部分3104合金扁锭是由公司所属的敦克尔刻铝厂提供的，采用高度约130 mm的矮结晶器铸造，烧损率约1.4%，但铸锭头部的锯切长度达400 mm，质量约1500 kg，锯切几何废料约占7.5%。

4.8　韩国诺威力 – 大韩铝业有限公司

诺威力 – 大韩铝业有限公司(Novelis Korea Limited)是亚洲最大的铝板带轧制企业, 2001 年热轧板带生产能力约 500 kt/a, 冷轧板带生产能力为 300 kt/a, 随着 1 台连续冷轧机组的建成与技术水平的提高, 2005 年冷轧铝带材生产能力达 500 kt/a, 2007 年生产能力可达 620 kt/a。

该公司是加拿大铝业公司(Alcan)与大韩电线电缆公司(Taihan Electric Wire Co. Lid. ——TEC)于 1999 年 9 月组建的一个合资企业, 前者占 66% 股份, 负责公司的生产、技术、经营与管理, 并派人担任董事长与总经理。2000 年 5 月又收购了现代集团的韩国铝业公司(Aluminium of Korea Limited Company——Koralu), 工厂位于蔚山市。所以, 现在的诺威力 – 大韩铝业公司拥有荣州轧制厂、蔚山轧制厂与一个研究开发中心, 该中心在蔚山轧制厂内。从此, 韩国的铝板带轧制工业已为加拿大铝业公司所控制, 所生产的板带材不但可满足韩国与亚洲的需求, 而且可通过诺威力铝业公司的全球经营网络, 销往世界各地。

4.8.1　荣州轧制厂

诺威力 – 大韩铝业公司的荣州轧制厂是有其特色的, 它的(1 +3)式热连轧生产线与双机架 4 辊冷轧机生产线是用二手设备改造的, 全厂总投资 4 亿美元, 工程总承包者为美国铁本公司, 节约了资金, 缩短了建设期, 是我国今后建设这类生产线的可资借鉴模式之一。

2006 年诺威力公司对荣州轧制厂进行了较大规模的改造, 将(1 +3)式热轧生产线改成(1 +4)式的。

从诺威力 – 大韩铝业公司的生产经验来看, 有两点值得我们注意:

● 双机架 4 辊冷连轧生产线不尽人意, 装机水平低了些, 辊面宽度窄了些, 不能轧制罐身料。生产能力不高, 仅 80 kt/a, 相当于 1 台大型冷轧机的产量。与热轧生产线不能很好地匹配。

● 批量生产有国际市场竞争力的罐身料并不是一件轻而易举的事, 并不是有了(1 +3)式或(1 +4)式热连轧生产线就能很快地生产出有国际市场竞争力的罐身料。据称, 荣州轧制厂是 1993 年 6 月建成投产的, 直到 1999 年 9 月与加拿大铝业公司合资时都未批量生产出有国际市场竞争力的罐身料, 2000 年该厂的罐身料才大量进入中国市场。2002—2007 年中国从该公司进口的罐身料约占总需求量的 50%。

4.8.1.1　荣州轧制厂厂史沿革

● 1991 年 7 月开始建设
● 1993 年 6 月完成建设, 全面投产
● 1999 年 6 月获得韩国 KMA 公司的 ISO 9001 质量体系认证
● 1999 年 9 月与加拿大铝业公司合资组建的加铝 – 大韩铝业公司正式挂牌。
● 工厂占地面积 248000 m²
● 建筑面积 82500 m²

4.8.1.2　工厂平面布置

荣州轧制厂平面布置示意图见图 4 – 13。

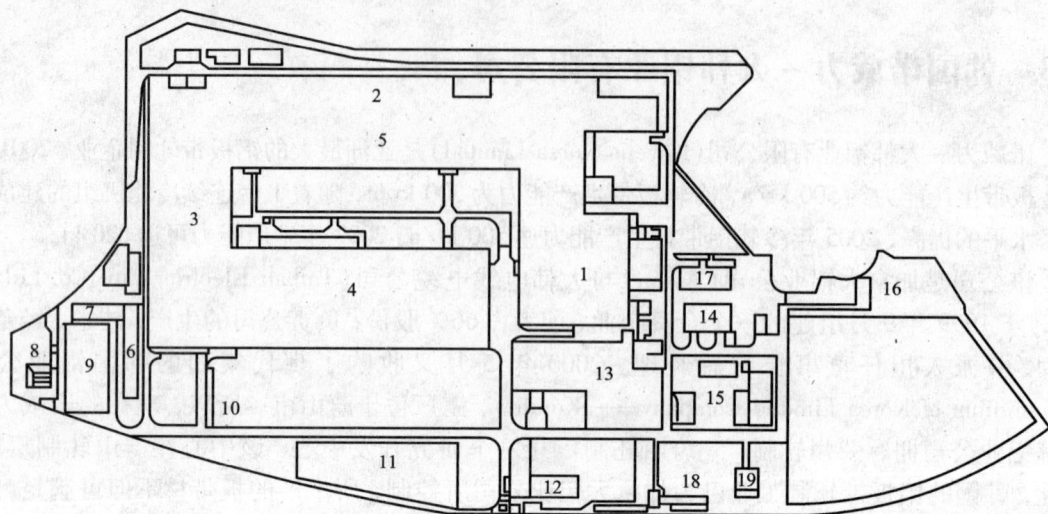

图 4－13　荣州轧制厂平面布置示意图

1——扁锭熔铸车间；2——热轧车间；3——冷轧车间；4——精整车间；5——厚板车间；6——管理大楼；
7——试验室；8——机加车间；9——污水处理厂；10——自助食堂；11——计量室；12——更衣室；13——原材料场；
14——公用设施车间；15——燃料库；16——包装箱车间；17——维修车间；18——废弃物库；19——危险品仓库

4.8.1.3　生产工艺流程

荣州轧制厂生产的合金为 1XXX、3XXX、5XXX 系的，也可供应个别 6XXX 系及 8XXX 系合金材料，如 6061 及 8011 合金板带材。

（1）产品品种

可供应的产品规格、状态等见表 4－9、表 4－10。可生产的厚板最大长度为 6000 mm、宽度为 1720 mm、厚度为 25 mm。状态较少，合金品种也不多，不过 20 种左右。

表 4－9　可供应的带卷及薄板规格与状态

合金牌号	宽度/mm 卷	长度/mm 薄板
1070	厚 0.2~2.0, 30~1700	600~3100
1050	厚 0.2~2.0, 30~1700	600~3100
1235	厚 0.2~2.0, 30~1700	600~3100
1100	厚 0.2~2.0, 30~1700	600~4800
1145	厚 0.2~6.0, 100~1700	600~4800
1200	厚 0.2~6.0, 100~1700	600~4800
3003	厚 0.2~2.0, 30~1700	600~3100
3004	厚 0.2~2.0, 30~1700	600~3100
3104	厚 0.2~2.0, 30~1700	600~3100
3105	厚 0.2~6.0, 100~1700	600~4800
3005	厚 0.2~6.0, 100~1700	600~4800
5005	厚 0.2~2.0, 30~1700	600~3100

合金 牌号	宽度/mm	长度/mm
	卷	薄板
5052	厚 0.2 ~ 2.0，30 ~ 1700	600 ~ 3100
5082	厚 0.2 ~ 2.0，30 ~ 1700	600 ~ 3100
5083	厚 0.2 ~ 6.0，100 ~ 1700	600 ~ 4800
5182	厚 0.2 ~ 6.0，100 ~ 1700	600 ~ 4800
5754	厚 0.2 ~ 6.0，100 ~ 1700	600 ~ 4800
8011	厚 0.2 ~ 2.0，30 ~ 1700	600 ~ 3100
8011	厚 0.2 ~ 6.0，100 ~ 1700	600 ~ 4800

注：热轧带坯的厚度 8.0 mm。冷轧卷及薄板厚度为 0.2 ~ 6.0 mm，薄板宽度为 600 ~ 1700 mm，产品状态：O、F、H1X、H2X、H3X。

表 4 – 10　厚板的规格

合金牌号	状态	最大宽度/mm
1050	F，H112	1720
1350	F，H112	1720
3003	F，H112	1695
3104	F，H112	1695
5052	F，H112	1695
5754	F，H112	1695
5083	F，H112	厚 15 时，1695
		厚 25 时，1450
5083	H321	厚 15 时，1290
	(H116)	厚 25 时，1690

注：所有厚板的厚度为 15 ~ 25 mm，最大长度为 6 m；非矫直的 F 状态材料。

(2) 合金的典型产品、用途及特性

该厂供应的合金的典型产品、用途及基本特性见表 4 – 11。

表 4 – 11　典型产品、用途及基本特性

合金牌号	典型产品及用途	基本特性
1235 1050 1145 1100	铝箔毛料 散热翅片（空调箔），化妆品瓶盖，器皿，铭牌，PS 版基，装饰板，蒸发器 铝箔毛料 空调箔，太阳能器，蒸发器与冷凝器壳	这类合金有优秀的加工成形性能、抗蚀性、可焊性、高的热导率与电导率，虽然其强度不高，但广泛用作装饰板、反射板、PS 版基、家用器皿、散热片
3003 3004 3105	建筑材料，器皿，空调箔 罐身料（can stock） 防盗盖（P. P. cap）	这类合金的强度比 1XXX 合金的高，以普通板材形式获得广泛应用如罐身料、外墙板、器皿等等

合金牌号	典型产品及用途	基本特性
4343	焊条，散热片，包覆板	用作要求其熔点比母材的低的焊条与钎焊料
5005 5052 5082 5182 5083	汽车零件，建筑件 容器，厢式汽车板，易拉罐盖 易拉罐口片，易拉罐盖 易拉罐盖 舰船零件，军工产品，交通运输工具零件	这类合金有高的强度与抗大气腐蚀性能，镁含量较低的合金用作装饰及器皿材料，而镁含量高的合金用于罐盖及结构骨架
6061	各种装备如汽车、舰船、机器及有轨车辆等零部件	虽然其强度不如 2XXX 及 7XXX 系合金的，但却有中等强度，在汽车、舰船、有轨车辆等中应用广泛
8011	防盗盖特薄板带	8011 是一种特殊 Al − Fe − Si 系合金，有优秀的拉深性能，广泛用于深冲防盗盖

(3)工艺流程

荣州轧制厂板材、带卷的生产工艺流程见图 4 −14。

4.8.1.4　熔铸车间

熔铸车间有 4 组熔炼 − 静置炉：45 t 圆形顶装料熔炼炉两台，各配 1 台 40 t 的可倾动的矩形静置炉，配 1 台铸造机，最大锭的质量为 15 t；30 t 圆形顶装料熔炼炉两台，各配 1 台 25 t 的可倾动的矩形静置炉，配 1 台铸造机，最大锭的质量为 13 t。

熔铸车间还有锯切扁锭头尾的带锯 1 台。双面铣床(在热轧车间)1 台，干铣，铣面品质很高，光滑明亮，也不铺纸，我国有的厂在铣后铺一层纸。有一间专门的炉渣处理室，不但可最大限度地回收渣中的铝，而且有利于环保。

4.8.1.5　热轧车间

该厂有 4 台推进式加热/均匀化炉，(1 + 3)式热连轧生产线是由美国铁本公司(Tippins)以二手设备改造成的，达到了 20 世纪 90 年代初的国际水平，轧出了有国际市场竞争力的罐身料，不过这是在加拿大铝业公司轧制产品公司的强大技术支持下做到的。热轧生产线的简明技术参数如下：

粗轧机：

制造公司	布劳诺克斯 (Blawknox)	扁锭最大宽度/mm 扁锭最大厚度/mm	2238 570
辊面宽度/mm	2438	罐身料轧制道次	16 ~ 17
主电机功率/kW	7500	粗轧终轧厚度/mm	25 ~ 35
最大轧制速度/(m·min⁻¹)	150		

精轧机列：

制造公司	铁本公司 (Tippins)	主电机功率/kW 产品最薄厚度/mm	3360 2.3
辊面宽度/mm	2438	带卷最大外径/mm	1930
最大轧制速度/(m·min⁻¹)	345	带卷内径/mm	508

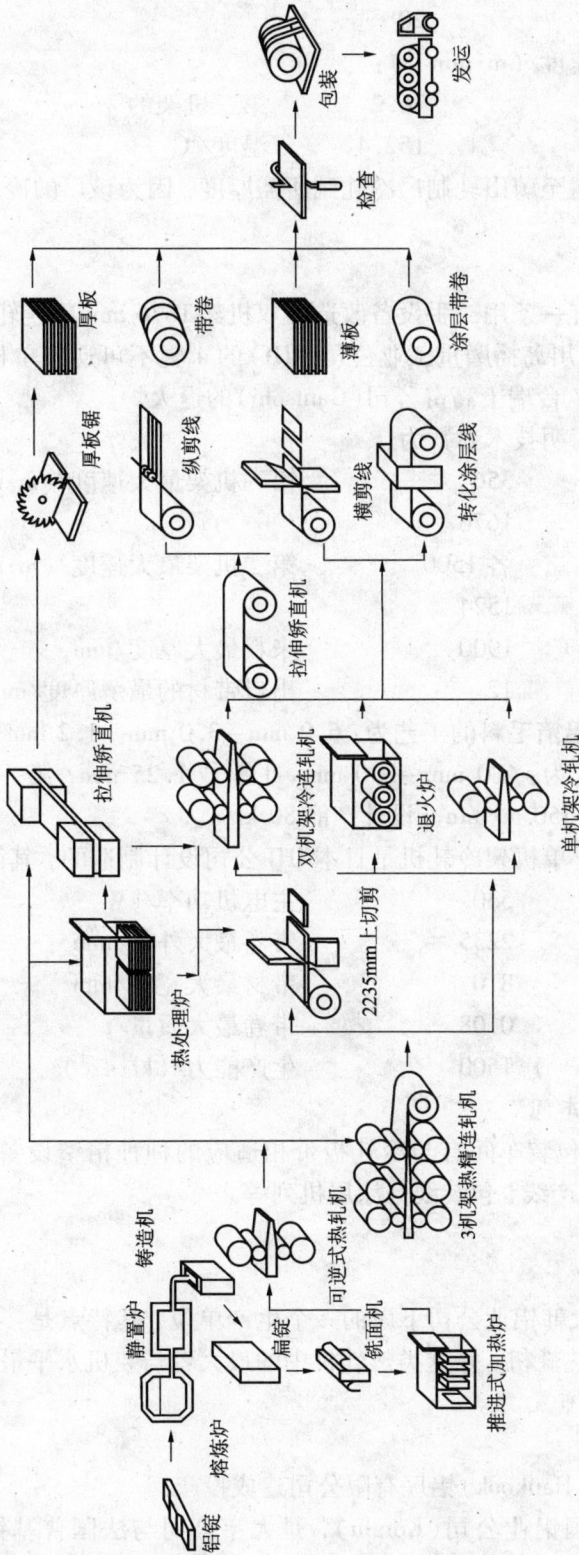

图 4 - 14　荣州轧制厂板带材的生产工艺流程示意图

带卷最大宽度/mm	2235	入口带材最大厚度/mm	35
带卷最大质量/t	20		

罐身料毛坯轧制速度/(m·min⁻¹):

第一机架的	76.2	第三机架的	304.8
第二机架的	152.4	温度/℃	320~340

热轧罐身料毛坯带卷运至蔚山轧制厂冷轧到所需厚度,因为该厂的冷轧机的装机水平比荣州轧制厂的高。

4.8.1.6 冷轧车间

荣州轧制厂冷轧车间有一条用二手设备改造的双机架 1676 mm 冷连轧机列,布利斯公司(Bliss)制造的,1 台日本石川岛播磨重工业公司(IHI)的 4 辊不可逆式单机架 2235 mm 冷轧机,1 条脱脂清洗生产线,7 台瑞士高奇公司(Gautschi)的退火炉。

双机架冷连轧机列的简明技术参数为:

工作辊直径/mm	356	第一机架最大速度/(m·min⁻¹)	
辊面宽度/mm	1676		300
主电机功率/kW	各 1500	第二机架最大速度/(m·min⁻¹)	
带卷最大宽度/mm	1524		600
最大外径/mm	1900	来料最大厚度/mm	6.5
最大质量/t	12	出口带材的最薄厚度/mm	0.3

冷轧 1050 - H18 合金铝箔毛料的工艺为:6.0 mm→3.0 mm→1.2 mm;轧 910 mm 宽(卷重 6 t)的空调箔毛料的工艺为:6.0 mm→3.0 mm→1.3 或 1.25 mm,第一机架的速度为 270 m/min,第二机架的速度为 450 m/min。设计产能 80 kt/a。

4 辊不可逆式 2235 mm 单机架冷轧机是日本 IHI 公司设计制造的,其简明技术参数为:

工作辊直径/mm	530	主电机功率/kW	4500
辊面宽度/mm	2235	带卷最大外径/mm	2140
来料最大厚度/mm	8.0	带材最大宽度/mm	2130
出口最小厚度/mm	0.08	带卷最大质量/t	18.5
最大轧制速度/(m·min⁻¹)	1500	生产能力/(kt·a⁻¹)	120

4.8.1.7 精整车间与包装车间

荣州轧制厂精整车间/包装车间有与冷轧板带相适应的种种精整设备,诸如:拉弯矫直机列、横剪生产线、纵剪生产线、包装线与涂层机列等。

4.8.2 蔚山轧制厂

蔚山轧制厂是诺威力大韩铝业公司下属的一个生产单位,其特点是:拥有 1 台 4 辊可逆式单机架双卷取 2800 mm 热轧机,是这类热轧机中的最大者与装机水平最高的。

4.8.2.1 工厂沿革与平面布置

(1)蔚山轧制厂沿革

1963 年 8 月　汉库克(Hankook)铝厂有限公司建成投产

1973 年 4 月　创建韩国铝业公司(Koralu),是大宇公司与法国普基铝业公司的合资企业,各占 50% 股份

1985 年 3 月　现代工程公司收购大宇公司的股份，现代贸易公司收购了普基公司的股份，从而成为现代集团的独资企业

1993 年 10 月　轧制系统建成投产

1997 年 9 月　通过韩国 KMA 的 ISO 9001 质量体系认证

（2）平面布置

蔚山轧制厂的平面布置见图 4 - 15。

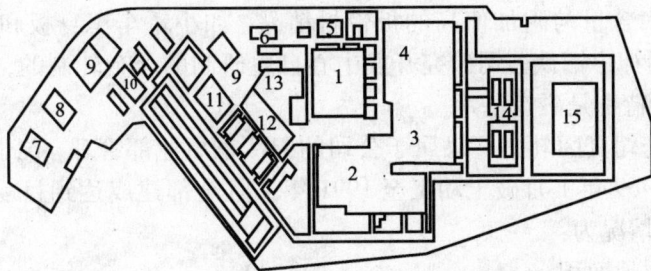

图 4 - 15　蔚山轧制厂平面布置示意图

1——扁锭铸造车间；2——热轧车间；3——冷轧车间；4——精整车间；5——环保设施；6——厂办公大楼；7——研究中心；8——大会堂；9——体育场；10——福利厅；11——圆锭铸造车间；12——合金锭铸造车间；13——原材料库；14——网球场；15——足球场。工厂占地面积 372369 m^2，建筑面积 121169 m^2

4.8.2.2　生产车间

该厂冷轧车间有 2 台戴维公司的 2250 mm 4 辊不可逆式冷轧机，各项参数与性能相同。

①基本技术参数如下：

工作辊直径/mm	460	主电机功率/kW	5000
辊面宽度/mm	2250	来料最大厚度/mm	6
最大轧制速度/(m·min^{-1})	1800	产品最薄厚度/mm	0.08
带卷最大质量/t	26	可轧材料宽度/mm	800~2100

②轧制罐身料工艺：

毛料来源	荣州轧制厂
毛料厚度/mm	2.5
压下量/mm（产品厚 0.28 mm）	2.5→1.3→0.74→0.46→0.28
轧制速度/m·min^{-1}	>1000
控制温度/℃	<180

冷轧车间有 17 台退火炉，容量从 5 t 至最大的 77 t。精整车间有两条纵剪线，两条横剪线，1 条带清洗装置的拉弯矫直生产线。

③该厂的主要特点：

- 冷轧生产能力过剩
- 有一个挤压圆锭铸造车间
- 有一个重熔铸造合金锭熔铸车间
- 有一个研究中心，拥有一台中间试验 4 辊板带轧机及其他装备

蔚山轧制厂研究中心是加拿大铝业公司研究开发中心的一部分，除担任公司的研究工作外，还承担总公司下达的一批研究课题。

4.9 日本神户钢铁公司真冈铝板带轧制厂

日本神户钢铁公司真冈铝板带轧制厂和神钢－美铝铝业有限公司是两个很有特色的铝板带现代化轧制厂，装备精良，工艺先进。前者是一个综合的板带加工厂，可轧制所有的变形铝合金，并生产技术含量与附加值高的板带材精品，如小轿车车身板和计算机储存磁盘基片，这两种产品是用神户钢铁公司研究开发中心自主研制的合金轧制的，具有独特的优异性能，市场占有率高，特别是磁盘基片。

日本神户钢铁公司真冈轧制厂隶属于公司的铝－铜事业部管理，位于栃木县真冈市，从1968 年 3 月购地、1969 年 1 月破土动工至 1991 年 9 月全部建成达到目前这种规模，前后历时 23 年。目前基本情况为：

占地面积/m^2	340000
建筑面积/m^2	145000
产品品种	铝及铝合金板、带、圆片
生产能力/$(kt \cdot a^{-1})$：	
热轧的	372
冷轧的	288
人员/名	约 1100

该厂的建设沿革：

1968 年 7 月由石川岛播磨重工业公司(IHI)制造的四辊不可逆式冷轧机投产。

1972 年 3 月冷轧工段投产，日本公司生产的四辊不可逆式冷轧机运转，以轧制散热器薄带材为主。

1974 年 4 月(1＋3)式热轧线(3900 mm 四辊可逆式热粗轧机，2900 mm 3 机架热精轧)投产，最大卷质量 17 t。

1980 年 10 月研究开发中心建成。

1980 年 12 月热轧厚板精整车间投产。

1981 年 1 月冷轧工段增加 1 台 2100 mm6 辊冷轧机投产。

1981 年 3 月精密磁盘圆片车间投产。

1989 年 3 月热轧生产线改为(1＋4)式的并投产，并为改为五机架热连轧机列留有余地，第 4 机架的最大轧制速度为 300 m/min。

4.9.1 真冈轧制厂可作为中国建设现代化大型铝轧制工程项目的参照样本

笔者对全球 30 多家有热连轧生产线的铝板带厂的方方面面作了一番粗略的观察，发现对中国建设大型铝板带厂最具榜样作用的是日本神户钢铁公司的真冈轧制厂，这是因为：

● 该热轧生产线粗轧机辊面宽度为 3900 mm，是全球第三大热粗轧机。随着"十五"期间西南铝业(集团)有限责任公司与明泰铝业有限公司 2000 mm(1＋4)式热连轧生产线的建成投产，在建下一条这类生产线时需在结构方面有所调整，需有一条拥有 4000 mm 级粗轧机的热连轧生产线，以能生产宽 3600 mm 级的热轧厚板。这样一来，中国拥有从 1000～4000 mm 的热轧机，可生产国民经济各部门建设所需的各种宽度与厚度的种种铝合金热轧板。当然，个别的特厚特宽厚板仍不能生产，在全球经济一体化日益加深的今天没有必要样样俱全。

- 大型铝板带轧制厂按产品主要用途大体可分为 3 种类型：

——以生产罐身料为主的，不生产热处理可强化的铝合金板带材，如韩国的诺威力铝业公司、巴西平达(Pinda)铝业公司、美国奥斯威戈(Oswego)轧制厂等；

——既生产罐身料又生产硬合金板材(航天航空、交通运输、舰船材料等，即平常我们所说的军工材料)的，如真冈轧制厂、法国普基铝业公司雷纳铝厂(Pechiney Rhenalu)、美国铝业公司达文波特轧制厂(Davenport Words)等；

——以轧制各种普通的 1XXX、3XXX、部分 5XXX 系合金板带材为主的，也生产少量罐身料，如日本住友轻金属公司轧制厂、比利时迪弗尔(Duffel)轧制厂等。

中国在今后适当时候需要建一个如真冈轧制厂那样的现代化铝板带轧制厂，既生产软合金材料，又生产硬合金材料，为此需要两条硬合金板带材固溶处理 - 精整处理生产线，一条处理热轧厚板，一条处理薄板，前者建在热轧车间之旁，后者建在冷轧车间内。厚板处理车间必须有 1 台变断面轧机，以生产焊接石化容器用的变断面厚板。真冈轧制厂无变断面轧机是其不足之处。

4.9.2　工厂的平面布置与生产工艺流程

真冈轧制厂虽不是一次性建成的，但各个车间的布局较为合理与紧凑，材料流向合理，环境优雅。

4.9.2.1　平面布置

工厂的平面见图 4 - 16 及图 4 - 17，正门朝西，中央大道由西向东将工厂分为两大部分，北面为主生产车间：熔铸车间、铣面车间，热轧车间，热轧厚板固溶热处理，冷轧车间，薄板带精整车间，维修车间。南面为办公区与文体区、精密产品车间、熔铸车间，办公大楼，研究开发中心，精密计算机磁盘车间，抛光车间，固溶热处理车间，环保设施车间，医务室，体育馆，综合运动场。在这些车间的南部又有一条西东向的大道，在道的南部为：神钢 - 美铝铝业有限公司 (2006 年解体，美铝退出成为神钢独资企业)，预涂车间与圆片下料车间。

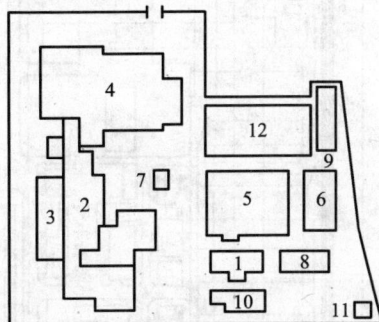

图 4 - 16　真冈轧制厂平面布置示意图

1——熔铸车间；2——热轧车间；3——热轧厚板精整车间；4——冷轧车间；5——精密计算机磁盘车间；6——固溶热处理车间；7——维修车间；8——研究开发中心；9——环保设施；10——办公大楼 - 医务室；11——体育馆；12——综合运动场

4.9.2.2　工艺流程

真冈轧制厂的生产工艺流程见示意图 4 - 18。冷轧车间除有两台单机架 4 辊不可逆式冷轧机外，还有 1 台 6 辊不可逆式冷轧机，这是当时亚洲首台这类冷轧机。航空航天器厚板经固溶热处理与拉伸矫直、锯切后，还要经过超声探伤，以检查是否有裂缝、氧化膜及其他缺陷等。薄板车间生产的圆片不是平常的日用片材，而是供生产计算机储存数据资料的基片，送往精密计算机磁盘车间作进一步的深加工与处理，这是一种高技术含量产品。

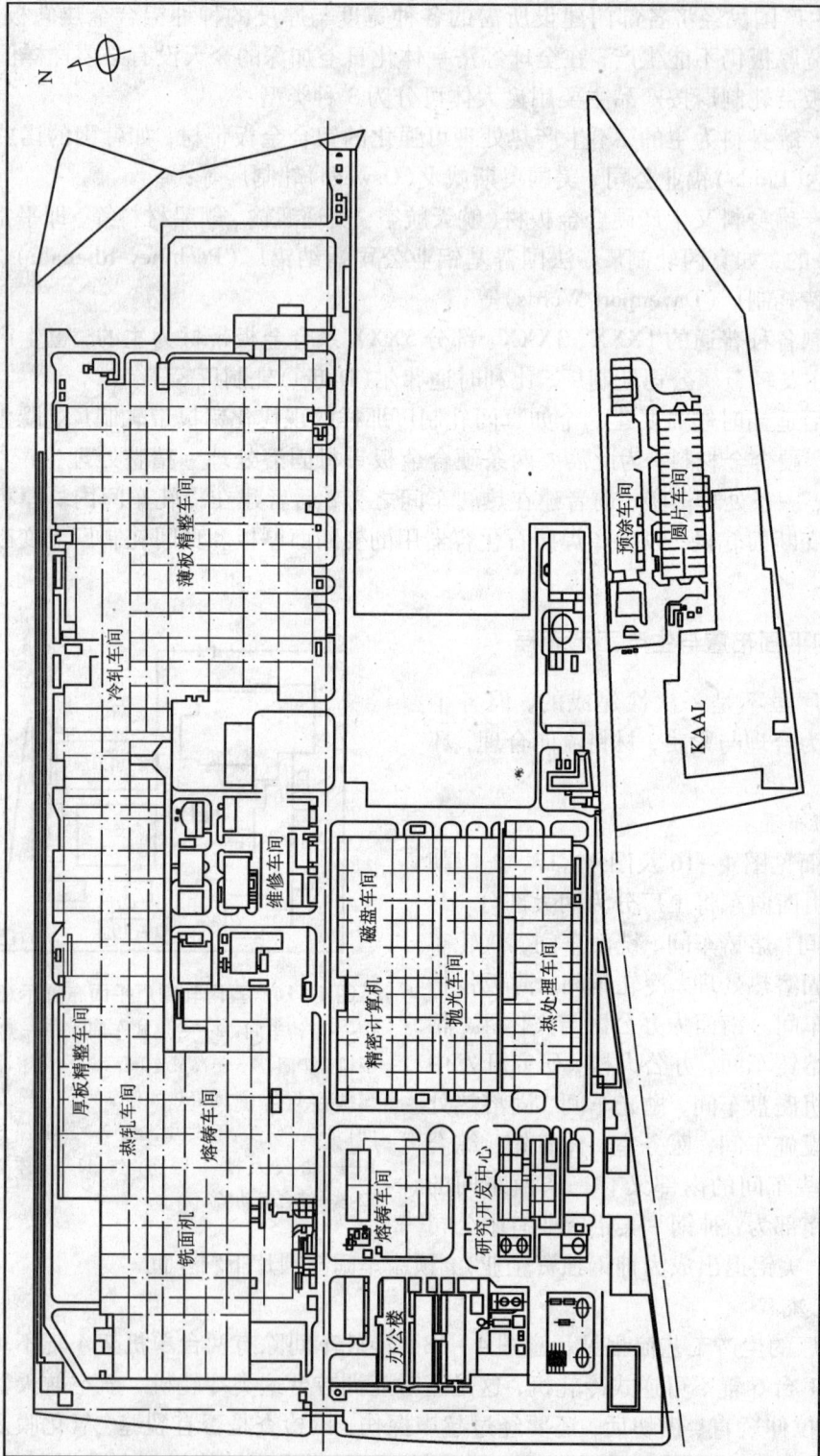

图 4-17 真冈轧制厂平面布置细致线条系标示图

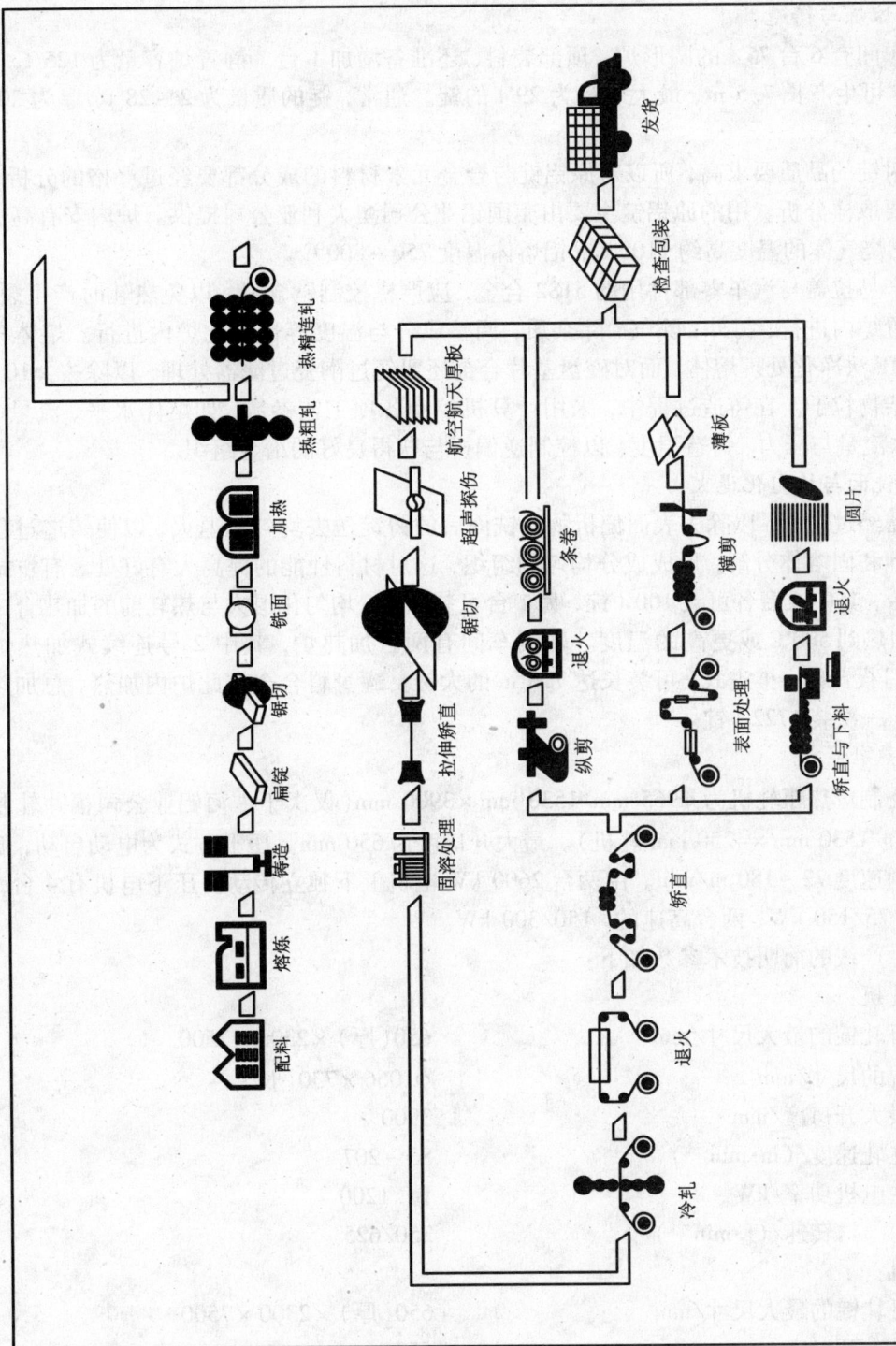

图 4-18　真冈轧制厂生产工艺流程示意图

4.9.3 各车间概况

4.9.3.1 熔炼与铸造

熔铸车间有 6 台 75 t 的圆形炉，顶部装料，还准备增加 1 台。静置炉容量为 125 t，有 6 台铸造机，可生产长 7.5 m、最大质量为 29 t 的锭。通常，锭的质量为 2 ~ 28 t，厚为 200 ~ 600 mm。

由于对锭的品质要求高，所以对原铝锭与合金元素材料的成分都要经过严格的分析，在熔炼过程要取样分析。用的原铝锭主要由美国铝业公司澳大利亚公司提供。炉内安有高速燃烧喷嘴，燃烧气体的温度高约 1100℃，铝熔体温度 750 ~ 800℃。

对生产易拉盖与汽车零部件用的 5182 合金，应严格控制钠含量，以免热轧时产生裂缝。除钠在静置炉内进行，另外，除气、除杂质，调整成分与温度等也在此炉内进行。熔体铸造前采用 SNIF 法净化处理熔体，而对磁盘基片合金还要经过陶瓷过滤器处理，以除去 ≥10 μm 的固态夹杂物粒子。在铸造过程中，采用计算机控制各项工艺参数，如熔体水平、流量、温度、冷却水流量与压力、铸造温度，以控制逆偏析与获得良好的冶金组织。

4.9.3.2 铣面与均匀化退火

铸锭需经过铣面，以除去表面偏析物。铣面后的铸锭送去均匀化退火，以使铸造过程中形成的过饱和固溶体分解，形成成分均匀的组织，这对材料性能的提高大有好处。有坑式均匀化炉 7 台，其中 6 台各可装 100 t 锭，另 1 台可装 50 t。均匀化退火与热轧前的加热合二为一，通常加热到 500℃ 或更高的温度。轧制车间有两台加热炉，其中 2 号连续式加热炉是 1990 年 4 月投产的，推进式，可装长达 7.5 m 的大锭。罐身料合金在此炉内加热，总加热时间为 20 h，一次装 1722 t 锭。

4.9.3.3 热轧

真冈轧制厂热粗轧机为 ϕ965 mm/1530 mm × 3900 mm（仅次于古河铝业公司福井轧制厂的 ϕ965 mm/1530 mm × 4250 mm 轧机）。最大开口度为 650 mm。压下方式为电动启动，低速切换。轧制速度 72 ~ 180 m/min。由两台 2600 kW 电机上下独立传动。压下电机有 4 台，两台低速的，75/150 kW；两台高速的，150/300 kW。

热轧生产线的简明技术参数如下：

立辊轧机：

可轧锭的最大尺寸/mm	650(厚) × 2300 × 7500
辊的尺寸/mm	ϕ1066 × 730(长)
最大开口度/mm	3900
立轧速度/(m·min^{-1})	83 ~ 207
主电机功率/kW	DC 1200
转速/(r·min^{-1})	250/625

粗轧机：

可轧锭的最大尺寸/mm	650(厚) × 2300 × 7500
最大开口度/mm	650
轧制速度/(m·min^{-1})	72 ~ 180
最大轧制力/kN	35000

主电机功率/kW　　　　　　　　　　　　2 × 2600

工作辊直径/mm　　　　　　　　　　　　965

支承辊直径/mm　　　　　　　　　　　　1530

辊面宽度/mm　　　　　　　　　　　　　3900

压下方式　　　　　　　　　　　　　　　电动启动, 低速切换

100 mm 重型剪:

操作方式　　　　　　　　　　　　　　　遥控式

可剪材料最大厚度/mm　　　　　　　　　100

最大剪切力/kN　　　　　　　　　　　　15000

剪刃斜度　　　　　　　　　　　　　　　1/25

电机功率/kN　　　　　　　　　　　　　AC 75

38 mm 轻型剪:

操作方式　　　　　　　　　　　　　　　遥控式

可剪材料最大厚度/mm　　　　　　　　　38

最大剪切力/kN　　　　　　　　　　　　1850

上刃斜度　　　　　　　　　　　　　　　1/25

电机功率/kW　　　　　　　　　　　　　AC 75

4 机架精轧机列:

来料最大厚度/mm　　　　　　　　　　　35

来料最大宽度/mm　　　　　　　　　　　2750

出料厚度/mm(卷材)　　　　　　　　　　1.8 ~ 12.5

出料(卷材)宽度/mm　　　　　　　　　　750 ~ 2600

带卷最大外径/mm　　　　　　　　　　　2300

带卷最大质量/t　　　　　　　　　　　　26

最大轧制力/kN　　　　　　　　　　　　30000

主电机功率/kW　　　　　　　　　　　　1 × 3500, 3 × 3000

轧制速度/(m·min^{-1})　　　　　　　　0 ~ 120 ~ 370

　　　　　　　　　　　　　　　　　　　200 ~ 500 r/min DC 750 kW

工作辊直径/mm　　　　　　　　　　　　725

支承辊直径/mm　　　　　　　　　　　　1530

辊面宽度/mm　　　　　　　　　　　　　2900

压下方式　　　　　　　　　　　　　　　液压压上

卷取机:

最大张力/kN　　　　　　　　　　　　　265

主电机功率/kW　　　　　　　　　　　　2 × DC 700

　　铝及铝合金的热轧温度为 300 ~ 600℃。在高温轧制时, 轧辊表面与轧件表面可能粘结, 即发生粘铝现象, 降纸铝板坯品质。为防止此现象, 以及为降低轧辊温度与控制辊形, 采用含有可溶性油的水即乳液作轧制液, 其浓度为 4% ~ 5%。乳液喷出压力为 (5 ~ 8) × 10^4 Pa, 温度为 (60 ± 5)℃, 乳液箱容量为 36 × 10^4 L, 每 2 ~ 3 月更换一次, 每周加入一定量的新乳

液。为防止铝及其他氧化物聚积于辊面上，设有清辊器，其规格为 $\phi380$ mm/305 mm × 3800 mm，细尼龙丝，转速为 1500 r/min。包括机架辊道在内的全部辊道均为双锥形，实心。

主电机安于车间内，从而省去了主电室，节省了投资，且维护方便。粗轧机由 1 人操作，操纵手可通过操纵室内的电视屏幕观察轧机的运转情况。锭坯由粗轧机轧至 20 ~ 60 mm，然后送精轧机列至 2 ~ 12 mm。3004 合金的热粗轧速度为 120 m/min，工业纯铝及 5052 合金的为 150 m/min，其他合金的为 180 m/min。

4 机架 $\phi725$ mm/1530 mm × 2900 mm 精轧机列由 4 台各 3000 kW 的电机拖动。清辊器尺寸为 $\phi305$ mm × 2800 mm，在转动的同时，还可作 25 mm 的轴向运动，转速为 600 r/min。带卷由打捆机自动打捆，并用氩弧焊点焊，以防开卷和松层。精轧乳液浓度为 9% ~ 12%，室温。采用无接触辐射测温仪测量带板温度。工作辊的辊径偏差为 ±0.75 mm，热精轧板带厚度的实际偏差为 ±0.05 mm。热精轧机列除有中心控制室外，在每个机架旁还有一块操作盘。需定期或随时抽检精轧带板的表面品质，被检样品需作碱洗、酸洗与氧化着色处理。

热轧车间厚板生产线还有剪切机、圆锯、超声波探伤仪、连续退火炉、矫直机与固溶处理炉等，可生产需淬火的厚板与液化天然气贮罐厚板等。

这台 4 机架 $\phi725$ mm/1600 mm × 2900 mm 热精轧机列是 IHI 重工业公司设计制造的，带 TP 辊，自动辊形控制系统。带卷基本参数：

出口带材厚度/mm   1.8 ~ 12.5
出口带材宽度/mm   750 ~ 2600
最大质量/t   25

各机架轧制速度见表 4 - 12。

表 4 - 12　各机架轧制速度

机架	目前/(m·min^{-1})	将来/(m·min^{-1})
No. 1	—	32/80
No. 2	38.0/95	57.2/143
No. 3	57.2/143	88.8/222
No. 4	88.8/222	120/330
规划（No. 5）	(120/300)	(140/350)

4.9.3.4　冷轧

冷轧车间有 3 台不可逆式冷轧机，其中 No. 1 冷轧机 1968 年投产，最大轧制速度 650 m/min；No. 2 冷轧机 $\phi400$ mm/1100 mm × 1620 mm，于 1972 年 3 月投产，由 1 台 3000 kW 电机拖动，最大轧制速度 1500 m/min，这两台轧机的最大卷质量均为 9 t。No. 3 冷轧机为 2100 mm 6 辊式的，是全球第一台这类轧机，最大轧制速度为 1650 m/min，可轧 21 t 的卷。冷轧机装有 20 世纪 80 年代后期的各种自动化控制仪，采用了一切先进的技术，可轧出厚度偏差精确与非常平整的带材。

冷轧车间的平均成品率为 87%。工段配有现代化的带卷退火炉，可进行中间退火与完工退火。该车间除生产罐身料与其他带材外，每年还生产约 20 kt 铝箔毛料。

4.9.4　主导产品

真冈轧制厂薄铝带板的主导产品为罐身料、计算机硬磁盘基片、小轿车板材等。

4.9.4.1　罐身料

真冈厂的罐身料产量约占其总产量的一半。日本包装啤酒的铝罐用量在持续高速地增长，1990 年全铝易拉罐装啤酒与瓶装啤酒的比例为 1:3，而 1994 年的比例为 1:1。1994 年，日本饮料罐（can）的产量约 350 亿个，其中全铝的为 125 亿个左右。罐身料厚度已薄到 0.28 mm。真冈轧制厂对各个环节都进行严格的全面的现代化管理，所生产的罐身料能达到最高的品质要求，能保证高速制罐生产线的废品率低于 10^{-6}。

4.9.4.2　硬磁盘毛料与基片

除罐身料外，真冈轧制厂的另一种典型产品是计算机硬磁盘毛料与基片（hard disk blanks and substrates）。磁盘车间是全封闭的，高度洁净的，由原来的挤压厂改造而成。真冈厂的磁盘毛料与基片品质获得了全世界用户的信赖，不但占有 100% 的日本市场，而且世界市场的占有率高达 60%。

真冈轧制厂生产磁盘毛料直径有 140 mm、90 mm、45 mm、35 mm 等多种，用两台压力为 3 MN 压力机落料。小毛料的厚度为 1.9～2.1 mm，大毛料的厚度为 4 mm。目前，该厂的毛料产量约为 2 亿片每年。磁盘基片车间有十几台精密磨床，将基片磨到所需的粗糙度。

在处理基片上一层 NiP 膜作为底层后，再均匀地涂一层磁性膜。神户钢铁公司研究中心开发出了一种含有 Cu 或 Zn 的磁盘合金 KS 5D86。该合金有优异的表面处理性能，可均匀形成吸附力很强的 NiP 薄膜，在世界上获得了广泛的应用。它有很强的抗冲压力，在个人计算机与笔记本计算机磁盘中有着大量的应用。

可作为硬磁盘基片的材料还有玻璃、钛、碳素等，但铝合金由于其优异的性能，从开始应用的那天起至今仍在硬磁盘领域占有统治地位。这些优秀性能是：无磁性；良好地可切削性；可长期保持表面光洁度，以维持低的漂浮高度（flying height）；密度低，能适应高速旋转；材料成本也低。

4.9.4.3　轿车板材

真冈轧制厂另一种主导产品是汽车铝合金薄板。在日本，神户钢铁公司在开发汽车铝合金与生产汽车铝材方面均居领先地位，研制出了一批能满足不同要求的铝合金。与钢材相比，铝材的优势是，除密度低外，能较大幅度地提高能源效率、改善操作性能、加强安全性，还有很强的抗蚀性与极高的回收再生利用率，有与碳钢相等的强度，良好的加工成形性能和表面处理性能。

日本首批全铝运动车——本田（Honda）NSX 的车身就是用神钢 6XXX 系铝合金制造的。KS 5J30 是为制造轿车车身板而开发的 Al－Mg－Cu 系合金，其抗拉强度与低碳钢的相当，且具有质轻、成形性好与抗蚀性强等特点。KS 5J30 合金在真冈轧制厂的连续退火炉内可以比常规 Al－Mg 合金退火温度高的温度退火，可获得 300 MPa 的抗拉强度与 30% 的伸长率，与低碳钢的这些性能相等。在涂漆烘烤后，性能仍不降低。日产汽车公司已用这种合金制造"日产（Nissan）3000Z"轿车；而马自达（Mazada）汽车公司则用 Al－Mg 系合金制造 RX－7 轿车与"米雅塔（Miata）"轿车的发动机罩。

"西利卡 GT－富（Celica GT－Four）"轿车发动机罩外板是用 KS 5H32 合金制造的，比常规的钢罩板轻 8 kg。该合金属 5XXX 系，含 5.5% Mg，既有良好的成形性能又有高的强度。难能可贵的是，可在原来钢板加工成形生产线进行加工；唯一不同点是，钢板需进行磷酸锌电镀预处理，而 KS5H32 合金板的预热处理为铬酸盐化学处理。目前，神户钢铁公司正与丰田汽车公司合作开发铝合金在汽车上的应用，主要研究课题是材料表面处理、提高抗蚀性能与消除压制时的波纹缺陷。

真冈轧制厂除生产汽车板材外，还生产汽车空调器与散热器特薄板、车轮与车体装饰件板，以及卡车、飞机、船舶与火车等交通运输工具板材。该厂为了保持在高精板带材领域的有力的竞争地位，在不断地加强管理，不断地革新工艺与改进装备，研制与开发新的合金材料，以生产更高性能的板带材。

4.9.5　神钢－美铝铝业有限公司(KALL)

美国铝业公司是全球最大的铝业公司，也是全世界最大的罐身料生产者，全世界当前消耗的罐身料几乎有 35% 是它生产的，中国每年进口的罐身料也有 25% 左右是美国铝业公司的独资公司与控股公司提供的。神户钢铁公司是日本最有名望的铝材生产者之一，也是日本罐身料的主要生产者。这两个公司早在科研、生产、销售方面有相当密切的合作关系，同时他们都看中了日本与亚洲的罐身料市场的巨大的日益增大潜在需求，决定成立一个合资公司专门生产罐身料，于是在真冈轧制厂内建设神钢－美铝铝业有限公司。

该公司于 1993 年建成，占地 61000 m^2，建筑面积 12250 m^2，1995 年 4 月有职工 52 名，罐身料设计生产能力 180 kt/a。神钢－美铝铝业有 1 条 6 辊 CVC 双机架冷轧生产线，是世界上首条这类生产线。该生产线是德国西马克公司设计与制造的，电气设备与自动控制系统由西门子公司提供。双机架 6 辊 CVC 冷连轧生产线的最高轧制速度为 1650 m/min，产品的最大宽度为 2100 mm。

神钢－美铝铝业公司的建设投资近 1 亿美元，各占 50%，设计职工总数为 80 名。6 辊轧机的中间辊为 CVC 型的，轴向移动距离为 ±100 mm，辊径的最大最小差（新辊与报废辊径的差）为 10 mm。该生产线的产品具有最佳的平直度与最小的厚度偏差（仅 ±10 μm），这是当前罐身料能够达到的最小厚度偏差。该公司生产的罐身料品质完全可达到美国铝业公司的标准，即冶金缺陷造成的罐数废品率低于 10^{-6}，如果按质量计算，7~8 t 铝合金带卷的罐数废品率只允许 1 个，从而使他们的产品在亚洲乃至国际市场上占有举足轻重的地位。该公司除了采用当今最先进的工艺与装备及检测监控手段外，在生产工艺方面还有如下可值得称道的：

——产品的轧制工艺是：真冈轧制厂四机架热精轧线生产的带卷被运至神钢－美铝铝业公司，先由原真冈轧制厂的 6 辊 2100 mm 不可逆式冷轧机（已由原来的轧制厂拆搬到该公司，与 CVC 6 辊双机架冷连轧机列位于同一轧制线上）轧到 2.3 mm，然后发挥双机架冷连轧机的优势，在 1 道次内轧至 0.3 mm 左右，大大提高了生产效率。这种高效高速轧制工艺，生产周期大为缩短，能精确地保证交货期。该公司对生产实现了图表计算机管理，生产一批，发运一批，达到了零库存。这在全世界大型铝板带生产企业中也是独一无二的。

——以水溶性轧制油作为冷轧润滑剂。在铝板带轧制过程中，常规的轧制液为矿物油，在高速轧制时特别是断带时易发生火灾。为了避免这种灾难性事故，双机架冷轧机采用了美国铝业公司独创的水溶性油作为轧制液。这种轧制油具有很好的润滑性能与相当强的冷却能力，既满足了轧机的大压下率、高速轧制要求，又不用担心着火。

参考文献

[1] Nussbaum A I"Ed". Aluminium Foil Processing Technology[J]. Light Metal Age, December, 1994, 6–46.

[2] Hall A. The European Foil Industry[J]. Light Metal Age, December, 1996, 20–33.

[3] 关云华，杨金魁，王祝堂. 达文波特轧制厂与阿卢诺夫公司的热连轧线[J]. 轻合金加工技术, 2002, 30(2)：6~10.

[4] VAW Nakes Strong Commitment to Improve Foil Quality[J]. Aluminium Today, October/November, 2002：25–28.

[5] 江志邦，宋殿臣，关云华. 世界先进的航空用铝合金厚板生产技术[J]. 轻合金加工技术, 2005, 33(4)：1~6.

[6] World's Largest Rolling Mill at Davenprot, IA.[J]. Light Metal Age, 1972, June, 6–9.
Aluminium Today[J]. 1995, June/July, 8–10

[7] 王祝堂，田荣璋. 铝合金及其加工手册(第二版)[M]. 长沙：中南大学出版社, 2000, 447~463.

[8] Nussbaum A I"Ed". Logan Aluminium Expansion Project on Stream in Kentucky[J]. Light Metal Age, 1994, October, 8–16.

[9] Holdner D, McCrae S, Plata F. Oswego's, D. C. 4 Covection Recuperation[J]. Light Metal Age, 1979, August, 16–18.

第 5 章　中国典型铝板带箔企业

5.1　东北轻合金有限责任公司

东北轻合金加工厂是我国在第一个五计划期间建成的一个大型铝加工厂，第一期工程于1956年11月5日建成投产。第二期工程于1962年建成。至此，成了一个综合性的铝加工厂，可生产各种铝材。

5.1.1　建设与发展

1950年初，原东北人民政府工业部根据发展国民经济的需要，决定建设我国第一个大型铝加工厂。工厂分两期建设，是我国第一个五年计划时期，从苏联引进的156项重点建设工程中的两项。10月，组成厂址选择小组，经多次调查，确定哈尔滨平房地区为厂址。

1952年2月，成立建厂机构，定厂名为哈尔滨铝加工厂，代号为101厂。1954年4月10日厂区工程正式破土动工。主要建设熔铸、轧制、挤压三个生产车间及一些辅助车间。1955年，各辅助车间相继建成。

1956年1月3日、4月1日、7月1日，熔铸、轧制、挤压车间分别试车。11月5日，第一期工程经国家验收，交付生产，设计能力26 kt/a。

1958年6月10日第二期建设工程动工，主要建设锻压车间。在建设过程中，为适应国防建设和国民经济各部门的需要，国家决定该厂扩建为多品种的铝、镁加工基地，增建铝箔车间，反应堆工艺管车间、铝粉及镁粉车间、镁合金熔铸车间。

第二期工程，由于外援中断而造成各种困难，经济损失严重。但是，该厂职工在党的领导下，发愤图强，自力更生，经过3年多的艰苦奋斗，锻压、铝箔、制粉等车间先后于1961年和1962年建成投产。由于缩短基本建设战线，停建一年多的工艺管车间于1965年交付生产。至此，全厂设计能力达到36.2 kt/a，基本上满足了我国国防建设和国民经济各部门对铝、镁加工材的需要，并有少量出口。

1976年，冶金部批准再增加铝箔、特薄板车间。该车间从意大利米诺公司(Mino)引进900 mm 4辊冷轧机1台，从西德阿申巴赫公司(Achenbach)引进1200 mm铝箔4辊不可逆式万能轧机1台，开中国从工业发达国家引进现代化轧机的先河。它们于1979年投产。

工厂厂区占地面积 189×10^4 m²，累计建筑面积近 60×10^4 m²。

工厂原有生产车间9个，辅助车间8个，研究所1个，专业革新队1个。1984年将9个大的生产、辅助车间改为分厂。即有：熔铸、轧制、挤压、锻压、薄板、铝镁粉、制管等7个生产分厂与铝箔及产品改制等3个车间。辅助分厂及车间有：中央化验室、机修、电修、计量、土建、包装箱等。

工厂主要产品有：铝合金板带材、管材、棒材、型材、线材、模锻件、自由锻件、箔材、工艺管、铝粉、镁粉、铝镁合金粉及镁合金棒材、型材等。

截止到 2006 年的 50 多年来，东北轻合金公司已累计向国民经济各领域提供铝镁加工材 1900 多 kt，上缴利税 20 多亿元，支援建设了一系列铝加工企业，为国家做出了巨大贡献。尤其在航空航天领域，东北轻合金公司的产品随同神舟系列飞船遨游太空，经受住了茫茫宇宙的检验。神舟 5 号、神舟 6 号载人飞船和运载火箭上大部分的轻合金材料都来自东北轻合金公司。中国自制的第一架飞机、第一辆装甲车、第一艘军舰、第一条潜水艇、第一颗人造卫生、第一枚火箭等所用的铝材都是该厂生产的。

2006 年，东轻完成商品产量 70 kt，实现销售收入 193018 万元，实现利税 14198 万元，净利润 6146 万元。

5.1.2　技术改造

1984 年投资 6400 万元，对 2000 mm 热轧线进行技术改造，从米诺公司引进技术，由第一重型机器制造厂合作制造设备，将原来的下卷取改为上卷取轧制、延长辊道、增加锭重（由原来的 2 t 加大到 5 t）。经过 165 d 的充分准备。120 d 的土建施工、设备安装与调试，15 d 的试生产，正式投入了生产。经过 13 kt 的热轧生产，证明这条从意大利米诺公司引进技术，由洛阳有色金属加工设计研究院负责设计，由第一重型机器制造厂合作制造设备，由该厂负责全部土建施工和安装调试的热轧机列的改造是成功的。把五十年代中期苏联制造的设备改造成了具有八十年代初国际同类轧机水平的现代化设备。做到了节约投资、保证工期、保证质量、实现了热轧机在停四个多月进行技术改造的情况下，当年还能增产增收，年产量和利润都高于往年的。

板带系统改造成功后，该厂的板材生产能力增加 1 倍，即由原来的 25 kt/a 上升到 50 kt/a。产品品质与品种也有较大提高与发展。

热轧机列改造，拆除原机械设备 14 项，总重 1610 t；电气设备 18 项；拆除混凝土 862 m^3、挖土方 746 m^3、浇灌混凝土 862 m^3，砌筑 120 m^3。安装机械设备和部件 22 项，总重 444 t，敷设液压管路 6500 m；安装电器设备 14 项，敷设电缆 26084 m，电缆管路 3560 m，供电母线 1360 m。

1988 年又从米诺公司引进了 1 台 1400 mm 4 辊不可逆式冷轧机，1993 年从德国阿申巴赫公司（Achenbach）引进两台 1350 mm 4 辊不可逆式铝箔轧机，使公司铝箔的总生产能力上升到 50 kt/a。

5.1.3　厚板生产系统的改扩建

东北轻合金有限责任公司是中国最早生产航空级及民用铝合金厚板的企业，但由于装备的限制如无拉伸机与辊底式固溶处理炉、加之热轧机规格较小，所以无法生产较宽较厚的铝合金厚板特别是航空级厚板。1984 年该公司从美国加拿大铝业公司奥斯威戈轧制厂（现属诺威力公司）由于产品结构调整停产的 1 台二手 45 MN 的厚板预拉伸机，从此中国有了厚板拉伸机，可以生产厚度小于 60 mm 的预拉伸板。直到西南铝业（集团）有限责任公司的国产 60 MN 于 2005 投产前，中国一直仅有此 45 MN 的拉伸机。到 2009 年中国将拥有从 45 MN 到 120 MN 的 4 台拉伸机，成为全球从拉伸力大小到拉伸机台数仅次于美国的第二大国。

2002 年东北轻合金公司从奥地利埃布纳工业炉公司引进 1 台辊底式固溶处理炉与 2001 年从洛伊（LOI）公司引进一条 25 t 熔炉炼－静置炉组（国产）与硬合金液压内导式铸造机生产线，为生产航空级硬合金厚板奠定了基础。从此该公司为中国航空工业的发展提供了一批又一批的高技术厚板。

2005 年东北轻合金有限责任公司投资近30亿元拉开了 3950 mm 厚板系统建设的序幕，此系统的主要设备有：热轧机1台，加热炉4台，铣面机1台，100 MN 及 60 MN 拉伸机各1台，可处理 3500 mm 宽、长 40 m 及 15 m 厚板的辊底式固溶处理炉各1台，水浸式超声波探伤线1条。2006年6月9日与西马克公司签订了引进热轧机合同，总金额约4.8亿元，其中国外部分约3.3亿元，国内配套的约1.5亿元，交货期18个月，按计划可于2008年底建成。

热轧机总质量约6 kt，其中国外提供的1 kt 余。热轧线总长约304 m，前辊道长110 m。立辊轧机距四辊轧机12 m；有剪切力8.5 MN 的可切 40～120 mm 重型液压剪1台，距轧机65 m，轻型剪1台，剪切力3.5 MN，可切 8～60 mm 的板，距重型剪85.4 m。

立辊轧机的主要技术参数：

直径/mm	1100～1000
高/mm	800～790
主电机功率/kW	2×700
最大轧制速度/(m·min^{-1})	226

热轧机的基本技术参数：

工作辊直径/mm	1050
支承辊直径/mm	1700
辊面宽度/mm	3950
最大开口度/mm	710
锭坯最大尺寸/mm	600×3650×6000
主电机功率/kW	2×4500
最大轧制力/kN	56000
最大轧制速度/m·min	216
设计厚板生产能力/(kt·a^{-1})	80
产品厚度/mm	8～200

初期此热轧机作为厚板轧制专用，以后可根据市场与生产情况改为(1+1)式的或其他多机架形式的。

5.2 西南铝业(集团)有限责任公司

西南铝业(集团)有限责任公司(以下简称西南铝)成立于2000年12月18日。其前身是西南铝加工厂，1965年动工建设，1970年正式投产。经过38年的建设和发展，西南铝已成为中国生产规模最大、技术装备先进、品种规格最齐全的综合性特大型铝加工企业，中国高精铝材制造及开发基地。

西南铝荟萃了中国现代铝加工技术设备的精华，装备有300 MN 模锻水压机1台、125 MN 卧式水压机1台、80 MN 油压机1台、2800 mm(1+1)热粗－精轧线1条、从德国西马克克·德马格公司引进的1850 mm 4 辊不可逆式冷轧机两台、中国自行设计制造的2800 mm 及1400 mm 4 辊不可逆式冷轧机各1台、引进的及国内制造的各种挤压力的挤压机11台(除上述的3台外)、1700 mm 4 辊不可逆式箔轧机两台(从阿申巴赫公司引进)、涂层生产线1条、完备的建筑铝材生产系统，等等。

　　建成投产以来到 2006 年，西南铝为国民经济各部门提供了各类铝材近 2000 kt，为中国军民用飞机、"长征"系列火箭、人造卫星、"神舟"号飞船、北京正负电子对撞机等国防军工项目及高新技术工程提供了上千种高品质铝材。

　　西南铝坚持精品战略，以市场为导向，以科技为依托，全方位开展产品经营和资本经营，快速成长、迅猛发展，形成了主要产品有铝及铝合金板、带、箔、管、棒、型材和模锻件、自由锻件、压铸件、铝焊管、铝锂合金、高温合金、彩色涂层铝板及彩色涂层钢带产品，形成了航空航天、交通运输、包装、电子家电、印刷、建筑装饰用铝材等 6 大系列支柱产品。

　　西南铝与世界 30 多个国家和地区保持着经济贸易往来，产品远销欧美、东南亚、中东、南美、非洲，年出口量超过 20 kt。

　　西南铝的规划目标："十一五"再造一个西南铝，跻身世界单个铝加工企业前五强：产能 700~800 kt/a，铝加工材产量突破 500 kt，营业收入突破 150 亿元；"十二五"打造世界一流铝加工企业，进入世界铝加工前五强：铝加工材产量 1000 kt，营业收入突破 200 亿元，实现资本多元化、经营国际化、管理科学化。

5.2.1　沿革

1965 年	动工建设
1970 年	正式投产
1979 年	西南铝制造的中国第一批出口铝板行销香港
1980 年	产量 22.5 kt，销售收入 1 亿元，利税 1000 万元
1985 年	产量、产值比 1980 年的翻一番，利税翻两番
1987 年	获得美国波音公司精密航空模锻件和锻坯生产许可证
1989 年	产量 50 kt，利税 1 亿元
1990 年	开始实施大规模改造扩建
1992 年	特薄板生产线投入生产，填补了中国高精度、高性能特薄铝板带产品空白，标志着中国铝加工业发展进入一个新的时期
1993 年	国内特大型企业中首家通过 ISO 9002 质量体系国际国内认证
1995 年	国务院发展研究中心授予公司"中国规模最大、装备最先进的综合性铝加工企业"称号
1997 年	产量 65 kt，销售收入 9.7 亿元
1998 年	产量 77 kt 销售收入 11.6 亿元
1999 年	产量 95 kt，销售收入 14 亿元
2000 年	产量突破 140 kt，销售收入达 21 亿元，实现了历史性跨越。中国第一条铝热连轧生产线技术改造项目列入国家经贸委"双高一优"项目导向计划和第四批国债支持项目
2000 年 12 月 18 日	西南铝业（集团）有限责任公司成立，初步建立了现代企业制度
2001 年 2 月 23 日	中国铝业公司成立，西南铝业（集团）有限责任公司是其主要成员之一
2005 年 5 月 28 日	中铝西南铝板带有限公司（1+4）式 2000 mm 热连轧线投产。

	2006 年产量 140 kt，利润突破 5000 万元
2006 年	铝材总产量 286.7 kt，其中板带 220.374 kt，箔材 29.694 kt，并开始批量生产罐身料
2006 年	中铝西南铝板带冷连轧有限公司成立，2000 mm 双机架冷连轧线可于 2009 年投产
2007 年	4300 mm 厚、板系统开始建设，全系统可于 2009 年建成。

5.2.2 中国最大的加工用锭熔炼铸造厂

熔炼铸造厂拥有先进的 25 t、35 t、50 t 的圆形熔炼炉及倾动式矩形静置炉组（图 5-1 和图 5-2）。熔炼炉的熔化速率为 9~12 t/h，热效率普遍大于 50%，是中国热效率最高的铝熔炼炉群之一。为了熔炼与铸造航空级的高品质锭，2006 年又从德国奥托·容克公司引进了一条大容量的 35 t 的熔炼炉-静置炉-炉外净化处理系统-内导式液压铸造机等组成的生产线，9 月投产，熔炼炉的热效率高达 60 m^3 天然气/t。

图 5-1 圆形熔炼炉群

全线通过使用 PLC 和 SCADA 系统，使整个操作过程实现了全程自动化。这条新的 35 t 熔炼-铸造线专门用于熔铸高品质硬合金锭，安于新组建的第三熔铸车间内，到 2007 年 5 月已顺利地铸成了 7 个硬合金大规格锭，并在工艺上取得了突破性进展，为批量铸造各种高技术硬合金锭奠定了基础。正从铸造坑中吊出扁锭实况见图 5-3。

图 5-2 50 t 矩形倾动式静置炉组

图 5-3 正从铸造坑中吊出扁锭实况

5.2.3 热轧系统

热轧系统包括西南铝的 2800 mm 的（1+1）式热粗-精轧生产线、中铝西南铝板有限公司的 2000 mm 的（1+4）式的热连轧线、2009 年投产的 4300 mm 4 辊可逆式厚板热轧生产线，届时公司拥有 3 台现代化的热粗轧机与 3 条先进的热轧生产线，其中有 1 条厚板专用生产线，这在全球拥有铸锭热轧能力的铝平轧产品企业中都是独一无二的。这些热轧生产线的有关技术数据请参阅《中国铝板带热轧工业》那节。

5.2.3.1　热连轧系统

铝热连轧技术是当今世界铝加工行业最为先进的铝板带材生产技术之一，主要采用高温、高速、大压下、精轧多机架微张力连续轧制的方式，生产高性能、高表面品质要求的铝热轧大卷。其核心技术包括带材凸度平直度控制技术、卷材温度控制技术、厚度控制技术、表面品质控制技术等。公司"1+4"热连轧生产线是近十年来全世界唯一一条新建的铝热连轧生产线。它充分利用了现代铝加工中最新的检测技术、控制技术和功能强大的计算机应用技术，以粗轧和精轧两台过程控制计算机为纽带，通过计算机自动查表和借助各种科学、实用的数学、物理模型，在输入必要的原始数据和产品目标值后，自动进行轧制工艺编算和轧制表生成，并对辊缝、弯辊力、轧制速度、乳液喷射模式等实施预设定。在对厚度、凸度、温度实施前馈控制的同时，还通过多通道凸度仪、高温计等检测手段和乳液分区分级、弯辊、轧制速度调节等调控手段，实施实时在线凸度、厚度、温度反馈闭环控制。并通过特有的道次对道次、块对块、批次对批次之间的自学习、自适应功能，实现生产工艺和产品品质的优化和稳定，从而持续获得板形平直、中凸度适宜、冶金性能稳定、表面品质优异的铝热轧大卷。

(1+4)式热连轧生产线是中国铝加工业第一条具有国际先进水平的热连轧生产线，采用了当今世界成熟而先进的铝带材热连轧生产工艺技术，最高轧制速度 450 m/min，生产能力 400 kt/a，机械设备由奥钢联工业（英国）有限公司供应，电气装备由东芝三菱电气工业系统公司提供。

除(1+4)式热连轧线是从奥钢联（VAI）引进的以外，其他的配设施也全是引进的。

EWK 2200 7200/2K660 立式铸锭铣床是从德国 SMS-MEER（西马克·梅尔有限公司）引进的全自动高精度铸锭铣削专用设备，采用了当今世界最先进的数控技术和计算机系统，可同时高精度铣削铸锭的表面和两个侧面，铣削能力 400 kt/a。

推进式加热炉从瑞士高奇（Gautschi）公司引进，最高工作温度 650℃，具有均热炉、加热炉两种功能和手动、自动两种工作方式。控制系统采用西门子（Siemens）公司的 S7-400PLC，可实现铸锭的在线测量，并通过以太网与热轧线的 Level 2 进行产时通讯，将炉的工作状态及相关数据适时传输到轧机。

轧辊磨床从德国瓦德里施·辛根（WALDRICH·SIEGEN）公司全套引进，具有国际先进水平，是一台真正意义上的全自动的磨床。设备系统精度高，可自动地完成轧辊的磨削，能磨削凸辊、凹辊、CVC辊等各种曲线的轧辊，并能自动测量辊型曲线、圆度等重要参数，还有自诊断功能。

5.2.3.2　2800 mm 热粗-精轧生产线

这条(1+1)式热粗-精轧生产线是于 1989 年由 1 台单机架热轧机与 1 台冷轧机改造而成的，生产能力可达 250 kt/a，可生产各种变形铝合金板带材。

5.2.3.3　4300 mm 厚板项目

西南铝的 4300 mm 厚板项目是一个在建的专门生产厚板的工程，可于 2009 年全面建成。主要装备有：精密铸锭带锯、铣床、推进式铸锭加热炉、4 辊可逆式 4300 mm 热轧机、辊底式固溶处理炉、120 MN 拉伸矫直机、50 t 时效炉、超声波探伤等生产设备组成。

该项目由中国铝业公司投资 10 亿元建设，可生产最大宽度达 4000 mm 的各种铝合金厚板，同时以硬合金厚板为主，是厚板宽度仅次于美国铝业公司达文波特轧制厂（Davenport）的第二大厚板生产企业。厚板的设计生产能力 50 kt/a。项目建成后，不仅能满足航空航天、国防军工对高强度、高韧性铝合金厚板及超厚板的迫切需求，彻底改变材料全部依赖进口的局面，还将极大地促进铝合金厚板在国民经济各部门的应用与扩大出口，对提升中国铝加工业的整体水平将起相当大的作用。

4300 mm 热轧机组由第二重型机器集团有限公司设计制造。大型辊底式固溶处理炉从德国奥托·容克公司引进，是中国最大的厚板处理炉，可处理板材的厚度 200 mm，宽度 3500 mm，如果板材宽度小于 1700 mm 可双片并排同时通过，是世界第二大厚板固溶处理炉。该炉可于 2007 年秋投产。该生产由一个以 PC 为基础的可视处理系统控制操作，与 PLC 和局部操作终端相结合。全部工艺数据都存储在一个数据库内，供以后生产、整理资料及分析使用。

西南铝现有 1 台 60 MN 的拉伸矫直机，为配合 4300 mm 热轧机的建设，正在建设一条 120 MN 的大型拉伸矫直机，可能是世界第二大这类拉伸机。

50 t 时效炉由江南电炉有限公司设计制造，中国最大的水浸式铝合金板超声波探伤检测线从英国超声波科学有限公司引进。

5.2.4 冷轧系统

5.2.4.1 现有的冷轧机

西南铝业（集团）有限责任公司现有 4 台单机架不可逆式冷轧机，2800 mm 及 1400 mm 的国产的各 1 台，从德国西马克公司（SMS）及德马格公司（DEMAG）引进的 1850 mm 的冷轧机各 1 台，它们的总生产能力 250 kt/a。

2 台 1850 mm 冷轧机的简明技术参数如表 5 - 1 所列。

表 5 - 1 1850 mm 不可逆式 4 辊冷轧机的技术参数

参　数	德马格公司的	西马克公司的
规格/mm	ϕ450/1270 × 1850	ϕ440/1250 × 1850
带卷最大质量/t	11	11
最大轧制速度/(m·min^{-1})	1270	1500
最大轧制力/kN	19000	16000
来料最大厚度/mm	7	3
产品最薄厚度/mm	0.15	0.15
主电机功率/kW	2 × 2000	2 × 2000
设计生产能力/(kt·a^{-1})	96	80
投产年度	1992	1995
可轧合金	软	软

5.2.4.2 在建的双机架 2000 mm 冷连轧生产线

为了建设这条双机架 2000 mm 冷连轧项目，中国铝业公司在西南铝组建了中铝西南铝板带冷连轧有限公司，项目总投资 22.2 亿元，有 1 条 2000 mm 双机架冷连轧生产线与 1 台技术参数基本相同的单机架不可逆式冷轧机。它们的基本技术参数见表 5 - 2。

冷连轧工程于 2005 年 1 月 15 日可行性研究报告通过评审；2005 年 12 月 18 日，破土动工兴建；2006 年 10 月 25 日，中国铝业公司就西南铝冷连轧项目，主机双机架冷轧机引进装备与西马克公司、ABB 公司，在人民大会堂重庆厅举行了隆重的签约仪式。

表 5－2　2000 mm 双机架冷连轧线及单机架不可逆式冷轧机的简明技术参数

技术参数	双机架冷连轧线	单机架不可逆式冷轧机
工作辊直径/mm	450	450
支承辊直径/mm	1250	1250
支承辊辊面宽度/mm	2000	2000
最大轧制速度/$(m \cdot min^{-1})$	1600	1900
产品最薄厚度/mm	0.15	0.15
来料最大厚度/mm	3.5	7.0
带卷最大质量/t	21	21
主电机功率/kW	各 4000	4000
最大轧制力/kN	18000 ~ 20000	18000 ~ 20000
产品最大宽度/mm	1800	1800
设计生产能力/$(kt \cdot a^{-1})$	250	80
设计制造者	SMS	VAI
预计投产日期	2009	2009

中铝西南铝冷连轧项目是世界上近 13 年来新建的唯一一条铝加工冷连轧生产线(图 5-4)，也是中国第一条具有世界先进水平的高精铝冷连轧生产线。该项目集成了当今世界铝板带生产技术和装备的最高水平，是中铝西南铝在成功建设中国第一条具有国际先进水平的铝热连轧生产线的基础上，实施的又一具有国际先进水平的在国内尚属首次的铝板带项目。

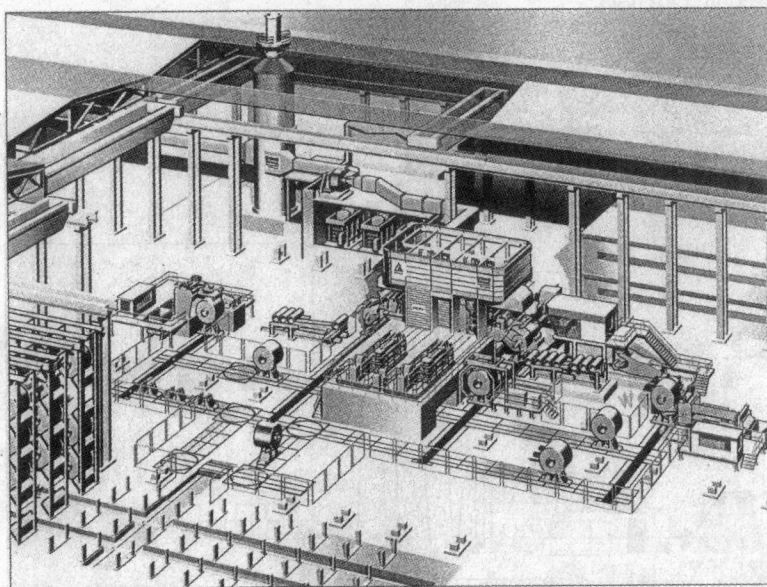

图 5－4　中铝西南铝板带冷连轧有限公司双机架冷轧机列简明线条示意图

(本图由西马克公司提供，谨致谢意)

该项目预计将于 2009 年建成投产。届时，西南铝的总产能将达到 700 ~ 800 kt/a，实现制罐身料、铝箔坯料等高精尖产品的规模化、专业化生产，使西南铝跨入世界一流铝加工企业的行列。

5.2.5　铝箔厂

铝箔分厂拥有具有世界先进技术水平的德国阿申亨巴赫(Achenbach)公司制造的 1700 mm 铝箔粗轧机、精轧机各 1 台。主要生产电子用电容箔、包装用双零箔、药用箔、食品箔、建筑用装饰箔、汽车用钎焊箔、散热器用铝箔等。2006 年铝箔总产量 29.694 kt(其中双零箔 4630 t)，大幅度超过设计生产能力。

5.2.6　彩色涂层厂

西南铝的彩色涂层生产线于 1993 年建成，拥有从英国 Bronx 公司引进的国内第一条铝合金带材彩涂生产线。配备有国外先进的 8 级酸碱预处理循环系统、美国 GFG 公司提供的辊涂机及英国 SAS 公司提供的循环空气加热式固化炉等生产设备，采用先进的辊涂工艺，能生产厚度为 0.18 ~ 1.6 mm，最大宽度 1600 mm 的各种彩色铝板和 0.18 ~ 0.7 mm 的彩色钢板，已定型的产品有建筑装饰板、吊顶天花板、运输箱体板、罐盖拉环料、瓶盖料、家电用涂层板、工业及民用彩钢板等 8 类 30 多个花色品种。

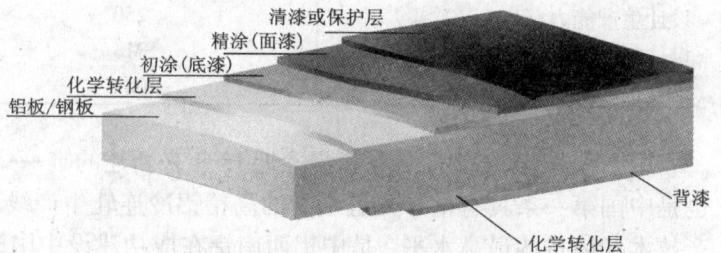

图 5 - 5　双面涂产品剖视示意图

双面涂产品剖视图见图 5 - 5，涂层生产工艺见示意图 5 - 6。

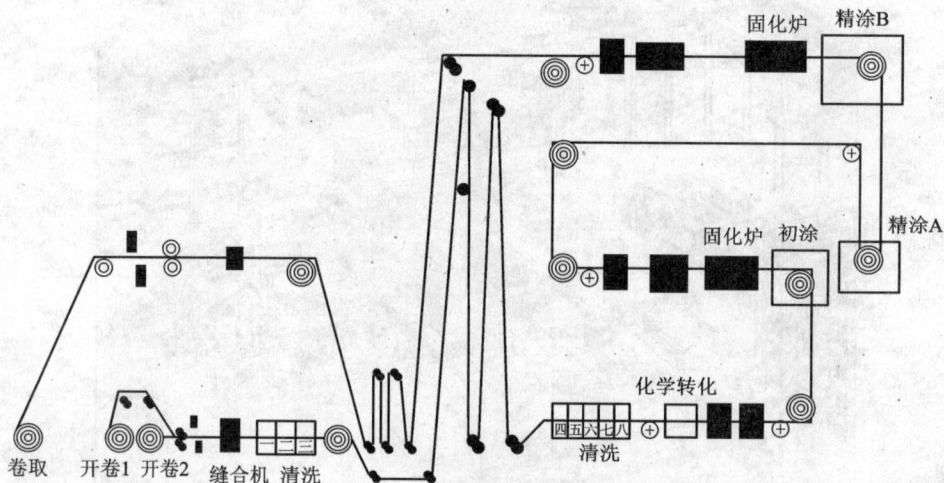

图 5 - 6　涂层工艺示意图

彩色涂层板是近 30 年国际上迅速发展起来的一种新产品，广泛应用于建筑装饰、交通运输、电子家电、包装等行业。

西南铝彩涂板带可生产彩色层压覆膜板、彩色涂层铝板带、彩色涂层钢带。

彩色涂层铝板、钢板经层压复膜处理后具有多变的颜色和印刷图案，可选性极大，色泽艳丽，外形美观，具有卓越的加工性、耐候性、防潮、防腐及良好的防紫外线辐射性能，且品质稳定适于低成本规模生产。广泛用于防盗门、室内装饰、电器产品的外装饰等。由于本产品生产不需电镀、涂漆工序，系环保产品。

西南铝涂层厂生产的彩色涂层铝板采用聚酯和氟碳涂料辊涂而成，可根据需要进行单面或双面涂层。其中，氟碳涂层铝卷系采用 KYNA500® Resin 认证、树酯含量≥70% 的氟碳涂料，在高速连续化机组上经化学预处理、初涂、精涂等工艺辊涂精制而成。选用的氟碳涂料有金属粉 FC 系列、云母粉 FC 系列、实色 FC 系列等。氟碳彩色涂层铝板涂装质量比油漆喷涂或刷涂的质量更均匀、更稳定、更理想，具有良好的装饰性、成型性、抗腐蚀性，涂层附着力强，可保持色泽达 20 年。

彩色涂层钢板带产量超过 30 kt/a。

彩涂分厂产品的主要规格见表 5-3、氟碳涂层铝板的主要性能指标见表 5-4，彩色层压覆膜板的性能指标见表 5-5。

表 5-3　彩涂板带的主要规格

品　种	规　格　/mm			
	宽	厚	卷内径	卷的质量/t
铝带（氟碳、聚酯）	50~1600	0.18~1.6	200、305、405、505	≤9
铝带（氟碳、聚酯）	500~1600	0.18~1.6	长 500~4000	—
钢带（氟碳、聚酯）	1000~1300	0.18~0.7	505	≤10
层压复膜铝/钢板	500~1600	0.2~1.6	长 500~4000	—
层压复膜铝/钢带	500~1350	0.18~1.6	405、505	≤2

表 5-4　氟碳涂层铝板的性能

测试项目	结　果	备　注
干膜厚度/μm	≥20~40	按用户要求
铅笔硬度	≥F	
T 弯	≤2T	
反向冲击	≥3.2T	0.5 mm 基材
划格附着力	1 级	
耐溶剂性（MEK）	≥100 次	

表 5 – 5　彩色层压覆膜板带的性能

试验项目	实　验　方　法	结　　果
ERICHSEN 试验	以 5 mm 的距离进行十字切割，然后进行深度为 8 mm 的 ERICHSEN 试验	没有剥离现象
冲击试验	从 500 mm 高处落下直径 12.7 mm 质量 500 克的钢球	无剥离现象
弯曲试验	在室温下用手动液压机慢慢进行 180 度弯曲试验	无剥离无裂纹
盐雾喷射试验（表面平整度）	在 35℃ 条件下，5% 盐溶液喷射 360 h	表面无变化
盐溶液试验（十字切）	用切刀进行十字切割，到刚刚接触到钢板为止，再重复以上试验（90 h）	从切口锈蚀迹蔓延不超过 2 mm
耐化学腐蚀	10% 的 HCl、H_2SO_4、CH_3COOH、NaOH、ETHYLALCOHOL 试验 100 h（20℃）	表面无变化
耐寒试验	置于 –18℃ 中 1 h，然后进行 80 度弯曲试验	无裂纹无剥离
煮沸试验	于沸水中煮 1 h，然后在冷水中冷却	无剥离、无裂纹、无锈迹

5.3　山东南山轻合金有限公司[1]

南山轻合金有限公司隶属于山东南山集团公司，位于山东省龙口市，从 2001 年 7 月开始筹建、2003 年 7 月破土动工，2006 年 12 月全部建成，2007 年投产。总厂下设 110 kV 变电站、熔铸分厂、热轧分厂、冷轧分厂、铝箔分厂、中心试验室、机电修车间等。基本情况：占地面积 387629 m^2；总建筑面积 196044 m^2；产品品种为铝及铝合金板、带、箔；生产能力：热轧板带 750 kt/a，一期冷轧带卷 200 kt/a^{-1}，箔材 40 kt/a；人员约 1400 名。

5.3.1　工厂的平面布置

工厂建设分为一期工程和二期工程；一期工程是将主要的生产设备、厂房、公辅设施等建设完毕；二期工程是根据产品结构的要求再将所需部分的设备及相关厂房补充建设，从而达到冷轧板带总产量 600 kt/a，而成为世界五大铝板带企业之一。工厂的布局紧凑、合理，材料流动自动化程度高、材料流向科学合理，工厂环境优美、和谐。

工厂的平面布置（一期工程）见图 5 – 7。整个工厂面南背北，东面和北面有一条河流环绕；门前从东向西有一条 30 m 宽的大道通过。原有的集团公司电解铝厂厂房将轻合金加工总厂分为东、西两部分，东部为工厂的办公、生活、熔铸、热轧、冷轧及公辅设施等区域，西部为铝箔分厂及相关设施。西部铝箔分厂的设备：1 号 2000 mm 铝箔粗中轧机，2 号 2000 mm 铝箔中精轧机，3 号 2000 mm 铝箔中精轧机，4 号 2000 mm 铝箔精轧机（双开卷），1 台 1850 mm 铝箔合卷机，2 台 1850 mm 厚箔剪切机，3 台 1830 mm 铝箔分卷机，26 台铝箔退火炉，2 台轧辊磨床，料区、包装场地等。

一条河流由南向北，然后向西流去。

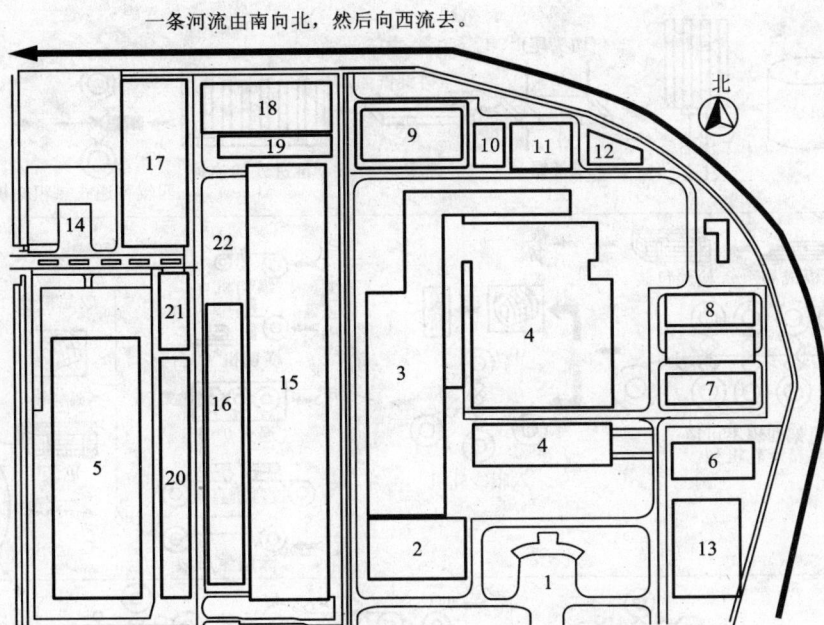

图 5 - 7 南山轻合金公司平面布置示意图

（含南山铝业公司的平面布置）

1——轻合金公司办公楼；2——熔铸分厂；3——热轧分厂；4——冷轧分厂；5——铝箔分厂；

6——中心试验室；7——综合仓库；8——机电修车间；9——110 kV 变电站；10——空压站；

11——循环水泵站；12——污水处理站；13——生活区；14——南山铝业公司办公楼；

15——120 kt/a 电解铝厂；16——电解铝厂原料库及铸造车间；17——阳极组装车间；

18——220 kV 变电站；19——电解铝厂 110 kV 变电站；20——电解铝厂机修车间；

21——电解铝厂综合仓库；22——铝锭存放场

5.3.2 生产工艺流程

轻合金公司的生产工艺流程见图 5 - 8。

图 5 - 8 只是南山轻合金公司一期工程的生产工艺流程，而二期工程将增加铝合金中厚板等产品的固溶处理、预拉伸、冷连轧线等工艺和设备。一期工程生产的产品主要是 1XXX、3XXX、5XXX、8XXX 系合金材料，而二期工程将增加 2XXX、4XXX、6XXX、7XXX 系合金产品。在罐盖料生产过程中有涂层工序。

5.3.3 主要设备的技术参数

5.3.3.1 75 t 熔炼炉

熔炼炉的技术参数：

型式	圆形，顶装料
熔池一般容量/t	75
熔化速率/t·h^{-1}	18.2
熔池最大容量/t	82.5
最大容量时熔池平均深度/mm	660

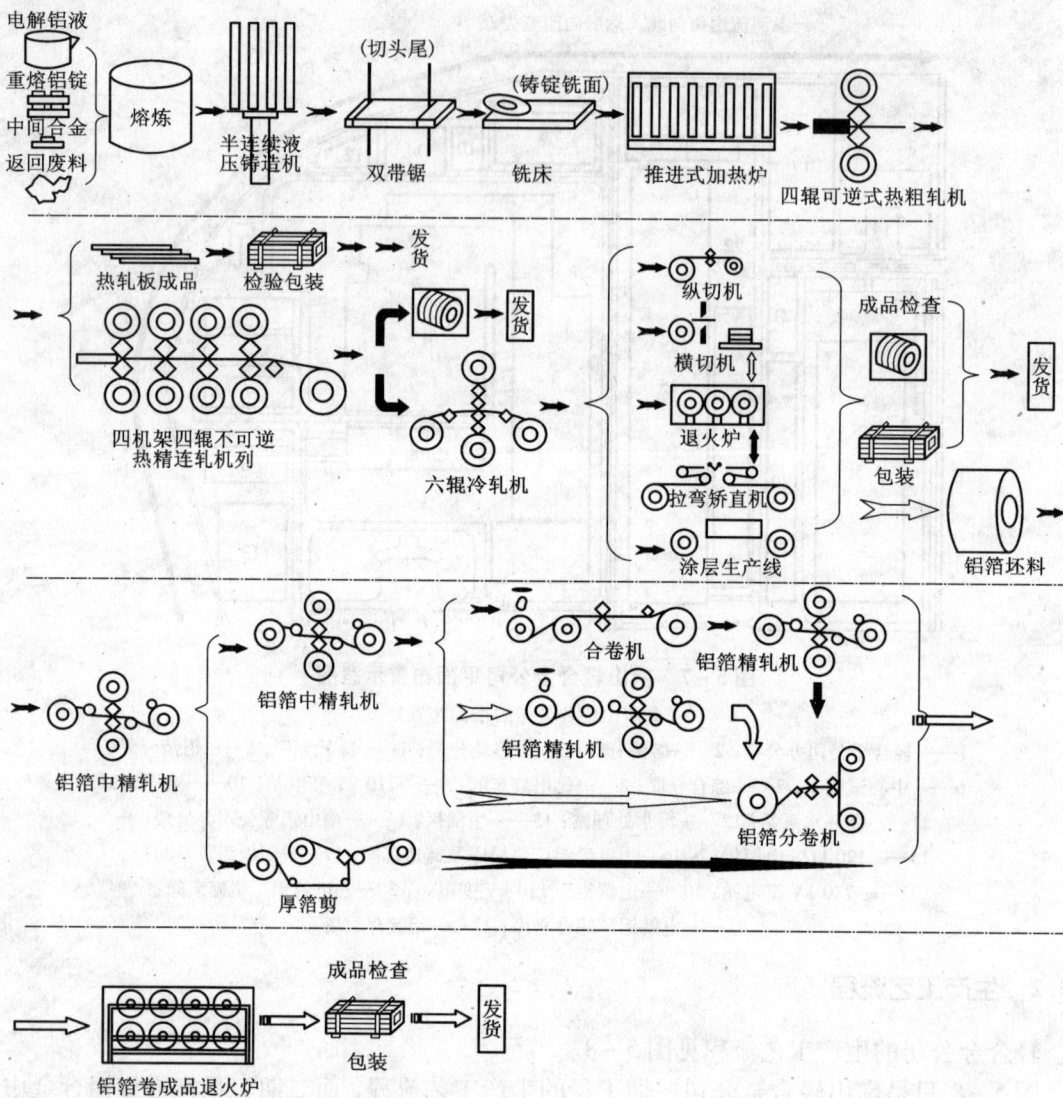

图 5-8 南山轻合金公司一期生产工艺流程示意图

最大容量时熔池表面积/m²	56.75
熔体外径/m	约 9.56
炉门开口尺寸, 宽×高/m	3.65×1.52
烧嘴型式及数量	蓄热式, 2
燃料种类	天然气
热效率/%	>50
燃料消耗量(熔化固态废料)/(kW·h)·t⁻¹	555
出铝口/个	2
熔膛顶部最高温度/℃	1200

5.3.3.2　75 t 矩形倾动式保温炉

型式	矩形，倾动式
容量(可倒出)/t	75
熔池最大容量/t	90
倾倒出后熔池熔体剩余量/t	15
升温速率/($℃ \cdot h^{-1}$)	30
熔腔尺寸，长×宽×高/m	$9 \times 5.5 \times 2.6$
90 t 时熔池深度/mm	<1000
90 t 时熔池表面积/m^2	46.8
炉门开口尺寸，宽×高/m	9×1.5
燃料种类	天然气
燃料消耗量(90 t 容量保温)/($kW \cdot h) \cdot t^{-1}$	8.15
烧嘴	2 个冷空气
最大倾角	30°
多孔塞数量/个	18
精炼气体	N_2 或 $Ar + Cl_2$
精炼气体压力/$N \cdot mm^{-2}$	0.55

5.3.3.3　内导式液压铸造机

每铸次可铸锭最大质量/t	90
铸造速度/($mm \cdot min^{-1}$)	15 ~ 250
满载最大提升速度/($mm \cdot min^{-1}$)	500
空载最大返回速度/($mm \cdot min^{-1}$)	1550
每铸次扁锭最多数/块	5
扁锭厚度/mm	350 ~ 640
扁锭宽度/mm	950 ~ 2130
扁锭长度/mm	5500 ~ 9150
锭的最大质量/$t \cdot 块^{-1}$	34
铸造长度/mm	5500 ~ 9150
铸造机总行程/mm	9650

5.3.3.4　推进式扁锭加热 – 均匀化炉

炉气最高温度/℃	680
铸锭加热温度/℃	350 ~ 550
均匀化处理温度/℃	400 ~ 620
扁锭出料最短周期/min	5
装料量/块	25
扁锭尺寸/mm：	
宽	950 ~ 2100
厚	340 ~ 610
长	5000 ~ 8650

扁锭最大质量/(t·块$^{-1}$)　　　　　　　　　30

燃料　　　　　　　　　　　　　　　　　　天然气

5.3.3.5　热轧生产线(图 5-9)

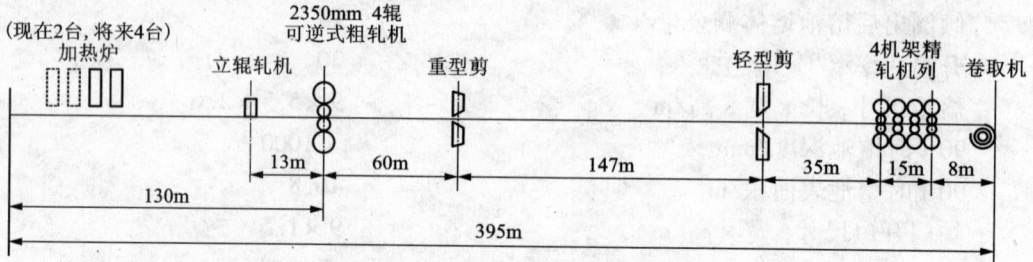

图 5-9　南山轻合金公司 2350 mm 热轧线示意图

(1)立辊轧机

辊的直径/mm　　　　　　　　　　　　　1100

辊身高度/mm　　　　　　　　　　　　　710

最大开口度/mm　　　　　　　　　　　　2200

轧制速度/(m·min^{-1})　　　　　　　　0～100/240

最大轧制力/kN　　　　　　　　　　　　7840

型式　　　　　　　　　　　　　　　　　分开式，上传动

电机功率/kW　　　　　　　　　　　　　1500

转数/r·min^{-1}　　　　　　　　　　　0～300/720

可轧锭最大尺寸/mm　　　　　　　　　　610×2100×8650

(2)粗轧机

支承辊直径/mm　　　　　　　　　　　　1600

辊面宽度/mm　　　　　　　　　　　　　2350

工作辊直径/mm　　　　　　　　　　　　1070

辊面宽度/mm　　　　　　　　　　　　　2350

最大开口度/mm　　　　　　　　　　　　710

轧制速度/(m·min^{-1})　　　　　　　　0～100/240

最大轧制力/kN：

　　推上缸输出　　　　　　　　　　　　50000

　　轧制时　　　　　　　　　　　　　　45000

主电机：

　　功率/kW　　　　　　　　　　　　　AC5000×2

　　转速/(r·min^{-1})　　　　　　　　0～30/80

(3)重型剪及轻型剪

它们的技术参数见表 5-6。

表 5-6　重型剪及轻型剪的技术参数

参　数	150 mm 重型剪	60 mm 轻型剪
可剪板最大厚度/mm	150	60
可剪板最大宽度/mm	2200	2200
最大剪切力/kN	10000	4500
剪刃长度/mm	2350	2350
倾角/(°)	1/16	1/32
电机功率/kW	AC500×2	AC325×2
电机转数/r·min	375	550
可承受的被剪板材温度/℃	>350	>350

（4）四机架热精连轧机列

它们的基本技术参数见表 5-7。

表 5-7　精连轧机列的技术参数

参　数	F1	F2	F3	F4
支承辊直径/mm	上 TP 辊 1620	上 TP 辊 1620	1600	1600
辊面宽度/mm	2350	2350	2350	2350
工作辊直径/mm	750	750	750	750
辊面宽度/mm	2350	2350	2350	2350
轧制速度/(m·min^{-1})	0~50/125	0~80/200	0~130/325	0~200/500
最大轧制力/kN	34300	34300	34300	34300
主电机：				
功率/kW	AC4500	AC4500	AC4500	AC4500
转速/(r·min^{-1})	0~150/375	0~150/375	0~270/676	0~270/676

（5）圆盘切边机

　　剪刀直径/mm　　　　　　　　　　　610

　　可剪带材/mm　　　　　　　　　　　2.0~10.0

　　最大切边宽度/mm　　　　　　　　　100（切头尾时可达 150）

　　切前带材最大宽度/mm　　　　　　　2200

　　切后带材宽度/mm　　　　　　　　　950~2100

　　传动电机：

　　　功率/kW　　　　　　　　　　　　AC250

　　　转速/(r·min^{-1})　　　　　　0~250/500

　　带材温度/℃　　　　　　　　　　　200~450（1100 合金）

（6）卷取机

　　卷取速度/(m·min^{-1})　　　　　0~550

　　卷取张力/kN　　　　　　　　　　　20~250

　　卷轴直径/mm　　　　　　　　　　　610

被卷带材最大厚度/mm	10.0
被卷带材温度/℃	200 ~ 430
传动电机:	
功率/kW	AC 1950
转速/(r·min^{-1})	0 ~ 323/1420
(7)带卷规格	
带材宽度/mm	950 ~ 2100
带材厚度/mm	2.0 ~ 10.0
带卷内径/mm	610
带卷最大外径/mm	2800
带卷最大质量/t	30

5.3.3.6　CVC 6 冷轧机

冷轧分厂有两台从西马克公司(SMS)引进的 CVC 6 冷轧机,是中国当前最先进的铝带冷轧机,每台轧机都采用质量控制技术。它们的总生产能力 200 kt/a,是中国当前生产能力最大的单台冷轧机。南山轻合金公司在一期工程于 2007 年全部投产后,立即进行二期工程建设,主要是扩大冷轧带材、箔材产量与增建厚板生产线,使冷轧板带材生产能力达到600 kt/a 或更大一些。冷轧机的技术参数见表 5 - 8。

表 5 - 8　两台 CVC 6 冷轧机的技术参数

参　数	No. 1 冷轧机	No. 2 冷轧机
开卷轴直径/mm	610	610
开卷轴电机:		
功率/kW	1707	1600
转速/(r·min^{-1})	0 ~ 329/1478	0 ~ 338/1525
开卷张力/kN	5.3/80,10.7/160	4/60,8/120
支承辊/mm:		
直径	1400	1400
辊面宽度	2200	2200
工作辊/mm:		
直径	490	380
辊面宽度	2250	2250
中间辊/mm:		
直径	560	560
辊面宽度	2550	2550
最大串动距离	± 150	± 150
带材最大入口厚度/mm	10.0	3.5
带材宽度/mm	950 ~ 2100	950 ~ 2100
入口带卷最大直径/mm	2800	2800
带卷最大质量(不含套筒)/t	30	30
出口带材最薄厚度/mm	0.2	0.15
最大轧制力/kN	20000	17000

参　　数	No. 1 冷轧机	No. 2 冷轧机
最大轧制速度/(m·min^{-1})	1500	1800
主电机:		
功率/kW	AC5500	AC1500
转速/(r·min^{-1})	0 ~ 591/1298	0 ~ 592/1300
卷取轴直径/mm	610	610
卷取电机:		
功率/kW	AC2560	AC2400
转数/(r·min^{-1})	0 ~ 330/1471	0 ~ 338/1516
卷取张力/kN	5.3/80, 10.7/160	4/60, 8/120
轧制线高度/mm	约 6200	约 6200
板形辊	ABB 压磁式, 直径 313 mm, 每个环的宽度自边部 26 mm、中间 52 mm, 有效测量宽度 2132 mm	

5.3.3.7　切边与纵剪生产线

　　轻合金有限公司有两条从得涅利·弗罗林公司(Danieli Fröhling)引进的高速切边生产线与纵剪生产线, 中国从该公司引进的这类生产线共 3 条, 首条是美铝昆山铝业有限公司 2005 年引进的。切边线的技术参数如下:

可切材料	1XXX、3XXX、5XXX、8XXX(部分)系铝合金
可切材料屈服强度/(N·mm^{-2})	30 ~ 350
可切材料抗拉强度/(N·mm^{-2})	80 ~ 450
带材厚度/mm	0.15 ~ 2.0
带材宽度/mm	950 ~ 2100
带卷最大外径/mm	2800
带卷内径/mm	406、500、605
带卷最大质量/t	30
最大线速度/(m·min^{-1}):	
带材厚 0.15 ~ 0.60 mm 时	1500
带材厚 0.61 ~ 1.20 mm 时	1000
带材厚 1.21 ~ 2.00 mm 时	500
切下的废边宽度/mm	10 ~ 50

　　纵剪生产线主要用于剪切罐身料与空调箔, 从得涅利·弗罗林公司引进的高技术高速生产线能确保被剪带材在平直度、结构、边部状态与宽度精确度都达到最佳值。这条纵剪生产线在可切材料宽度之大、可切条数之多、最终产品外径之大均居中国之最。看来在 2015 年之前还不可能有居其上的后来者。生产线的技术参数如下:

可切材料	1XXX、3XXX、5XXX、8XXX(部分)合金
被剪带材屈服强度/(N·mm^{-2})	30 ~ 350
被剪带材抗拉强度/(N·mm^{-2})	80 ~ 450

被剪带材厚度/mm	0.10 ~ 1.00
被剪带材宽度/mm	950 ~ 2100
带卷最大外径/mm	2800
带卷内径/mm	406、500、610
带卷最大质量/t	30
生产线速度/(m·min^{-1})	0 ~ 800
分条最多数/条	81
产品带卷最大外径/mm	2000
产品带卷内径/mm	150、200、300、406、500
产品宽度/mm:	
最窄	10
最宽	2080

5.3.3.8 箔轧机

南山轻合金公司铝箔分厂有4台2000 mm阿申巴赫公司(Achenbach)箔轧机,已于2006年投产(图5-10)。它们的支承辊和工作辊尺寸相同,支承辊直径850 mm,辊身长2000 mm;VC上支承辊直径850 mm/820 mm,辊身长2000 mm;工作辊直径280 mm,辊身长2050 mm。4台铝箔轧机都配有直径约280 mm的SFC板形测量辊(实心辊),其他技术参数见表5-9。

图5-10 地坪光亮如镜的无尘铝箔车间

表5-9 铝箔轧机的技术参数

项 目	铝箔粗轧机	铝箔中轧机1	铝箔中轧机2	精轧机
带材宽度/mm	max. 1850, min. 900	max. 1850, min. 900	max. 1850, min. 900	max. 1850, min. 900
入口厚度/mm	max. 0.75, min. 0.030	max. 0.35	max. 0.35	max. 0.10
最终厚度/mm	0.016	0.012, 2×0.006	0.012, 2×0.006	0.010, 2×0.005

项　目	铝箔粗轧机	铝箔中轧机 1	铝箔中轧机 2	精轧机
单卷质量 /kg	max. 12000	max. 12000	max. 12000	max. 12000
套筒尺寸 /mm	入口侧 φ605/665 × 2350 和 φ500/560 × 2130，出口侧 φ500/560 × 2130	入口侧 φ605/665 × 2350 和 φ500/560 × 2130，出口侧 φ500/560 × 2130	入口侧 φ500/560 × 2130，出口侧 φ500/560 × 2130	入口侧 φ500/560 × 2130，出口侧 φ500/560 × 2130
入口侧最大卷径/mm	φ665/1900	φ665/1900	φ560/1870	φ560/1870
出口侧最大卷径/mm	φ560/1870	φ560/1870	φ560/1870	φ560/1870
轧制速度 /(m·min^{-1})	0 ~ 667/2000	0 ~ 667/2000	0 ~ 667/2000	0 ~ 400/1200
轧制力/kN	最大为 6500 kN，最小为最大轧制力的 10%	最大为 6000 kN，最小为最大轧制力的 10%	最大为 6000 kN，最小为最大轧制力的 10%	最大为 6000 kN，最小为最大轧制力的 10%
轧制线高度/mm	约 1200 mm（工作面 +/-0）	约 1200 mm（工作面 +/-0）	约 1200 mm（工作面 +/-0）	约 1200 mm（工作面 +/-0）
断箔刀剪切厚度/mm	最大 0.5 mm	最大 0.4 mm	最大 0.4 mm	最大 0.4 mm
主传动电机	功率 2 ×800 kW，电机转速 0 ~ 40 0/1199（1317）r/min	功率 2 ×600 kW，0 ~ 455/1364（1498）r/min	功率 2 ×600 kW，0 ~ 455/1364（1498）r/min	功率 2 ×600 kW，0 ~ 455/1364（1498）r/min
开卷机设备参数	为双锥头型，电机 1 × 460 kW、1 × 230 kW、0 ~ 428/1445 r/min	为双锥头型，电机 1 × 320 kW、1 × 160 kW、0 ~ 426/1445 r/min	为双锥头型，电机 1 × 320 kW、1 × 160 kW、0 ~ 426/1445 r/min	为双锥头型，开卷 1 电机 2 × 45 kW、0 ~ 426/1445 r/min，开卷 2 电机 2 × 45 kW、0 ~ 255/853 r/min
开卷机工艺参数	开卷张力 min. 590 N ~ max. 28160 N，最高速度 1500 m/min	开卷张力 min. 450 N ~ max. 19590 N，最高速度 1500 m/min	开卷张力 min. 450 N ~ max. 19590 N，最高速度 1500 m/min	开卷 1 张力 min. 270 N ~ max. 6123 N，开卷 2 张力 min. 270 N ~ max. 3061 N，最高速度 900 m/min
卷取机设备参数	卷取机为双锥头型，电机 1 ×580 kW、1 ×290 kW、0 ~ 426/1421 r/min	卷取机为双锥头型，电机 1 ×360 kW、1 ×180 kW、0 ~ 426/1421 r/min	卷取机为双锥头型，电机 1 ×360 kW、1 ×180 kW、0 ~ 426/1421 r/min	卷取机为双锥头型，电机 2 ×45 kW、0 ~ 25/853 r/min
卷取机工艺参数	卷取机张力 min. 425 N ~ max. 20230 N，最高速度 2500 m/min	卷取机张力 min. 270 N ~ max. 12550 N，最高速度 2500 m/min	卷取机张力 min. 270 N ~ max. 12550 N，最高速度 2500 m/min	卷取机张力 min. 270 N ~ max. 3492 N，最高速度 1500 m/min

注：铝箔精轧机配有带吸边器的切边剪，最大切边厚度 0.1 mm，料宽度 900 ~ 1850 mm，最大切边速度 1000 m/min（12 ~ 15 μm），最大废边宽度 30 mm/侧。

5.3.4 产品方案

公司的主导产品是罐身料、箔材和印刷板带等,见表 5 - 10。

表 5 - 10 南山轻合金公司的产品结构

产品	细目	合金牌号及产品状态	规格范围/mm	计算规格/mm	年产量/kt
5 kt 热轧板	热轧板	1~8 系,F,H	(10~150)×(950~2200)×(1000~10000)	—	—
20 kt 1、3、5、8 系, H,O 冷轧板	热轧板	1050,H112	—	20×1500×2000	5
	幕墙板	3003,H24	(0.3~3.5)×(800~2060)×(1000~4000)	2.5×1500×2500	10
	合金板	5052,H18	—	2.0×1200×2500	10
135 kt 1、3、5、8 系, H,O 铝带材	罐体料	3004,H19	(0.2~2.0)×(50~2060)	0.3×1500	40
	罐体料	3004,H19	—	0.3×1244	30
	罐盖料	5182,H19	—	0.28×1477(163)	20
	PS 版基	1050,H18	—	0.27×900	10
	装饰板用料	3003,H24	0.5×1250	10	—
	铝箔坯料	1235,H14	—	0.35×1800	15
	防盗瓶盖用料	8011,H14	0.21×1260	10	—
40 kt 铝箔	空调箔	1100,H26	(0.2~0.7)×(200~1830)	0.1×600	20
	双零箔	1235,O	—	0.00635×1500	20

注:①设备的能力可生产从 1XXX 至 8XXX 各系合金材料;②年产量一期工程建成后为 200 kt;二期工程建成后为 600 kt。

5.4 河南明泰铝业有限公司

河南明泰铝业有限公司位于郑州市巩义回郭镇经济开发区,1997 年建成投产,占地面积 253×10^4 m²,职工 2000 余人,生产铝带箔与一些深加工产品。经过近十年的发展,公司已成为河南省 50 强企业、省高新技术企业,被国家农业部认定为大型企业。2006 年,公司铝板带箔产量近 170 kt,上交税金 6000 万元,资产总额达到 17 亿元。2007 年上半年,产量达到 90 kt。

公司主要生产设备有 6 台冷轧机、6 台箔轧机、7 条铸轧生产线、6 台拉弯矫直机列、分切机、飞剪、厚箔剪等,并有一条自行设计建造,于 2003 年 3 月投产的(1+4)式 2000 mm 热连轧生产线,生产能力 250 kt/a。主要产品有 1XXX 系、3XXX 系、5XXX 系、8XXX 系等 10 多个合金的铝板、带、箔。有热轧软合金厚板、空调箔、电缆箔、PS 版基、深冲料、铝垫片、电子箔等。

PS 版基是该公司的主导产品之一,2005 年下半年开始试生产,产量只有 200 t/mo,2006

年产量达到 39 kt, 2007 年上半年达到 5 kt/mo。

　　2005 年该公司与韩国温世贸易公司合资在郑州高新技术开发区成立了郑州明泰实业有限公司，占地 $22 \times 10^4 \text{ m}^2$，投资 10 亿元，主要产品为 PS 版，2006 年产值已达 5 亿元。

5.4.1　励精图治勇于开拓有鲜明中国特色的建厂路线

　　明泰铝业有限公司是中国铝板带箔轧制工业的有鲜明中国特色的民营企业，在公司董事长兼总经理马延义先生的领导下，采用非常规的建厂路线，组织聘用的工程技术人员与工作人员，自行建设厂房、设计与制造设备、自行安装与调试设备，对外购的二手设备进行改造。因此建设期短、投资少、见效快，在短短的四五年内使生产能力上升到 300 kt/a, 10 年来生产了约 600 kt 适合中国市场的轧制产品，对国民经济建设作出了贡献，对中国铝板带轧制工业的发展起了相当大的作用。近几年来，产品品质又有了较大改善，市场竞争力大为提高，并进入了国际市场。现在正在对原来的(1+4)式热连轧线进行升级(现代化)技术改造。

　　在积累了相当量的资本后，明泰公司积极采用新技术，新装备，提升装备水平，引进了一批具有国际先进水平的设备，诸如从德国引进了一台价值 1500 万元的轧辊磨床，在一些轧机上安装了德国产的板形仪，在日本引进了过滤器，从韩国进口了清辊器，从英国进口了 X 射线板形仪，公司的装备水平得较大提升，不但加工能力不断增强，而且中高档产品占的比例在逐年增大，节能、降耗、减排取得明显效果。明泰公司 2006 年购置了一台 10 t 的中频感应铝屑熔炼炉，这是中国铝加工行业最大的这类熔炼炉，铝的烧损只有 0.4%，比燃油燃气反射炉的烧损约低约 2 个百分点，同时不排放温室气体及其他污染环境的有害物质。

5.4.2　中国首条自制(1+4)式热连轧生产线诞生于明泰公司

　　在中国建设一条(1+4)式铝板带热连轧生产线是铝加工业全体职工自上世纪 60 年代以来梦寐以求的，而完全依靠自己的力量建设一条这样的生产线则是绝大多数人不敢想的，更不用说自行设计自行建造了。可是马延义先生不但敢想，而且敢做敢为，也成功了。

　　在建厂 3 年后即 2000 年马延义经过深思熟虑，在单机架现代化大型 4 辊热轧机都没有见过的前提下，决定在明泰公司建设中国第一条(1+4)式热连轧生产线。经过调研、论证、立项，在 2001 年开始动工，经过 1 年艰苦努力，仅依靠某厂 2000 mm 热轧机简明安装图，于 2002 年 6 月就基本制造安装完毕，2002 年 12 月架线送电，经过调试，2003 年 3 月试生产成功，成为中国首条(1+4)式热连轧生产线。该项目工期短、投资少、见效快、产量大，填补了国内(1+4)式热连轧的空白。全生产线的投资还不到 3 亿元。

　　这条生产线的建成对中国铝板带轧制工业的发展有着重大意义，尽管还不能生产诸如罐身料之类的高精产品，但在生产普通热轧板与冷轧带坯方面却胜任有余。

　　有关这条(1+4)式 2000 mm 热连轧的技术参数见第 3 章。

　　截止 2006 年底明泰铝业有限公司除有(1+4)式 2000 mm 热连轧生产线外，还有 4 台各种规格的双辊式铝带坯连续铸轧生产线、4 台 4 辊不可逆式冷轧机、5 台 4 辊不可逆式铝箔轧机、4 条 1700 mm 拉弯矫直–清洗机列(可矫带材厚度范围 0.3 mm~3.0 mm)，20 t 退火炉 8 台，以及其他配套齐全的精整设备。

5.5 中铝河南铝业有限公司

中铝河南铝业有限公司成立于2005年8月12日,是由中国铝业公司联合中色科技股份有限公司、伊川电力集团总公司、洛阳市经济投资有限公司共同出资设立的控股公司,是中国铝业公司的第二个铝加工基地。公司下属四个厂(洛阳热轧厂、洛阳冷轧厂、郑州冷轧厂、洛阳铝箔厂)、一个控股子公司(中色万基铝加工有限公司)。公司现有项目于2009年全部建成后,总资产将达37亿元,生产能力500 kt/a,成为国内三大铝板带加工企业之一。

中铝河南铝业有限公司除郑州冷轧厂的1台4辊不可逆式2300 mmDSR冷轧机是从奥钢联公司(VAI)引进的外,其他的轧机及辅助设施全部是中色科技股份有限公司设计和国内制造的,这在中国铝板带轧制工业继20世纪60年代后期西南铝加工厂(现在的西南铝业(集团)有限公司)建设之后第二次重大的有里程碑意义的大事,对中国铝板、带、箔轧制工业的发展有着深远意义,尽管这些重大装备不可避免地存在一些不尽人意的地方,但经过改进后,定会结出璀璨的硕果,中国轧机设计与制造赶上世界水平的时日为期不远了,可能还需要七八年,而自动控制设备赶上国际水平则需要更长的时间。

该公司的另一特点是除洛南冷轧厂与洛阳铝箔厂位于洛阳开发区内相距很近外,其他三个厂分别位于新安、伊川、郑州,相距较远,这是历史造成的,因为在中铝河南铝业公司未成立前,除郑州冷轧厂外,其他4个厂都已建成或接近建成。

公司注册资本55980万元,股权结构如表5-11。

表5-11 公司股权结构

股 东	出资额/万元	出资比例(股权比例)/%
中国铝业公司	22850	40.82
中色科技股份有限公司	12135	21.68
伊川电力集团总公司	11168	19.95
洛阳经济投资有限公司	9827	17.55
合计	55980	100
控股子公司中色万基注册资本20000万元,股权结构		
中铝河南铝业有限公司	10200	51
洛阳新安电力集团有限公司	9800	49
合计	20000	100

注:股权结构每过几年都可能有变化。

5.5.1 中色万基铝加工有限公司

中色万基铝加工有限公司于2001年9月开工建设,是中铝股份有限公司(Chnalco)、中色科技股份有限公司与洛阳新安电力集团有限公司共同出资建设的大型铝板带箔加工企业。一期工程总投资8亿元,铝板带箔年生产能力150 kt。该项目已被列入河南省"标志性"工程和"先进制造示范区工程",是河南省工业结构调整的重点项目。它的建成对河南省工业结构的调整和中国铝板带箔轧制产业结构的调整、技术装备水平的提高都起到了积极作用。

　　主要生产设备有 2400 mm 单机架双卷取热轧机、6 辊不可逆式 2050 mm 冷粗轧机、4 辊不可逆式 2000 mm 冷精轧机、4 辊不可逆式 1450 mm 冷粗轧机、4 辊不可逆式 1400 mm 冷精轧机各一台,以及相应的精整、热处理设备等。机械设备以国内制造为主,电控、液压元器件、测厚及板形控制系统等关键部件引进。采用国内外制造相结合方式使设备的装备水平达到国内先进水平。二期计划将 2400 mm 双卷取热轧生产线改扩建为(1 + 4)式热连轧生产线,已于 2006 年 10 月奠基,但建成投产可能要到 2010 年以后,并增添相应的冷轧、精整、热处理等设备。产品主要包括印刷用 PS 版基、优质铝箔坯料、空调箔、电子箔、包装箔、防盗瓶盖带材、电缆箔带、装饰板带、幕墙板、汽车铝合金板等。

　　1450 mm 冷轧生产线已于 2003 年 12 月顺利投产,产品进入全国市场,一期工程于 2005 年 3 月全面投产。

　　2400 mm 4 辊可逆式单机架双卷取热轧机是中国自行设计制造的最大的这类热轧机,2005 年 3 月进入有负荷试车阶段,2006 年生产基本正常,其简明技术参数如下:

工作辊直径/mm	965
支承辊直径/mm	1500
辊面宽度/mm	2400
最大轧制速度/(m·min^{-1})	240
主电机功率/kW	4500
最大轧制力/kN	20000
最大开口度/mm	600
产品最薄厚度/mm	3.5
带卷最大质量/t	12
设计生产能力/(kt·a^{-1})	120
设计者	中色科技股份有限公司

6 辊不可逆式 2050 mm 冷轧机是中国设计制造的首台这类轧机,其简明技术参数如下:

工作辊尺寸/mm	$\phi480 \sim \phi450 \times 2050$
中间辊尺寸/mm	$\phi560 \sim \phi530 \times 2050$
支承辊尺寸/mm	$\phi1300 \sim \phi1230 \times 2000$
来料厚度/mm	6 ~ 12
成品厚度/mm	0.2 ~ 6
带卷最大质量/t	24
带材宽度/mm	1260 ~ 1920
带卷内径/mm	610
带卷最大外径/mm	2500
装机总容量/kW	DC7100
最大轧制力/kN	20000
输出力矩/kN·m	400
穿带速度/(m·s^{-1})	0.3
低速轧制速度/(m·min^{-1})	0 ~ 165 – 410
高速轧制速度/(m·min^{-1})	0 ~ 405 – 1000
设计生产能力/(kt·a^{-1})	60

5.5.2 洛阳热轧厂

洛阳热轧厂有1条2400 mm(1+1)式热粗－精轧生产线位于伊川县,2006年2月底进入试生产阶段。原由伊川电力集团总公司建设,2005年为中铝公司收购,是中国自行设计制造的首条(1+1)式生产线。虽然西南铝业(集团)有限责任公司的2800 mm热轧线也是(1+1)式,但那是在日本IHI公司的帮助下由1台2800 mm热轧机与1台2800 mm冷轧机改造而成的。2400 mm热粗轧机在轧制1XXX系、3XXX系与大部分8XXX系软合金时的最大道次压下率可达60%,一般轧13~15道次,进入精轧机的温度为400~430℃,在精轧机上轧3~5道次,精轧后温度通常为250℃左右。

洛阳热轧厂是河南铝业公司的主要生产厂之一,也是中铝公司整合河南铝加工资源的一项主要在建工程之一,其主要装备为一条国内领先的2400 mm(1+1)式热连轧生产线(图5－11)和配套的生产辅助设施,可生产1系、3系、5系、8系的中厚板材和热轧卷材,热轧板最厚可达到150 mm,热轧卷材最薄可达到3 mm。河南铝接手该工程后,为实现尽早建成投产的目标,自我加压,严格按网络图计划进行施工,工程建设形象进度明显加快,在试生产过程中共解决和改进了设备上存在的问题119项,进入2006年以来,技术人员和一线工人更是不分昼夜,奋战在车间现场。从2月28日到4月30日进行了10次试车,生产出成品卷16卷,成品板78片。

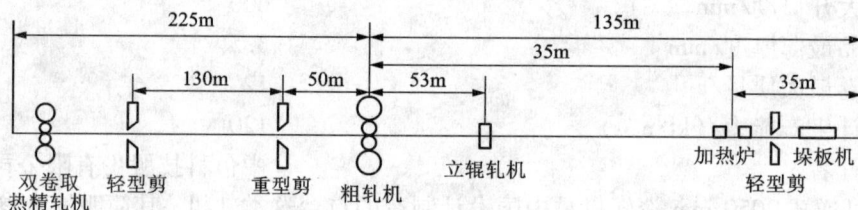

图5－11 洛阳热轧厂(1+1)式2400 mm热轧线配置示意图

2007年4月5日试轧成功一块厚71 mm、宽1600 mm的5083合金厚板,2块25 mm厚的5083合金厚板,不平度<6 mm/m,抗拉强度306 N/mm²,屈服强度160 N/mm²,伸长率25%,完全达到了标准和用户的要求;4月9日又轧出了10 mm、12 mm、16 mm、18 mm厚的5083合金板,品质完全合格。至此,该公司已大体结束试生产阶段。不过该公司不能生产硬合金板带材,也不能生产预拉伸厚板。

洛阳热轧厂生产车间长450 m,宽132 m,由5跨组成,30 m宽的3跨,21 m宽2跨。

2400 mm(1+1)式热轧线的简明技术参数如下:

铸锭最大厚度/mm	700
铸锭最大宽度/mm	2050
成品最薄厚度/mm	2.5
立辊轧机:	
直径/mm	1000
高/mm	800

斜度/(°)	1/20
最大轧制力/kN	8000
最大轧制速度/(m·min^{-1})	150

粗轧机：

工作辊尺寸/mm	$\phi965 \times 2600$
支承辊尺寸/mm	$\phi1530 \times 2400$
最大轧制速度/(m·min^{-1})	210
最大轧制力/kN	40000
轧制力矩/kN·m	2900
主电机功率/kW	4×2240（上下工作辊各两台）
最大开口度/mm	700

精轧机：

工作辊尺寸/mm	$\phi750 \times 2600$
支承辊尺寸/mm	$\phi1530 \times 2400$
最大轧制速度/(m·min^{-1})	360
主电机功率/kW	2240×4（上下工作辊各两台）
最大轧制力/kN	35000
轧制力矩/kN·m	1400
最大卷取张力/kN	300
最大卷取速度/(m·min^{-1})	400
设计生产能力/(kt·a^{-1})	250
设计者	中色科技股份有限公司

5.5.3　洛阳冷轧厂

洛阳冷轧厂位于洛阳市南的高新技术开发区，原为伊川电力集团总公司所建，2006 年投产，2005 年为中国铝业股份有限公司收购，有 2050 mm 6 辊不可逆式冷轧机 1 台，1850 mm 4 辊不可逆式冷轧机 1 台，都是中色科技股份有限公司设计的，总生产能力 80 kt/a。2050 mm6 辊冷轧机的规格及技术参数与中色万基铝加工有限公司的那台相同，1850 mm 4 辊冷轧机的基本技术参数如下。经过一年多来的试生产，设备运转大体正常：

工作辊规格/mm	$\phi420 \times 1900$
支承辊规格/mm	$\phi1250 \times 1850$
最大轧制力/kN	18000
轧制力矩/(kN·m)	200
低档轧制速度/(m·min^{-1})	0～200－360
高档轧制速度/(m·min^{-1})	0～490－900
穿带速度/(m·s^{-1})	0.3
来料厚度/mm	6～10
成品厚度/mm	0.05～2

带材宽度/mm	1000 ~ 1670
切边后带材宽度/mm	950 ~ 1620
带卷内径/mm	610
带卷外径/mm	1900
未切边带卷质量/t	10
切边后带卷质量/t	9.5

5.5.4 郑州冷轧厂

郑州冷轧厂位于郑州市开发区，占地 33.35×10^4 m²，生产能力 120 kt/a，2005 年开工建设，有 2 台冷轧机，其中国产（中色科技股份有限公司设计）的 2050 mm6 辊不可逆式冷轧机于 2007 年 6 月进入有负荷试生产阶段；另一台为 2300 mm DSR 辊 4 辊不可逆的，2007 年 1 月 10 日在北京签署订货合同，可于 2009 年 6 月投产，从西门子集团奥钢联金属技术公司英国分部（Siemens'VAI Metals Technologies UK division）引进的高技术冷轧机的价格约 1850 万欧元，是中国引进的首台这类冷轧机，其技术参数如下：

工作辊尺寸/mm	$\phi470(440) \times 2300$
支承辊尺寸/mm	DSR $\phi1400(1320) \times 2300$
主电机功率/kW	5500
轧制速度/(m·min⁻¹)	一档 600　最大 1800
最大轧制力/kN	20000
产品宽度/mm	950 ~ 2100
带卷最大质量/t	21
来料最大厚度/mm	5.5
产品最薄厚度/mm	0.1
设计生产能力/(kt·a⁻¹)	100

中色科技股份有限公司设计的 6 辊 2050 mm 不可逆式冷轧机的技术参数与中色万基铝加工有限公司的那一台的相同。

5.5.5 洛阳铝箔厂

中铝河南洛阳铝箔厂原名河南万基铝箔有色公司，位于洛阳高新技术开发区，2003 年 8 月开工建设，2005 年 8 月开始有负荷调试，同年 9 月轧出 0.0065 mm 箔，2005 年为中铝公司收购。原由新安电力集团有限公司、洛阳铜加工集团有限公司、洛阳有色金属加工设计研究院、洛阳高新实业总公司等共同出资兴建，项目总投资 4.14 亿元，有中国自行设计制造的 4 台 2000 mm 箔轧机，双零箔生产能力 20 kt/a。由于是中国自行设计制造的首批大型箔轧机，在调试中发现了一些不尽人意的地方，有待改进。

4 台轧机中有粗、中轧机各 1 台，精轧机两台，工作辊辊面宽度 2050 mm，支承辊辊面宽度 2000 mm。厂房为双层结构，是中国首座这种结构的现代化铝箔企业。轧机的基本技术参数见表 5 - 12。

表 5 - 12　洛阳铝箔厂轧机的基本技术参数

参　数	粗轧机(1 台)	中轧机(1 台)	精轧机(2 台)
规格/mm	$\phi280/800\times2000$	$\phi280/800\times2000$	$\phi280/800\times2000$
来料厚度/mm	0.6	0.35	0.035
成品厚度/mm	0.03 ~ 0.09	0.012 ~ 0.09	2×0.006
带箔宽度/mm	1300 ~ 1850	1300 ~ 1850	1300 ~ 1850
带卷最大质量/t	13	13	13
带卷最大外径/mm	2000	2000	2000
最大轧制速度/(m·min^{-1})	0 ~ 580/1500	0 ~ 682/1500	1200
最大轧制力/kN	6000	6000	6000
力矩/(kN·m)	18	16.4	9.84
总装机容量/kW	2170	2170	869

5.6　中国的典型铝箔厂

5.6.1　厦顺铝箔有限公司

(1)概况

厦顺铝箔有限公司位于中国福建省厦门市经济特区湖里工业区,是港商独资企业,原为合资企业,1997 年港商收购了抚顺铝厂与厦门市政府的全部股份。公司于 1989 年建厂,1992 年 12 月投产,一二期工程占地 4×10^4 m²,投资 6000 万美元;三期工程,有 3 台 2000 mm 阿申巴赫公司(Achenbach)箔轧机,占地面积 23×10^4 m²,2003 年秋季投产;四期工程有 3 台 2000 mm 阿申巴赫箔轧机,2007 年中期投产,至此公司的 0.00635 mm 箔的生产能力达 80 kt/a。

厦顺铝箔有限公司一二期工程拥有当时国际上先进的设备与技术软件,3 台轧机是从法国克莱西姆公司(Clecim)引进的,其他设备分别从欧、美其他国家引进,如瑞士米蒂公司(MDI)的全自动分卷机,德国赫克力斯公司(Herkules)的高精度轧辊磨床,康普公司(KAMF)的全自动合卷机。轧机装有英国戴维公司的 Davy21 板形自动控制系统,生产技术软件由法国普基铝业公司(Pechiney)全盘提供。

厦顺铝箔公司铝箔所用的原料为 0.3 ~ 0.5 mm 的带卷,经粗轧、中轧、中间(坯料)退火、合卷、精轧、分切/分卷、成品退火、包装等工序制成用户所需的箔材。可提供 1XXX系及部分 8XXX 系合金箔材,有 O 及 H 的两种状态,厚 0.006 ~ 0.007 mm、宽 90 ~ 1520 mm。三期工程投产后,产品最大宽度可达 1850 mm,箔卷内径 76 mm 及 150 mm。

厦顺公司以 3 台 1700 mm 4 辊轧机生产近 20 kt/a 的 0.00635 mm 优质铝箔,产品畅销国内,而且还批量出口到东南亚地区。

产量由 1993 年的 3130 t 增长到 2006 年的 48368 t,仅用了 8 年时间,年平均增长率达 23.4%。厦顺铝箔公司无论在生产管理、产品品质及各项经济指标方面均已跃居国际先进行列。

该公司一期2台1700 mm铝材轧机,设计生产能力6 kt/a,其中双零箔占80%,4.8 kt/a,其余为单零箔,1992年4月1日投产,当年生产铝箔2055 t,其中0.007 mm的占35%,0.01 ~ 0.02 mm的占40%,0.02 mm以上的占25%。

1993年铝箔产量为3.13 kt,其中0.0065 ~ 0.007 mm的占75%,25%的为0.01 ~ 0.02 mm铝箔。

1994年的箔材产量为3954 t,其中0.0065 ~ 0.007 mm的占95%,0.01 mm的仅占5%。

1995年的产量为6133 t,全部为0.006 ~ 0.0065 mm的。这一年的产量大幅度超过设计生产能力,从投产到超产能仅用了短短的3年时间,这在中国铝箔工业史上是绝无仅有的,在世界铝箔工业中也极为少见。

以后各年的产品几乎全为0.00635 mm的。

1997年双零六铝箔产量已接近10 kt,这实际上已比设计生产能力翻一番。同年从克莱西姆公司引进1台1700 mm粗轧机投产,并将原来的粗、中轧机改为中、精轧机,这就是二期工程。3台轧机的设计生产能力为15 kt/a,1999年的双零箔产量达15.2 kt,开始超产能。这3台轧机的实际最大产量为20 kt/a,若装机水平与轧制工艺如无重大突破,双零六铝箔的产量很难较多地超过此数。

(2)继续扩建及技术改造

2001年中国对双零箔的需求量约65 kt,但产量还不到50 kt,约缺少16 kt,厦顺铝箔公司决定扩建即进行三期工程建设,从德国阿申巴赫公司引进3台2000 mm高水平箔轧机,工程建在海沧区。

该工程的最大特点是:引进的是全球一流的箔材轧机设计制造企业阿申巴赫公司的2000 mm的特宽铝箔轧机,可以生产特宽幅的1850 mm铝箔,这是国际市场紧缺的利乐包装(Tetra Pak)箔。利乐包装箔的宽度应不小于1780 mm。厦顺铝箔公司从2003年底向市场批量提供1800 mm宽幅铝箔,是中国铝箔工业引起世界铝加工业瞩目的又一新里程碑。

第二个特点是,除退火炉与废料打包机外,包括天车在内的所有其他配套设备都一次性全部从德国引进,这在中国铝工业设备引进方面还是首次。三期工程的生产能力为0.006 mm铝箔25 kt/a,厂房长168 m、宽136 m,有7跨,首跨宽8.5 m,轧机主电机位于此跨;3台铝箔轧机安于宽30 m的第二跨内。

四期工程的3台2000 mm阿申巴赫箔轧机于2007年投产,至此厦顺铝箔有限公司已有9台铝箔轧机,双零箔的生产能力达80 kt/a,成为世界第二大铝箔企业。

为了解决坯料供应与生产CTP基材,厦顺铝箔有限公司2007年决定增建热轧及冷轧板带厂,可于2010年建成,引进1条2450 mm(1+1)式热轧生产线与两台高技术大容量单机架冷轧机。

5.6.2 中国空调铝箔工业基地——江苏常铝铝业股份有限公司

常铝公司是中国于20世纪60年代建成的一家小铝箔厂,经过40来年的发展,现已成为中国最大的空调铝箔生产基地之一,是江苏省高新技术企业和江苏省成长型的企业,2006年的生产能力达70 kt/a,其中亲水涂层铝箔的生产能力为30 kt/a。主要产品为空调器箔、亲水涂层箔、电缆箔(0.10 ~ 0.20 mm厚、宽200 ~ 1100 mm)、铝及铝合金带材(厚0.20 ~ 1.40 mm、宽640 ~ 1250 mm)、纯铝箔(厚0.006 ~ 0.20 mm、宽40 ~ 1250 mm)。

该厂 1989 年才开始生产空调器箔，1994 年起生产亲水涂层箔，现有 $\phi650$ mm $\times 1600$ mm 的铝带坯连续铸轧生产线 3 条。冷轧机 3 台：$\phi320/800$ mm $\times 1200$ mm 的 1 台，1994 年投产，涿神公司设计制造；$\phi360/860$ mm $\times 1450$ mm 的冷轧机两台，洛阳有色金属加工设计研究院设计，陕西压延设备厂制造，产品最薄厚度 0.05 mm，1 台 1999 年投产，另一台 2002 年投产。

该厂有 3 条亲水涂层生产线，能生产有机、无机、混合型亲水铝箔系列产品。由于该厂这一系列产品从设备设计、制造到涂料生产均实现了国产化，深加工成本相对较低，且品质与日本产品的完全相当，因此具有相当强的市场竞争力。目前已为春兰、格力、科龙、海尔等各大空调器公司大量使用，并已通过日本三菱重工等几家外资空调器企业的质量认证。该产品早在 1997 年就被认定为江苏省高新技术产品。

常铝公司有 1 台单机架双卷取 1850 mm 铸锭热轧生产线，2003 年投产。该厂热轧带坯及铸轧带坯的生产能力可达 110 kt/a。1850 mm 热轧机的基本技术参数如下：

型式	4 辊可逆式双卷取
可轧合金	软合金
铣面锭坯规格/mm	$(250 \sim 400) \times (700 \sim 1400)$ $\times (4500 \sim 5500)$
锭坯最大质量/t	9
带坯最小厚度/mm	4
带坯宽度/mm	$750 \sim 1520$
带卷内径/mm	510
带卷最大外径/mm	1800
工作辊直径/mm	700
支承辊直径/mm	1250
辊面宽度/mm	1850
轧辊最大开口度/mm	500
生产能力/$(kt \cdot a^{-1})$	80
最高轧制速度/$(m \cdot min^{-1})$	245
最大轧制力/kN	16000
主电机功率/kW	1500×2

该机的装机水平较高，主传动电机为变频交流式的，直流机组为可供硅供电，全数字控制系统，电动压下，带液压垫 AGC，压力闭环与位置闭环控制，轧制过程实现程序控制，可保证带坯的纵向厚度偏差不超过 $\pm 0.8\%$。工程总投资 1.8 亿元。

2006 年江苏常铝铝业股份有限公司的产量为 51 kt。现正在增加 1 台 4 辊不可逆式 1850 mm 冷轧机，可于 2008 年中期投产。

5.6.3 中国最大的综合铝箔生产企业——华北铝业有限公司

华北铝业有限公司是由原中国有色金属工业总公司(占 18.89% 股份)、香港东方鑫源实业投资有限公司(占 51% 股份)、中信兴业信托投资公司(占 16.31% 股份)合资经营的综合性铝加工厂，除生产板、带、箔外，还生产铝型材、PS 版铝板基、阳图 PS 版、亲水涂层铝箔、深加工铝箔(衬纸箔、着色压花箔)、通讯电缆铝塑复合带、铝箔压敏胶带等。

1983 年从日本神户钢铁公司引进两台 ϕ260 mm/700 mm × 1600 mm 箔轧机(1 台粗中轧机、1 台中、精轧机)投产，生产能力 5 kt/a，这是中国拥有的首批现代化的中型全套铝箔轧机。1990 年，公司又增加两台由涿神公司根据神户钢铁公司提供的技术设计制造的同规格中精轧铝箔轧机，使生产能力提高到 15 kt/a。2000 年，华北铝业有限公司铝箔系统三期工程建成，又增加 3 台 ϕ260 mm/700 mm × 1600 mm 箔材轧机，使公司铝箔轧机达到 7 台。

近几年华北铝业有限公司的铝箔产量为：1998 年 15.696 kt；1999 年 20.252 kt；2000 年 27.856 kt；2001 年 22.849 kt；2006 年公司铝材总产量 63283 t，其中铝箔产量 29.6 kt(含双零箔 15 kt)。

华北铝业有限公司为了提高铝箔材料的产量与品质，扩大板带生产能力，2002 年从日本日立公司引进 1 台圆柱辊形 6 辊不可逆式 1850 mm 冷轧机，于 2003 年秋投产。这是中国首台这类轧机，也是中国生产能力最大的与最现代化的第五台铝带冷轧机，其基本技术参数如下：

可轧合金	1XXX、3XXX、5XXX 系等
工作辊尺寸/mm	ϕ(430 ~ 470) × 1600
中间辊尺寸/mm	ϕ(470 ~ 510) × 1865
支承辊尺寸/mm	ϕ(1220 ~ 1330) × 1800
最大轧制速度/(m·min^{-1})	1500
来料最大厚度/mm	8.0
产品最薄厚度/mm	0.25
最大轧制力/kN	16000
主电机功率/kW	4000
设计生产能力/(kt·a^{-1})	50
带卷最大质量/t	12
开卷机：	
电机功率/kW	1250
张力/kN	250 ~ 160
卷取机：	
电机功率/kW	2100
张力/kN	2200 ~ 1700

截止 2006 年底华北铝业有限公司有 9 台双辊式连续铸轧机，其中 ϕ1023 mm × 1900 mm 的倾斜式的两台，1600 mm 的 7 台；冷轧机两台；箔轧机 7 台，板带箔的总生产能力 80 kt/a，并制定了建设超宽幅箔材生产系统的规划，拟将箔材总生产能力提高到 120 kt/a 或更大一些。

5.6.4 拥有亚洲最大铝箔轧机的企业——美铝渤海铝业有限公司

渤海铝业有限公司成立于 1985 年 3 月，1996 年与美国雷诺兹金属公司(Reynolds Metal Com.)合资，现在是美国铝业公司(Alcoa)的独资企业，占地面积 86 × 10^4 m^2，建筑面积近

$20 \times 10^4 \ m^2$，员工约 1200 名。渤海铝业公司的板、带、箔系统由熔铸厂、冷轧厂、铝箔厂、动力及辅助设施等组成。铸轧厂有 3 台 $\phi960 \ mm \times 2300 \ mm$ 的自制铸轧机，还有 1 台从法国普基(Pechiney)铝业工程公司引进的 3CM 铸轧机，是按高速铸轧机原理设计的，可生产厚 4 mm 的带坯。冷轧机厂有 1 台从英国戴维公司(Davy)引进的 2300 mm 4 辊不可逆式冷轧机，最高轧制速度 1500 m/min，最大的带卷质量 22 t，装有智能 AFC 及 AGC 系统，可生产厚 $0.2 \sim 8 \ mm$ 的 1XXX ~ 8XXX 系合金带材。

铝箔厂有从戴维公司引进的 2250 mm 粗、中、精轧机各 1 台，不但是亚洲最大的铝箔轧机，也是全球最大的 5 套铝箔轧机之一，可生产宽 1880 mm 的箔材，箔卷密度可达 8.3 kg/mm。粗、中轧机的最大轧制速度 2000 m/min，精轧机的最大轧制速度 1200 m/min。粗轧机的主电机功率为 3400 kW、中轧机的为 1700 kW、精轧机的为 700 kW，是全世界同类型铝箔轧机组中装机总容量最高的。

除 3 台铝箔轧机外，还有 1 台从德国 KAMPF 公司引进的合卷机，1 套从德国 Siemag 公司引进的高架仓库系统，以及从德国 HERKULES 公司引进的 2 台轧辊磨床。

铝箔精整厂有从德国成套引进的铝箔精整设备和从意大利 ROTOMEC 公司引进的衬纸设备，同时还有 8 台国产的退火炉。

3 台铝箔轧机的参数如下：

轧制速度/$(m \cdot min^{-1})$：	
粗轧机及中轧机	$0 \sim 800/2000$
精轧机	$0 \sim 400/1200$
入口及出口带材宽度/mm	
最窄	1030
最宽	1880
套筒尺寸/mm	$670/605 \times 2250$
带卷最大外径/mm	2140
道次压下率/%	$15 \sim 60$
穿带及爬行速度/$(m \cdot min^{-1})$	30
粗轧机工作辊/支承辊尺寸/mm	$\phi360/1000 \times 2200/2100$
中轧机工作辊/支承辊尺寸/mm	$\phi280/1000 \times 2200/2100$
精轧机工作辊/支承辊尺寸/mm	$\phi280/1000 \times 2200/2100$
粗轧机入口带材最大/最小厚度/mm	$0.7/0.06$
中轧机入口带材最大/最小厚度/mm	$0.15/2 \times 0.015$
精轧机入口带材最大/最小厚度/mm	$0.10/2 \times 0.013$
粗轧机出口带材最大/最小厚度/mm	$0.35/0.03$
中轧机出口带材最大/最小厚度/mm	$0.07/2 \times 0.07$
精轧机出口带材最大/最小厚度/mm	$0.07/2 \times 0.013$
粗轧机工作辊系：	
直径/mm	正常 360/报废 330
辊身长度/mm	2200
总长度/mm	约 4300

辊身硬度（HS）	100 ± 3
辊颈硬度（HS）	50 ~ 55
带颈套单辊质量/kg	2400
带轴承座与轴承单上辊质量/kg	4300
带轴承座与轴承单下辊质量/kg	3900
轴承	4 列辊柱式与二列止推式
支承辊系：	
直径/mm	正常 100/报废 940
辊身长度/mm	2100
辊身硬度（HS）	73 ± 3
辊颈硬度（HS）	45 ~ 50
辊总长度/mm	2100
带颈套单辊质量/kg	16750
带轴承座与轴承单辊质量/kg	3400
轴承	4 列辊柱式与二列止推式
中轧机工作辊系：	
直径/mm	正常 280/报废 255
辊身长度/mm	2200
总长度/mm	约 4300
辊身硬度（HS）	100 ± 3
辊颈硬度（HS）	50 ~ 55
带颈套单辊质量/kg	1250
带轴承座与轴承单上辊质量/kg	1900
带轴承座与轴承单下辊质量/kg	1860
轴承	4 列辊柱式与二列止推式
支承辊系：	
直径/mm	正常 1000/报废 940
辊身长度/mm	2100
总长度/mm	4200
辊身硬度（HS）	73 ± 3
辊颈硬度（HS）	45 ~ 50
带颈套单辊质量/kg	16750
带轴承座与轴承单辊质量/kg	34000
轴承	4 列辊柱式与二列止推式
液压系统工作压力/（N·cm^{-2}）	2100
粗轧机工作辊平衡/正负弯辊总平衡力/kN	420
中、精轧机工作辊平衡/正负弯辊总平衡力/kN	237
支承辊总平衡和预负载力/kN	534
压上缸直径/mm	500

压上缸行程/mm	130
最大轧制力/kN	8000
牌坊截面积/cm²	2050
每个牌坊的质量/t	25.5
轧制线高度调节:	
型式	楔形块
位置	上支承辊轴承座上方
调节量/mm	65
设定精度/mm	±5
工作辊轧制油横梁数:	上下各1
喷嘴间距/mm	55
每根梁喷嘴数	144
轧制油(与埃索或美孚公司等同的窄馏程煤油):	
添加剂含量/%	4 ~ 5
38℃时黏度/cst	约2.5
喷嘴处压力/(N·cm⁻²)	60
流量/(L·min⁻¹):	
粗轧机	5000
中轧机	2750
精轧机	1400

5.6.5 中铝华西铝业有限公司

华西铝业有限公司于2001年改用此名,原名成都铝箔厂,1997年投产,位于成都市新都县,是一家国有企业,占地面积 20×10^4 m²,建筑面积 10×10^4 m²,总投资约7.4亿元,设计生产能力铝板、带材6 kt/a,铝箔6 kt/a,2001年总产量14.34 kt,其中箔材8.01 kt(含双零箔4.35 kt)。工厂的主要装备如熔炼-静置炉组、双辊式连续铸轧机、4辊不可逆式 φ400 mm/965 mm×1850 mm 冷轧机、φ280 mm/850 mm×1850 mm 4辊不可逆式铝箔中轧机及精轧机各1台、厚箔纵剪机列、分卷机、衬纸机、轧辊磨床等都是从国外引进的,具有上世纪90年代中期的国际先进水平。

从法塔亨特公司引进的 φ1003 mm×1676 mm 超型铸轧机可生产宽800~1670 mm 的铸轧带坯。1850 mm 铝箔精轧机的设计铝箔最薄厚度为0.0055 mm,这在当时中国的铝箔轧机中是独一无二的。该厂的另一特点是没有配置专门的铝箔粗轧机,不同于渤海铝业有限公司、华北铝业有限公司的配置,而与美铝(上海)铝业有限公司的配置相同。

1850 mm 铝箔中轧机的简明技术参数为:

可轧材料	1XXX、3XXX 系及部分 8XXX 系合金
规格/mm	φ280/850 × 1850
卷材外径/内径/mm	1800/610
带材入口最大厚度/mm	0.6

带材出口最薄厚度/mm	0.012
带材最大宽度/mm	1676
主电机功率/kW	2×441
开卷电机功率/kW	2×70
卷卷电机功率/kW	2×85

华西铝业有限责任公司可按国标(GB)与国际标准生产的板材有 O、H1X、H2X 状态的厚 0.2 ~ 2.0 mm、宽 800 ~ 1500 mm 的，带材有 O、H1X、H2X 状态的厚 0.2 ~ 6.5 mm、宽 800 ~ 1600 mm 的，箔材有 O、H1X、H2X 状态的厚 0.006 ~ 0.2 mm、宽度按用户要求。

5.6.6 复合热传输箔企业

2006 年底中国有 14 家复合热传输箔生产企业，总生产能力达 185 kt/a，其中主要是：萨帕铝热传输(上海)有限公司、东北轻合金有限责任公司、美铝(昆山)铝业有限公司、三源铝业有限公司、银邦铝业有限公司、萨新铝业有限公司等。

5.6.6.1 萨帕铝热传输(上海)有限公司

萨帕铝热传输(上海)有限公司是瑞典萨帕集团(SapaGroup)的全资子公司。该集团在瑞典芬斯蓬还有一家热传输材料公司，是全球最大的这类材料供应者之一，这两家公司生产的产品具有互换性，可在萨帕集团的全球销售网络进入市场。瑞典、德国和日本是全世界热传输铝带箔的主要生产国。

萨帕铝热传输(上海)有限公司于 1999 年 6 月 22 日投产，是中国最大复合铝带箔生产专业厂，生产能力 35 kt/a，主要有二辊单机架双卷取热轧机、四辊不可逆式冷轧机、熔炼铸造设备、焊接机、纵剪生产线等。热轧机是由二手设备改造而成的，2005 年又经过技术改造，其基本参数如下：

型式	2 辊单机架双卷取
规格/mm	$\phi 650 \times 1500$
最大开口度/mm	320
最大轧制力/kN	9000
最大轧制速度/$(m \cdot min^{-1})$	120
主电机功率/kW	3×780
产品最薄厚度/mm	3.5
带坯卷最大质量/t	7
设计生产能力/$(kt \cdot a^{-1})$	50

有由洛阳有色金属加工设计研究院设计的两台冷轧机、陕西压延设备厂制造，1999 年投产 1 台 1400 mm，另 1 台 1450 mm 的 2006 年投产，是中国自行设计制造的最为先进的冷轧机之一，装有 AGC 及 AFC 系统，主要工艺参数如下：

型式	4 辊非可逆式
规格/mm	$\phi 360/800 \times 1400$
可轧材料	软合金
来料最大厚度/mm	8
产品最薄厚度/mm	0.08(第 2 台 0.04)

最大轧制速度/(m·min⁻¹)	630
最大轧制力/kN	9000
带卷最大质量/t	6.5(第 2 台 8)
主电机功率/kW	2×738
设计生产能力/(kt·a⁻¹)	15(2 台总计 35)

计划从 2008 年起进行三期扩建,增加 1 台 1750 mm 4 辊不可逆式单机架双卷取热轧机与 1 条双机架冷连轧线,使生产能力达到 80 kt/a。

5.6.6.2　美铝(昆山)有限公司及三源铝业有限公司

这两家公司分别于 2005 年及 2006 年投产,都基本上是按萨帕铝热传输(上海)有限公司的模式建设的,前者有 1 台 1650 mm 4 辊可逆式单机架双卷取热轧机,由洛阳有色金属加工设计研究院提供;三源公司的 1500 mm 2 辊双卷取热轧机则由涿神有色金属加工专用设备公司设计制造。美铝(昆山)有限公司热轧机的简明技术参数如下:

型式	4 辊可逆双卷取;
规格/mm	φ700/1250×1650
可轧材料	软合金;
锭坯最大尺寸/mm	450×1350×5500
带卷最大质量/t	9
带卷内径/mm	510
带卷最大外径/mm	1850
产品最薄厚度/mm	4
轧制速度/(m·min⁻¹)	0/100/245
最大轧制力/kN	1600
主电机功率/kW	2×1500

美铝(昆山)有限公司的 1500 mm 四辊非可逆式冷轧机由涿神公司设计制造,而三源铝业有限公司的 1500 mm 四辊不可逆式冷轧机也由涿神公司提供,它们的基本技术参数与萨帕铝热传输(上海)有限公司的相近。

5.6.7　电容器箔企业

中国电容器铝箔生产企业 2006 年有约 10 家,生产电解电容器箔的主要有北京伟豪铝业有限公司、新疆众和股份有限公司、东阳光精箔有限公司、关铝股份有限公司等;电力电容器箔的厚度为 ≤0.005 mm 的箔,生产企业有云南新美铝铝业有限公司与恩远实业有限公司贵铝铝箔厂,前者于 2005 年,后者在 2006 年都用铸轧带坯批量生产电力电容器箔,国外都是用铸锭热轧带坯加工的。

参考文献

[1] 王治国. 中国南山轻合金加工总厂简介[J]. 轻合金加工技术, 2004, 32(7): 18~23.

第 6 章　铝合金厚板的生产与应用

6.1　全球航空级铝合金厚板概况

6.1.1　全球生产航空级铝合金厚板的企业

当前,全球可生产可热处理强化铝合金厚板(厚度不小于 6 mm)即航空级铝合金厚板的企业如下:

美国铝业公司(Alcoa)是最大的生产者与供货商,在世界各地有 4 个生产厂:①本国的艾奥瓦州(Iowa)达文波特(Davenport)厂,有 5588 mm 的四辊可逆式热粗轧机,1971 年投产,是全世界首条用计算机控制的铝板带热轧线,可生产 5100 mm 宽的厚板,不过 4000 mm 宽以上的厚板的厚度不得小于 40 mm,否则不易控制板形,可轧制厚达 660 mm 的锭;②设在英国的基茨格林(Kitts Green)轧制厂;③设在意大利的富西纳(Fusina)轧制厂;④设在俄罗斯的别拉雅卡利特娃厂(Belaya Kalitva)。美国铝业公司从 2005 年中期起投资 1 亿多美元对 4 个厂进行改扩建,使其厚板生产能力提高 50%。

第二大厚板生产企业是加拿大铝业公司(Alcan),有两个厚板生产厂:设在美国的雷文斯伍德(Ravenswood)轧制厂,设在法国的伊苏尔轧制厂。

第三大厚板生产企业是美国凯撒铝及化学公司(Kaiser Aluminum & Chemical Co.),近期投资 105 亿美元对其华盛顿州的特雷特伍德(Trentwood)轧制厂的厚板系统进行大规模的改扩建。

第四大厚板生产企业是爱励铝业公司(Aleris)设在德国的科布伦茨(Koblenz)轧制厂。

第五大企业是俄铝联合铝业公司(UC Rusal)的卡缅斯克·乌拉尔斯基冶金厂(Kamensk·Uralski Metallurgical Plant),新近从艾伯纳公司(Ebner)引进的厚板固溶处理炉,可处理长 30 m、宽 3200 mm、厚 155 mm 的铝合金厚板。俄铝联合铝业公司是由俄罗斯铝业公司(Rusal)、西伯利亚乌拉尔铝业公司(Sual)和瑞士嘉能可国际公司(Glencore International)合并而成的一个大的国际铝业公司,2007 年的销售收入可超过 120 亿美元,有员工 10 万名,4 个铝土矿、10 个氧化铝厂、14 个铝电解厂和 3 个铝板带箔轧制厂,原铝生产能力 4000 kt/a,氧化铝生产能力 1100 kt/a。

中国目前有两个航空铝合金厚板生产企业:东北轻合金有限责任公司与西南铝业(集团)有限责任公司,并正在进行大规模的改扩建,可于 2009 年投产,届时中国将成为仅次于美国的全球第二大铝合金厚板生产国,厚板生产能力也居第二位,但航空级厚板的产量可能要到 2012 年才能赶上法国及德国的。东北轻合金有限责任公司的现有 2000 mm 热轧机及在建的 3950 mm 4 辊可逆式轧机,从德国西马克公司(SMS)引进;西南铝业(集团)有限责任公司的轧机为 4300 mm 的,由中国第二重型机器集团公司提供,是厚板专用生产轧机,以及现有的

2800 mm 4 辊可逆式热粗轧机。浙江一龙铝业有限公司是一个可生产宽度 ≤1000 mm 的各种民用铝合金厚板的专业厂，有一台 1300 mm 可逆式热轧机。

南非皮特玛莉茨堡市（Pietermaritzburg）休莱特铝业公司（Hulett aluminium）有 1 条 3600 mm 热粗－精轧生产线，可生产 3200 mm 宽的热轧板带，1999 年建了一条艾伯纳海康（EbnerHicon^R）型辊底式厚板固溶处理炉。为了扩大生产，2005 年 8 月对其进行了技术改造，原来的处理炉仅由固溶处理区与淬火区组成，改造内容为：增加两个加热区，加热区长度比原来的长了一倍；增加装料辊道，炉后增加卸料辊道。改造完成后可处理板材的最大尺寸：长 16.3 m，宽 3200 mm，厚 152 mm。

罗马尼亚斯拉迪纳市（Slatina）的斯克铝轧制产品公司（SC Alro），也能生产厚板。

日本神户钢铁公司真冈轧制厂虽有 4000 mm 的热粗轧机，古河电气公司福井轧制厂更有宽达 4320 mm 的热粗轧机，可以生产 3600 mm 及 4000 mm 宽的铝合金厚板，不过由于日本受到发展航空工业的限制，且没有辊底式固溶处理炉等原因，不能生产航空级的宽大厚板。

印度可于 2009 年进入世界航空铝合金厚板生产行列。印度欣达尔科铝业公司（Hindalco）与美国阿美克斯公司（Almex）组建一个合资企业，生产航空工业及地面交通工业用的高强度铝合金板带材。该合资公司名为"Hindalco-Almex 航空材料有限公司（Aerospace Ltd.）"，欣达尔科铝业公司占 70% 股份，Almex 公司占 30% 股份，市场主要在境外，总投资 Rs155M，生产能力 46 kt/a，计划到 2009 年全面建成。

由此可见，当今全球有美国、德国、法国、俄罗斯、中国、英国、意大利、南非、罗马尼亚等 9 国的 13 个工厂可以生产航空级的可热处理强化的铝合金厚板。中国中铝河南铝业有限公司洛阳热轧厂 2007 年 5 月轧出 40 mm 厚的 5083 合金厚板，但该厂不能认为是航空厚板生产厂，因为既没有热处理炉又没有拉伸机。凡是有热轧机的企业都可以生产普通用途的厚板。

6.1.2 美国军用飞机大换代，铝合金厚板需求量增加

不但美国的军用飞机在大换代，包括中国在内的其他大国的军用飞机也都在更新换代。美国民用客机大多由波音飞机公司制造，而军用飞机及其他有关军工方面的航空航天器则多由洛克希德－马丁公司、诺斯罗普－格鲁曼公司、BAE 系统公司（Lock-heed-Martin, Northrop-Grumman and BAE Systems）设计制造。它们制造的 F－35 战机已定型，在进行批量生产，是美国第五代战机，是一种多用途超音速战机，用以替代将逐步退役的 AV－8B 垂直起落飞机（Harriers）、A－10S 系列飞机、F－16S 系列战机、F/A－18 型飞机（Hornets），以及英国的 GR.7S 垂直起落飞机与海上垂直起落飞机（Sea Harriers）。

中国不但推出了新一代的歼十战斗机，而且将批量生产 ARJ21－700"翔凤"支线客机与 C919 大飞机。据介绍，歼十战斗机是一种可与美国 F－35 型战机相匹敌的第四代战机，它的载弹量增加了，可携短、中、远各型导弹及地对海导弹与炸弹，还具备隐身性能，并可作间歇超音速巡航，具备第五代战机性能。此外还在生产"虎"Z9 等一批最新式的武装直升机。它们都是航空级铝合金厚板的主要用户。

加拿大铝业公司轧制产品公司雷文斯伍德轧制厂（Alcan Rolled Products Ravenswood）2006 年与特拉斯塔金属公司（Transtar Metals）签订了一份为制造 F－35 型战机提供铝合金特厚板（heavy gauge aluminum plate）的长期合同，成为这种特厚板的主要生产者。特拉斯塔金

属公司是军工材料的主要供应商。

凯撒铝及化学公司不但与特位斯塔金属公司、埃克力普斯军用飞机公司（Eclipse Aviation）、AMI 金属公司签订了 3 个新的厚板供应合同，而且还与 A. M. 卡斯特尔公司（A. M. Castle & Co.）及波音飞机公司（Boeing）签订了厚板供应长单，这是凯撒公司特雷特伍德轧制厂厚板生产能力扩大了 50% 的结果，该厂的厚板生产能力可达 80 kt/a ~ 100 kt/a。

闪电Ⅱ是美国国防部 F－35 战机的代号，凯撒公司将向特拉斯塔公司提供制造 F－35 战机的部分高精厚板，合同期截止到 2016 年。F－35 战机可于 2009 年首次交付使用。它是一种单座单发（single-engine）超音速隐形（stealth）军用机，是为提供地面支持、战术轰炸和空战而设计的，是美国空军、海军、海军陆战队与同盟国武器库中的下一代先进战机。

凯撒铝业公司与军用飞机公司签订了一份为制造 Eclipse500 型飞机提供铝加工材的合同，这是一种前所未有的特轻喷气式飞机（VLJ）。该合同的签订使凯撒公司成为 Eclipse500 战机的主要铝合金厚板与薄板供应者，这种飞机到 2007 年为止将有 2500 架投产。这种飞机使用了当今所有的先进技术与数字通讯设备，比现有飞机更安全与更容易操作，具有最低的维护与使用成本，其生产成本仅相当于小型喷气式飞机的 1/3。

凯撒铝业公司最近宣布，它与 AMI 金属公司签订了一个从 2009 年起至 2012 年止的铝板带供应合同，向波音联合防务系统公司（Boeing Integrated Defense Systetems，IDS）提供制造军工产品所需的特厚与中厚板（heavy and light gauge plate）以及薄板与卷材。

根据豪克·比奇飞机系列项目合同（Hawker and Beechcraft Series），凯撒铝业公司到 2010 年为止的这段时间内将通过 A. M. 卡斯特尔公司向雷西旺飞机公司（Raytheon Aircraft Co.）提供高精铝合金板材，用于制造诸如豪克（Hawker）400XP、豪克 4000 超中型商务喷气飞机、Beechcraft 帝王飞机系列（King Air Series）、T－6 教练机等。

6.1.3 商用飞机产量增加，铝合金厚板供需矛盾加大

世界上两大客机及商用飞机制造公司——波音公司与空中客车公司都在加紧生产各式飞机，尽管单架飞机的铝材用量比例有所下降，但由于飞机的大型化与架数的增加，铝材总用量的增速仍比铝的整体消费量的增速快一些，特别是铝合金厚板。

空客公司 2002 年铝合金厚板用量 25.5 kt，2010 年的用量可达 100 kt，这 8 年的年平均增长率高达 20%。2002—2011 年空客公司各年的铝合金厚板用量如图 6－1 所示。

波音公司的飞机产量比空客公司的多，虽然其单架飞机的厚板用量比空客飞机的少一些，但总用量大体上与空客公司的相当。

据此，考虑到其他国家的民用飞机制造以及军用飞机的制造，2008 年全世界航空级铝合金厚板的需求量约 180 kt，其中美国的消费量约 90 kt。

空客公司目前生产的民用机型号有 12 种，自 1974 年以来至 2007 年止向全世界销售了 5370 架民用飞机，截止 2005 年 3 月空客公司拿到的订单就有 1531 架。空客公司用的铝合金厚板主要由加拿大铝业公司设在法国的伊苏瓦尔轧制厂，以及爱励公司设在德国的科布伦茨轧制厂提供。但也从美国铝业公司大量采购，美国铝业公司 2005 年 8 月与空客公司签署了一项合同，从 2005 年起至 2011 年 12 月止，前者将向后者提供航空级高精铝合金板材，用于制造 A380F 货运机与宽机身 A390 客机在内的空客系列飞机。美国铝业公司称，该巨额合同的签订，将使该公司在今后 16 个月内向全球航空航天工业提供的可热处理强化的铝合金板

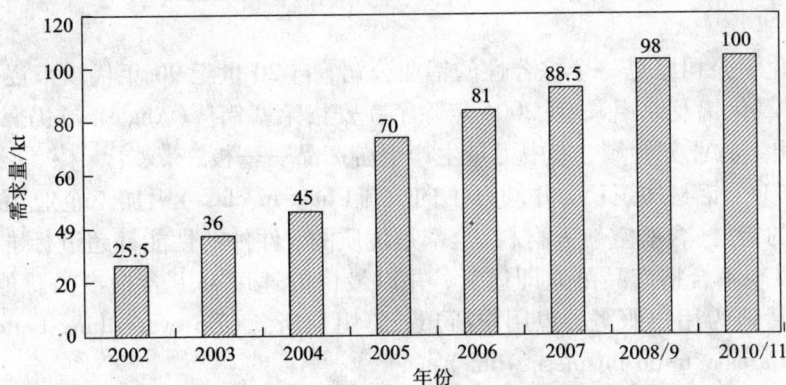

图6-1 空中客车公司各年铝合金厚板需求量

材量增加约50%。

凯撒铝业公司与波音商用飞机公司(Boeing Commercial Aircraft)于近期签订了铝合金中厚板与薄板供应合同,用于制造波音商用飞机,此合同是过去签订的特厚板供应合同的补充。

铝合金厚板有多种分类方法,有按用途分的,有按厚度分的,有按状态分的,本书按用途分,分为航空级的与非航空级的,前者用于制造航空航天器,后者则用于其他的所有部门。航空级铝合金厚板的96%以上是用可热处理强化铝合金轧制的;非航空级铝合金厚板有90%左右为热处理不可强化的铝合金,如用1XXX、3XXX、5XXX、部分8XXX系铝合金轧制的,它们的用途非常广泛,几乎用到国民经济的各个部门。

2008年是世界铝合金厚板消费大年,总需求量可达550 kt,自此以后的需求量虽仍呈增长态势,但增长速度会放慢。不过届时中国对铝合金厚板的需求将进入高速增长期。因为中国正是在此以后进入世界第三大航空工业国,交通运输工具制造处于高速增长期,成为世界制造业基地的时期,同时新的铝合金厚板项目及改扩建的厚板工程也都已投产,装机水平将居国际先进行列。

6.2 凯撒铝业公司厚板系统的改扩建及厚板的销售

美国凯撒铝及化学公司(Kaiser Aluminum & Chemical Co.)原是美国航空铝板带材的主要生产者,其特雷特伍德(Trentwood)轧制厂是美国主要的铝板带轧制厂之一,有一条(1+1+5)式热连轧生产线,4辊不可逆式双机架冷连轧线1条,4辊可逆式单机架冷轧机1台,冷轧板带材生产能力285 kt/a。然而自20世纪90年代中期以来,生产状况不理想,航空铝材产量有所下降。因此,自2004年以来先投资7500万美元后又追加3000万美元对该厂的厚板系统进行大规模的改扩建,这是近20年来全球对单一铝板带轧制厂厚板系统进行的最大一次改造。经过这次改造厚板的生产能力可翻一番。改造的主要内容是增加3台辊底式固溶处理炉,其中1台已于2006年9月投产,另两台分别于2007年及2008年投产。

特雷特伍德轧制厂的3352 mm热粗轧机是世界第五大4辊可逆式热轧机,5机架热精连轧机列为 2032 mm，粗轧机主电机功率 7460 kW，最大轧制速度 145 m/min，可轧锭坯最大质量 21.4 t。

凯撒铝及化学公司原是一个综合性的铝业公司，自 20 世纪 90 年代以来逐步退出了上游业务（铝土矿、氧化铝及原铝），到 2006 年除了在安格莱塞铝厂（Anglesey）仍握有大部分股份外，已全部退出上游业务领域，集中力量生产下游产品——板、带、管、棒、型材、锻件及锻坯。在美国有 11 个铝材加工厂，并制订了向一流（best in class）铝加工企业迈进的战略，保证向用户提供的铝材（含航空航天材料）全都是优质的，件件的性能都超过标准规定，并向用户承诺，一旦发现不合格产品可立即退货，并以最快的速度补上合格产品。他们的口号是：更好更快更灵活地为用户服务，想用户所想，急用户所急（Do every-thing better, faster, and with flexibility. Be easy to do business with.）

经过这番经营战略转移与经营理念转变，凯撒铝业公司的企业状况有了很大转变，赢得了用户的信赖，航空级铝材——板、带、型材、无缝管、棒材、锻件产量大幅度上升，订单源源不断，应接不暇。别的公司的交货期大都往后延，而他们的交货期却在提前，由过去的 5 个月缩短到 4 个月。

6.2.1 大批航空材料订单的赢得

随着世界经济的发展，航空工业首先得到较大好转，过去多年沉积的技术一下子纷纷登场，除了民用飞机外，军用飞机大换代也提前到来，一批又一批的新飞机进入批量生产阶段。

6.2.1.1 特轻喷气飞机铝材直接供货商

凯撒铝业公司几乎囊括特轻喷气机（Very Light Jets，VLJ）的全部铝材订单。这是一种人们盼望已久的脱颖而出的新式商务飞机。根据美国国家商务航空协会（National Business Aviation Asscition）的定义，特轻飞机是："起飞质量等于或小于 4536 kg 的由一人驾驶的喷气飞行器，并具有如下的一些特点，装备有先进的自动仪表如移动地图雷达适用器与多功能显示器，自动发动机与系统操作，自动驾驶、自动导航、自动飞行系统。"由埃克利普斯飞机公司（Eclipse Aviation）设计制造的 Eclipse500 型特轻喷气机满足了这些要求。

这种特轻飞机的市场甚为乐观，2013 年以前的需求为 500 架，乐观一些稍后的需求为 2 万架，主要是为公司的商务机、私人机、空中出租车及其他用途设计的。许多公司为争夺制造权费尽了心机，从大的本田公司（Honda）到名不见经传的小制造商都参与竞标角逐。最后制造权为新墨西哥州阿尔布魁尔库市（Albuquerque）的埃克利普斯飞机公司夺得，而凯撒铝业公司成为铝材的首要供应商。这是一种全铝结构的小型喷气机，订单已达 2500 架，其优点甚多：制造成本仅为当前小型喷气飞机的 1/3，非常安全，易于操作，比任何喷气飞机的营运成本都低得多，而且噪声之小远低于历史上任一喷气飞行器的。根据美国联邦航空委员会（FAA）的规定，其噪声应比 FAA3 标准低 10dB，并接近 FAA4 标准，而 Eclipse500 飞机的噪声只有 50.9dB，完全达到了标准。2006 年 9 月 30 日公司收到了 FAA 的全权制造许可证书与飞机的质量认证书。

6.2.1.2 第五代战机 F-35 闪电Ⅱ型机铝合金厚板供应商

美国等 9 国正在研制的第五代战机既没有大量地使用钛合金，也未过多地采用复合材料，所采用的材料而仍以铝材为主，特别是使用了大量的优质铝合金厚板，每架战机的采购铝材量达 136 t，不过由于飞机铝材的"采购/飞行"（buy-to-fly）比甚高，每架飞机铝合金零部件的净质量远比此数小。据称这种战机的近期规划产量为 4500 架，那么铝材的采购量约612 kt。

由上所述可见，为制造 F-35 战斗机在未来 20 年内需采购 612 kt 铝材，平均每年 30.6 kt，而且主要为铝合金厚板。2006 年 8 月 16 日凯撒铝业公司与特兰斯塔金属公司（Transtar Metals）签订了优质铝合金厚板供应合同，后者是美国军用材料的主要供应商，向制造 F-35 战机的洛克希德马丁公司（Lockheed Martin）、诺斯罗普格鲁曼公司（Northrop Grumman）与 BAE 系统公司提供各种材料。规划制造 F-35 战机约 4500 架，其中美国 2443 架、英国 138 架、其他伙伴国家约 700 架，另外 1000~2000 架卖给合作伙伴以外的其他国家。

6.2.1.3 为多种雷西旺（Raytheon）飞机提供铝合金板材

雷西旺飞机公司（Raytheon Aircraft Company）所用的材料统一由 A. M. 卡斯特尔公司（A. M. Castle & Co.）提供，2006 年 8 月 29 日与凯撒铝业公司签订了由其供应铝合金厚板与薄板的合同，直到 2010 年。凯撒铝合金板材用于制造下列各型喷气式飞机：

- 夏克（Hawker）400×P：净重（零燃油质量）5897 kg，乘坐 4 人时航速 833.5 km/h，飞行高度 13716 m，飞行距离 2756 km。这是一种轻型的商务喷气式飞机，可在小机场起降。
- 夏克 4000：可乘坐 8 人的超中型的喷气飞机，最大净重 11.34 t，飞行距离 5304 km，飞行高度 12500 m，最大巡航速度 844 km/h。
- 比奇首映 1A 型飞机（Beechcraft Premier1A）：一种净重 4536 kg 的可乘坐 4 人的喷气式商务机，飞行距离 2210 km，飞行高度 12500 m，最大巡航速度 856 km/h。
- T-6A/B 初级教练机（Primary Trainer）：是为美国空军、海军、北大西洋公约组织（NATO）、希腊空军设计的一种教练机，用以替代上世纪 50 年代服役的 T-38B/34C 型教练机，计划到 2017 年共生产 800 架。

6.2.1.4 波音统一防务系统（IDS）与凯撒铝业公司签订长期板带合同

波音飞机公司不但是世界最大民用飞机制造企业，而且还是美国最大军工装备与武器制造公司之一，其所属的波音统一防务系统公司（Boeing Integrat-ed Defense Systems）目前接到有关防务、军工与航天方面的订单已达 310 亿美元。2006 年 9 月 12 日与 IDS 公司、凯撒铝业公司与 AMI 金属公司签订了供应铝合金特厚板（heavy gauge plate）、中板（Light gauge plate）、带卷、薄板的中期合同（2009—2012 年）。IDS 公司将用凯撒铝业公司生产的铝材制造 F-15 鹰式战机（Strike Eagle）、F/A-18 Hornet 飞机、C-17 全球航霸Ⅲ军运机、CH-47D/F Chinook 直升机，以及 V-22 Osprey 飞机，它是世界首批投产的可倾斜旋翼飞机（tilt-rotor aircraft）。

6.2.1.5 民用航运大发展，凯撒铝业公司获得波音与空客民用飞机铝材订单

根据波音飞机公司与空客公司发表的资料，在到 2014 年为止的这段时间内是世界民用航空运输业明显增长的时期，2009 年的运输量将比 2003 年的增长 50%，而 2014 年的运输量又将比 2009 年的上升 50%。1993 年的卖座率约 65%，而 2005 年的卖座率可上升到 75%。

由于民用飞机制造业的明显好转，对铝材需求量有较大幅度上升，2005 年 12 月 12 日凯撒铝业公司签订一份向波音飞机公司提供航空厚板的多年合同。2005 年 6 月凯撒铝业公司与空客公司签订了 6 年的可热处理铝合金薄板与中厚板的供应合同，随后于 2005 年 11 月又与空客公司签署了一份供应特厚铝合金板的合同（图 6-2）。

新一代的碳纤维复合材料的开发与铝合金形成了竞争态势，但在飞机制造中还不会对航空铝构成威胁，因为各大铝业公司都制定强有力的应对措施，一方面在想方设法提高现有合

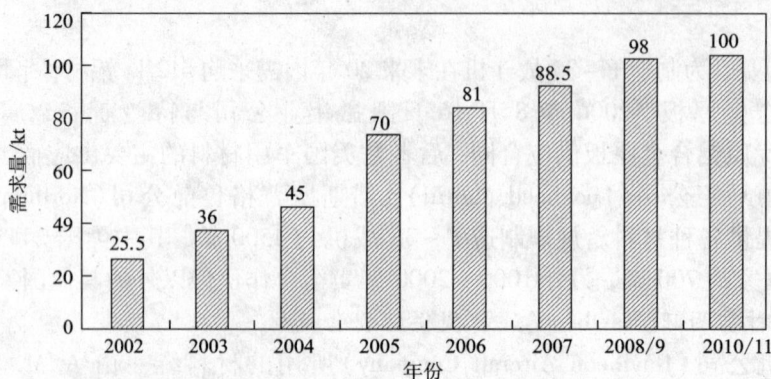

图 6 – 2 欧洲空客公司 2002—2011 年对铝合金厚板的需求

金的性能与降低铝材加工成本，另一方面在积极开发新合金与铝材新加工工艺，第三是参与飞机制造厂铝制零部件的设计与加工，帮助飞机制造厂采用新的工艺，降低生产成本，如采用摩擦搅拌焊接法与数字金属沉积工艺(digital metal deposition)。

6.2.2 凯撒铝业公司中兴的经验

凯撒铝业公司的中兴使它赢得了大批长期铝板带特别是铝厚板的订单，其主要经验是：

• 调整了企业的经营战略，剥离与退出了铝工业的上游领域，集中力量发展下游产品，并将投资集中在航空厚板技术与装备的改扩建方面，使航空级铝板的生产能力上升 100%。

• 提出创最好产品与一切为了用户的经营理念，赢得了用户的信赖。

• 航空航天市场的复苏，特别是美国军用飞机的大换代，尤其是 9 国集团研发的 F – 35 战机的加速定型。

• 对加速发展的航空工业制定了新的品质、服务与发货标准，不但提升了铝材的品质，而且服务质量大为提升。

2005 年 10 月 31 日凯撒铝业公司宣布投资 0.75 亿美元对特雷特伍德轧制厂厚板系统进行为期 3 年的改扩建，增加拉伸矫直机、两台辊底式固溶热处理炉、1 条超声波探伤线及其他辅助设备。一台热处理炉已于 2006 年第 4 季度全面投产，另一台可望于 2007 年中期投入运转，它们都由德国奥托容克公司(Otto Junker)提供。原有的 1 台拉伸机可拉伸 75 ~ 100 mm 厚板，新拉伸机可矫直 200 ~ 300 mm 特厚板。稍后，凯撒公司又于 2006 年 8 月 1 日宣布追加 0.3 亿美元投资，主要是再增加 1 台辊底式固溶处理炉，计划于 2007 年中期投产。改扩建计划全部完成后，公司的厚板生产能力可翻一番(图 6 – 2)。

特雷特伍德轧制厂于第二次世界大战期间的 1942 年在华盛顿州斯波坎(Spokane)市建成投产，是为生产飞机铝板而建的，是战争产物，二战胜利后停产。亨利·J·凯撒后从政府购得此厂，并陆续进行了改扩建。今天，该厂占地 2.12×10^6 m²，建筑面积 2.63×10^5 m²，是美国西部最大的铝板带轧制厂。有熔炼铸造车间，对外采购原铝锭，熔炼温度 730 ~ 780℃，熔体经精炼、除气、净化处理后铸成锭，锭的最大尺寸 762 mm(厚)×1728 mm(宽)×6020 mm(长)，质量 21.4 t，铣面后进行均匀化处理。最高均匀化温度 590℃，然后降到热轧温度。

热粗轧机为四辊可逆式 3352 mm 的，将锭粗轧到 75～200 mm 厚，然后由中轧机轧到 50 mm 厚，送入 5 机架六辊 2032 mm 精连轧机列轧到 2.3～7.6 mm，这是世界上首条这类热连轧生产线。热连轧带卷进入冷轧工段，经退火后由双机架冷连轧机轧成薄板带，其偏差为 ±0.05 mm。车间有立式与卧式高强度合金固溶处理炉，处理温度为 450～520℃。

由奥托容克公司提供的 3 台新固溶处理炉是这次投资 1.105 亿美元进行技术改造的核心设备，都以天然气为燃料，烧嘴喷出的高温燃气进入双"P"形辐射管加热同流换热器中的空气，空气是由强大的风扇吹入的，加热后的高温空气通过高速喷嘴喷到厚板的上下面，将厚板均匀地加热。

炉内的辊道是不锈钢的，厚板缓慢地颤动着通过炉内被加热与进行保温，保温后快速通过主淬火区，受到喷水嘴喷出的强大水流的高速均匀冷却，水的流量及速度可根据厚板的厚度及合金种类进行适当的调节，因而可确保板中的残余应力及板的变形量都在预期的规定范围内。主淬火区之后有一后冷区(after-cooling zone)，厚板在此区内得到进一步的冷却，温度下降到后续工序所要求的值，最后进入干燥区，以热风吹除与干燥板面上的水分，以便于矫直与时效。该炉装备有 PC 基工艺过程可视系统，并设有 PLC 与操作手现场终端。所有数据全部储存，以备日后检查与生产控制，以及提供文件与随时调阅。

通过拉伸矫直可进一步改善厚板的平直度与降低非均匀内应力，最后可根据标准规定及用户要求对厚板进行锯切、剪切、纵切、裁剪与打印文字或标志。材料应具有可追踪性是航空工业的一项特殊性的关键要求。凯撒铝业公司在每张"Precision Pla-te™"铝板上都标印三复式的文字标志。最后在新安装的超声探伤线上进行检验，以确保产品品质。特雷特伍德轧制厂通过一系列组织与公司的质量认证，如 ISO 9002，波音公司的 DI 9000，航空工业的 AS 9100，汽车工业的 QS 9000。

6.3　铝合金厚板的性能与应用[1～6]

6.3.1　常规厚板铝合金牌号

在原则上说，凡是变形铝合金都可以用于生产厚板，但在实际生产与使用中，厚板铝合金还不到 20 个，例如石化工业焊制容器等的厚板(一般都不厚于 15 mm)则多为 1XXX 系及 3XXX 系合金，航天工业则以 2XXX 系及 7XXX 系合金为主；船舶制造及交通运输工业则常用 5XXX 系及 6XXX 系合金；工模具工业用的合金有 2XXX、5XXX、6XXX、7XXX 系合金。此外，制氧工业还用到 4XXX 系合金。

常用的热处理可强化的厚板铝合金为 2017A、2219、2024、5026、5083、6061、6082、7020、7022、7040、7050、7075 合金。

6.3.2　非标准厚板铝合金

非标准厚板铝合金是生产厚板的企业各自研发的，但都是在标准铝合金基础上对成分稍加调整和添加一些微量元素发展而成的，以满足某些特殊性能要求。主要非标准厚板铝合金有：

美国铝业公司的精密铸造厚板铝合金 Mic－6，其成分虽未公布，但由其性能可推断为一种 7XXX 系合金。

爱励公司德国科布伦茨铝板带有限公司（Aleris Aluminium Walzprodukte GmbH in Koblenz, Germany）的 Giantal 合金，该合金是由 5083-O 合金发展而来的；通用型合金 Weldural 是一种 AlCu6.5Mg0.3 的 2XXX 系合金；高强度 Hokotol 合金，其原型合金为 7050，与这些合金的成分大体相当。

德国格联克铝业有限公司（GLEICH GmbH）是一家生产铸造铝合金厚板的企业，也外购一些轧制厚板铝合金，通过精密机械加工制成工模具坯料、锻坯、成品工模具等。开发的合金有 G. AL^{R}C 250，其原型为 5083 合金，具体成分为：（4~5）% Mg，<1% Mn，1.5% 其他元素，其余为铝；G. Al^{R}C 210 合金，也是一种 5083 型合金；G. Al^{R}F240 模锻坯料，合金成分相当于 5083 合金。

德国亚里美克斯铝业公司（Alimex Metall-handelsgesesellsehaft GmbH）是一家以铸造与轧制铝合金厚板精密机械加工零部件、工具、模具、坯料块的公司，铸造厚板由公司自行生产，而热轧厚板则外购。所用的合金是常规标准合金，但产品都冠以自己的品牌，如 ACP 5080R（5083 合金）、ACP 5080（5083 合金）、ACP 6000（7XXX 合金）、PLANAL（5083、6082、7075合金）、AMP（7XXX 系合金）。

加拿大铝业公司（Alcan）设在美国与法国的企业可为各个部门提供各种轧制的或铸造的铝合金厚板，特别可为航空航天工业提供各种铝合金厚板，尤其是热处理可强化的铝合金厚板，位于法国的伊苏尔（Issoire）轧制厂即是生产这种厚板的知名企业。

6.3.3 厚板的分类及生产工艺

铝合金厚板没有明确的标定的分类方法，也没有约定俗成的分类标准。现在有人把铝合金分为薄板、特薄板、中板、厚板等，实际上在中外铝板带标准中仅将铝轧制板带（FRPS）分为薄的与厚的两种（Sheet and Plate），凡厚度小于 6 mm 或 6.35 mm 的称为"薄板"，而厚度等于或大于此数的称为"厚板"，并没有"中板"这一名称。至于"中板"这一名称是中国铝工业界惯用的一种称呼，来源于钢铁工业，因为在钢板的分类中有"中板"这一名称。

综合各方面的情况，作者对铝合金平轧板材按厚度定义为，供参考：

特薄板	>0.2~0.5 mm	厚板	≥35~80 mm
薄板	>0.5~<4.5 mm	特厚板	>80~200 mm
中板	≥4.5~35 mm	极厚板	>200~1100 mm（铸造的）

厚板生产工艺分为两种：铸锭热轧法与铸造法。凡是厚度大于 250 mm 的极厚板都是铸造而成的，因为全球热粗轧机的开口度都不超过 800 mm，不能轧制出冶金组织均匀、全部为热轧组织且厚度在 250 mm 以上的热轧厚板。不过在此需指出，铸造厚板不是用铸造铝合金生产的，仍是用变形铝合金铸造的。无论在国内还是国外，厚板生产的技术含量都很高。50% 左右的厚板是用热处理可强化的铝合金生产的，其余的是用 1XXX、3XXX 系及 5XXX 系合金生产的，而 80% 以上的薄板为热处理不可强化合金。

轧制厚板的最大宽度可达 5400 mm，这是美国铝业公司达文波特（Davenport）厂生产的，最大长度可达 40 m，一般厚板的宽度都在 3500 mm 以下。对于长、宽尺寸，目前的发展趋势并不追求越大越好，而是要求大一些的，因为铝合金焊接技术已经有了长足发展。

当前，可提供的铸造厚板的最大厚度为 1100 mm，但不能太宽，例如 950 mm 厚时最大宽度只能达到1300 mm，而厚度减至700 mm 时则可宽达2200 mm，总之厚度越大，宽/厚比就相应地小一些。同时，由于铸造极厚板都用于制造工模具，也不需要太宽的尺寸。对铸造厚板最主要的要求是：均匀一致无偏析的成分、致密无疏松的组织、晶粒细小均一的冶金结构；在机械加工时及加工后不存在可引起变形的残余应力；具有很高的尺寸稳定性，不会发生变形。

轧制厚板的典型生产工艺流程如下：配料→熔炼→炉内及在线精炼与除气净化处理→铸造→均匀化退火→锯切头尾→铣面→加热→热轧→剪切→冷轧（仅对厚度薄的厚板）→固溶处理（仅对 6XXX、2XXX、7XXX 系合金，对 5XXX 系合金进行退火或稳定化处理，对热处理可强化合金 O 状态材料则进行完全退火）→预拉伸→超声波探伤→人工时效（对 2XXX 系合金的一些产品可不进行）→涡流电导率检测→锯切或精密裁切→包装→入库或发运。

6.3.4 工模具铝合金的优点

铝合金厚板特别是铸造的特厚板及极厚板多用于机械加工工具及模具，因为与工模具传统材料钢材相比，铝材具有非常明显的优点，这就决定了它的竞争优势，使铝合金工模具的应用日益广泛。由于中国制造业的发展，特别是中国成为全球制造基地地位的加强，对铝合金工模具的需求将比世界上任何一个国家的都大，其增长率也将高于其他任何一个国家的。

6.3.4.1 优良的可切削性能

由图 6-3 可见，如以模具钢的可切削速度为 1，则铝合金的可切削速度比钢的快 4 倍，因而可对其进行高速切削，能显著缩短工模具制造周期，对原型工具模具的试制极为有利。另外，铝合金的卓越可切削性能可大大降低切削工具的磨损，相应地延长其使用期限，降低生产成本，降低材料消耗。

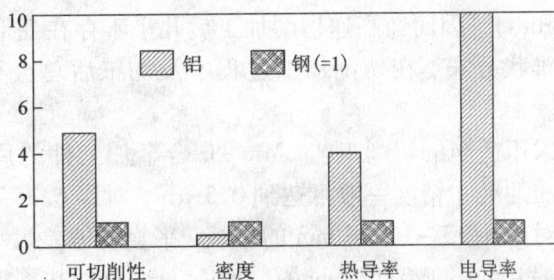

图 6-3 铝材与钢材的性能比较

6.3.4.2 密度小

铝材密度为 2700 kg/m³，只有钢材的 1/3 左右，因此铝合金工模具既便于搬运又易于装卡，同时由于铝合金工模具的质量轻，可以方便地与更快地打开与闭合。

6.3.4.3 热导率高

铝合金的热导率为 123～170 W/m·K，约为模具钢的 4 倍，能有效地缩短零件冷却时间。

6.3.5 厚板生产和/或经销企业

厚板生产和/或经销企业可分为下列几种类型：生产与经销厚板的企业，如美国铝业公司、加拿大铝业公司、俄罗斯铝业公司、日本神户钢铁公司、中国的西南铝业（集团）有限责任公司与东北轻合金有限责任公司等；生产、经销与深加工的企业，如柯鲁斯集团科布伦茨铝板带公司；生产铸造厚板、外购轧制厚板与深加工的企业，如德国亚里美克斯铝业公司、格联赫克铝业公司；仅做经销或代理商的企业如德国美最时洋行（Melchers）铝合金分销中心（Aluminium Distribution Center），仅在中国就有 9 个办事处（含香港与台湾地区各 1 个）、3 个地区销售支援办事处、5 个仓库（含香港与台湾地区各 1 个），意大利的陶金属有限公司（Tau

Metalli spa)等。

6.3.5.1 美国铝业公司

（1）轧制厚板

美国铝业公司（Alcoa）是世界最大的也是装备最齐全、技术最先进的铝合金中厚板生产者，其1972年建成的衣阿华州达文波特（Davenport）铝板带厂可生产世界上最宽与最厚的热轧厚板。它在世界各地拥有4个生产轧制厚板的企业：上述的达文波特厂、英国基茨格林（Kitts Green）铝板带公司、意大利富西纳（Fusina）铝板带公司、俄罗斯伯拉雅卡里特娃（Belaya Kalitva）铝加工厂。美国铝业公司从2005年6月起投资6000万美元对上述4个企业的厚板生产线进行技术改造与扩建，使航空航天可热处理强化铝合金厚板生产能力扩大50%左右，改扩建期限为18月。这些项目的建设不但是为了满足当前航空航天市场需求，而且着眼于这些市场的巨大潜力。

（2）精密铸造厚板铝合金 Mic -6

美国铝业公司以生产轧制铝合金厚板著称于世，近些年来还同时开发出了有竞争力的生产厚板的铸造铝合金 Mic -6。此合金的成分虽然尚未公布，但根据其性能可判断是一种7XXX系合金。

由于此合金在铸造状态具有特定的冶金组织与相当理想的应力释放性能（Stress relieving properties），因而经高速切削加工后几乎不存在变形、扭曲，而轧制产品组织沿轧制方向呈一定纤维状分布，在切削加工过程中及加工后总会存在变形，有的甚至扭曲过度以至于成为废品。

采用适当的切削工艺，Mic -6 合金加工件的尺寸偏差可精确到1/1000。精加工后工件两大面的尺寸精度一般可达到0.5 μm，对厚6.35~100 mm 的厚度精度可达到±0.38 mm。

对厚6.35~15.88 mm 的中板，平直度偏差可小于0.38 mm，而19~100 mm 的厚板的平直度偏差可小于0.127 mm（0.055″）。合金的热周期性变化（thermal cycling）或者说其最高使用温度可达427℃。

可根据需求厚度采用常规半连续法一块一块地铸造 Mic -6 合金厚板，当然也可用连续法铸造。铝熔体应经过严格的净化与过滤处理，炉外处理可采用 SNIF 法或其他有效净化与除气法。在铸造过程中，熔体的温度梯度应稳定，以保持厚板两大面的热传输处于平衡状态。

Mic -6 合金的典型性能见表6-1，厚板的表面状态尺寸偏差见表6-2，偏差由激光仪监控。

美铝供应的各种 Mic -6 铸造铝合金厚板都加工到严格符合尺寸偏差，并是热稳定的。由于这种厚板拥有这些特性，所以在许多工业部门获得了广泛的应用，主要应用：飞机制造工具、汽车制造工具、数控铣平台（CNC routing tahles），芯片印刷机（chip printers）、电路印刷机（circuit printers）、介电体（dielectrics），电子产品（electronics）、食品机械、铸造模（foundry patters）、致热与致冷模板（heating and coolng patters）、指示牌（盘）、医疗仪表、包装机械与模型、制药吸盘（vacuum chucks）。目前可供应的最大板厚为100 mm。

综上:，Mic -6 合金铸造厚板大都应用于高技术制造领域，可见它是一类技术含量高、附加值高的合金产品。

表 6-1　Mic-6 合金厚板的典型性能

项　目	数　据
抗拉强度/MPa	166
屈服强度/MPa	105
伸长率/%	3
布氏硬度(HB)	65
20℃~100℃的平均线膨胀系数/$(m \cdot K)^{-1}$	23.6×10^{-6}
20℃~200℃的平均线膨胀系数/$(m \cdot K)^{-1}$	24.5×10^{-6}
热导率/$W \cdot (m \cdot K)^{-1}$	142
电导率/% IACS	36
弹性模量/GPa	71
标准厚板尺寸/mm:	
厚度	6~100
宽度	1212~1572
长度	2412、3012、3612
非标准厚板尺寸/mm	根据用户需求生产

表 6-2　Mic-6 合金厚板的尺寸偏差及平直度偏差

项　目	数值(mm)或状态
表面(两大面)	0.50 μm
边棱状态:	
宽棱	机加的
长棱	锯切的
机加(切削加工)厚板尺寸偏差:	
长度	+13 mm，-0 mm
宽度	+7 mm，-0 mm
厚度(厚6.35~152.4 mm)	±0.127
平直度偏差:	
≤19 mm 厚板	0.127 mm
6.35~15.88 mm	0.381 mm

注：以上两表所列资料由美国铝业公司提供。

6.3.5.2　爱励铝业公司

爱励铝业公司(Aleris Aluminium Walzprodukte)设在德国科布伦茨市(Koblenz)的铝板带厂，也是全球主要的航空航天铝板带及厚板(≤900 mm)生产企业之一，生产工艺分轧制与铸造两种。有一台 3760 mm 四辊可逆式热粗轧机与一台 3250 mm 四辊可逆式热精轧机。前者可生产 3600 mm 的、最薄厚度为 8 mm 的厚板，铸锭的最大厚度 600 mm，主电机功率 7200 kW，轧制力 45000 kN。

科布伦茨轧制厂除有辊底式厚板固溶处理炉外，还有一台先进的水平式的 HHT 连续热处理炉，可处理尺寸达 200 mm×3600 mm×24000 mm 的特大厚板；有一台 80MN 的拉伸机，可拉伸的厚板的最大尺寸如上。该厂采用 300MN 锻压机来控制厚板中的应力水平或消除内应力。

该公司有一支力量雄厚的技术队伍，其技术研发中心(CRD&T, Corus Research, Development and Technology)所开发的 AlustarTM 厚板铝合金在焊接状态下的抗拉强度比常规 5083 合金的还高 20%。因此，用它制造高速舰船，可显著减轻船体结构自身质量。

近期，在航空器制造领域的一项重大改革是用厚板切削加工所谓"集成结构"(Integral Structures)，如机舱门，过去是由几十个挤压型材与薄板零件通过常规铆接工艺组装而成的，现在改用一块大厚板切削加工后，不但生产成本大为下降，制造周期大为缩短，而且提高了机身损伤容忍性(Damage tolerance)，大大增强了飞机的安全性。

（1）厚板铝合金的成分及性能

科布伦茨轧制厂开发的工模具厚板铝合金有 3 类：HOKOTOL 合金，其成分与 7075 合金大体相当，用于生产厚度 ≤400 mm 的厚板；WELDURAL 合金，是一种 2XXX 系合金，与 2024 合金近似，但其 Si、Fe 含量比 2024 合金的低，而 Cu 的含量又更高一些，且不含 Mg，用于生产厚度 ≤700 mm 的厚板；GIANTAL 合金属 5XXX 系，是一种 5083 型合金，但含 0.5% ~2.0% Si 与更高的 Mn 与 Cu、Mg，可供铸造厚度达 900 mm 的极厚板。

Giantal 合金是一种经典的工模具厚板合金，或者说是第一代工模具厚板合金，是在 5083 – O 合金的基础上发展而来的，其特点是：内应力极低，因而在切削加工工模具时有很好的形状稳定性；性能的均匀一致性也极佳，即使极厚的板材也如此；有很好的可焊性；高度的抗腐蚀性能；由于是一种热处理不可强化的铝合金，因此即使在高温下也能保持相当高的强度性能。

不过将其作为工模具合金时还必须注意到：此合金的强度不高，在许多情况下是不适用的；在高速自由切削时不具备所必需的硬度，也就是说其硬度比可热处理的铝合金的低，这一点在高速切削时必须注意；一般，Giantal 合金的抗磨性能比 5083 合金的高一些。

Weldural 合金是为适应航空工业对工模具的需求而开发的，飞机零部件加工用的工模具都可以用此合金制造，是一种 2219 型合金，但杂质 Si、Fe 含量更低一些，而 Cu 含量又高一些。

Weldural 合金的特点：有优秀的可焊性能，其可焊性与 5083 合金的等同；高的高温性能，在 150℃ 以下的强度与中强度及高强铝合金的相当，可是超过此温度 2017A、6061、7075 合金的强度会随着温度的上升而急剧下降，而 Weldural 合金在 250℃ 仍可保持相当高的强度；不但有与 2017A、7075 合金相媲美的可切削性能与耐磨性，而且有更加优异的可抛光性能；7075、2017A 合金的强度与板材厚度关系甚大，随着板材厚度的增加而下降，特别是 7075 合金，而 Weldural 合金的强度则几乎与材料厚度无关。

Weldural 合金除有上述的优点外，厚板中的内应力低是其另一突出优点，这能确保它既有良好的可切削性能，又有高度的尺寸稳定性能。

高强度工模具合金 Hokotol 原是为飞机制造开发的一种高强度结构合金，经过进一步的研究与成分、生产工艺的优化，现在已成为一类可满足大多数模具结构要求的工模具合金，它属 7XXX 系合金，命名为 Hokotol。Hokotol 合金的特点：非常高的强度与抗磨性；优异的强度均一性；良好的可切削性能，即使最厚的板材在整个断面的可切削性也是均等的；有很高的尺寸稳定性；表面性能良好；组织结构致密，无气孔、疏松与夹杂物，在航空航天工业有相当大的应用潜力。

当然，Hokotol 合金与其他高强度合金一样，可焊性能较差，若工艺措施得当，焊料选择正确，也可以用 MIG 法或 TIG 法焊接。

由于高强度工模具铝合金具有上述的一系列优点，所以它们在工模具制造业会逐渐取代低强度钢和中强度钢，而成为一类潜力很大的工模具材料。

（2）厚板的切削加工

用轧制或铸造厚板制造的工模具是通过切削加工而成的，因此它们必须有良好的可切削性能。柯鲁斯铝业公司对厚板铝合金作了长时间的精心系统研究，积累了丰富的经验。如果一种材料经切削加工后具有光洁的表面，同时切屑短而脆，既便于运输又不会对切削工作造成麻烦，就认为它有良好的可切削性能。

判断可切削性能的标准是：切削力大小，工具寿命长短，工件表面品质，切屑形态。当然，这些标准的量值不但与材料的成分及组织有关，而且还与工具本身（材质、几何形态、磨损程度）及切削状态（进刀量、切削深度、切削速度、切削角、冷却、润滑）有着密切的关系。

（3）工模具厚板铝合金的应用领域

由于标准及非标准厚板铝合金具有一系列优秀的性能，在工模具制造业中获得了较广应用，而且随着材料加工业及制造业的发展其用途会越来越广、用量会越来越大。

高强度合金 Hokotol 的主要应用领域：塑料工业吹胀成形模及注射成形模，冲压工业压板及垫板，高强度高品质的机器零件；需要有更高性能的机械零件。可供应的 Hokotol 合金厚板的最大厚度为 400 mm。

通用合金 Weldural 的主要应用领域：塑料工业吹胀成形模及注射成形模；在高温下应用的机械零件模，即合成塑料(橡胶)模；高精密机械零件模，即要求尺寸高度稳定的机械零件模；焊接结构模；冷冻工程模。可供应的最大厚度为 700 mm。

传统合金 Giantal 的主要应用领域：塑料工业原形吹胀成形模及注射成形模；塑料工业热成形模与回转成形模；模支承板及基板；食品机械容器(盒)及框架(housing and frame)；包装机械基板及高压绝缘件基板(back plate)；冷冻工程零部件。

6.3.6　厚板工模具坯料的加工与经销

如前所述，全世界可生产轧制及铸造合金厚板的企业有美国铝业公司(Alcoa)、加拿大铝业公司(Alcan)、柯鲁斯集团(Corus)铝业公司等，而铸造厚板生产则几乎为这三个公司所垄断。现在，除了这三家公司对外销售厚板及用厚板经机械加工的零件与工模具坯料外，还出现了一些从厚板生产厂购买厚板机械加工成用户所需要尺寸的简单块料，以及经复杂精密机械加工的工模具坯料与成品工模具企业，如 MELCHERS 公司、Gleich 公司、Alimex 公司、Tau Metalli 公司等。

6.3.6.1　美最时洋行

美最时洋行是 C. Melchers GmbH & Co. 的中文名称，是全球最大的铝合金厚板及其坯料经销商。美最时是当今德国领先的原材料贸易公司之一，成立于 1806 年，总部在德国不莱梅，在全世界设有 50 家分公司，有员工 1200 余名。1866 年就在香港设立办事处，1877 年上海办事处对外营业，目前仅在中国大陆就有 10 个经销网点(北京、上海、广州、武汉、大连、重庆、长春、昆明、成都、青岛)，在香港有 1 个，在台湾的台北市、台中市各有一个，共有员工 400 余人，占美最时公司总员工数的三分之一强。在香港、北京、上海、广州、台北设有仓库，在青岛、成都、昆明设有销售支援办事处。可见其对中国市场的重视。

美最时洋行专业于原材料贸易，大部分原材料及半成品来自德国，铝材及锻件、锻坯则由柯鲁斯铝业公司(Corus Aluminium Walzprodukte GmbH)及奥托·福克斯金属加工公司(Otto Fuchs Metallwerke)提供，是他们在中国的独家代理商。美最时洋行向中国的航空航天、汽车、电子、工模具制造业与机器制造业提供了大批优质的铝材及坯料。

2005 年美最时洋行在广东番禺设立的铝材及厚板剪裁、切割分销中心开始营业，可为中国客户提供更加快捷方便周到的服务与技术支援。

广州分销中心利用从德国弗利吉公司(Friggi)进口的立式精密带锯可切割铝合金厚板，最大切割厚度达 1000 mm。

在美最时洋行仓库内总贮备着各种常用铝合金厚板供用户选购，现对这些合金材料厚板的尺寸、主要性能及用途作一简单介绍。性能按"Nu(not usable 不能用)"与按 5 级分，"1"表示非常好，"5"表示最差。其他厚度的可按用户需求提供，但有一段交货期。

(1)2017A/7075 合金

库存材料尺寸/mm：厚 8、10、12、15、20、25、30、35、40、45、50、55、60、65、70、75，宽 1050 ~2050，长 2050 ~4050。

主要特性：抗拉强度高，加工性能好，抗蚀性一般，可焊性差，抛光性能好；对海水的抗蚀性5，对大气的抗蚀性5；对焊性能1，闪光焊接性能2，焊接修复性能2；工具使用性能（tool workabity）3；装饰性阳极氧化Nu，保护性阳极氧化2，镀镍2，抛光3，蚀刻2。

主要用途：鞋模，压铸模及模板，机械零件，航空器零件。

（2）2042航空合金

库存厚板标准尺寸/mm：厚8、10、12、15、20、25、30、35、40、50，宽1050~2050，长2050~4050。

主要特性：抗拉强度高，加工性能好，抗蚀性一般，可焊性差，抛光性能好；对海水的抗蚀性5，对大气的抗蚀性5；对焊性能1，闪光焊接性能2，焊接修复性能2；装饰性阳极氧化Nu，保护性阳极氧化2，镀镍2，抛光3，蚀刻2。

主要应用领域：航空航天器零件，阀件，工具，机械零件。

（3）5083合金

5083合金是一种最常用的厚板铝合金，其产量约占厚板总产量的48%，特别是船舶舰艇用的厚板。库存厚板标准尺寸/mm：厚6、8、10、12、15、20、25、30、35、40、50、55、60、65、70、75、80、85、90、95、100、105、110、120、130、140、150、160、170、180，宽1050~2050，长2050~4060。

主要特性：抗拉强度相当高，优秀的抗蚀性，沿厚度方向的组织性能高度均匀一致，可焊性能良好。对海水的抗蚀性1，抗大气氧化性能1；可气焊性能4，惰气保护焊接性能2，对焊性能2；工具使用性能3；装饰性阳极氧化性能4，保护性阳极氧化性能2，镀镍性能2，抛光性能4，蚀刻性能2。

主要应用领域：模具，机械卡装工具，交通运输车辆箱体，压力容器外壳，支承结构，槽罐及支撑式贮液罐（tanker and sel-supporting reservoir），海洋及海岸结构设施（naval constructions and offore）。

（4）抗腐蚀的6082合金

6082合金是一种普通的常用的工模具合金，价格适中。库存标准厚板尺寸/mm：厚6、8、10、12、15、20、25、30、35、40、45、50、60、65、70、80、85、90、100、110、120、130、140、150、160、170、180、200、250，宽1050~2050，长2050~4050。

基本特性：抗拉强度高，使用与加工性能良好，抗蚀性强，经固溶处理后具有良好的制模性能（good moulding quality）；对海水的抗蚀性2，抗大气氧化性能3；气焊性能3，钨极惰气保护可焊性能2，用SG-AlSi5、SG-AlMg5焊条惰气保护可焊性能1，对焊性能3，闪光焊接性能2；工具使用性能3；装饰性阳极氧化3，保护性阳极氧化1，镀镍2，抛光3，蚀刻2。

主要应用领域：模具，压铸模，包装机械零部件，工具与卡具，交通运输车辆零件，机器人零件，通用机械与设备零部件。

（5）7075合金

该合金是一种常用的工模具高强度材料，库存厚板尺寸/mm：厚8、10、12、15、20、25、30、35、40、45、50、60、70、75、80、85、90、100、110、120、140、150、160、180、200、260、300，宽1050~2050，长2550~4050。

基本特性：具有很高的抗拉强度，优良的加工性能，抛光性能，一般抗蚀性低；对海水的抗蚀性4~5，抗大气氧化性能4~5；可对焊性能1，可闪焊性能2，焊接修复2；装饰性阳极氧化Nu，保护性阳极氧化3，镀镍2，抛光性能2，蚀刻2。

主要应用领域：工艺模具，机械零件，鞋模，阀件，吹塑模，通用机械零部件。

（6）Hokotol 合金

Hokotol 合金的成分及某些性能在前面已作了一些介绍，其库存厚板尺寸/mm：厚 20、30、40、50、60、70、80、90、100、110、120、130、140、150、160、180、200、220、250、300、400，通常不供应小于 20 的板材；宽 1250；长 2550。

基本特性：抗拉强度甚高，加工性能优秀，抗腐蚀性能低，中心部有很高的性能，耐磨性强，抛光性能良好，厚度方向性能均匀；对海水的抗蚀性 4～5，抗大气氧化能力 4～5；可对焊性 1，焊光焊接性能 2，焊接修复性能 2；装饰性阳极氧化 Nu，保护性阳极氧化 2，可抛光性 3，蚀刻 2。

主要应用领域：生产模具，消除应力的机械零件，工具及鞋模，可代替钢用于制造工模具，吹塑模，工程聚合物（technopolymer）零部件成形模，增强塑料零部件成形模。

（7）Weldural 合金

通常，Weldural 合金不适宜于生产厚度小于 80 mm 的板材，其库存材料尺寸/mm：厚 80、85、90、96、100、105、110、115、120、130、140、150、160、180、200、220、250、300、350、400、450、500、600、700，宽 1100～2050，长 2550～4050。

基本特性：高的抗拉强度，还有相当高的高温强度，加工性能优秀，尺寸稳定性极佳，合金中的夹杂物含量低，可抛光性能良好，沿厚度方向的性能均匀一致；对海水的抗腐蚀性能 5，抗大气氧化能力 5；对焊性能 1，闪光焊接性能 2，用 AlSi5 焊条的焊接修复性能 2；工具使用性能 1；装饰性阳极氧化处理 Nu，保护性阳极氧化处理 2，镀镍 2，抛光 2，蚀刻 2。

主要应用领域：生产模具，工具，机械零件，橡胶模，吹塑模。

（8）Giantal 合金

Giantal 合金是目前可供应的最大厚度的工模具板材，用于制造特厚的工模具与机器零部件，一般不生产厚度小于 200 mm 的铸造 Giantal 合金厚板。库存厚板尺寸/mm：厚 200、220、250、300、350、400、450、500、520、575、600、700、800、1000，宽 1550～2100，长 3050～4000。

基本特性：相当高的抗拉强度，良好的抗腐蚀性能，抗磨性能强，沿厚度方向的性能均匀一致，可焊性能良好；气焊性 4，钨极隋气焊接性能 2，以 SG‑AlMg4.5MnZr 焊条隋气保护焊 2，可对焊性 2；对海水的抗蚀性 3，抗大气氧化能力 2；装饰性阳极氧化处理 4，保护性阳极氧化处理 2，镀镍 2，可抛光性 4，蚀刻 2。

主要应用领域：注射原形模，压缩成形模，热成形模，通用模具，吹塑模，机械零件，支承结构。

6.3.6.2　奥托·福克斯公司

该公司位于德国迈纳茨哈根，是世界上最大的独立的有色金属锻压与挤压厂，主要产品为锻件、挤压材与用板弯曲成形的型材。

该公司可生产铝、镁、钛、镍、铜等 140 多种合金的锻件及挤压材。有 4MN 至 300MN 的锻压机 25 台，可锻造 0.005～2000 kg 的自由锻件及模锻件，锻件最大尺寸：长 5000 mm，宽 2000 mm 或投影面积约 2 m²。

奥托·福克斯公司有从 15MN 至 75MN 的挤压机 8 台，可生产 0.1～50 kg/m 的铝型材，型材的最大外接圆直径、棒材及管材的最大外径可达 390 mm。

奥托·福克斯公司的主要服务对象为遍及五大洲的250多家航空航天器公司及其零部件加工企业，包括著名的空中客车飞机公司、波音飞机公司、巴西航空工业公司以及中国的一些飞机制造公司。

6.3.6.3 亚利美克斯金属加工有限公司

亚利美克斯金属加工公司(Alimex Metall handelsgesellschaft GmbH)是一家专业化的以铝合金铸造厚板为原材料锯切成各种坯料(圆的、矩形的、环状的、异形的)与进一步机械加工成零件的企业，也可以供应未经机械加工的铸造铝合金厚板。

该公司位于德国威利克(Willich)，可铸造厚度达930 mm与质量达9 t的厚板，拥有多台热处理炉、精密带锯与圆锯、铣床，以及5轴加工中心，高架仓库内贮存着1500 t厚板及切割成块的坯料供用户选用。

亚利美克斯公司获得DIN EN ISO 9001:2000品质管理认证，拥有世界上一流的完善的检测手段，如超声探伤仪与计算机控制的测量系统。生产的航空航天铝材通过航空铝产品(Aluminium Aircraft Products)QSF-D的认证，都是按DIN EN9120:2000-12标准生产的。

(1)ACP 8080R合金

ACP 8080R合金的成分与5083合金的成分相当，在铸造状态下应用，晶粒细小，气孔率很低，经过长时间热处理，释放了应力，组织均匀。由于厚板处于很低的应力状态，在高速切削(extreme maching)过程中仍能保持合理的尺寸稳定性，因而机械加工的工模具及零部件能保持非常精密的尺寸偏差。

5080R合金厚板可成张成块的交货，也可根据用户要求裁切小块、多角状、圆盘状、异型块等交货，厚度≤8 mm～≤930 mm，表面为锯切状态，尺寸偏差0/+3 mm，圆环及圆盘最大直径2100 mm，一般尺寸如表6-3。

表6-3

厚度/mm	max 宽度/mm	max 长度/mm
8～700	约2150	约4000
>700～930	约1240	约2800

CP 5080R合金的特性：可切削性很好，而高速切削(HSC)性能则极为优秀；用5183合金焊条焊接时具有良好WIG、MIG可焊性能；虽有好的保护性阳极氧化处理性能，但不宜进行装饰性阳极氧化处理；抛光性能好；抗蚀性很强；低温性能良好；气密性强(diffusion tightness)。

圆环及圆盘的尺寸偏差：≤1500 mm的为±0.2 mm，≤2100 mm的按用户要求。

合金的典型力学及特理性能：

抗拉强度 $R_m(\sigma_b)$/MPa	240～280	热导率/W·(m·k)$^{-1}$	110～140
屈服强度 $R_{p0.2}(\sigma_{0.2})$/MPa	110～130	电导率/m·(Ω·mm^2)$^{-1}$	16～19
伸长率 $A(\delta_{10})$/%	16	弹性模量/MPa	约70000
布氏硬度 HB	min 65	热膨胀系数×10^{-6}K^{-1}	约24.2
密度/(kg·m^{-3})	2660		

典型用途：模具、仪器盘胎具、夹具、工具、真空设备零部件、低温设施零件、回转指示盘、数控加工中心(CNC)系列零件、通用机械零件。

(2)ACP 5080合金高精密释放应力的铸造厚板

亚利美克斯公司ACP 5080合金是用于铸造厚板的铝-镁系合金，其成分相当于5083合金的，厚板经受过长时间的适当热处理，并经过应力释放处理，表面也经过切削加工，各种性能都达到最优化状态。ACP 5080 合金的典型物理力学性能与 ACP 5080R 合金的相同，它的组织性能特点是：晶粒细小均匀，气孔疏松率低，可切削性高，特别适宜于高速切削加工，抗拉强度高，阳极氧化性能好，抗蚀性强，可焊性好，易抛光并能保持光泽，低温性能好，气密性强。

每块厚板及坯料在精密机械加工过程中，其尺寸偏差及平直度均由计算机控制，完工后的各项指标由自动检测设备测量。供应的标准厚板尺寸为/mm：厚 5 ~ 100，2050 × 3300，1570 × 3500，1300 × 3800，圆盘及圆环的最大直径约 2050。标准板厚度/mm：5、6、8、10、12、15、20、25、30、35、40、45、50、60、70、80、90、100。

标准板材尺寸（也可以供应其他尺寸的厚板），见表 6 - 4。

尺寸偏差：

表面光洁度 Ra/μm	≤0.5
厚板/mm	±0.1
板厚在≥6 mm 时平直度偏差/mm	0.15 及 0.50
长度	按 DINEN485 - 3
直径≤1500 mm 的圆盘、圆环/mm	±0.2
>1500 mm 的	按要求

表 6 - 4　标准板材尺寸

厚/mm	max 宽/mm	max 长/mm
≥10	2050	3300
≥6	1570	3500
≥5	1320	2500

厚板的主要应领域：通用设备，印刷机械，包装机械，汽车工具，航空航天工业，机器人与电子工业，光学设备及激光器械，精密机械，致热、致冷设备，低温工程，医药设备，真空技术，回转指示盘，真空装置卡盘（Vacuum chucks）。

在厚板及圆盘、圆环加工表面上都覆盖以保护薄膜。

（3）高精密铸造厚板铝合金 ACP 6000

ACP 6000 铸造厚板铝合金的成分虽未公布，但由其性能可判定它是一种 7XXX 系合金，有高的强度和优秀的可切削加工性能，在铸造组织状态下应用，但经过特殊的热处理，在切削加工过程中能保持高度的尺寸稳定性。板材的两个大面经过切削加工，表面品质、尺寸偏材、平直度都达到了顶尖水平，因为加工是在计算机严密控制下进行的，加工后由自动检测系统测量。

标准厚板的厚度/mm：5、6、6.35、8、9.52、10、12、12.7、15、15.87、16、19.05、20、25.4、30、40、50、50.8、60、76.2、80、100、101.6。宽、长尺寸见表 6 - 5。

表 6 - 5　标准厚板尺寸

max 宽/mm	max 长度/mm
1230	2450
1535	3500
1535	3670

圆盘及圆环的最大直径为 1530 mm。可根据用户要求在短期内提供其他尺寸的 ACP 6000 合金厚板。厚板及坯料的表面光洁度 Ra≤0.5 mm；厚度偏差 ±0.1 mm；平直度决定于板材尺寸，当厚度≥6 mm 时，平直度为 0.15 mm ~ 0.50 mm；长度偏差符合 DIN EN485 - 3；环坯及圆盘（直径≤1530 mm）直径偏差 ±0.2 mm。

ACP 6000 的典型力学及物理性能：

抗拉强度 $R_m(\sigma_b)$/MPa	165	热导率/W·(m·K)$^{-3}$	140
屈服强度 $R_{p0.2}(\sigma_{0.2})$/MPa	105	电导率/m·(mm^2·Ω)$^{-1}$	19 ~ 24
伸长率 $A(\delta_5)$/%	3	弹性模量/GPa	71
布氏硬度 HB	65	线膨胀系数/×10^{-6}K^{-1}	24.6
密度/(kg·m^{-3})	2800		

ACP 6000 合金厚板典型应用领域：印刷及包装机械，汽车工业，航空航天工业，机器人及电子工业，光学与激光工业，精密机械，热传输基板，回转指示盘，医药机械，真空技术，通用设备工程。

（4）PLANAL 5083、6082、7075 合金

这是 3 个常规的轧制厚板合金，亚利美克斯公司对其两个大面作了精密切削加工，具有热轧组织与相应的高的强度性能，在表面机械加工过程中材料的状态与性能不会发生改变。

PLANAL 5083 合金板在铣削表面之前经过热处理以清除内应力与弯扭，仓库中保存着厚度≥6 mm 的板，如果需要的材料厚度为 10～25 mm，则其宽×厚可达 2000×4000 mm。常备有经过切削的板、圆环盘与圆环，如果需要其他规格的材料，也可以在尽可能短的时间内供应。这 3 种 PLANAL 合金 5083、6082、7075 的技术参数据见表 6-6。

表 6-6　PLANAL 5083、6082、7075 合金的技术参数

参数	PLANAL 5083	PLANAL 6082	PLANAL 7075
可切削性	良好	良好	良好
可焊接性（WIG、MIG）	良好（焊条 5183）	良好（焊条 5356）	不可焊
阳极氧化性能	良好，不宜装蚀处理	很好，不宜装饰处理	可以，不宜装饰处理
偏差			
表面光洁度 $Ra/\mu m$	≤0.5	≤0.5	≤0.5
厚度偏差/mm	±0.1	±0.1	±0.1
平直度/mm	0.15-0.5，决定于板的规格		
长度偏差	DIN EN485-3	DIN EN485-3	DIN EN485-3
锯切偏差（L/W）	ISO 2768-m	ISO 2768-m	ISO 2768-m
圆盘及圆环直径偏差			
直径≤1500 的	±0.2	±0.2	±0.2
直径＞1500 的	协商	协商	协商
典型物理及力学性能（按 DIN EN，决定于板的厚度）			
状态	O/H111	T651	T651/T652
抗拉强度 $R_m(\sigma_b)$/MPa	min 270	min 295	360～540
屈服强度 $R_{p0.2}(\sigma_{0.2})$/MPa	min 115	min 240	260～470
伸长率 $A(\delta)$/%	max 16	max 8	max 6
硬度 HB	min 70	min 89	105～160
密度/(kg·m^{-3})	2660	2700	2800
热导率/W·(m·K)$^{-1}$	110～140	170～220	130～160
电导率/m·(Ω·m)$^{-1}$	约70	约70	约70
线膨胀系数 ×10^{-6}K^{-1}	24.2	23.4	23.4
可供材料尺寸，标准的			
厚/mm	6、8、10、12、15、18、20、25、30、35、40、45、50、60	15～50	15～250
宽×长/mm	1500×3000 可供应更宽的	1000×2000、1250×2500	1000×2000、1250×2500

注：可根据用户需求供应非标准尺寸厚板，可按用户要求锯切成任何长×宽的条块。

PLANAL 合金的典型应用领域：模具制造、装卡具、高受力的机械零件、指示盘、液压元件、电子设备器件、机器人零件、机器结构零件。

6.3.6.4 格联克铝合金厚板公司

德国的格联克铝合金厚板公司（GLEICH GmbH – Metall platen Service）是德国的一个家族式企业，成立于 1980 年，外购铸造与轧制铝合金工模具厚板经锯切、铣面等机械加工后销售，现有员工 100 余人。对外销售的合金有 G. AL C250、G. AL C210、G. AL F240，前两种为铸造厚板及坯料，后一种为锻坯。

该公司拥有高精密厚板铣床（2 台）与多台万能铣床、7 台带锯、6 台圆锯，成套的计算机控制尺寸的测量仪。厚板热处理由协作企业完成。

（1）精密机械加工铸造铝合金厚板 G. AL C250

这种铝合金厚板含 4% ~ 5% Mg、< 1% Mn，与 5083 合金的成分无区别，其特点：高的强度；经过专门的应力消除热处理，因而在机械加工后不需要退火；晶粒细小均匀；抗蚀性优秀；非常好的可切削性与可焊性；阳极氧化性能好，适于硬质阳极氧化处理；适合于制造与食品、饮料接触的产品；可回收价值高。

标准厚板的尺寸及其偏差见表 6 – 7，也可以生产其他尺寸的厚板，从 1570 mm × 3700 mm 厚板开始的最薄厚度为 12 mm。厚板的两个大面经铣削后覆以 PVC 塑料膜。

表 6 – 7　标准 G. ALRC 250 厚板的尺寸及偏差

项　目	尺　寸	偏差
厚度/mm	5.00、6.00、6.35、8.00、9.53、10.00、12.00、12.70、15.00、15.88、19.05、20.00、25.00、25.40、30.00、31.75、35.00、38.10、40.00、44.45、50.00、50.80、60.00、63.50、70.00、80.00、90.00、100.00	±0.1
宽度/mm	1300、1340、1570	+6/ −0
长度/mm	3000/3200、3700	+10/ −0
平直度	厚 5 mm 的	≤0.80 mm/m
	厚 6 ~ 12.7 mm 的	≤0.40 mm/m
	厚 > 12.7 mm 的	≤0.13 mm/m
粗糙度 Ra	—	≤0.4 μm

G. AL C250 铸造厚板的主要应用领域：工装卡具，样板，量规，指示盘，电子器件安装板，模板，型板（patter plate），塑料模。

（2）铸造铝合金坯 G. AL C210

G. AL C210 是格联克公司生产的经均匀化与应力消除处理的 5083 合金铸造锭块（block），各表面为锯切状态。用 G. AL C210 锭块切削加工的工模具与工件不需要进行进一步的退火而具有良好的尺寸稳定性。

可提供的 6 面皆为锯切表面状态的 G. AL C210 板块的尺寸，见表 6 – 8。

表 6－8　锯切的 G. ALRC 210 铸造厚板的尺寸

厚/mm	480	570	570	720
宽/mm	2060	1760	1570	1410
长/mm	4050	3600	4500	3500

锯切标准 G. AL C210 板块的厚度：厚 20～100 mm 的，每 5 mm 为一种规格；厚 100～200 mm 的，每隔 10 mm 为一种规格；厚 200～560 mm 的，每种规格相差 20 mm。也可以根据用户要求供应非标准尺寸的板块与经过铣面的板块。

G. AL C210 板块的厚度偏差为 －0.1＋2 mm，厚度＜600 mm 时长度及宽度偏差为 －0/＋6 mm，厚度＞600 mm 时长度及宽度偏差为 －0/＋10 mm。

G. AL C210 板块的主要应用领域·复合材料模，塑料产品原型注射模，深拉模，铸造模，成型与吹胀模，泡沫塑料模，天线。

（3）G. AL F240 锻坯

G. AL F240 是格联克公司生产的用于制造汽车工模具的 5083 合金锻坯。当前欧洲汽车工业特别是德国汽车工业的先进设计对工模具材料与制造者提出了富有挑战的要求，以工模具钢制造时的成本高，铝合金成为一种常用的合理的无可争议的替代材料。

用格联克公司提供的 G. AL F240 锻坯制造的工模具有尺寸稳定性强、易切削加工与焊接（焊接前须加热到 300℃ 以上）等特点。该公司的 G. AL F240 适于制造汽车工业的大型工具如总成仪表板、偏转器等的工具。可生产的最大锻坯为 1030 mm × 1330 mm × 2600 mm（9.5 t）。

格联克公司的产品包括：切割 2XXX、5XXX、6XXX 及 7XXX 系合金厚板成用户所需的尺寸，并对其大面进行铣削；将 G. AL C210、G. AL C250、G. AL F240 及 7022－T651/2 合金铣为用户需求形状的坯料；在坯料上加工运输螺孔、沟槽与冷却孔；锯切或水割圆盘、圆片与圆环，其最大规格：直径 1500 mm，厚度 350 mm，质量 300 kg。

该公司拥有的主要装备：

● 生产精密零部件的 CNC，零件最大尺寸：x 轴 7400 mm，y 轴 1200 mm，z 轴 1250 mm。

● 最新一代的水切割机（Water－jet－cutting）可切割 150 mm × 2500 mm × 400 mm 的板块。

● 表面处理：阳极氧化，硬质阳极氧化，涂漆与粉末喷涂。

6.3.6.5　陶金属公司

陶金属公司（Tau Metalli spa）是意大利一家专门经销铝合金厚板的公司，除供应常规的 8 类加工铝合金外，还可以供应柯鲁斯铝业公司的 Giantal、Weldural、Hokotol 合金。公司有 8 台锯床、7 台自动铣床（automezzi），年销售量超过 4000 t，主要业务在意大利。除 1XXX 系合金外，其他系合金板材仓库中皆有存货。

该公司供应的厚板及坯料均冠以特别的名称，但 Hokotol 及 Weldural 合金仍用柯鲁斯公司的名称。其他的如 5083 Peraluman，Giantal peraluman，6082 Anticordal，2017A Avional，2024 Avional，7075 Ergal。

6.3.7　欧共体"ALUMOPLA"计划

2005 年 2 月欧洲共同体（EuropeanUnion）完成了一项名为"ALUMOPLA 计划"（塑料工业

铝模具)的研究项目。ALUMOPLA 系"Aluminium moulds for plastic processing industry"的缩写。该计划的内容是研究铝合金模的成本及其应用,以及与钢模相比的优势。

实施此计划的背景是,工模具用户在大批量生产面前面临着降低生产成本与缩短推向市场时间(time – to – market)的严峻挑战。铝合金模具已成功地进入塑料吹胀成形与热成形工业,不过由于其力学性能较低,除了原型模与试批量生产模之外,铝合金模尚未在塑料注射模或树脂转换模(resin transfer moulding)方面获得应用。

研究结果很令人满意:
- 铝合金模的切削加工时间至少比钢模的短 30%;
- 由于铝合金的热导率比钢的高得多,所以生产率至少比钢模的高 30%;
- 用铝合金模注射塑料零件时由于其冷却比用钢模时均匀得多,所以零件品质有所提高;
- 铝合金密度仅相当于钢密度的 1/3 左右,因此大型铝合金模具便于搬运与装卸。

实际上,铝合金在塑料工业中已树立了牢固的地位,不仅在原型模与试批量生产模方面如此,而且在汽车工业、摩托车工业、通用设备、运动器材与家电设备等的中等批量生产与中等尺寸塑料零件生产模方面也是这样。在这项研究工作中,高等院校、科研院所、工业生产企业、铝厚板生产企业的一批科学家与工程技术人员参与了工作。现将研究内容与成果从经济效益角度简单地作一个介绍。

6.3.7.1 模具生产成本

(1)总成本分析

塑料零件成本分析运用的三要素:计划生产的零件数的模具成本;压注机每小时的运转成本,含材料费与压注零件的成本;流动资金(working capital)。图 6 – 4 表示生产塑料零件铝合金模与钢模的成本比较。由图可见,铝合金模有着明显的优势。

铝合金模成本是由下列四项组成的:原材料、模具元件(装配件、座、加热元件、热腔等)、流动资金、切削加工费(工具、润滑、机器与模具组装,等等)。

现对这四项成本作一分析:

原材料成本。铝与钢的密度比为 1:3,然而由于铝的力学性能比钢的低一些,因而铝合金模的厚度应大一些,所以以铝模代替钢模在质量方面仅节约二分之一。如果在某些情况下由于受力条件关系不能采用全铝合金模则可以采用钢 – 铝复合模。

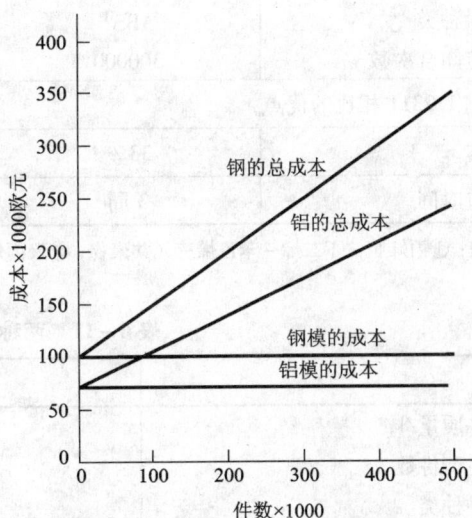

图 6 – 4 铝、钢塑料模生产成本比较

模具元件成本。一套模具是由一些元件如模本身、模座、紧固件等组成的,标准钢元件可与铝元件连结在一起,大多数铝模具中都有一些钢元件。因此,铝模具与钢模具元件的成本是相等的。

流动资金。铝模制造时间比钢模的短得多,因此占用资金的时间少,优势明显。

切削加工成本。钢模及铝模的切削加工成本比较见表6-9，这是在考虑诸多因素如不同加工工艺与不同的机床之后得出的综合性比较。

铝模的切削成本可比钢模的低35%，对铝模完全可用如下工艺加工：补焊(修补与矫正焊接)，表面硬化处理(阳极氧化、化学镀与镀镍、DVD等)。铝模还具有一些优点：

- 易于装卸与搬运；
- 在切削加工过程中不需要进行连续监控；
- 切削工具寿命约比切削钢模时的长4倍。

表6-9 钢模与铝模的切削时间对比

切削工艺	铝	钢
铣	1	5~10
钻	1	5
电火花加工(EDM)	1	4
抛光	1	3~4
照相感光制版	1	4~5

(2)模具成本降低实例

表6-10列举了几种塑料模成本降低实例，是用不同的铝合金制造的，比较用的钢模用钢1.2311制造。

两种塑料零件的生产条件见表6-11，模具由钢、铝零件组成，钢件用的是37号钢，而铝件是用7075合金制造的。与全钢模相比，复合模的优点见表6-12。

表6-10 铝合金塑料模与钢模的成本比较

	洗衣机前指示盘	摩托车座下部零件	小轿车门零件
合金	Hokotol	Weldural	Weldural
表面状态	镜面光	铣光	电抛光
塑料种类	ABS[①]	PP[②] +20%滑石	PP
预定闭合次数	300000	40000	100000
与钢1.2311相比的优点			
成本	33%	25%	24%
制造时间	3周	2周	2周

注：①丙烯腈-丁二烯-苯乙烯三元共聚物；②聚丙烯。

表6-11 两种塑料零件的生产条件

	花架	回转臂
零件质量/kg	0.022	0.055
已生产件数	700000	1000
塑料种类	PP	聚铣胺6 +30%玻璃纤维
生产工艺	射注	射注
射注时塑料温度/℃	225	235
模具温度/℃	25~30	80
射注压力/ ×10^5 Pa	600	800
模具材料	铝7075与钢37	铝7075及钢37

表 6 – 12　与全钢模相比复合模的优点

优 点	花 架	回 转 臂
模的质量	– 42%	– 54%
材料价格	– 47%	– 50%
模的切削加工成本	– 33%	– 24%
产量/min	+ 35%	+ 10%
价格/件	– 33%	– 95%

6.3.7.2　生产周期

这里所说的生产周期是指将塑料压入铝模或钢模内经保压与冷却后到零件出模所需的时间。周期长短决定于三个因素：压力，比体积(specific volume)和温度。

在生产半晶态(semi crystalline)塑料(POM 聚内醛、PA 聚酰胺、PE 聚乙烯、PP 聚丙烯……)或其他塑料(PS 聚丙乙烯、ABS、PC 聚碳酸酯……)零件时，生产周期的缩短主要决定于冷却时间，而冷却时间则决定于模材的热导率。

由于铝合金的热导率为模具钢热导率的 4 倍，因而用铝合金模生产塑料零件，可使生产周期缩短 50%。

生产塑料零件各阶段的时间比例见表 6 – 13。

采用铝合金模生产的塑料件具有更高的品质：

表 6 – 13　生产塑料零件各阶段时间比例

冷却时间	70%
射注时间	5%
保压时间	10%
零件退出时间	15%

● 采用铝合金模可以合理地控制模内塑料的温度，从而降低残余应力，减少废品，这对压铸非晶态塑料(聚丙乙烯、丙烯腈 – 丁 – 苯乙烯三元共聚物、聚碳酸酯、PO 聚苯撑氧、PMMA 聚甲基丙烯酸甲酯)零件尤显重要；

● 模内温度有差异和/或冷却速度不一致可使零件变形与扭曲，特别是在压铸半晶态塑料(聚内醛、聚酰胺、聚乙烯、聚丙烯……)件时，而使用铝合金模可使模内温度均匀得多，冷却速度变得一致；

● 压铸半晶态塑料零件不仅冷却速度是一个很重要的参数，并且应根据塑料类型及零件形状(厚度)使冷却达到最优化，采用铝合金模可使温度均匀一致。

总之，铝合金塑料模既有质量轻、可切削性好、零件生产周期短的优点，而且还具有待货期短、压铸机寿命长、易于搬运(往往使用叉车即可，不需要吊车)、回收率高等优点。铝合金模的应用大大提高了零件的品质，由内应力、变形、扭曲、气孔疏松、尺寸偏差引起的废品显著减少。

6.3.8　讨论

中国正在新建一项世界级的铝合金厚板热轧项目，如果工程按预定计划进行，大致可于2009 些晚些时候建成，同时在对现有的热轧厚板项目进行一些必要的现代化扩建。

铝合金厚板是一类高技术高附加值产品，对其生产技术难度需要有足够的认识。

6.3.8.1 厚板生产线建设需考虑的事

（1）装备应配套齐全。厚板生产项目设备的特别是一大二精，"大"体现在铸锭大、轧机大、锻坯设备大、固溶处理炉大、拉伸矫直机大、超声探伤装备大等，"精"体现在对铝熔体中固体杂质粒子与氢含量、各项工艺参数、板材尺寸偏差等应进行严格的精密控制。轧机主电机功率应足够大，以保证道次压下率大，厚达 200 mm 的特厚板在厚度方向上具有均匀的一致的热轧冶金组织。拉伸机的拉力也要大，通常生产厚 200 mm 以下、宽度 ≤3500 mm 的厚板有一台 80 MN 的拉伸机就可以，但要拉伸更宽的例如 3750 mm 左右的就显得不够了，最好有一台 90 MN 或更大些的，拉伸机宁可偏大一些，留有足够的余地。锻压机的压力也要足够大，最好有 350 MN 的，因为有些厚板为了消除内应力需要压缩 1% ~5%。对 3900 mm 四辊可逆式热轧机的主电机功率不宜小于 8000 kW，最大轧制力不宜小于 52000 kN，连续热处理炉应能处理 3800 mm 宽、长达 28000 mm 的厚板。还要有配套齐全的精密机床，大而精密的超声探伤检测线也是必不可少的。

（2）应建厚板深加工车间。这个深加工车间应能向用户提供经过裁切的不同规格的厚板坯料块，不但厚板轧制厂需建这样的车间，而且还要在用户集中地区如珠江三角洲的广州、长江三角洲的无锡、环渤海湾地区的天津等地建设分销加工中心。这种深加工车间或分销中心应配套一定数量的精密带锯、圆锯、自动或半自动精密铣床等切削加工设备。坯料块的尺寸偏差与表面光洁度应达到当时的世界先进水平，需配备激光监测仪。通过这种机械加工，不但产品的附加值得到进一步提高，而且有利于加工废料的回收。

（3）铸造厚板生产线的建设。大家知道，厚板有两种，热轧的与铸造的。铸造厚板中国目前还不能批量生产，还没有专门生产铸造铝合金厚板的企业或车间，铝行业对这种产品的生产与应用可能还不甚了解。铸造厚板是用变形铝合金铸造的，而不是用铸造铝合金生产的，铸造后不进行进一步的压力加工，但应对其进行长时间的高温均匀化处理。在当前与可预见的未来，铝工业还不可能提供厚度大于 200 mm 的组织均匀的热轧厚板。因此，凡是厚度大于 200 mm 的厚板都是铸造的。铸造厚板的最薄厚度为 6 mm，而最大厚度可达 1100 mm，当然一般产品的厚度都在 20 mm 以上。一些铝业公司开发出了一批专用于生产铸造厚板的铝合金。现行的先进铝锭铸造模就是用铸造厚板加工的。

中国应建铸造铝合金厚板生产项目，毋庸置疑，没有必要讨论，但建在哪里？却值得考虑。笔者认为，可以建在现有的大型综合性铝加工厂内，如东北轻合金有限责任公司或西南铝业（集团）有限责任公司或其他拥有热轧机的企业，也可以单独建设。当然，最好是采用前一种方式，建在现有的或在建的热轧企业内，可以充分利用其技术力量、熔铸设备、均匀化处理炉与深加工设备等。单独建也是可以的，不需要太大投资，因为除建先进的熔炼铸造车间、均匀处理炉、检测系统与精密机械加工车间外，不需要拉伸机与锻压机。

铸造铝合金厚板的优点：厚度几乎不受限制，可充分满足汽车与机器制造业对大型模具的需求；组织结构均匀，性能有保证；可焊性、可抛光性、可切削性均优；抗磨性强、抗蚀性高；高度的尺寸稳定定性；成本低，塑料铝模具的制造成本比钢模的低 35%；可回收性强，废模具几乎可全部回收。

6.3.8.2 铝合金厚板生产与应用发展趋势

（1）第一个发展趋势是，在讨论此问题时首先介绍一下厚薄板的比例，以美国为例，根据美国铝业协会的数据[6]，1990—2000 年板带材的产量如表 6-14（从 2001 年起只有板带材总数）：

表 6 – 14　1990 年至 2000 年美国板带材的产量

薄板总产量/kt	41838.4
不可热处理合金的	40658.2
可热处理合金的	1180.2
厚板总产量/kt	1655.6
不可热处理合金的	467.6
可热处理合金的	1188.0

　　由所列数据可见，在 4349.4 万吨板带材中：薄板占 96.2%，厚板仅占 3.8%；在薄板中，不可热处理合金居主导地位，占 97.2%，而在厚板中，可热处理合金占优势，为 71.8%；在西欧，厚板占的比例可按 4.5% 计算，因为其罐身料产量较少，而铸造厚板又较多；在中国，厚板占的比例可按 3.5% 匡算。在此建议取消"中厚板"这一术语，以便与国际通用名词接轨。

　　铝合金厚板的主要应用领域是：工模具、交通运输（航空航天、造船与车辆）、电子器件基板。它们都是增长速度较快的行业，特别是在像中国这样的新兴的高速持续发展着的世界制造业大国。在 2015 年以前这段时间内，全球铝板带产量的年平均增长率为 3.5% 或 4%，而厚板的年平均增长率可达 5% 或更高一些。2005 年全世界铝合金厚板的产量约 450 kt，2010 年的预测产量约 600 kt，2015 年的产量有可能达到 850 kt。厚板产量增长率比薄板的快，而中国的增长率又比其他国家的更快，这是第一个发展趋势。

　　第二个发展趋势是，铸造厚板所占比例的增长率会大于轧制厚板的。铸造厚板不但在传统的应用领域可取代部分轧制厚板，而且在工模具应用方面占主导地位。铸造厚板的生产成本比轧制的低 25% 以上。

　　第三个发展趋势是，以板代锻的量会越来越多一些，不管是在航空器制造领域还是在其他机器制造业中，过去很多锻造零件基本上可用铝合金厚板通过机械切削加工而成，不但工件的性能有所提高，而且成本也有所下降。据飞机制造业称，铝合金锻件有三千多种，其中的三分之二左右已为厚板切削加工件取代。

6.3.8.3　中国尽快赶上世界厚板的生产和应用水平

　　中国不但在铝板带轧制总体上与工业发达国家有较大差距，而在厚板生产与应用方面差距则更大，例如还不能向航空航天工业提供性能稳定的能充分满足要求的厚度大于 80 mm 的热轧厚板，至于铸造厚板则几乎还是空白，在厚板应用与研究开发方面也存在着十分显著的并且不是在几年内就可以消除的差距。

　　为了尽快缩短与消除这种差距，笔者认为宜采取如下的措施：

　　● 各方应大力支持东北轻合金有限责任公司"超大规格特种合金板带材项目"的建设，以便能如期于 2009 年投产，向市场提供宽达 3700 mm 的、厚度 ≤200 mm 的轧制铝合金宽厚板；支持西南铝业（集团）有限责任公司 4300 mm 热轧生产线厚板系统的建设。

　　● 加大研究开发力度，如有可能应考虑将铸造铝合金厚板的研发纳入国家开发项目。对厚板生产感兴趣的研究单位与高等院校可将其列为研究课题；

　　● 建设铸造厚板生产线，引进铸造厚板生产技术。这种生产线可建在有热轧装备的企业，也可建在铝电解厂或单独建厂。

6.4 铝合金中厚板的生产[6~11]

铝的熔盐电解法发明人之一霍尔先生 1888 年在美国匹兹堡市创建了世界首家铝电解厂——匹兹堡冶金公司。1893 年用所提取的铝浇于铁模内，成为扁锭，以二辊轧机轧成板材——厚板与薄板。因此，可以认为铝板的生产始于 19 世纪 90 年代初期的匹兹堡冶金公司。该公司 1907 年改名为美国铝业公司（Aluminum of America），于 2000 年改为美铝公司（Alcoa Inc.）。美铝公司对开发厚板铝合金的贡献最大，诸如 2024 型、7075 型、7055 型等合金都是该公司发明的；它是全球可生产宽度等于或大于 4000 mm 的特厚、特宽、特长的铝合金板材的唯一企业，它的铝合金厚板生产能力最大，提供给航空航天器的铝合金厚板最多。

厚板分为两类：铸锭轧制的与直接铸造的，本节介绍轧制的。

6.4.1 中厚板的定义

在中国有关标准（GE/T8005 铝及铝合金术语）中没有对铝合金薄板、中板与厚板下定义，建议在修订标准时添加薄板与厚板这两个术语。美国铝业协会（AA）对厚板的定义为：横截面呈矩形，厚度等于或大于 6.35 mm（0.250 英寸）的平直轧制产品，不可热处理强化的铝合金仅可通过冷加工强化，而 2XXX 系、6XXX 系或 7XXX 系合金（不含 7072）则可通过适当的热处理强化。对薄板（Sheet）规范的定义为：横断面呈矩形，厚度大于 0.152 mm（0.006 英寸）而小于 6.35 mm 的轧制的平直板材或带卷，不可热处理强化的合金仅可通过冷加工强化，而 2XXX 系、6XXX 系或 7XXX 系合金则可通过适当的热处理强化。

日本和欧洲对铝及铝合金厚板的定义是，厚度大于 6 mm 的板材。因此，除美洲以外，通常都把厚度大于 6 mm 的铝板称为厚板。中国虽没有对厚板给予明确的定义，但在 GB/T3880—1997 标准中将厚度大于 4.5~150 mm 的板材归为一类，由此可认为，厚板是指厚度大于 4.5 mm 的板材。然而，在实际中又往往把厚度大 4.5~10 mm 的板材称为中板，厚度大于 10~50 mm 的板材称为厚板，厚度大于 50 mm 的称为特厚板。

6.4.2 厚板铝合金的化学成分及热处理规范

原则上凡是可用于轧制板带材的铝合金都可以轧制中厚板，2003 年在美国铝业协会注册的变形铝合金有 452 个，而用于板带材生产的有 275 个，占合金总数的 60.84%，而在这 275 个合金中，常用于轧制厚板的只不过 26 个，仅占变形铝合金总数的 5.8%，占板带材铝合金总数的 9.5%。

典型厚板铝合金的化学成分见表 6-15，而一些厚板合金的固溶处理及时效处理规范见表 6-16，表 6-17 列举了一些合金的退火规范。

表 6 - 15　典型厚板铝合金的化学成分（% 质量分数）[1]

牌号	Si	Fe	Cu	Mn	Mg	Cr	Zn	Ti	Ga	V	其他		Al
											每个	合计	
1060	0.25	0.35	0.05	0.03	0.03		0.05	0.03		0.05	0.03		99.60
1070	0.20	0.25	0.04	0.03	0.03		0.04	0.03		0.05	0.03		99.70
1200	1.00(Si+Fe)		0.05	0.05			0.10	0.05			0.05	0.15	99.20
1198	0.010	0.006	0.006	0.006			0.010	0.006	0.006		0.003		99.98
1199	0.006	0.006	0.006	0.002	0.006		0.006	0.002	0.005	0.005	0.002		99.99
2014	0.50~1.2	0.50	3.9~5.0	0.40~1.2	0.20~0.8	0.10	0.25	0.15			0.05	0.15	其余
2017	0.20~0.8	0.7	3.5~4.5	0.40~1.0	0.40~0.8	0.10	0.25	0.15			0.05	0.15	其余
2214	0.50~1.2	0.30	3.9~5.0	0.40~1.2	0.20~0.8	0.10	0.25	0.15			0.05	0.15	其余
2219	0.20	0.30	5.8~6.8	0.20~0.40	0.02		0.10	0.02~0.10	0.05~0.15	(0.10~0.25)Zr	0.05	0.15	其余
2024	0.50	0.50	3.8~4.9	0.30~0.9	1.2~1.8	0.10	0.25	0.15			0.05	0.15	其余
2324	0.10	0.12	3.8~4.4	0.30~0.9	1.2~1.8	0.10	0.25	0.15			0.05	0.15	其余
2424	0.10	0.12	3.8~4.4	0.30~0.6	1.2~1.6		0.20	0.10			0.05	0.15	其余
2524	0.06	0.12	4.0~4.5	0.45~0.7	1.2~1.6	0.05	0.10	0.10			0.05	0.15	其余
3003	0.6	0.7	0.05~0.20	1.0~1.5			0.10				0.05	0.15	其余
3104	0.6	0.8	0.05~0.25	0.8~1.4	0.8~1.3		0.25	0.10	0.05	0.05	0.05	0.15	其余
5052	0.25	0.40	0.10	0.10	2.2~2.8	0.15~0.35	0.10				0.05	0.15	其余
5754	0.40	0.40	0.10	0.50	2.6~3.6	0.30	0.20	0.15		(0.10~0.6)(Mn+Cr)	0.05	0.15	其余
5083	0.40	0.40	0.10	0.40~1.0	4.0~4.9	0.05~0.25	0.25	0.15			0.05	0.15	其余
5086	0.40	0.50	0.10	0.20~0.7	3.5~4.5	0.05~0.25	0.25	0.15			0.05	0.15	其余
6061	0.40~0.8	0.7	0.15~0.40	0.15	0.6~1.2	0.04~0.35	0.25	0.15			0.05	0.15	其余
6082	0.7~1.3	0.50	0.10	0.40~1.0	0.6~1.2	0.25	0.20	0.10			0.05	0.15	其余
7150	0.12	0.15	1.9~2.5	0.10	2.0~2.7	0.04	5.9~6.9	0.06		(0.08~0.15)Zr	0.05	0.15	其余
7055	0.10	0.15	2.0~2.6	0.05	1.8~2.3	0.04	7.6~8.4	0.06		(0.08~0.25)Zr	0.05	0.15	其余
7075	0.40	0.50	1.2~2.0	0.30	2.1~2.9	0.18~0.28	5.1~6.1	0.20			0.05	0.15	其余
7178	0.40	0.50	1.6~2.4	0.30	2.4~3.1	0.18~0.28	6.3~7.3	0.20			0.05	0.15	其余
7085	0.06	0.08	1.3~2.0	0.04	1.2~1.8	0.04	7.0~8.0	0.06		(0.08~0.15)Zr	0.05	0.15	其余
7040①	0.10	0.13	1.5~2.3	0.04	1.7~2.4	0.04	5.7~6.7	0.06		(0.05~0.15)Zr	0.05	0.15	其余

注：普基铝业公司发明的一种新合金，用于加工厚 100mm~228mm 的特厚板与锻件。

表 6 – 16 厚板铝合金的热处理规范[1]

牌号	固溶处理[2]		时效处理		
	金属温度[3]/℃	状 态	金属温度/℃	保温时间[4]/h	状 态
2014	495 ~ 505	T42	155 ~ 165	18	T62
		T451[6]	155 ~ 165	18	T657
2219	530 ~ 540	T31[5]	170 ~ 180	18	T81[5]
		T37[5]	170 ~ 180	18	T87[5]
		T351[6]	170 ~ 180	18	T851[6]
		T42	185 ~ 195	36	T62
2024	485 ~ 498[7]	T351[6]	185 ~ 195	12	T851[6]
		T361[6]	185 ~ 195	8	T861[5]
		T42	185 ~ 195	9	T62
6061	515 ~ 550[7]	T4	155 ~ 165	18	T6[8]
		T42	155 ~ 165	18	T62
		T451	155 ~ 165	18	T651[6]
7075[7]	460 ~ 475[9]	W	115 ~ 125[10]	24	T62
		W51[6]	[11][12]	[11][12]	T7351[6][13]
			115 ~ 125[10]	24	T651[6]
			[11][12]	[11][12]	T7351[6][13]
7178	460 ~ 485	W	115 ~ 125	24	T6、T62
		W51[6]	115 ~ 125[14]	24	T651[6]
			[14]		T7651[6][13]

注：①所列的时间与温度是各种类型、不同规格与不同加工工艺生产的产品的典型时间与温度，不完全是某一具体产品的最佳处理规范。

②应尽量缩短产品淬火转移时间。除另有说明外，淬火介质为室温水。淬火时，槽中的水应保持一定的流速，以使水温不超过 35℃。对某些产品可采用大容量高速喷水淬火。

③尽量缩短升温时间。

④保温时间从金属达到所列的最低温度时算起。

⑤在固溶处理与时效处理之间，应进行一定量的冷加工。

⑥在固溶处理与时效处理之间，为消除残余应力，施加一定量的永久变形量。

⑦也适用于包铝的薄板与厚板。

⑧仅适用于花纹板。

⑨为了获得最佳的均匀性，有时可将温度提高到 498℃。

⑩也可以采用双级时效：(90 ~ 105)℃，4h；(145 ~ 155)℃，4h。

⑪进行双级时效处理：(100 ~ 110)℃，(6 ~ 8)h；(160 ~ 170)℃，(24 ~ 30)h。

⑫也可以进行双级时效：(100 ~ 110)℃，(6 ~ 8)h；随后以 15℃/h 的升温速度升至 165℃ ~ 175℃，保温 14 h ~ 18 h。

⑬7075 及 7178 合金由任何状态时效到 T73(仅适用于处理 7075 合金)或 T76 状态，应严格控制保温时间、温度与加热速度。此外，将 T6 状态系列材料时效到 T73 或 T76 状态系列时，T6 状态的处理条件非常重要，而且对 T73 与 T76 状态材料的性能有影响。

⑭双级时效：(115 ~ 125)℃，(3 ~ 5)h；(160 ~ 170)℃，(15 ~ 18)h。

表 6 – 17 厚板铝合金的退火规范

牌 号	金属温度/℃	保温时间/h	材料状态
1060	345	①	O
2014	415②	2 ~ 3	O
2017	415②	2 ~ 3	O
2219	415②	2 ~ 3	O
2024	415②	2 ~ 3	O
3003	415②	①	O
3104	345	①	O
5052	345	①	O
5754	345	①	O
5083	345	①	O
5086	345	①	O
6061	415②	2 ~ 3	O
7075	415③	2 ~ 3	O
7178	415③	2 ~ 3	O

注：①材料在炉内时间不必长于将其各部分加热到退火温度所需的时间，不控制冷却速度。

　②从退火温度冷却到260℃时，降温速度以30℃/h为宜，以免产生固溶处理效应。200℃以下的冷却速度无关紧
　　要，不予控制。

　③可以不控制冷却速度冷却到205℃或以下，然后再加热4 h达到230℃。在345℃退火后，不控制冷却速度。

6.4.3 生产工艺、轧制率系统及达文波特厂厚板生产线

6.4.3.1 生产工艺

所有的铸锭热轧厚板都在热轧生产线上由热粗轧机完成，也可在热轧生产线上设置专门的兼用的中轧机，也可在热轧生产线外另建一条独立的热轧生产线，对于薄的中板还需要进行冷轧，以获得所需要的性能与表面品质。特厚板只进行拉伸矫直，薄一些的可进行辊矫。拉伸矫直除使厚板达到所需的平直度外，还用于消除淬火残余应力与获得所需要的性能。中厚板生产工艺流程见示意图 6 – 5。

熔体净化处理、热轧、固溶处理、矫直与超声检查是生产中厚板最关键的几道工序。净化处理由炉内处理与在线处理两部分组成，要保证熔体中尽可能少的固态杂质，氢含量低于0.12 mL/100 gAl，保证铸锭有良好的冶金组织。热轧变形率达80%以上，使铸造组织全部转变为热轧组织。对热处理可强化的合金，固溶处理温度尽可能高一些，保温时间足够长，淬火速度尽可能快与均匀，以确保可溶的合金元素全部固溶与材料变形尽可能地小，过去多采用盐浴炉加热，现在则宜采用辊底式炉处理。矫直既要保证有足够的变形量以达到平直度要求与消除内应力，又要不发生过度的变形。超声波检查是必不可少的，以确定是否存在不允许的各种缺陷，还要作电导率检测。

熔炼
↓
净化处理
↓
加细化剂
↓
铸造
↓
铣面
↓
加热或均匀化
↓
热轧

热轧 分支：

- 冷轧 → 固溶处理 → 矫直 → 时效 → 中板
- 加热 → 固溶处理 → 矫直 → 时效 → 厚板
- 退火 → 矫直 → 特厚板
- 固溶处理 → 矫直 → 时效 → 特厚板
- 矫直 → 消除应力处理 → 特厚板

退火 → 矫直 → 中板

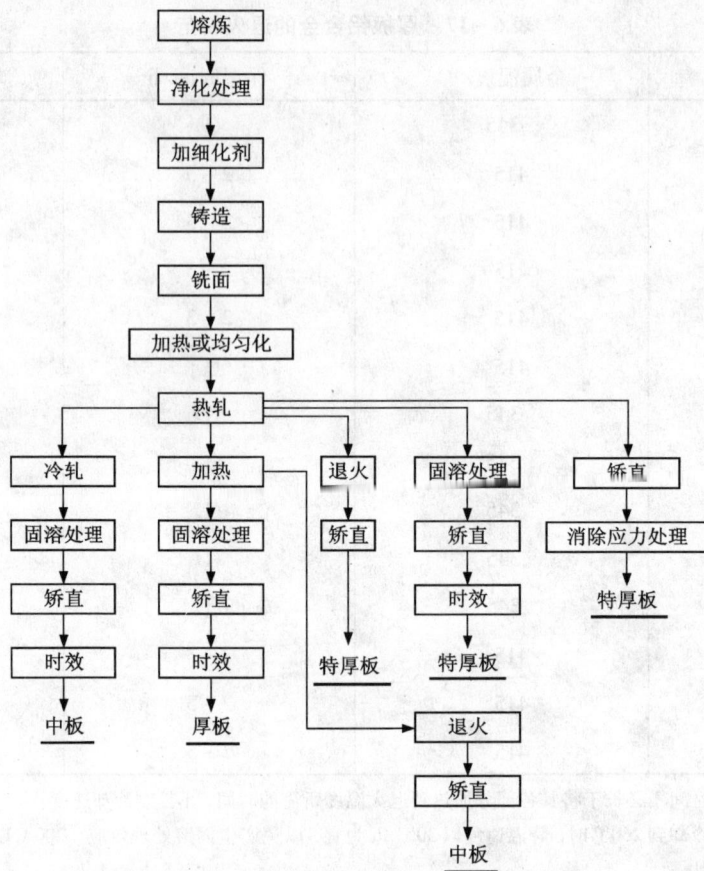

图 6-5 中厚板生产工艺流程示意图

6.4.3.2 典型铝合金厚板轧制率系统[2]

表 6-18 ~ 表 6-22 列出了几种典型铝合金的厚板轧制率系统，轧机的几项基本参数如下：

规格/mm	$\phi930/1500 \times 2250$
轧制速度/(m·min^{-1})	0/100/200
主电机功率/kW	2×7000
最大轧制力/kN	40000
立辊轧机：	
规格/mm	$\phi965 \times 760$
轧制速度/(m·min^{-1})	0/90/230
电机功率/kW	2×1400
总轧制力/kN	7500
锭坯最大尺寸/mm	$600 \times 1040 \sim 2040 \times 5200$
厚板尺寸/mm：	
宽度	1040 ~ 2000
厚度	100
长度	2000 ~ 10000

1XXX、3XXX 和 5XXX 系合金锭坯的开始轧制温度均为 500℃。

表 6 – 18 1145 合金的轧制率系统(锭坯 600 mm×2040 mm×5145 mm)

道次	出口厚度 /mm	轧制率 /%	长度 /m	轧制速度 /(m·min⁻¹)	轧制时间 /s	辅助时间 /s	咬入温度 /℃	力矩 /(kN·m⁻¹)	电机功率 /kW	轧制力 /kN
1	560.00	6.7	6	140	2.4	8.0	500	1340.0	7178	7020
2	510.00	8.9	6	160	2.3	8.0	499	1627.0	9900	7620
3	460.00	9.8	7	180	2.2	8.0	498	1629.0	11154	7630
4	410.00	10.9	8	180	2.5	8.0	498	1578.9	10813	7430
5	360.00	12.2	9	180	2.9	8.0	497	1515.0	10392	7240
6	310.00	13.9	10	180	2.9	8.0	496	1452.0	9974	7060
7	260.00	16.1	12	180	4.0	8.0	495	1390.0	9560	6890
8	210.00	19.2	15	180	4.9	8.0	493	1329.0	9153	6760
9	160.00	23.8	19	180	6.4	90.0	491	1272.0	8777	6680
10	110.00	31.3	28	180	9.4	8.0	485	1429.0	9819	7840
11	64.00	41.8	48	180	16.1	90.0	482	1585.0	10861	9630
12	32.00	50.0	96	190	30.5	30.0	470	1376.0	9990	10700
13	14.00	56.3	220	200	66.1	30.0	452	1034.0	7128	11570
14	6.50	56.6	475	200	142.5	30.0	427	609.0	4788	11230
15	3.00	53.8	1029	200	308.7	30.0	378	522.0	4194	15120

注：①总轧制时间 16 min 16 s；②终卷温度 338℃。

表 6 – 19 1145 合金的轧制率系统(锭坯 600 mm×2040 mm×5145 mm)

道次	出口厚度 /mm	轧制率 /%	长度 /m	轧制速度 /(m·min⁻¹)	轧制时间 /s	辅助时间 /s	咬入温度 /℃	力矩 /(kN·m⁻¹)	电机功率 /kW	轧制力 /kN
1	560.00	6.7	6	140	2.4	8.0	500	1340	7178	7020
2	510.00	8.9	6	160	2.3	8.0	499	1627	9900	7620
3	460.00	9.8	7	180	2.2	8.0	498	1629	11154	7630
4	410.00	10.9	8	180	2.5	8.0	498	1578	10813	7430
5	360.00	12.2	9	180	2.9	8.0	497	1515	10392	7240
6	310.00	13.9	10	180	3.3	8.0	496	1452	9974	7060
7	260.00	16.1	12	180	4.0	8.0	495	1390	9560	7890
8	210.00	19.2	15	180	4.9	8.0	493	1329	9153	6760
9	160.00	23.8	19	180	6.4	90.0	491	1272	8777	6680
10	110.00	31.3	28	180	9.4	8.0	485	1429	9819	7840
11	66.00	40.0	47	180	15.6	90.0	482	1492	10237	9210
12	34.00	48.5	91	190	28.7	30.0	470	1355	9842	10460
13	18.00	47.1	172	200	51.5	30.0	451	839	5680	9610
14	12.50	33.3	257	200	77.2	30.0	429	366	2756	6870
15	9.00	25.0	343	200	102.9	30.0	396	229	2042	6070

注：①总轧制时间 11 min 28 s；②终卷温度 338℃。

表 6 – 20　3003 合金的轧制率系统（锭坯 600 mm × 2000 mm × 5200 mm）

道次	出口厚度 /mm	轧制率 /%	长度 /m	轧制速度 /(m·min⁻¹)	轧制时间 /s	辅助时间 /s	咬入温度 /℃	力矩 /(kN·m⁻¹)	电机功率 /kW	轧制力 /kN
1	560.00	5.8	6	100	3.3	8.0	500	3033	11393	16980
2	520.00	8.0	6	100	3.6	8.0	501	3615	13548	17850
3	475.00	8.7	7	105	3.8	8.0	501	3529	13888	17420
4	430.00	9.5	7	105	4.1	8.0	501	3408	13418	16830
5	385.00	10.5	8	110	4.4	8.0	502	3296	13604	16390
6	340.00	11.7	9	110	5.0	8.0	502	3136	12952	15810
7	295.00	13.2	11	115	5.5	8.0	502	3002	12971	15380
8	250.00	15.3	12	120	6.2	8.0	503	2864	12921	14960
9	205.00	18.0	15	125	7.3	8.0	503	2722	12802	14550
10	160.00	22.0	20	120	9.0	8.0	503	2578	12620	14190
11	125.00	21.9	25	140	10.7	90.0	502	2020	10810	12810
12	95.00	24.0	33	140	14.1	8.0	496	1870	9921	13130
13	73.00	23.2	43	150	17.1	8.0	493	1453	8315	12100
14	54.50	26.0	58	150	23.1	8.0	489	1382	7925	12760
15	38.00	29.6	82	150	32.8	90.0	482	13260	7613	13820
16	25.00	34.2	125	150	49.9	30.0	462	13750	7886	16590
17	13.50	46.0	231	150	92.4	30.0	437	15580	8257	21520
18	6.50	51.9	480	160	180.0	30.0	436	11870	7242	22580
19	3.00	53.8	1040	160	390.0	30.0	421	9370	5828	27160

注：①总轧制时间 20 min 6 s；②终卷温度 386℃。

表 6 – 21　5182 合金的轧制率系统（锭坯 600 mm × 1800 mm × 5200 mm）

道次	出口厚度 /mm	轧制率 /%	长度 /m	轧制速度 /(m·min⁻¹)	轧制时间 /s	辅助时间 /s	咬入温度 /℃	力矩 /(kN·m⁻¹)	电机功率 /kW	轧制力 /kN
1	580.00	3.3	5	100	3.2	8.0	500	2748	10337	20350
2	555.00	4.3	6	100	3.4	8.0	501	3252	12201	21540
3	525.00	5.4	6	100	3.6	8.0	502	3706	13884	22410
4	495.00	5.7	6	100	3.8	8.0	503	3606	13514	21810
5	464.00	6.3	7	100	4.0	8.0	504	3608	13522	21470
6	432.00	6.9	7	100	4.3	8.0	505	3604	13507	21110
7	399.00	7.6	8	100	4.7	8.0	506	3595	13471	20720
8	365.00	8.5	9	100	5.1	8.0	507	3579	13414	20330
9	329.00	9.9	9	100	5.7	8.0	509	3605	13511	20150
10	291.00	11.6	11	100	6.4	8.0	510	3604	13505	19940
11	251.00	13.7	12	100	7.5	8.0	512	3583	13427	19710
12	210.00	16.3	15	100	8.9	8.0	513	3470	13010	19280
13	175.00	16.7	18	100	10.7	8.0	515	2855	10735	17390
14	140.00	20.0	22	100	13.4	8.0	515	2729	10267	17070

道次	出口厚度/mm	轧制率/%	长度/m	轧制速度/(m·min^{-1})	轧制时间/s	辅助时间/s	咬入温度/℃	力矩/(kN·m^{-1})	电机功率/kW	轧制力/kN
15	105.00	25.0	30	100	17.8	90.0	516	2850	10716	18460
16	80.00	23.8	39	110	21.3	8.0	510	2232	9271	17360
17	58.00	27.5	54	110	29.3	8.0	509	2170	9020	18600
18	42.00	27.6	74	120	37.1	8.0	506	1738	7919	17880
19	28.00	33.3	111	120	55.7	90.0	500	1760	8016	20240
20	18.00	35.7	173	120	86.7	30.0	472	1652	7536	23390
21	11.00	38.9	120	120	141.8	30.0	417	17530	7576	31090
22	5.75	47.7	120	120	271.3	30.0	437	15110	6912	33320
23	3.00	47.8	120	120	520.0	30.0	437	11090	5125	35850

注：①总轧制时间 28 min 22 s；②终卷温度 403℃。

表 6 – 22　5083 合金的轧制率系统（锭坯 600 mm×1800 mm×5200 mm）

道次	出口厚度/mm	轧制率/%	长度/m	轧制速度/(m·min^{-1})	轧制时间/s	辅助时间/s	咬入温度/℃	力矩/(kN·m^{-1})	电机功率/kW	轧制力/kN
1	580.00	2.5	5	100	3.2	8.0	500	28610	10756	24470
2	564.00	3.6	6	100	3.3	8.0	501	36390	13635	26300
3	542.00	3.9	6	100	3.3	8.0	502	36830	13799	26010
4	520.00	4.1	6	100	3.6	8.0	503	35920	13460	25360
5	498.00	4.2	6	100	3.8	8.0	504	35020	13129	24730
6	476.00	4.4	7	100	3.9	8.0	505	34150	12806	24120
7	454.00	4.6	7	100	4.1	8.0	506	33300	12491	23520
8	431.00	5.1	7	100	4.3	8.0	507	33640	12617	23230
9	407.00	5.6	8	100	4.6	8.0	508	33900	12712	22920
10	382.00	6.1	8	100	4.9	8.0	509	34070	12776	22570
11	356.00	6.8	9	100	5.3	8.0	510	34160	12811	22190
12	329.00	7.6	9	100	5.7	8.0	511	34180	12818	12790
13	301.00	8.5	10	100	6.2	8.0	512	33840	12691	21370
14	272.00	9.6	11	100	6.9	8.0	513	33280	12483	20930
15	242.00	11.0	13	100	7.7	8.0	515	32640	12246	20490
16	211.00	12.8	15	100	8.9	8.0	516	31900	11975	20060
17	180.00	14.7	17	100	10.4	8.0	517	30280	11374	19400
18	149.00	17.2	21	100	12.6	8.0	518	28710	10792	18810
19	118.00	20.8	26	100	15.9	90.0	518	27880	10486	18790
20	95.00	19.5	33	100	19.7	8.0	512	21550	8144	17030
21	75.00	21.1	42	100	25.0	270.0	510	19940	7546	17260

注：①总轧制时间 11 min 15 s。

6.4.3.3 美铝达文波特厂厚板生产线

美铝公司(Alcoa)达文波特(Davenport)轧制厂位于美国依阿华州(Iowa)达文波特市,于1972年建成投产,拥有世界上最大的铝板带热轧生产线,开创了多项世界之最。

- 最大的4辊可逆式粗轧机,$\phi1105$ mm/$\phi2134$ mm×5588 mm;
- 机架数最多的热轧生产线,共有8台轧机:一台5588 mm 4辊可逆式粗轧机,两台中轧机(1台4064 mm 4辊可逆式的、1台3658 mm 4辊可逆式的),5台2540 mm的5机架精轧机列;
- 世界首条全计算机控制的热连轧生产线;
- 可生产最大宽度5334 mm与长33.5 m的厚板;
- 最大的3658 mm的4辊变断面轧机,可生产的斜率为2.1%的变断面厚板;
- 输出辊道长207 m;
- 有1台3.75 MN的换辊吊车;
- 最先进、最大的厚板精整车间、包括固溶处理生产线、预拉伸机与矫直机等;
- 全球最大的轧辊磨床;
- 可生产各种用途的变形铝合金板带材,品种多,范围广。

(1)5588 mm热轧生产线的基本特性

1)5588 mm 4辊可逆式粗轧机

5588 mm 4辊可逆式粗轧机的一般特性见表6-23。

2)中轧机及精轧机列

热轧生产线上两台中轧机与一组5机架精轧机列,他们的基本技术参数见表6-24。

两台中轧机一般不参与带卷连轧,是为了生产中厚板与为变断面轧机提供坯料而设置的。如果需要,其中的一台或两台可以与粗、精轧机组成连轧生产线。

表6-23 5588 mm 4辊可逆式热粗轧机的一般特性

参　数	一　般　特　性
高度/m	相当于6层楼房高,其中地坪上高11.582,地坪下深6.706
质量/t	9072
牌坊(2个)	高9.812 m,每个的质量约650 t,联合工程-铸造公司铸造(United Engineering and Foundry Co.)
工作辊(2根)	直径1105 mm,总长9245 mm,每根的质量约80 t。共有3组,分别由贝斯姆钢铁公司(Bethlehem Steel Corp.)、美国钢铁公司(U.S. Steel Corp.)、米德瓦尔-赫潘斯塔尔公司(Mid-vale-Heppenstall Co.)锻造。由2台各2984 kW的威斯汀豪斯电气公司(Westinghouse Electric Corporation)电机拖动
支承辊(2根)	直径2134 mm,总长13.106 m,带轴承每根的质量350 t,联合工程-铸造公司生产
锭坯质量/t	max 22.68
控制系统	由系统工程试验室(Systems Engineering Laboratories)840-A型在线式计算机系统控制,可由自动操作转换为手动操作
产品最大宽度/mm	5334
最大开口度/mm	660,产品最薄厚度9.5
轧制速度/(m·min^{-1})	max 120

表 6 – 24　中轧机及精轧机列的基本技术参数

参　数	中　轧　机		精轧机列
	M1	M2	
工作辊直径/mm	950	880	533
支承辊直径/mm	1524	1499	1422
辊面宽度/mm	4064	3658	2540
电机功率/kW	3680	3680	F1、F2 各 2944，F3 ~ F5 各 2208
轧制速度/(m·min⁻¹)	max 180	max 180	300/420
产品厚度/mm	20 ~ 200	20 ~ 200	2 ~ 6(卷)
质量/t	10 ~ 20	10 ~ 20	10 ~ 20

3）其他配套设施

为热轧生产线配套的其他设施有：

• 均匀化处理 – 加热炉组，有坑式的也有推进式的；

• 1 台 375 t 的换辊天车，两台 150 t 的运锭天车；

• 207 m 长的输出辊道；

• 有 3 台威斯顿仪器公司（Weston Instrument Inc.）的 X 射线检测仪，用于厚板探伤；

• 有 1 台 5588 mm 宽的联合工程公司（United Engineering）厚板剪，由 1 台 2944 kW 的电机拖动，可剪切 203 mm 的特厚板；

• 1 台瓦尔里施 – 辛根（Walarich-Siegen）轧辊磨床，是世界上最大的磨床之一；

• 1 台 152 mm 剪、1 台 76 mm 剪，变断面板材生产线上有 1 台 57 mm 剪；

• 尽管热轧车间的占地面积相当于两个足球场地，生产线长度约 610 m，但由于采用计算机全自动控制，生产线各部位的情况及各种参数均在屏幕上清晰地显示，各岗位的操作人员和管理人员都了如指掌，并有先进的近距离对讲通讯系统。

（2）生产工艺

产品可分为三大类：2 ~ 6 mm 厚的带卷、厚板、变断面厚板。这三类产品的生产工艺流程见示意图 6 – 6。生产的航空铝合金厚板见表 6 – 25。

5588 mm 4 辊可逆式热粗轧机可轧制宽 5486 mm 的特宽板。所生产的变断面厚板特别适合于焊接液化天然气（LNG）贮罐，由于采用计算机控制，这种厚板尺寸极为精密。

所生产的带卷的最大外径可达 2438 mm。厚板精整车间有时效炉、退火炉、固溶处理生产线，既有立式的又有卧式的，可处理各种各样的材料，可处理长 33.5 m、宽 5334 mm 的特大、特厚板，各项工艺参数均由计算机控制，板材连续通过固溶处理炉。

厚板在淬火处理后需进行拉伸，正常的拉伸变形率为 1.5% ~ 3%，但该厂的拉伸机可使厚板发生 12% 的永久变形，具体变形率决定于板材的合金牌号、厚度及宽度。采用多辊矫直机也可矫平板材，该车间有五台多辊矫直机，可处理各种尺寸的板材。

6.4.3.4　拉伸矫直与超声检测

厚板在固溶处理后必须经过拉伸矫直。飞机制造厂要求厚板的平直度比标准规定值再严 50%，这不但可减少切削加工量 20%，而且有利于表面处理与工件组装，有利于降低生产

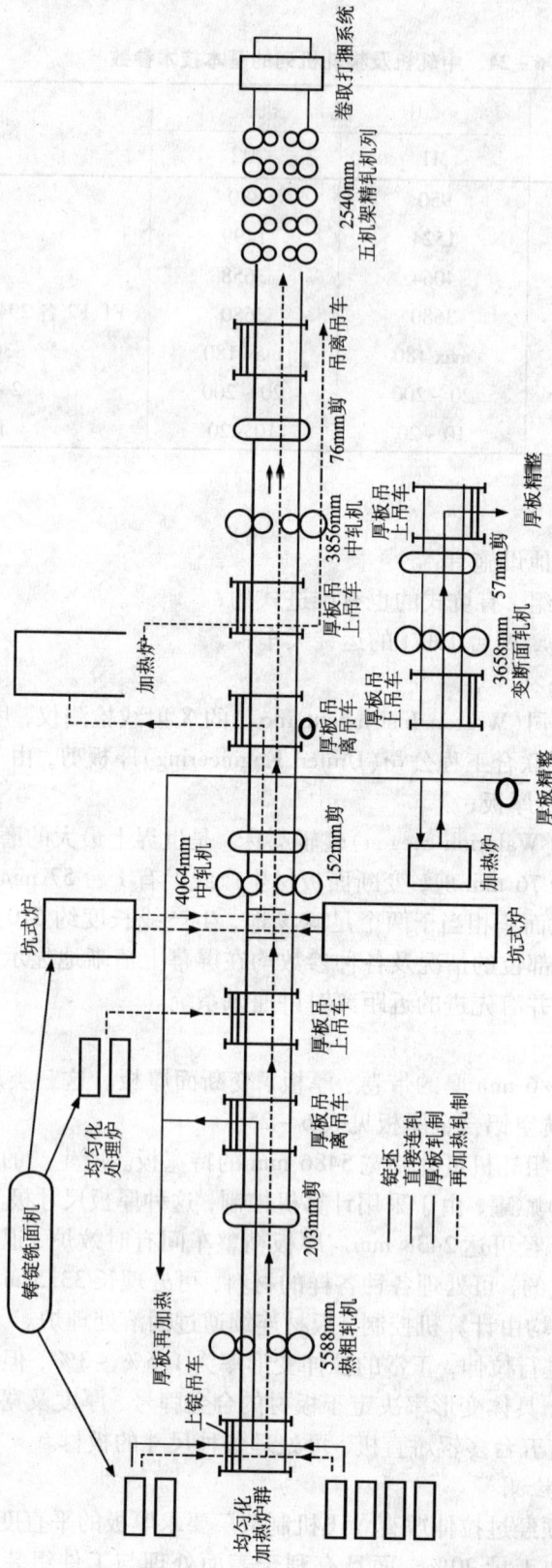

图 6-6 达文波特厂热轧生产线生产各类产品的工艺流程示意图

成本。

厚板厚度与拉伸机拉力的关系，拉伸厚度 120 mm 以下的厚板（单张）有 60 MN 的拉伸机就足够了，而要拉伸更厚的大型客机的翼梁、翼肋与框架则必须有 100 MN 的重型拉伸机。

对航空铝材尽管生产过程中进行了严格监控与检验，入库前仍必须进行超声探伤。法国普基铝业公司伊索尔轧制厂 2000 年对产品入库前作最终超声探伤时，仍有 0.1% 的废品率。

表6-25　达文波特轧制厂生产的部分航空用铝合金厚板

合金	部分供货状态	厚度/mm	用　途
2024	O	6.35~12.44	机身结构、翼抗拉伸部件、抗剪腹板肋、刚性结构区域
	T351	6.35~101.6	
	T851	6.35~38.07	
2124	T851	38.1~152.4	高性能军用飞机上的机身机加工部件、隔框、机翼蒙皮及其他结构件
	T351		
2324	T39	19.05~33.02	新型商务运输机下翼面蒙皮和翼盒部件
7050	T7651	50.8~152.4	机身框架、隔框
	T7451（原T73651）		
7150	T6151	19.1~38.1	大型商务飞机上抗高压的上翼面蒙皮
	T7751	6.35~76.2	民用和军用运输机的上翼面加强板和低水平安定面板
7055	T7751	9.35~31.75（宽2.79 m）	上翼面结构、水平安定面、龙骨梁、座轨和运货滑轨
7075（一/包覆）	T651	6.35~101.60	飞机上所有需要高强度、中等韧性和中等腐蚀抗力的结构件
	O	6.35~50.8	
	T7651	6.35~25.4	
	T7351	6.35~101.60	
7475	T651	6.35~38.10	机身蒙皮、机翼蒙皮、翼梁、机身隔框
	T7351	25.43~88.90	

6.4.3.5　法国伊苏尔轧制厂

法国伊苏尔（Issoire）轧制厂属加拿大铝业公司，位于法国南部，该厂铝合金厚板设计生产能力为 70 t/a，薄板卷材 60 t/a。该公司可按航空工业要求加工飞机零部件，目前波音公司用的 25% 和空客公司用的 80% 铝板材由加铝普基公司提供。该厂可生产客机机翼长达 36 m 的 7XXX 系合金板材。

伊苏尔轧制厂轧制生产厚板的热粗轧机的技术参数如下：

支承辊/mm	$\phi 1400 \times 3300$
工作辊/mm	$\phi 700 \times 3300$
铸锭：最大/mm	$550 \times 3100 \times 8000$
最大质量/t	15

最大轧制速度/(m·min^{-1})　　180

主电机功率/kW　　　　　　　4500

最大轧制力/MN　　　　　　　30

产品最薄厚度/mm　　　　　　12

产品最大宽度/mm　　　　　　3100

由以上数据可见该厂的厚板热粗轧机并不算先进，仅能生产厚 12 mm 以上的热轧板，轧制力较小，单电机传动；带有厚度 AGC 自动控制系统；无立辊，无弯辊系统。

熔铸车间有 3 台 40 t、两台 60 t 熔炼炉，采用人工扒渣，熔炼保温炉 5 台，各 35 t，年铸造能力 200 t，可铸造最大规格为 550 mm×2600 mm×8000 mm 的铸锭(包括硬合金)。不宜直投的废料通过专设的废料回收系统处理，原料 50% 实现自动存储。有铣床两台，其中卧式单面铣床 1 台(美国 Ingersoll 提供)，1998 年投入使用，宽面和 3 个窄面单独铣削，最大可铣铸锭规格为 8000 mm×3200 mm×640 mm，每面铣削厚度一次最大为 15 mm。均热炉 5 台各 70 t，配以组合式加料车。装料区无天车，组合式加料车开到另 1 区用天车吊料。锯床 3 台。

因坑式炉具有使用灵活、占用空间较少的优点，工厂的铸锭在轧制前由坑式加热炉预热、均热处理。每炉能装 12～24 块铸锭，锭最长 4 m，铸锭在炉内自由放置，采用专用吊具取放，可防止铸锭倾倒。Koblenz 铝轧制厂有 11 台坑式加热炉。

工厂有两条辊底式炉热处理生产线，均由德国 Otto Junker 公司于 20 世纪 90 年代末提供，长 64 m、宽 3.5 m，可处理的板材规格范围为(4000～15000)mm×(700～3200)mm×(6～250)mm；炉前带毛刷辊；电加热。有两台拉伸机，1 台 60 MN，另 1 台 30 MN，可拉伸厚板规格范围为(6～250)mm×(700～3200)mm×(4000～15000)mm。

普基铝 Rhenalu 公司同样配有两条超声波水浸式探伤生产线(长 72 m，宽 12 m)。

6.4.3.6　新型厚板合金 7040

一些新的航空铝合金如 7050、7055、7449、6056 等已有较详细的报道，在此仅对 7040 合金作简要的介绍。该合金是普基铝业公司发明的，其标准成分为：$w(Cu)=1.5\%\sim2.3\%$，$w(Mg)=1.7\%\sim2.4\%$，$w(Zn)=5.7\%\sim6.7\%$，$w(Si)=0.10\%$，$w(Fe)=0.13\%$，$w(Mn)=0.04\%$，$w(Cr)=0.04\%$，$w(Ti)=0.06\%$，$w(Zr)=0.05\%\sim0.15\%$，其他杂质质量分数每个 0.05%、合计 0.15%。此合金与典型超硬铝相比是 Cu 含量高一些，Mg 含量有较大下降，Zn 含量有所提高，不含 Cr，但含 0.05%～0.15% Zr，Fe、Si 杂质含量则低得多。

使用 7040 合金特厚航空板可较大幅度地减轻零部件质量，减少用户切削加工量，废料回收方便与 7075 合金等的废料归为一类。该合金首次用于制造厚 177.8 mm 的空中客车 A340/600 型飞机的连接件，并将用于制造空中客车 A380 型客机的翼梁(spar)、肋条(rib)与机身框架。通过特殊的加工处理，可使 7040 合金材料与工件具有最低的残余应力，从而成为 7050 合金的更新换代的良好合金。美国航空材料技术规范(AMS)对这两种合金的性能作了对比(图 6-7、图 6-8)。7040 合金特厚板的性能高于 7050 合金的，特别是断裂韧性。7040 合金用于加工厚 100～228 mm 的特厚板与锻件。

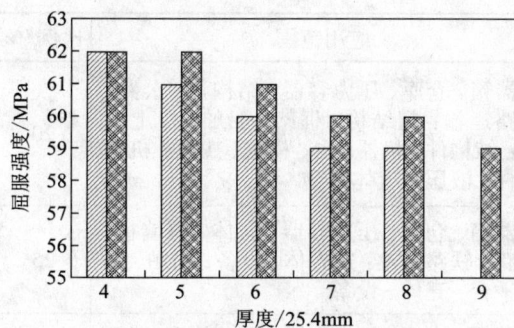

图 6 - 7　7040 与 7050 合金的屈服强度比较
（美国 AMS 的数据）

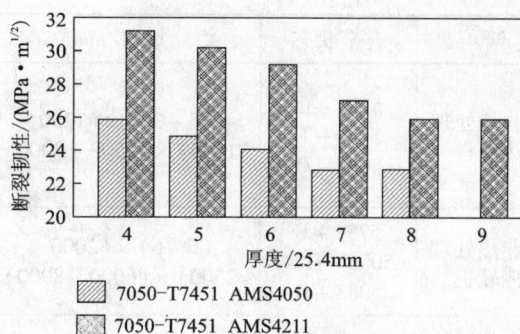

7050-T7451 AMS4050
7050-T7451 AMS4211

图 6 - 8　7040 与 7050 合金的断裂韧性比较
（美国 AMS 的数据）

6.4.4　厚板应用

　　铝合金厚板应用于国民经济各个部门，但主要用于交通运输业特别是航空航天工业。美国 1988 年至 1998 年各部门的铝合金厚板用量见表 6 - 26，其中国内交通运输业的平均用量占 81.92%，机械与装备制造业占 9.72%。

6.4.4.1　厚铝板的典型应用

　　据笔者的调查，厚度 5 ~ 60 mm 的板材占厚板总消费量的 85% 以上，而且主要是热处理可强化的铝合金，约占 60%。特厚板的用量很少，不到 15%。铝合金厚板典型产品及应用范围见表 6 - 27。

表 6 - 26　1988 年至 1998 年美国各部门厚板用量[①]

项　目	1988	1989	1990	1991	1992	1993	1994	1995	1996	1997	1998
建筑与结构	1	1	1	1	2	2	2	1	1	1	
交通运输	236	269	239	211	203	189	186	232	241	296	312
耐用消费品	1	1	1	1	1	1	1		1	1	2
电　气	4	4	4	4	4	4	4	4	4	4	4
机械与装备	23	24	24	24	26	26	26	31	27	43	36
其　他	21	20	22	18	17	15	14	18	16	25	12
国内总量	286	319	291	259	253	237	233	287	290	370	366
出　口	41	44	45	51	50	53	91	102	85	109	125
国内与出口总计	327	363	336	310	303	290	324	389	375	479	491

注：①单位为百万磅，为避免误差未予换算，1lb = 0.45359237 kg。

表6-27 铝合金厚板典型产品及应用范围

产品	合金状态	规格/mm	应用范围	比例/%
非热处理热轧板	5754-O 5754-F 5083-O	(25~30)×(1250~1500)×(2500~3000)	容器箱、仓库、压力容器：结构件；公路、铁路运输：超结构、框架；船舶、岸上平台：结构件；机器：台、模板、工具；机加工件：液压和气体装置	20
非热处理冷轧板	5754-F 5086-H24 5083-O	(5~6)×(2000~2500)×(6000~8000)	容器箱、仓库、压力容器：壳体、隔墙板；公路、铁路运输：箱壳体、设备；船舶、岸上平台：壳体、设备	25
圆板	5083-O	φ2500×6	容器箱、仓库、压力容器：环、底板；电子工业：抛物面天线	1
热处理热轧板	2017-T451 6082-T651 7075-T6	(5~15)×(1000~2000)×(2000~3400)	公路、铁路运输：减震器、轴承箱；岸上旅馆平台、结构件、机器、台板、模板、工具（中高强度）；机加工件：液压和气体装置（中高强度）；国防工业：装甲车车壳	28
热处理冷轧板	2017-T451 6082-T651 7075-T6	(5~15)×(1000~2000)×(2000~3400)	公路、铁路运输：集装箱、设备；船舶、岸上平台：设备、桅杆；国防工业：装甲车车壳	8
热处理圆板	6082-T651	φ900×51	公路、铁路运输：轮子、轮缘	1
普通航空板	2214-T451 7071-T7451 7075-T7351	(48~60)×(1200~1300)×(2500~3000)	航空工业：机翼、框架结构件（高强度、抗压、抗耐压、抗拉）；设备：容器、厨房炊具、座椅、火箭发射架：结构件、箱体、设备；国防工业：装甲车结构件、车壳	12
变断面板	7075-T7351	厚35	机翼、框架：边部成形板	2
工具板	6061-T651	102×1230×3760	机器：航空工业用工具和台板	3

6.4.4.2 厚铝板典型应用实例

(1)汽车的厚板用量

铝合金厚板在汽车中的应用不大，轿车的用量最少，专用车的用量多些，如运钞车、自动倾卸车、罐车等（参见表6-28）。自卸汽车侧板，一般使用厚9~10 mm 5083合金板，而底板厚度则为12~18 mm。

表6-28 1984—1988年美国各种汽车的平均铝合金厚板用量

车种	1984年	1985年	1986年	1987年	1988年
卡车与公共汽车/(kg·辆⁻¹)	4	5	5	6	6
小轿车/(kg·辆⁻¹)	1	1	1	2	2
拖车与半拖车/(kg·辆⁻¹)	9	11	10	9	9

(2)铝合金运煤敞车与城轨客车

美国从20世纪50年代起就广泛应用铝材制造运煤敞车。1959—1960年，普尔曼标准公司为美国南方铁道部门制造了 750 辆全铝运煤车。在 1965 年又有 1075 辆大型全铝自卸车投入营运。

1948—1977 年，加拿大生产了 3178 辆铝合金货车。1948 年加拿大罗伯瓦互尔－萨姑纳公司制造的 30 辆货车是自卸式的，自重 16.33 t，净载重为 78.93 t，容积为 75.6 m^3。该车辆用 6061－T6 合金厚板和挤压型材、采取铆接方式制造，大梁是钢的。

1960—1961 年苏联乌拉尔车辆厂用 AMr6 合金制造了载货量为 62 t 和 96 t 的货车。它的侧壁和端门用挤压铝型材制作，侧板用 8 mm 的铝板，氩弧焊连接，不涂漆。基本承重件——梁和底盘用低合金钢制作。1964 年又制造了载货量为 97 t 的货车，车身和框架用 AMr6 合金制造，脊梁用高为 320 mm、底为 350 mm 的槽式型材制作，侧壁板是 6 mm 的 AMr6 合金板，卸货口的盖为模锻件框架焊上 10 mm 厚的 AMr6 合金板。车身的构架由各种截面的挤压型材组成，氩弧焊连接。投入营运至今，运输砂石和各种物质，仍处于良好状态，未有明显的磨损和腐蚀斑痕。乌拉尔车辆厂使用 AMr6M 合金制造冷藏车。日丹诺夫重型机械厂采用 AMr3 合金代替纯铝制造运载硝酸的罐车，同纯铝制的相比，载货量增加 7 t，自重下降 3.2 t，降低了罐车的成本。在 20 世纪 60 年代初苏联用 AMr6 合金试制成运输异丙苯醇、乙二醇、甲苯、苯胺、亚硫酸铵等化工产品的罐车。加里宁车辆厂用 AMr6 合金制造了车身整体焊接、节间相通的客车以及铝钢混合结构的客车，运行 9 年，车体处于良好状态，尽管有时严重受潮，尚未发现明显的腐蚀，只是焊区力学性能不高，有些变形。为此，苏联一些研究单位提出用 1915 合金做结构件。

中国齐齐哈尔车辆有限公司制造了 C80 型铝合金运煤敞车。根据铁道部的计划：由齐齐哈尔车辆公司、株洲电力机车公司、二七车辆公司等于 2003 年制造 400 辆，2004 年制造 4000 辆，以后每年将根据需求安排。这些车辆用于大秦线运煤，一列运煤车编组 100 辆，总拖动量 20 kt，总长度约 1300 m。每辆车用 5083－H321 合金厚板约 1.8 t，底部板厚 8 mm，四侧板厚 6 mm，铆接结构，用 ⌐ 形与 ∟ 形铝型材加固，车厢容积：13 m（长）×2 m（宽）×2.5 m（高）。板宽 1350～1500 mm，长 2000～4000 mm。除 C80 型铝合金运煤敞车外，齐齐哈尔车辆公司还设计了一种双浴盆式铝合金敞车，其技术参数如下：

载重/t	81	每延米重/t	8.33
自重/t	18.3	构造速度/km·h^{-1}	100
轴重/t	25	轨距/mm	1435
容量/m^3	76.05	车辆长度/mm	12000

长春轨道客车股份公司为武汉市轨道交通有限公司制造的 12 列 48 辆铝合金轻轨车已于 2004 年全部交付用户，设计速度 80 km/h。这种 B 型全铝合金城轨客车为两动双拖四辆编组，每辆车平均用铝厚板 400 kg（含机车用厚板）。

（3）铝合金船舶舰艇

船舶舰艇用铝合金厚板当前使用最多的为 5XXX 系合金，因为它们既有相当好的抗蚀性、可焊性与成形性，又具有一定的强度与抗冲击性，常用的厚板铝合金列于表 6-29。

船用厚板的厚度一般为 6～15 mm，最厚也可在 100 mm 以上，不过其量甚少，板的宽度多数为 1000～3000 mm，也有少量的宽度达 5000 mm。

中国曾制造了一艘长 60 m 可载 1160 t 石油的船，共用铝材 92 t：用 9 mm 厚的波纹板做纵向密封舱壁，横向舱壁用的是 7 mm 板，形成五个独立油舱。船舷以 9 mm 厚的铝合金板焊接，甲板用的是 12 mm 厚的板材，盖板则用 15 mm 厚板制造。船体构架由挤压型材组成。

表 6-29　常用的船舶舰艇厚板铝合金

应　用　部　位	合　金	应　用　部　位	合　金
船侧与船底	5083、5086、5456、5052	甲板	5052、5454、5456、5083、5086
龙骨	5053	舷墙	5083
肋骨	5083	烟筒	5052、5083
肋板	5083	海船容器顶板与侧板	3003、3004、5052
发动机台座	5083		

前苏联在长 101.5 m、排水量 2960 t、载员 326 人和时速 30 km 的远洋客轮上，用铝合金建造上层结构，如驾驶舱、桅杆、烟筒、支索、小密门等。使用的铝材有 5.6 mm 和 8 mm 厚的 5A05 合金板，10 mm 和 14 mm 厚的 5A06 合金板、5A06 合金的圆头扁铝以及一些铝合金铸件。上层结构的安装是采用 TA05 合金铆钉铆接在钢甲板上，并采取了预防接触腐蚀的措施。这艘船的上层结构用了 100 t 铝材，比钢制的轻 50%。全船用铝材 175 t，船的总重减轻 12%，定倾重心提高 15 cm，明显改善了船的稳定性。

　　(4)液化天然气运输船

铝及铝合金无低温脆性，是制造液化天然气(LNG)、液氧等低温液体容器的良好材料。英国在 1959 年首次用铝材建造了两条船，用于从北非进口液化甲烷，20 世纪 70 年代日本开始用铝材建造液化天然气船及口岸贮罐，它们用的主要材料为 5XXX 系合金厚板。

液化天然气的输送线路见示意图 6-9，而贮罐有地上式与地下式的两种，前者多为铝合金结构，也有少数用含 9% Ni 的钢建造的，后者则多用不锈钢。一个地上式铝合金贮罐净用铝合金厚板 900 t，罐的容积为 80000 kL(参见表 6-30)。

表 6-30　地上式 80000 kL 液化天然气铝合金贮罐厚板用量

部　位	板　厚/mm	质　量/t
内层侧板	5083 合金，10～70	650
内层顶板	5083 合金，10～50	150
内层底板	5083 合金，6～25	100
罐顶骨架	6061 合金型材	100

地下贮罐的顶盖则用 5083 合金 5～10 mm 厚板焊接，一个 80000 kL 罐的用量为 50 t，顶盖骨架用的铝合型材及其他铝材约 50 t。

从上世纪 60 年代末日本开始制造液化天然气运输船。这种船分两类：球罐式的，方罐式的。目前这两种运输船都已标准化，球罐的总容积为 125000 m^3，有 4 个罐，每个罐的容积为 32000 m^3，内径 39.46 m，是用 5083-O 合金焊接的，板厚 28.5～58 mm，每个罐共用厚板 700 t，罐中央部分的板厚达 180 mm。每条方罐船也有 4 只罐，这种船的装载量为 128000 m^3，每个罐的容积为 22500 m^3，是用 15～25 mm 厚的 5083-O 板焊接的，外用铝型材补强。

中国上海沪东造船厂正在建造两条标准铝合金液化天然气运输船，今后还将建造更多的这类运输船，成为铝合金厚板的主要用户之一。

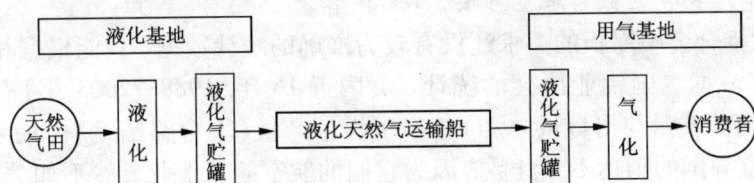

图 6 – 9 液化天然气输送线路

（5）化工容器

典型的铝制石油化工容器有：液化天然气与石油气贮罐、槽，以及浓硝酸、乙二醇、冰醋酸、醋酐、甲醛、福尔马林等槽罐，还有吸硝塔、漂白塔、分解塔、苯甲酸精馏塔、混合罐、精馏锅。

上述容器的主体结构件大多是用 1XXX、3XXX、5XXX 系铝合金制造的，如 60 m^3 的浓硝酸罐用 16 mm 厚的 1060 合金厚板焊接而成的，2 m^3 的贮罐用 12 mm 厚的 1A85 合金厚板制成。

（6）航空航天器与兵器

铝合金厚板的 45% 左右用于制造航空航天器和装甲车、坦克等兵器。航空航天器多用 2024 型、7075 型、7050、7055、2219 合金厚板（表 6 – 31），而装甲车与坦克则多用 5083 合金厚板。铝合金过去、目前是航空器的主要结构材料，预计至少在 2030 年以前它仍是飞机特别是民用飞机的主要结构材料。

表 6 – 31 铝合金在民用客机上的应用

型号	机 身		机 翼			尾 翼	
	蒙皮	桁条	部位	蒙皮	桁条	垂直尾翼蒙皮	水平尾翼蒙皮
L – 1011	2024 – T3	7075 – T6	上 下	7075 – T76 7075 – T76	7075 – T6 7075 – T6	7075 – T6	7075 – T6
DC – 3 – 80	2024 – T3	7075 – T6	上 下	7075 – T76 2024 – T3	7075 – T6 2024 – T3	7075 – T6	7075 – T6
DC – 10	2024 – T3	7075 – T6	上 下	7075 – T76 2024 – T3	7075 – T6 7178 – T6	7075 – T6	7075 – T6
B – 737	2024 – T3	7075 – T6	上 下	7178 – T6 2024 – T3	7075 – T6 2024 – T3	7075 – T6	7075 – T6
B – 727	2024 – T3	7075 – T6	上 下	7075 – T6 2024 – T3	7150 – T6 2024 – T3	7075 – T6	7075 – T6
B – 747	2024 – T3	7075 – T6	上 下	7075 – T6 2024 – T3	7150 – T6 2024 – T3	7075 – T6	7075 – T6
B – 757	2024 – T3	7075 – T6	上 下	7150 – T6 2324 – T39	7150 – T6 2224 – T3	7075 – T6	2024 – T3（上） 7075 – T6（下）
B – 767	2024 – T3	7075 – T6	上 下	7150 – T6 2324 – T39	7150 – T6 2224 – T3 2324 – T39	7075 – T6	7075 – T6
A300	2024 – T3	7075 – T6	上 下	7075 – T6 2024 – T3	7075 – T6 2024 – T3	7075 – T6	7075 – T6

6.4.5　对中国中厚铝合金板的匡算与2016年以前需求量的预测

6.4.5.1　中国中厚铝合金板需求量可按3.0%匡算

当前中国对铝合金中厚板的需求还没有较为准确的统计数据，只能根据相关资料进行尽可能科学的匡算。据美国铝业协会的统计，美国近16年（1988—2003年）厚板（大于6.25 mm）的产量（国内消费量与出口量总和）相当于板带产量（不含铝箔毛料）的4%。其他国家如日、德、法、意等国的则达不到此数，因为它们的航空航天工业显然不如美国的那样发达，而俄罗斯的则又可能大于此数。关于中国中厚板占的百分数可按板带材（不含铝箔毛料）总产量的3.0%匡数。

- 板材厚度范围扩大到4.5 mm以上，厚度大于4.5~6.35 mm的板材占的比例较大，如果按大于4.5 mm的统计，则中厚板占的比例可达4.5%左右；
- 中国已成为交通运输工具与机械装备制造大国，虽然航空航天器的制造量远比美国的少，但中国为波音飞机公司、空中客车公司制造不少飞机零部件，所用铝合金板材全部从美国、法国进口。中国模具铝厚板的用量远比美国的大，中国制造某些容器用的厚铝板也比美国的多，中国还处于轨道车辆大发展期，所用的铝合金板比美国的多得多。美国已停止生产铝合金运煤车与其他装货车，因为已处于饱和，而中国则正处于大发展初期。

中国可于2010年以前成为世界第三大汽车生产国，生产值达到5% GDP，出口金额可达500亿美元，成为中国的支柱产业。2004年美国汽车的平均厚铝板用量为7 kg/辆，若2010中国的汽车产量达到1350万辆，则需要厚铝板94.5 kt，中厚板的总量需求量为约110 kt。

6.4.5.2　对中国2016年以前中厚板需求量的预测

值得注意的是，中国有关部门与人士在对原铝产量、铝材产量作规划与预测时历来都是保守的，每年每次都显著滞后于实际产量，但最近两年北京安泰科信息开发有限公司对原铝产量作的预测还是相当准确的。笔者在此对中国今后12年对中厚板作需求量预测时，前7年按年平均增长率12%计算，后5年按年平均增长率10%计算，在需求量中含20%的出口量。2003年中国铝板带（不含铝箔毛料）的总产量为1800 kt，并以此为基数进行计算，中厚板的产量按板带总产量（不含铝箔毛料）的3%计算。预测产量（在此即需求量）见表6-32。

表6-32　2005年至2016年中国对铝中厚板的需求

年度	需求量/kt	年度	需求量/kt
2005	64	2011	130
2006	71	2012	140
2007	80	2013	150
2008	90	2014	160
2009	100	2015	170
2010	120	2016	182

6.4.5.3　背景材料

为了支持笔者的预测，在此提供一些权威背景材料。

（1）亚洲铁路革命轰轰烈烈，中国首屈一指

● 1881 年建的第一条标准轨距（1435 mm）铁路唐山－胥各庄铁路建成通车，线路长 9.7 km，列车由中国同年制造的首台机车——龙号拖动，至今已有 124 年，但中国铁路最轰轰烈烈的大革命却是随着新世纪的降临而来的。

● 2002 年 12 月 31 日全球首列商业性磁悬浮列车以一声轻轻的咆哮在上海开出站台，在 8 min 内到达浦东机场。

● 中国首列 20 kt 铝合金运煤列车在大秦线上运行成功。该线需要铝合金车辆 12000 辆。根据铁道部中长期煤基地铁路运输通道规划，到 2020 年运煤量将达 16×10^8 t，如果一半以铝合金车辆运输，需要约 20 万辆铝合金车辆。

● 一流客运专线网建设前期工作全面起动。

为满足快速增长的旅客运输需要，建立省会城市及大中城市间的快速客运通道，规划"四纵四横"铁路快速客运通道以及三个城际快速客运系统。

"四纵"客运专线：北京—上海，北京—武汉—广州—深圳客运专线，北京—沈阳—哈尔滨（大连）客运专线，杭州—宁波—福州—深圳客运专线。

"四横"客运专线：徐州—郑州—兰州客运专线，杭州—南昌—长沙客运专线，青岛—石家庄—太原客运专线，南京—武汉—重庆—成都客运专线。

三个城际客运系统：环渤海湾地区、长江三角洲地区、珠江三角洲地区城际客运系统，覆盖区域内主要城镇。

这些客运专线与系统客车速度目标值达到等于及大于 200 km/h，预留提高到 350 km/h 的条件。2020 年客运专线营业里程 12000 km，其中：新建客运专线 10000 km，新建城际客运系统 2000 km。

铝合金车辆所用铝材以及大铝型材为主，但每辆车的中厚板用量约 120 kg。需要配备新型车 20 万辆以上，约需中厚板 24 kt，在 2008—2018 年期间每年约需 2.4 kt。

（2）2005 年开工建设速度 300 km/h 以上的高速铁路

铁道部副部长陆东福于 2004 年 12 月中旬对新闻媒体说：到目前为止，中国批准开工的时速 200 km 以上的新线建设项目有武汉至广州、郑州至西安、北京至天津、合肥至南京、合肥至武汉、温州至福州等铁路（客运专线），累计达 3000 km。其中武汉至广州、郑州至西安客运专线时速在 300 km 以上。据介绍，运输组织模式，采用本线旅客列车和跨线旅客列车共线运行。基础工程按时速 350 km/h 设计、建设，本线旅客列车和跨线旅客列车初期运行时速分别为 300 km 和 200 km。

（3）地铁与城铁轨道线建设高潮迭起

中国有 20 多个大城市正在建设或准备建设地铁与城市轨道线路网络，仅北京市区 2008 年轨道线路将有望达到 11 条，线路总长约 250 km，其中包括三条京郊铁路。据发展改革委员会称，仅"十五"计划期间中国城市交通投资将达 8000 亿元人民币，2010 年以后的投资会更大。中国城市轨道交通正在驶入一个前所未有的新时代，到 2020 年估计全国城市轨道线路总长可超过 8000 km。

中国第一条采用高架轻轨制式建成的城市轨道线于 2003 年 11 月 20 日在上海投入试运营。2004 年 3 月 28 日天津市津滨轻轨线投入营运，每天投入营运的有 29 列 116 辆，车辆长 19 m、宽 2.8 m，可容纳 200 人/辆。

（4）中国将成为第一大汽车生产国

中国汽车工业协会于 2004 年 12 月 13 日透露，到 2010 年我国将成为世界主要汽车生产制造国，进入全球汽车生产大国前三名。中国将采取措施使汽车产业成为国民经济支柱产业，到 2010 年汽车工业产值将占 GDP 的 5% 以上，汽车工业出口值超过 500 亿美元。笔者认为，2012 年中国很可能是全球第一大汽车生产国。

板材在汽车上的应用将有较大增加，例如在 XJ LWV 型汽车中板材将占车身结构的 85%，外车身板采用 6111 合金，内车身板采用 5182 合金，结构板采用 5754 合金。

（5）开始建造液化天然气运输船

新华社 2004 年 12 月 14 日讯，上海沪东造船厂开始建造中国首条液化天然气运输船，是用钢造的。

如用铝建造，每条这种运输船与口岸贮罐约需铝合金厚板 5.5 kt，中国正在长兴岛建设全球最大的造船基地，中国将成为最大的造船国，也将可能是全世界消费船舶铝合金厚板最多的国家。

（6）中国：世界民用飞机制造"第三极"

综合各方信息，中国将成为世界民用飞机制造"第三极"：以喷气支线飞机制造为突破口，迂回进军大型飞机制造领域，ARJ21 型飞机已经获得 35 架订单，这是中国第一种拥有自主知识产权的新型涡扇支线飞机，中航一集团于 2004 年 11 月 1 日称，未来 20 年中国将新增支线飞机 705 架。ARJ21 是英文 Advanced Regional Jet for the 21st Century 的缩写。

中航一集团 2004 年 10 月底发表预测称，未来 20 年内中国需补充 2194 架客机（不含港、澳、台地区），按座级划分为 400 座级的 68 架，300 座级的 208 架，200 座级的 277 架，150 座级的 723 架，110 座级的 213 架，支线飞机 705 架。波音公司预测称，到 2023 年中国的航空公司需要约 2300 架新飞机，中国成为美国以外最大的民用航空市场，这些新飞机的总价值约 1830 亿美元。空中客车公司预测，到 2022 年中国航空公司将需要至少 1316 架干线飞机，总价值约 1400 亿美元。中国航空工业第一集团公司常务副总经理杨育中在 2004 年珠海航展上说，该集团在民用飞机产业的目标是成为支线飞机主要制造商和大型飞机供应商。该公司自主研发的 ARJ21 支线客机计划 2007 年年底取得试航证，2008 年将正式交付航空公司投入商业运营，有 70 座到 100 座，被称为中国民用航空工业的新希望。

中航二集团陕西飞机工业（集团）有限公司 2004 年 11 月 30 日称，截止至 10 月 22 日中国邮政航空公司运营的编号为 B-3103 的运 8F100 型飞机安全飞行首先达到 10000 h，这是国产民用飞机发展史上的一块里程碑。

空客公司新飞机 5% 中国造，中国有可能参与新一代 A350 飞机的研发，空客公司高级副总裁兼空客中国公司总裁博龙于 2004 年 11 月宣布：空客将于明年在中国成立空客飞机研发中心。西飞公司将于 2006 年成为 A320 系列飞机电子舱门全球唯一供货商；成都飞机公司在为空客公司生产 1100 套舱门；沈阳飞机制造公司为 A320 飞机生产前缘缝翼的滑轨肋组件和紧急出口舱门；西飞公司还为空客公司 A300、A310、A330、A340 型飞机生产检查舱门及机翼前后缘的组件等。

新一代 L15 型高级教练机——"飞狮"将于 2005 年首飞，2007 年设计定型并小批量交付使用。这种新型教练机由中国航空工业第二集团洪都飞机公司制造。

枭龙/FC-1 型新型歼击机横空出世，可与西方当代战机相匹敌的歼十战机直指蓝天。

中国在民用飞机设计制造方面取得了骄人的成就，在为外国大型客机制造零部件方面成绩卓著，在军用飞机设计制造方面也已跻身世界先进行列，中航第一集团公司的枭龙/FC－1型战机于 2003 年首试成功后，又推出了一种可与西方当代战机相匹敌的第四代战斗机——"歼十"。它可携短中远各型导弹及对地对空对海导弹与炸弹，并具有隐身性能，可作间歇超音速巡航，具备第五代战机性能。枭龙/FC－1 型飞机长 14 m、自身质量 3 t，小巧玲珑，达到了第三代战斗机的综合作战效能，能与当今先进战斗机抗衡，同时具有轻小型，低成本特点，完全适应现代战争要求和军用飞机的市场需求。它的首飞成功，为中国航空工业参与国际市场竞争奠定了坚实的基础，每架战机约用铝材 4 t。

中国成为世界第三大航天国家，航天器对铝合金厚板需求不可低估。自"神舟"四号飞船发射成功后，我国将会有更多的飞船遨游太空。

2006 年经国务院同意，国家发展和改革委员会批准空客 A320 系列飞机中国总装线项目选定在天津滨海新区，这是空客公司设在欧洲以外唯一的总装厂。在中国组装的第一架空中客车飞机将于 2008 年飞上蓝天。A320 系列飞机总装线的一期设计能力为月组装空中客车 A319 或 A320 飞机 4 架，年产 44 架。到 2015 年底，空客将在中国组装空中客车飞机约 247 架，全部销往国内。2015 年以后，中国组装的空中客车飞机将有可能销往周边国家和地区。

中国自主研发的首架大飞机可于 2020 年面世，不过其主要结构材料不是铝合金而是碳纤维复合材料，当然也得用一些铝合金材料，但其比率大为下降，这是铝材行业面临的一个严峻挑战，应开发出其性价比可与复合材料媲美的新型铝合金材料。

所谓大飞机是指起飞质量超过 100 t 的运输类飞机，包括军用、民用大型运输机，也包括 150 座以上的干线客机。目前世界上只有美国、欧洲四国和俄罗斯具有制造大飞机的能力，而占领国际市场的只有美国的波音飞机公司和欧洲的空客公司。

中国在中厚板铝合金的开发与研究方面与美国、法国、俄罗斯相比还有相当大的差距，有待急起直追，需加大资金投入，为新的中厚板生产线建设提供强大的技术支持。

6.5　铝合金铸造模具厚板的技术引进

6.5.1　铝合金工模具应用日益广泛

工具与模具在制造业中的重要性是不言而喻的，在汽车、电子器件、电器电讯、仪表、航空航天器等的零件加工过程中，约有 80% 是通过模具成型的。中国正在向着世界制造业基地的宏伟目标迈进，模具在国民经济发展中的作用显得极为重要。尽管近几年来中国工模具工业发展十分迅速，但与美国、德国、日本的模具业相比还有相当大的差距，而在大型、精密、复杂、高寿命模具生产技术方面的差距则更大一些。

据上海模具行业协会提供的数据，2001 年中国模具产值在 300 亿元以上，2007 年的产值估计可翻一番，达到约 600 亿元。2004 年中国模具的进口金额约为出口金额的 3.8 倍，可见模具工业发展空间的广阔。

目前，90% 左右的模具是用钢制造的，但铝合金是一种很好的工模具材料，具有诸多优点：质量轻，其密度约为钢的 1/3；热导率高，铝在 25℃ 的热导率为 2.37 W/cm·K，约比钢的大三倍；电导率大，等体积电导率为 64.94% IACS，为钢电导率的 10 倍；可焊性能好，可用多种焊接工艺焊接与补焊；优秀的可切削性能，比钢的大四倍，可对其进行高速切削；制造周期短，仅相当于钢模具的 1/2；表面品质高，且可进行各种表面处理；抗腐蚀性能强，在大气中可长期保持明亮的光泽，易于保存；可回收价值高。铝合金模具的不足之处是其价格比钢的高，而且这两类模具的制造技术也有所不同。因此，铝合金工模具虽在工业发达国家获得较为广泛的应用，但在中国的应用还不普遍。不过，由于中国成为世界制造业基地进程的加快与制造范围的拓宽、产品周期的缩短，对模具品质要求的提高，铝合金在工模具制造业中的应用会日益扩大，发展空间在不断扩大，不但国内市场大，而且出口前景广阔。

6.5.2 厚板铝合金种类及其应用

现行的近 500 种变形铝合金（2004 年在美国铝业协会注册的有 445 种）都可用于生产厚板，但生产模具的厚板合金多为 5XXX、6XXX 及 7XXX 系合金。用于制造模具的厚板合金除注册的标准合金外，各个生产厚板的企业还有各自开发的有独特性能的合金，如柯鲁斯铝业公司（Corus Aluminium Profiltechnik Bonn Gmbh）科布伦茨（Koblnz）铝板带厂有三类合金；HOKOTOL 高强度铝合金，板的最大厚度 400 mm；WELDURAL 通用型合金，板的最大厚度 700 mm；GIANTAL 传统合金，板的最大厚度可达 900 mm。前一类合金有优良的抛光性能、高度的耐磨性能、在板的整个厚度上有均匀一致的力学性能。WELDURAL 合金是一类应用最为广泛的工模具铝合金，有优良的可焊性能、中高的强度性能、高的抗磨性能与高度一致的力学性能。后一类合金的基本特点是：良好的可焊性能、较高的强度（比 6061 合金的略低一些）、优良的尺寸稳定性能与很好的可切削加工性能，可进行高速切削。

德国格联克铝业公司（GLEICH GmbH）可供应厚达 1100 mm 的模具铝合金厚板，有 G. AL C250 合金与 G. AL C210 合金，其厚板是用铸造方法生产的。

G. AL C250 合金有诸多性能优点：高的强度（275 MPa）、良好的塑性、可方便地处理到无应力状态、在机械加工后不需要退火处理、晶粒细小均匀、高的抗腐蚀性能、良好的可切削性能与可焊性能、适于硬质阳极氧化处理、适于制造食品工业工模具、回收价值高。此合金含（4~5）% Mg、<1% Mn、其他元素含量 1.5%，其余为铝。它特别适合于制造要求尺寸高度稳定的工模具，诸如：夹（卡）具、定位模具、定位装置、量具、电子器件装配板（electric mounting plate）、模具装配板（modelling board）、样板、塑料模具等等。

G. AL C210 合金的成分与 5083 合金的相当，可供应的材料最大厚度为 1100 mm，合金有优秀的可切削性能与可焊性（MIC/TIG）、良好的硬质阳极氧化性能、很强的抗腐蚀性能。主要用于制造复合材料模、原型塑料产品注射模（injection moulds for plastic products prototypes）、深拉模（deep drawing moulds）、铸造模、成型与吹胀模、泡沫聚苯乙烯模、天线等等。

美国铝业公司（Alcoa）是全球能生产最宽、最长、最厚轧制厚板的企业，所提供的这类厚板在航空航天、交通运输、石化等工业部门获得了广泛的应用。近期开发的 Mic-6 铸造厚板铝合金，具有最优化的综合性能，能在很大程度上满足工模具制造业及国民经济各个部门对精密零部件的严峻挑战。它具有细小而均匀的晶粒组织，厚板铸造后无残余应力存在，经高速切削加工后不会产生形变，有极高的尺寸稳定性，是汽车工业、航空航天工业制造工模具与工装的理想材料，在食品机械、印刷机械、电子设备（芯片制造设备）、医疗器械等等行业有着广泛的应用，市场潜力十分巨大。

加拿大铝业公司（Alcan）设在美国与法国的轧制厂也可为各个部门提供各种铝合金厚板，

特别是可为航空航天工业提供各种铝合金厚板，尤其是热处理可强化合金厚板。

德国亚里美克斯公司（Alimix Metallhande – lsgesellschaft GmbH）也是世界知名的生产轧制及铸造铝合金厚板的企业，不但可提供板材，而且可根据用户要求生产精密裁切的零部件坯料与精密机械加工的工模具乃致零部件。所生产的厚板合金有：ACP 5080R（相当于5083），ACP 5080、ACP 6000（7XXX 系合金），PLANAL（精密表面机械加工的 5083、6082、7075 合金轧制厚板、圆板与圆环），AMP8000（模具及通用机械用高强度 7XXX 系铝合金厚板、圆板），5083、6082、2017A、7075 合金轧制厚板，6082、7075 合金圆锭等等。

6.5.3　厚板生产工艺及铸造、精加工技术的引进

生产厚板是一项高精技术，难度大，进入门坎高。厚板生产工艺有两种：轧制法与铸造法。当前，厚度小于 250 mm 或 200 mm 的厚板可用轧制法生产，长度可达 40 m，宽度一般小于 3500 mm，但美国铝业公司可生产宽达 5400 mm 的厚板，中国在东北轻合金有限责任公司的厚板生产项目建成后，可提供宽度小于 3600 mm 的厚板，轧制厚板可应用于国民经济的各个部门；西南铝业（集团）有限责任公司的 4300 mm 厚板线建成后可生产 4150 mm 宽的厚板。

厚度大于 250 mm 的厚板则只能用铸造法生产，现在的技术可以提供厚达 1100 mm 的铸造厚板。由于这类厚板是用铸造法生产的，所以不能太宽，例如 950 mm 厚时最大宽度只能达到 1300 mm，而厚度减至 700 mm 时，则可宽到 2200 mm，总之厚度越大，宽厚比就相应地小一些。同时，由于铸造厚板都用于制造工模具，也不需要太宽的。对铸造厚板最主要的要求是：应有致密的、均匀一致成分的、晶粒细小的冶金组织，经机械加工后不存在残余应力，具有很高的尺寸稳定性，不会发生变形。

东北轻合金有限责任公司和西南铝业（集团）有限责任公司正在建热轧生产线，但同时应考虑铸造厚板项目的建设，不但如此，还应考虑在长江三角洲建铝合金工模具坯料加工与成品工模具、零部件精密加工中心，这是目前全世界厚板发展大趋势，也是提高附加值与经济效益最有效的途径之一。

这类生产项目的建设可以美国铝业公司、爱励铝业科布伦茨铝板带轧制厂、德国格联克公司、德国亚里美克斯公司等为蓝本，从它们那里引进技术以及引进成套的精密设备如带锯、数控机床与加工中心等。

不管是轧制厚板技术还是铸造厚板技术，就是在工业发达国家也是一项高新技术，在中国同样如此。对有关厚板生产项目的建设与技术引进希望有关部给予关注与支持。除了建设轧制项目外，同样应该重视铸造厚板技术的引进与工模具坯料、半成品乃致成品加工中心的建设与技术服务。

参考文献

[1] 王祝堂,田荣璋主编. 铝合金及其加工手册(第二版)[M]. 长沙:中南大学出版社,2000.854~877.

[2] 王祝堂,张志平. 全球四辊可逆式双卷取铝板带热粗-精轧生产线[J]. 轻合金加工技术,2001,29,(8):85~8.

[3] 关云华,杨金魁,王祝堂. 达文波特轧制厂与阿卢诺夫公司的热连轧线[J]. 轻合金加工技术,2002,30,(2):6~10.

[4] 王祝堂. 航空铝材发展趋势与提高竞争力的措施[J]. 中国铝业,2002,7~11.

[5] Peter Strandring. Jaguar Presents R&D Challenges to Lightweight Vehicle Suppliers[J]. Aluminium Process & Product Technology, Sep. 2004, 146.

[6] 王祝堂,田荣璋主编. 铝合金及其加工手册(第三版)[M]. 长沙:中南大学出版社,2005,179~283.

[7] 王祝堂. 铝合金中厚板的生产、市场与应用[J]. 轻合金加工技术,2005,33,(1):1~20.

[8] 江志邦,宁殿臣,关云华. 世界先进的航空用铝合金厚板生产技术[J]. 轻合金加工技术,2005,33,(4):1~7.

[9] 王祝堂,任柏峰. 谈铝合金铸造模具厚板的技术引进[J]. 中国铝业,2005,83,(11):22~23.

[10] Corus Aluminium Walzprodukte GmbH. Mould and tool Construction:1-5.

[11] The Aluminium Association, Inc. Aluminium Statistical Review for 2004[M]:Released:October 2005, table 10.